全国机械行业高等职业教育“十二五”规划教材
高等职业教育教学改革精品教材
江苏省高等学校精品课程配套教材

机械加工工艺编制项目教程

主　编　金　捷
副主编　支海波（企业）　李年芬　熊春花
参　编　朱红萍　王国忠（企业）
主　审　伍建国

机 械 工 业 出 版 社

本教材按照项目形式进行编排，采用案例式教学模式，从生产的实际要求出发，突出实际应用，并且结合相关理论知识，有很强的实用性和针对性。教材选用七个典型零件为项目载体，按职业工作过程描述，从零件图分析到完成机械加工工艺编制。本教材以职业工作项目引领，具体工作任务驱动，培养学生机械加工工艺分析与编制技能，并通过“技能训练”独立完成具体零件加工工艺文件。项目七以“气门摇臂轴支座”零件的机械加工工艺规程及工艺装备设计为实例，加强培养学生的创新能力和综合应用能力。教材通过对轴类、丝杠类、拨叉类、箱体类、曲轴类、连杆类等零件加工工艺设计的介绍，将金属切削机床、机械加工工艺基本理论、机床夹具、零件加工质量等知识有机地融为一体，实现“教、学、做”一体化。

本教材适于高等职业教育机械类专业使用，也可供职工培训使用，及有关工程技术人员参考。

本教材配有电子教案，凡使用本书作为教材的教师可登录机械工业出版社教材服务网 www.cmpedu.com 下载。咨询邮箱：cmpgaozhi@sina.com。咨询电话：010-88379375。

图书在版编目（CIP）数据

机械加工工艺编制项目教程/金捷主编．—北京：机械工业出版社，2013.8(2024.2 重印)
全国机械行业高等职业教育“十二五”规划教材
高等职业教育教学改革精品教材　江苏省高等学校精品课程配套教材
ISBN 978-7-111-41203-8

Ⅰ.①机…　Ⅱ.①金…　Ⅲ.①机械加工—工艺—高等职业教育—教材　Ⅳ.①TG506

中国版本图书馆 CIP 数据核字（2013）第 041757 号

机械工业出版社(北京市百万庄大街 22 号　邮政编码 100037)
策划编辑：崔占军　边　萌　责任编辑：王　丹　边　萌　王丹凤
版式设计：霍永明　责任校对：樊钟英
封面设计：鞠　杨　责任印制：郜　敏
北京富资园科技发展有限公司印刷
2024 年 2 月第 1 版第 6 次印刷
184mm×260mm・17 印张・418 千字
标准书号：ISBN 978-7-111-41203-8
定价：39.80 元

电话服务　　网络服务
客服电话：010-88361066　机 工 官 网：www.cmpbook.com
010-88379833　机 工 官 博：weibo.com/cmp1952
010-68326294　金 书 网：www.golden-book.com
封底无防伪标均为盗版　机工教育服务网：www.cmpedu.com

前　言

本教材以教育部《关于推进高等职业教育改革创新引领职业教育科学发展的若干意见》（教职成［2011］12号）为指导思想，“引入企业新技术、新工艺，校企合作共同开发专业课程和教学资源”，依据职业岗位的需要，选择并组织教材内容，采用项目引领、任务驱动、“教·学·做1+1”即“理论（1）+实践（1）”的互动式编写思路，通过对项目的互动体验来提高学生的职业能力，其实用性和针对性极强。本教材特点如下：

1. 基于零件加工的工作过程，将实际生产案例有机地融入到教材中，与理论知识有机地联系在一起，做到了生产实际与课堂教学的有机结合。

2. 项目按照知识目标→能力目标→任务引入→任务分析→相关知识→任务实施→复习与思考→技能训练的顺序展开，适合于行动导向的教学，以培养学生正确、合理地设计零件机械加工工艺的能力。

3. 项目所选案例注意实用性、代表性和可学习性，既浅显易懂，又有技术奥妙，全面介绍各类零件从零件图的分析到机械加工工艺编制的整个工作过程。

4. 聘请了企业中有丰富实践经验的工程技术人员参与或指导教材的编写，使教材更好地体现了“校企合作，工学结合”为主旨的原则。

本教材由金捷任主编，支海波、李年芬、熊春花任副主编，朱红萍、王国忠任参编。具体分工为：项目一、项目六由金捷（沙洲职业工学院）编写，项目二由熊春花（鄂州职业大学）编写，项目三由李年芬（鄂州职业大学）编写，项目四由王国忠（张家港化工机械股份有限公司）编写，项目五由支海波（张家港中天精密模塑有限公司）编写，项目七由朱红萍（沙洲职业学院）编写。本教材由伍建国（沙洲职业学院）教授任主审。

本教材在编写过程中参考了有关教材及其他资料，也得到了张家港长力机械有限公司顾华平、湖北华中重型机器制造有限公司金小康高级工程师的指导，在此表示衷心的感谢。

由于编者水平有限，书中难免有错误和不足，敬请广大读者批评与指正。

编　者

目　录

项目一　轴类零件的加工

【知识目标】

1. 熟悉机械的生产过程和工艺过程的基本概念；熟悉机械加工工艺过程的组成以及生产纲领、生产类型及其工艺特征。

2. 掌握机械加工中常用毛坯的种类及性能。

3. 掌握零件的结构工艺性。

4. 熟悉零件图分析的方法，能够阅读零件图、工艺文件。

5. 熟悉机械加工工序设计的基本内容。

6. 掌握机械加工工序设计的方法。

【能力目标】

1. 具有轴类零件工艺性分析的能力。

2. 掌握轴类零件毛坯的选择方法。

3. 具有编制简单轴类零件机械加工工艺方案的能力。

4. 初步具备制订较复杂轴类零件的工艺路线的能力。

【任务引入】

轴类零件是机械结构中用于传递运动和动力的重要零件之一，其加工质量直接影响机械的使用性能和运动精度。图 1-1 所示为一传动轴零件图，试根据图给出的相关信息，在使用通用设备加工的条件下，编制该零件的机械加工工艺。

【任务分析】

图 1-1 所示为一传动轴零件图，从结构上看，该零件是一个典型的阶梯轴，材料为 45 钢，生产纲领为小批生产，调质处理 217～255HBW。

1. 传动轴的结构和技术要求

该传动轴为普通的实心阶梯轴。轴类零件一般只有一个主要视图，主要标注相应的尺寸和技术要求，而其他要素如退刀槽、键槽等尺寸和技术要求标注在相应的剖视图里。

轴颈和装传动零件的配合轴颈表面，一般是轴类零件的重要表面，其尺寸精度、形状精度（圆度、圆柱度等）、位置与方向精度（同轴度、与端面的垂直度等）及表面粗糙度要求均较高，是轴类零件机械加工时应着重保障的要素。

图 1-1 所示的传动轴，轴颈 M 和 N 处是装轴承的，各项精度要求均较高，其尺寸为 $\phi35js6$（±0.008），且是其他表面的基准，因此是主要表面。配合轴颈 Q 和 P 处是安装传动零件的，与基准轴颈的径向圆跳动公差为 0.02mm（实际上是与 M、N 的同轴度），公差等级为 IT6。轴肩 H、G 和 I 端面为轴向定位面，其要求较高，与基准轴颈的圆跳动公差为 0.02mm（实际上是与 M、N 的轴线的垂直度），也是比较重要的表面。此外还有键槽、螺纹等结构要素。

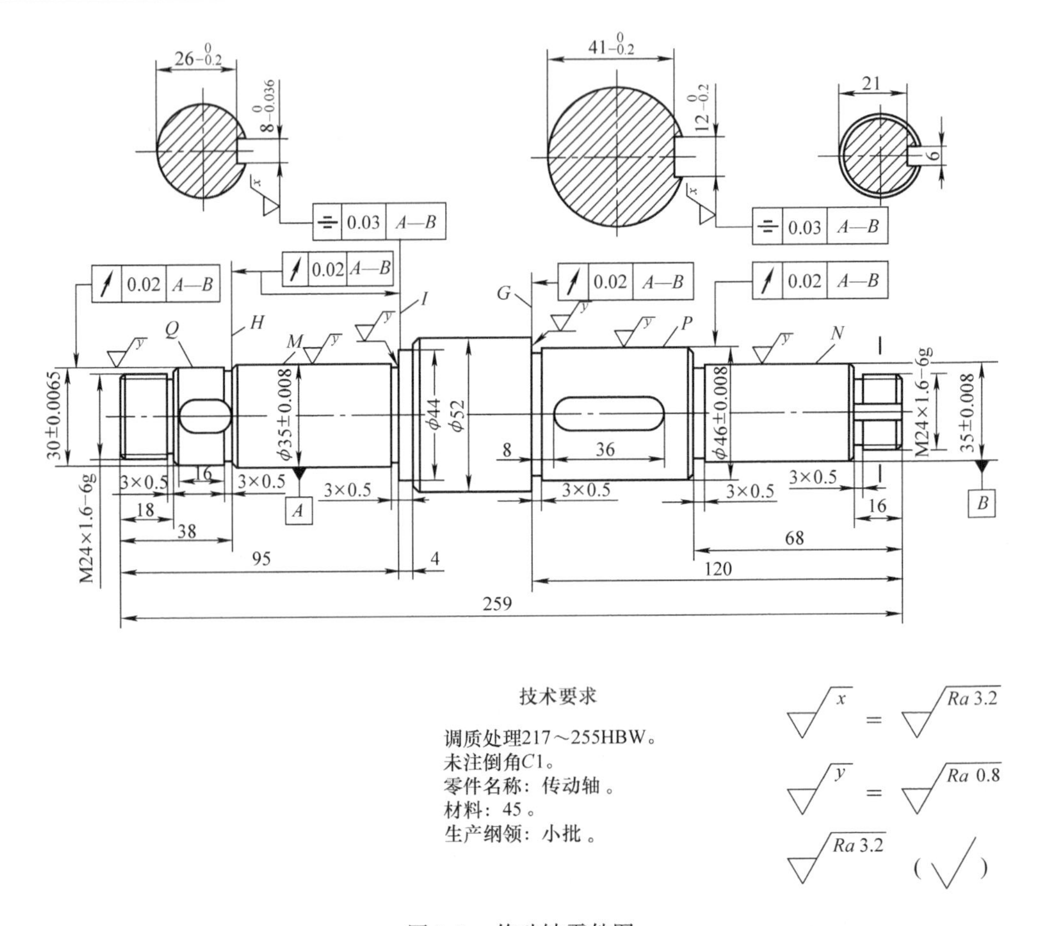

图 1-1　传动轴零件图

2. 毛坯选择

一般阶梯轴类零件材料常选用45钢；对于中等精度而转速较高的轴可用40Cr；对于高速、重载荷等条件下工作的轴可选用20Cr、20CrMnTi等低碳合金钢进行渗碳淬火，或用38CrMoAlA氮化钢进行氮化处理。阶梯轴类零件的毛坯最常用的是圆棒料和锻件。

【相关知识】

机床和刀具等工艺装备及相关切削参数的选择都是从具体工艺要求出发的。实际上不同的零件和不同的生产规模，就有不同的加工工艺。同一个零件的同一加工内容和同样的加工批量，也可以有不同的加工工艺。选择不同的设备、工装和切削参数，在生产率和加工成本方面将产生不同的结果。

第一节　机械加工工艺规程

一、生产过程

（一）生产过程概述

生产过程是指产品由原材料到成品之间的各个相互联系的劳动过程的总和。其中包括：

原材料的运输和保管，生产准备工作，毛坯制造，零件加工，部件和产品的装配，检验试车和机器的涂装包装等。

为了降低生产成本，一台机器的生产，往往由许多工厂联合起来完成。由若干个工厂共同完成一台机器的生产过程，除了比较经济之外，还有利于零部件的标准化和组织专业化生产。例如，一个汽车制造厂就需要利用其他工厂的成品（玻璃、电气设备、轮胎、仪表等）来完成整个汽车的生产过程。再如机床制造厂、轮船制造厂等都是如此。这时，某工厂所用的原材料、半成品或部件，却是另一工厂的成品。

工厂的生产过程，又可按车间分为若干车间的生产过程。某一车间所用的原材料（半成品），可能是另一车间的成品，而它的成品，可能是又一车间的半成品。

（二）生产系统

1. 系统的概念

任何事物都是数个相互作用和相互依赖的部分组成的，并具有特定功能的有机整体，这个整体就是“系统”。

在同一个系统中，至少要由两个要素组合而成，而且这些要素相互联系和相互作用并有其整体的目的性，还要具有适应其所处环境变化的能力。也就是说：要成为系统，必须具备集合性、相关性、目的性和环境适应性四个属性。

2. 机械加工工艺系统

在机械行业研究系统时就必须引进“机械加工工艺系统”这个概念。一般把机械加工中由机床、刀具、夹具和工件组成的相互作用、相互依赖，并具有特定功能的有机整体，称为机械加工工艺系统，简称为工艺系统。机械加工工艺系统的整体目标是在特定的生产条件下，适应环境要求，在保证机械加工工序质量和产量的前提下，采用合理的工艺过程，并尽量降低工序成本。因此必须从系统这个整体出发，去分析和研究各种有关问题，才能实现系统的最佳工艺方案。

随着计算机和自动控制、检测等技术引入机械加工领域，出现了数字控制和适应控制等新型的控制系统。要实现系统最佳化，除了要考虑物质流，即考虑毛坯的各工序加工、存储和检测的物质流动过程外，还需要充分重视合理编制包括工艺文件、数据程序和适应控制模型等控制物质系统工作的信息流。图 1-2 所示为机械加工工艺系统图。

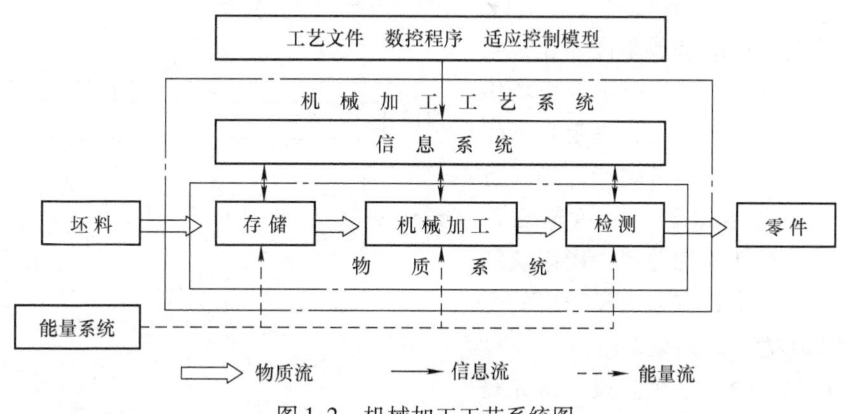

图 1-2 机械加工工艺系统图

3. 机械制造系统

如果进一步以整个机械加工车间为更高一级的系统来考虑，则该系统的整体目的就是使该车间能最有效地完成全部零件的机械加工任务。在机械加工过程中，将毛坯、刀具、夹具、量具和其他辅助物料作为“原材料”输入机械制造系统，经过存储、运输、加工、检验等环节，最后作为机械加工后的成品输出，形成物质流。由加工任务、加工顺序、加工方法、物质流要求等确定的计划、调度、管理等属于信息流。机械制造系统中能量的消耗及其流程为能量流，如图 1-3 所示。

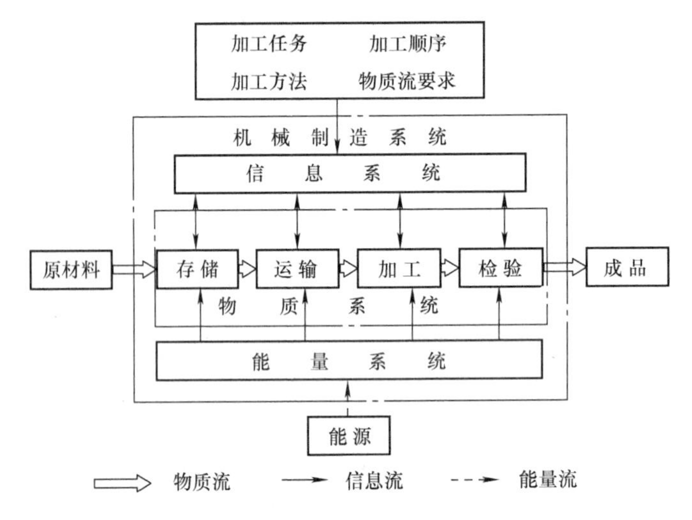

图 1-3 机械制造系统图

4. 生产系统

如果以整个机械制造工厂为整体，为了实现最有效的经营管理，以获得最高的经济效益，则不仅要把原材料、毛坯制造、机械加工、热处理、装配、涂装、试车、包装、运输和保管等物质范畴的因素作为要素来考虑，而且还需把技术情报，经营管理，劳动力调配、资源和能源利用、环境保护、市场动态、经济政策、社会问题和国际因素等信息作为影响系统效果更为重要的要素来考虑。

由此可见，生产系统是包括制造系统的更高一级的系统，而制造系统则是生产系统的子系统中比较重要的部分之一。

工厂是社会生产的基层单位，在社会主义市场经济体制下，工厂应根据市场供销情况以及自身的生产条件，决定自己生产的产品类型和产量，制订生产计划，进行产品设计、制造和装配，最后输出产品。所有这些生产活动的总和，用系统的观点来看，就是一个具有输入和输出的生产系统。图 1-4 为生产系统框图。

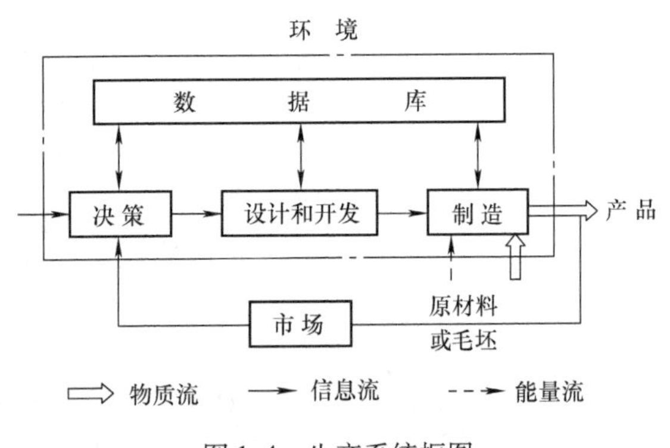

图 1-4 生产系统框图

整个生产过程分为三个阶段：首先是决策阶段，工厂领导层根据市场需求或国家下达的任务，以及工厂自身的条件，经过充分的调查研究和反复论证后，确定产品的类型、产量和生产方式。其次为产品设计和开发阶段，根据已确定的产品类型、数量和生产方式，参考数据库中有关的信息资料，进行产品设计，新产品开发和工艺准备等工作。最后是产品制造阶段，即原材料变为产品的过程。

二、机械加工工艺过程

在各车间的生产过程中，机械加工工艺过程不仅包括直接改变工件形状、尺寸、位置和性质等的主要过程，还包括运输、保管、磨刀、设备维修等辅助过程。

在生产过程中，把用机械加工方法（主要是切削加工方法）按一定顺序逐渐改变毛坯的形状、尺寸、位置和性质，使其成为合格零件所进行的全部过程称为机械加工工艺过程，简称工艺过程。工艺过程又可以具体分为锻造、冲压、焊接、机械加工、热处理、电镀、装配等。

零件依次通过的全部加工过程称为工艺路线或工艺流程，工艺路线是制订工艺过程和进行车间分工的重要依据。

要制订工艺过程，就要了解工艺过程的组成。

1. 工序

一个或一组工人在一个工作地点，对一个或同时对几个工件连续完成的那一部分工艺过程称为工序。工序是组成工艺过程的基本单元。当加工对象（工件）更换时，或设备和工作地点改变时，或工艺过程的连续性有改变时，则形成另一道工序。这里的连续性是指工序内的工作须连续完成。

例如，图1-5所示的阶梯轴，如果各个表面都需要进行机械加工，则根据其产量和生产车间的不同，应采用不同的方案来加工。属于单件、小批量生产时可按表1-1方案来加工；如果属于大批、大量生产，则应改用表1-2方案加工。

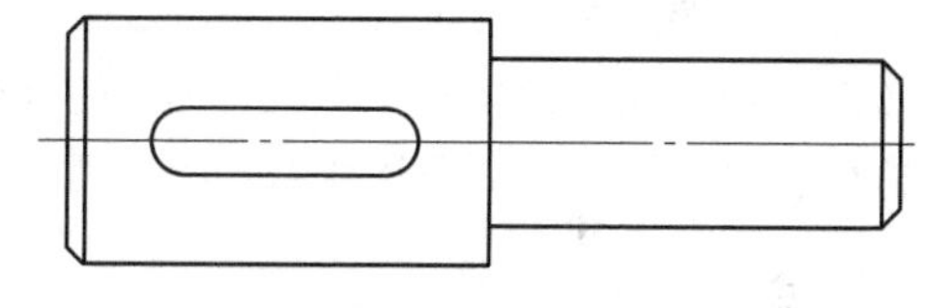

图1-5　阶梯轴

表1-1　单件、小批量生产的工艺过程

工　序	内　　容	设　备
10	车端面，打中心孔，掉头车另一端面，打中心孔	车　床
20	车大外圆及倒角，掉头车小外圆及倒角	车　床
30	铣键槽、去毛刺	铣　床

表1-2　大批、大量生产的工艺过程

工　序	内　　容	设　　备
10	铣两端面，打中心孔	专用铣床
20	车大外圆及倒角	车床
30	车小外圆及倒角	车床
40	铣键槽	键槽铣床
50	去毛刺	钳工台

2. 工步与复合工步

在加工表面、切削刀具和切削用量（仅指转速和进给量）都不变的情况下，所连续完成的那部分工艺过程，称为一个工步。图 1-6 所示为底座零件的孔加工工序，它由钻、扩、锪三个工步组成。

对于转塔自动车床的加工工序来说，转塔每转换一个位置，切削刀具、加工表面及车床的转速和进给量一般都发生改变，这样就构成了不同的工步，如图 1-7 所示。

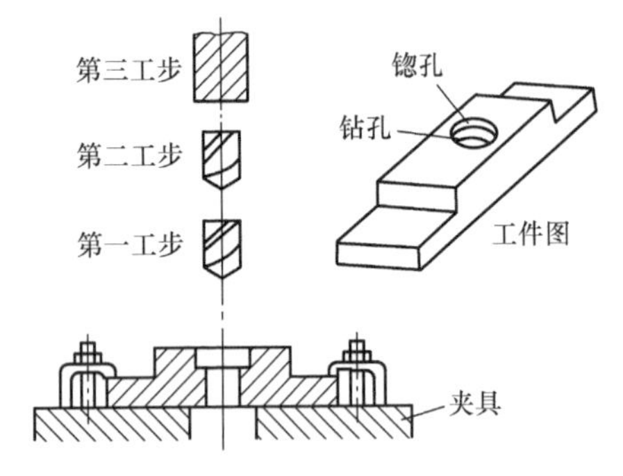

图 1-6 底座零件的孔加工工序

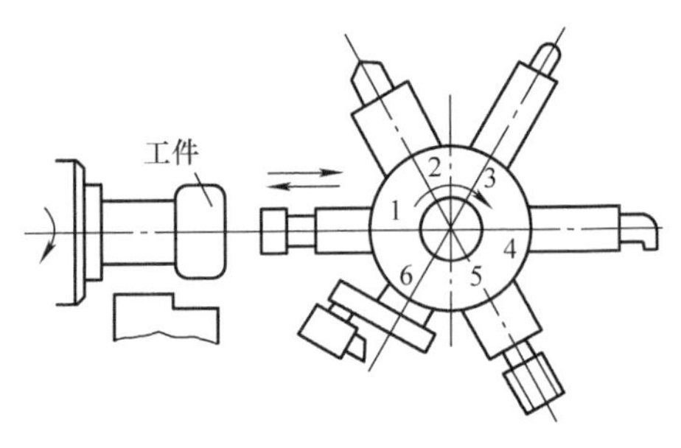

图 1-7 转塔自动车床的不同工步

有时为了提高生产率，经常把几个待加工表面用几把刀具同时进行加工，这可看作为一个工步，并称为复合工步，如图 1-8 所示。

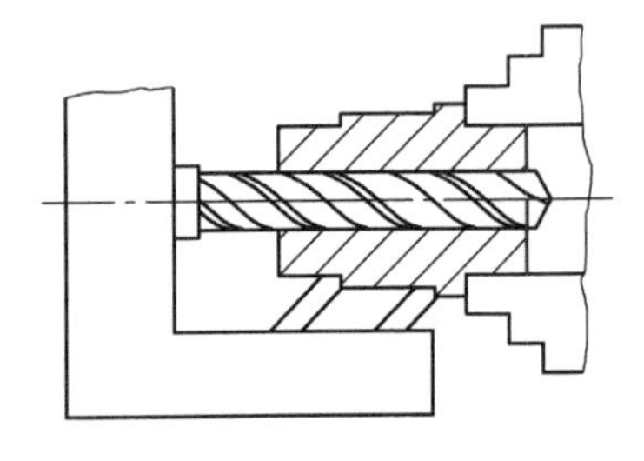

图 1-8 复合工步

3. 走刀

有些工步，由于余量较大或其他原因，需要同一切削用量（仅指转速和进给量）下对同一表面进行多次切削，这样刀具对工件的每一次切削就称为一次走刀，如图 1-9 所示。

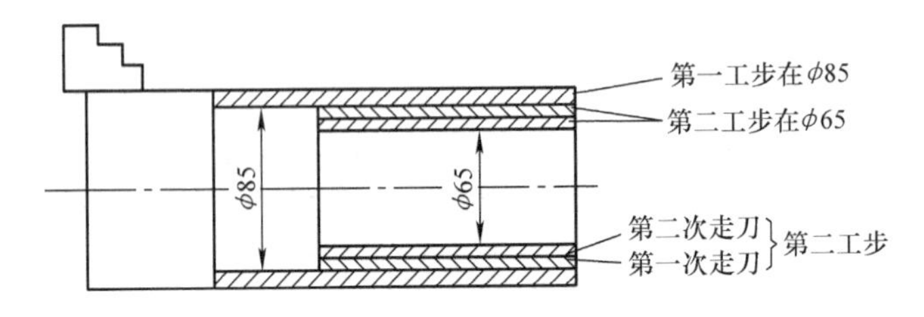

图 1-9 以棒料制造阶梯轴

4. 安装

为完成一道工序的加工，在加工前对工件进行定位、夹紧和调整作业称为安装。在一道工序内，可能只需进行一次安装（表 1-2 中工序 20）；也可能进行多次安装（表 1-1 中工序 10）。加工中应尽量减少安装次数，因为这不仅可以减少辅助时间，而且可以减少因安装误差而导致的加工误差。

5. 工位

为了完成一定的工序内容，一次装夹工件后，工件与夹具或设备的可动部分一起相对于刀具或设备的固定部分所占据的每一个位置称为工位。采用多工位夹具、回转工作台或在多轴机床上加工时，工件在机床上一次安装后，就要经过多工位加工。采用多工位加工可以减少工件的安装次数，从而缩短了工时，提高了工作效率。多工位、多刀或多面加工，使工件几个表面同时进行加工，也可看成一个工步，即复合工步，如图1-10所示。

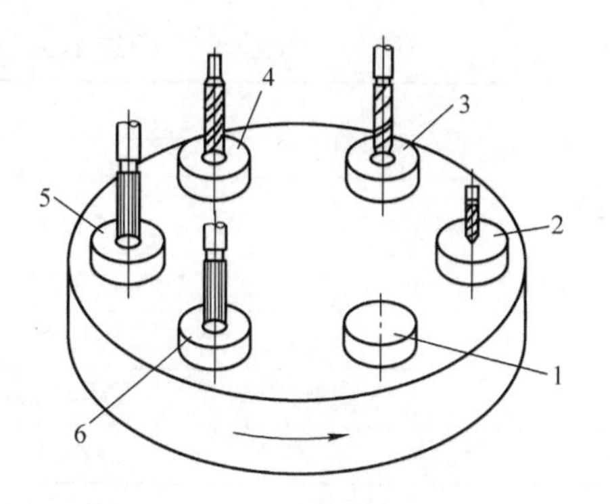

图1-10　多工位加工
1—装卸工位　2—预钻孔工位　3—钻孔工位
4—扩孔工位　5—粗铰工位　6—精铰工位

三、生产类型

（一）生产纲领

产品的年生产纲领是指企业在计划期内应当生产的产品产量和进度计划。

零件的生产纲领要计入备品和废品的数量。对一个工厂来说，产品的产量和零件产量是不一样的。由于同一产品中，相同零件的数量可能不止一件，所以在成批生产产品的工厂中，也可能有大批大量生产零件的车间。某零件年生产纲领 N 按下列公式计算，即

$$N = Qn(1+\alpha)(1+\beta) \quad (1\text{-}1)$$

式中　Q——产品的年产量（台/年）；

n——每台产品中该零件的数量（件/台）；

α——零件的备品百分率；

β——零件的废品百分率。

其中备品率的多少要根据用户和修理单位的需要考虑，一般由调查及检验确定，可在0～100%内变化。零件平均废品率根据生产条件不同各工厂不一样。生产条件稳定，产品定型，如汽车、机床等产品生产废品率一般为0.5%～1%；生产条件不稳定，新产品试制，废品率可高达50%。

（二）生产类型

根据产品的大小、特征、生产纲领、批量及其投入生产的连续性，可分为三种不同的生产类型。

1. 单件、小批生产

工厂的产品品种不固定，每一品种的产品数量很少，工厂大多数工作地点的加工对象经常改变。如重型机械、专用设备制造、造船业等一般属于单件生产。

2. 大量生产

工厂的产品品种固定，每种产品数量大，工厂内大多数工作地点的加工对象固定不变。如汽车、拖拉机和轴承制造等一般属于大量生产。

3. 成批生产

工厂的产品品种基本固定，但数量少，品种较多，需要周期地轮换生产，工厂内大多数工作地点的加工对象是周期性的变换。如通用机床、电动机制造一般属于成批生产。

生产类型决定于生产纲领，但也和产品的大小和复杂程度有关。生产类型与生产纲领的关系可以参见表1-3。

从表1-3中可以看出，成批生产可以根据批量大小分为小批、中批和大批生产。小批生产的特点接近于单件生产；大批生产的特点接近于大量生产；中批生产的特点介于小批和大批生产之间。

表 1-3 生产类型与生产纲领的关系

生产类型		同类零件的生产纲领/件		
		重型零件	中型零件	小型零件
单件生产		5 以下	10 以下	100 以下
成批生产	小批	5 ~ 100	10 ~ 200	100 ~ 500
	中批	100 ~ 300	200 ~ 500	500 ~ 5000
	大批	300 ~ 1000	500 ~ 5000	5000 ~ 50000
大量生产		1000 以上	5000 以上	50000 以上

所采用的生产类型不同，产品的制造工艺、工装设备、技术措施、经济效果等也不同。各种生产类型的工艺特征见表 1-4。机械制造技术就是根据不同生产类型的要求和被加工零件的结构及技术要求选择合理的加工方法、确定合理的加工工艺，以保证加工质量、提高生产率、降低加工成本的一门综合技术学科。

表 1-4 各种生产类型的工艺特征

项目	生产类型		
	单件、小批生产	中批生产	大量、大批生产
加工对象	不固定、经常换	周期性地变换	固定不变
机床设备和布置	采用通用设备，按机群式布置	采用通用和专用设备，按工艺路线成流水线布置或机群式布置	广泛采用专用设备，全按流水线布置，广泛采用自动线
夹具	非必要时不采用专用夹具	广泛使用专用夹具	广泛使用高效能的专用夹具
刀具和量具	通用刀具和量具	广泛使用专用刀具、量具	广泛使用高效率专用刀具、量具
毛坯情况	用木模手工造型、自由锻，精度低	金属型、模锻，精度中等	金属型机器造型、精密铸造、模锻，精度高
安装方法	广泛采用划线找正等方法	保持一部分划线找正，广泛使用夹具	不需划线找正，一律用夹具
尺寸获得方法	试切法	调整法	用调整法、自动化加工
零件互换性	广泛使用配刮	一般不用配刮	全部互换，可进行调整
工艺文件形式	工艺过程卡片	工序卡片	操作指导卡片及调整卡片
操作工人平均技术水平	较高	中等	较低
生产率	较低	中等	较高
成本	较高	中等	较低

四、机械加工工艺规程

（一）机械加工工艺规程概述

规定零件制造工艺过程和操作方法等的工艺文件称为机械加工工艺规程，简称工艺规程。它是在具体的生产条件下，以最合理或较合理的工艺过程和操作方法，并按规定的形式写成的工艺文件，经审批后用来指导生产的。

工艺规程是所有有关的生产人员都要严格执行、认真贯彻的纪律性文件，它一般应包括下列内容：零件的加工工艺路线、各工序的具体加工内容、切削用量、工序工时以及所采用的设备和工艺装备等。

工艺规程有以下几方面作用：

1. 工艺规程是指导生产的主要技术文件

合理的工艺规程是在总结广大工人和技术人员实践经验的基础上，依据工艺理论和必要的工艺实验而制订的。按照工艺规程组织生产，可以保证产品的质量和较高的生产率与经济效益。因此，在生产中一般应严格地执行既定的工艺规程。实践证明，不按照科学的工艺进行生产，往往会引起产品质量的严重下降，生产率的明显降低，甚至使生产陷入混乱的状态。

但是工艺规程也不应是固定不变的，工作人员应不断总结工人的革新创新，及时地吸取国内外先进技术，对现行工艺不断地予以改进和完善，以便更好地指导生产。

2. 工艺规程是组织生产和管理生产的基本依据

由工艺规程涉及的内容可以看出，在生产管理中，原材料及毛坯的供应、通用工艺装备的准备、机床负荷的调整、专用工艺装备的设计和制造、作业计划的编排、劳动力的组织以及生产成本的核算等，都是以工艺规程作为基本依据的。

3. 工艺规程是新建、扩建工厂或车间的基本资料

在新建、扩建工厂或车间时，只有根据工艺规程和生产纲领才能正确地确定生产所需的机床和其他设备的种类、规格和数量，确定车间的面积、机床的布置、生产工人的工种、等级和数量以及辅助部门的安排等。

（二）机械加工工艺规程的格式

将工艺规程的内容，填入一定格式的卡片，即成为生产准备和施工所依据的工艺文件。

1. 机械加工工艺过程卡片

这种卡片简称过程卡或路线卡。表 1-5 所示为以工序为单位简要说明产品或零部件的加

表 1-5　机械加工工艺过程卡片

<table>
<tr><td rowspan="4">（工厂名）</td><td rowspan="4">机械加工工艺过程卡片</td><td colspan="2">产品名称及型号</td><td></td><td colspan="2">零件名称</td><td></td><td colspan="2">零件图号</td><td colspan="2"></td></tr>
<tr><td rowspan="3">材料</td><td>名称</td><td></td><td rowspan="2">毛坯</td><td>种类</td><td></td><td rowspan="2">零件质量/kg</td><td>毛重</td><td></td><td>第　页</td></tr>
<tr><td>牌号</td><td></td><td>尺寸</td><td></td><td>净重</td><td></td><td>共　页</td></tr>
<tr><td>性能</td><td></td><td colspan="2">每料件数</td><td></td><td>每台件数</td><td></td><td>每批件数</td><td></td></tr>
<tr><td rowspan="2">工序号</td><td colspan="3" rowspan="2">工序内容</td><td rowspan="2">加工车间</td><td rowspan="2">设备名称及编号</td><td colspan="3">工艺装备名称及编号</td><td rowspan="2">技术等级</td><td colspan="2">时间定额/min</td></tr>
<tr><td>夹具</td><td>刀具</td><td>量具</td><td>单件</td><td>时间—终结</td></tr>
<tr><td></td><td colspan="3"></td><td></td><td></td><td></td><td></td><td></td><td></td><td></td><td></td></tr>
<tr><td rowspan="3">更改内容</td><td colspan="11"></td></tr>
<tr><td colspan="11"></td></tr>
<tr><td colspan="11"></td></tr>
<tr><td>编制</td><td></td><td>抄写</td><td></td><td>校对</td><td></td><td>审核</td><td></td><td colspan="2">批准</td><td colspan="2"></td></tr>
</table>

工过程的一种工艺卡片。过程卡是制订其他工艺文件的基础，也是生产技术准备、编制作业计划和组织生产的依据。这种卡片内容简单，各工序的说明不够具体，仅列出了零件加工所经过的工艺路线和工艺方案，故主要用于单件和小批生产的生产管理。

2. 机械加工工艺卡片

机械加工工艺卡片是以工序为单位详细说明整个工艺过程的工艺文件，简称工艺卡。其内容介于机械加工工艺过程卡片和机械加工工序卡片之间。它是用来指导工人生产、帮助车间管理人员和技术人员掌握整个零件加工过程的一种主要技术文件。它广泛适用于成批生产的零件和小批生产中的重要零件。工艺卡片的内容包括：零件的材料、质量、毛坯的制造方法、各个工序的具体内容及加工后要达到的精度和表面粗糙度等，其格式见表1-6。

表1-6　机械加工工艺卡片

<table>
<tr><td colspan="3" rowspan="4">（工厂名）</td><td rowspan="4">机械加工工艺卡片</td><td colspan="3">产品名称及型号</td><td colspan="2"></td><td colspan="3">零件名称</td><td colspan="4">零件图号</td><td colspan="3"></td></tr>
<tr><td rowspan="3">材料</td><td colspan="2">名称</td><td colspan="2"></td><td rowspan="2">毛坯</td><td colspan="2">种类</td><td></td><td colspan="2" rowspan="2">零件质量/kg</td><td>毛重</td><td colspan="2"></td><td>第　页</td></tr>
<tr><td colspan="2">牌号</td><td colspan="2"></td><td colspan="2">尺寸</td><td></td><td>净重</td><td colspan="2"></td><td>共　页</td></tr>
<tr><td colspan="2">性能</td><td colspan="2"></td><td colspan="3">每料件数</td><td></td><td colspan="2">每台件数</td><td></td><td colspan="2">每批件数</td><td></td></tr>
<tr><td rowspan="2">工序</td><td rowspan="2">安装</td><td rowspan="2">工步</td><td rowspan="2">工序内容</td><td rowspan="2">同时加工零件数</td><td colspan="7">切削用量</td><td rowspan="2">设备名称及编号</td><td colspan="3">工艺装备名称及编号</td><td rowspan="2">技术等级</td><td colspan="2">时间定额/min</td></tr>
<tr><td>背吃刀量/mm</td><td colspan="2">切削速度/m·min^{-1}</td><td colspan="3">切削速度/r·min^{-1}或双行程数/min</td><td>进给量/mm·min^{-1}或mm·r^{-1}</td><td>夹具</td><td>刀具</td><td>量具</td><td>单件</td><td>时间—终结</td></tr>
<tr><td colspan="3"></td><td></td><td></td><td></td><td colspan="2"></td><td colspan="3"></td><td></td><td></td><td></td><td></td><td></td><td></td><td></td><td></td></tr>
<tr><td colspan="3" rowspan="3">更改内容</td><td colspan="16"></td></tr>
<tr><td colspan="16"></td></tr>
<tr><td colspan="16"></td></tr>
<tr><td colspan="3">编制</td><td colspan="2"></td><td>抄写</td><td colspan="3"></td><td colspan="2">校对</td><td colspan="2"></td><td colspan="2">审核</td><td colspan="2"></td><td colspan="2">批准</td></tr>
</table>

3. 机械加工工序卡片

这种卡片则更加详细地说明零件的各个工序应如何进行加工。在机械加工工序卡片上要画出工序简图，注明该工序的加工表面及应达到的尺寸和公差、关键的装夹方式、刀具的类型和位置、进刀方向和切削用量等，见表1-7。该卡片多适用于大批大量或成批生产中比较重要的零件。

表 1-7 机械加工工序卡片

(工厂名)	机械加工工序卡片	产品名称及型号	零件名称	零件图号	工序名称	工序号	第 页
							共 页

(画工序简图处)					
	车间	工段	材料名称	材料牌号	力学性能
	同时加工件数	每料件数	技术等级	单件时间/min	准备—终结时间/min
	设备名称	设备编号	夹具名称	夹具编号	切削液
	更改内容				

工步号	工步内容	计算数据/mm			走刀次数	切削用量				工时定额/min				刀具、量具及辅助工具			
		直径或长度	进给长度	单边余量		背吃刀量/mm	进给量/$min \cdot r^{-1}$ 或 $mm \cdot min^{-1}$	切削速度/$r \cdot min^{-1}$ 或双行程数/min	切削速度/$m \cdot min^{-1}$	基本时间	辅助时间	工作地点服务时间	工步号	名称	规格	编号	数量

编制		抄写		校对		审核		批准	

第二节 零件的工艺性分析

在制订零件的工艺规程之前，应对零件的工艺性进行分析。这主要包括以下两个方面的内容。

一、零件的技术性分析

制订工艺规程时，首先应分析零件图及该零件所在部件的装配图。了解该零件在部件中的作用及零件的技术要求，找出其主要的技术关键，以便在制订工艺规程时采取适当的措施加以保证。具体内容包括：

1）审查零件图的视图、尺寸、公差和技术条件等是否完整。

2）审查各项技术要求是否合理。过高的精度要求、过小的表面粗糙度值的要求会使工艺过程复杂、加工困难、成本提高。

3）审查零件材料及热处理选用是否合适。在满足零件功能的前提下应选用廉价材料。材料选择还应首选国内材料，不要轻易选用贵重及紧缺的材料。若选用不当，不仅无法满足产品的技术要求或造成浪费，而且可能会使整个工艺过程无法进行。零件的热处理要求与所选用的零件材料有直接的关系，应按所选材料审查其热处理要求是否合理。

二、零件的结构工艺性分析

对零件进行工艺分析的一个主要内容就是研究、审查机器和零件的结构工艺性。

所谓零件的结构工艺性是指所设计的零件在满足使用要求的前提下，其制造的可行性和经济性。在进行零件结构设计时应考虑到加工的装夹、对刀、测量、切削效率等。零件结构工艺性的好坏是相对的，要根据具体的生产类型和生产条件来分析。结构工艺性好可以方便制造，降低制造成本；不好的结构工艺性会使加工困难，浪费材料和工时，甚至无法加工。表 1-8 列出了零件机械加工结构工艺性对比的一些实例。

表 1-8　零件机械加工结构工艺性对比的一些实例

序号	A 结构结构工艺性差	B 结构结构工艺性好	说　明
1	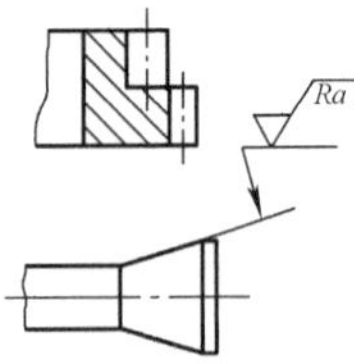 Ra 12.5	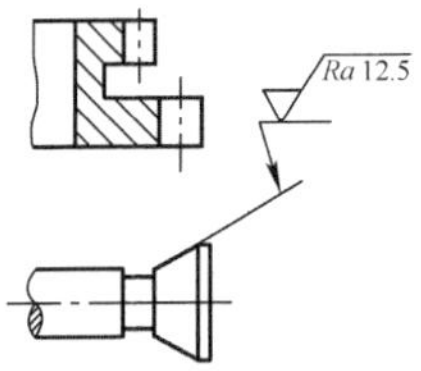 Ra 12.5	B 结构留有退刀槽，便于进行加工，并能减少刀具和砂轮的磨损
2	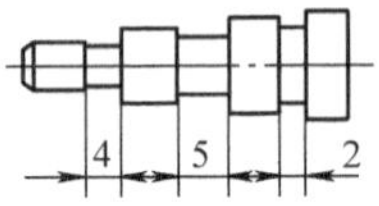 4　5　2	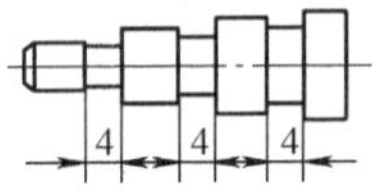 4　4　4	B 结构采用相同的槽宽，可减少刀具种类和换刀时间
3	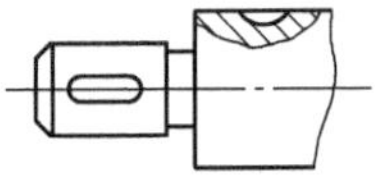	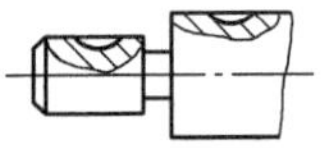	由于 B 结构键槽的方位相同，就可在一次安装中进行加工，提高了生产率
4	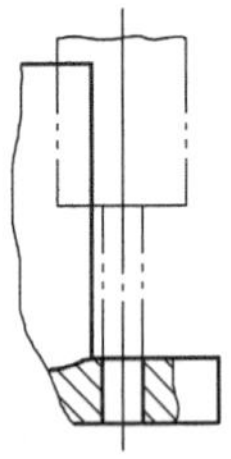	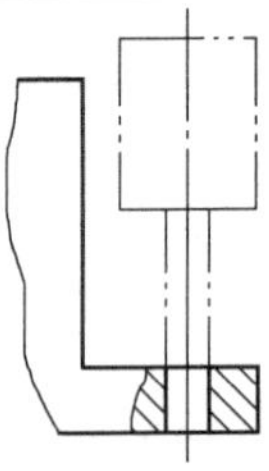	A 结构不便引进刀具，难以实现孔的加工
5	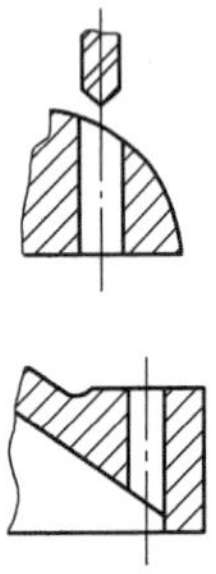	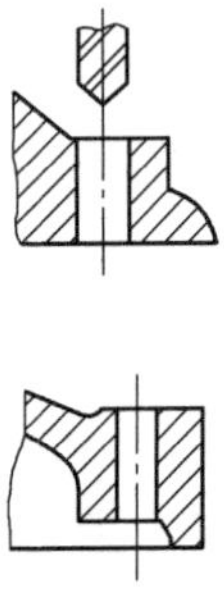	B 结构可避免钻头钻入和钻出时因工件表面倾斜而造成引偏或断损
6	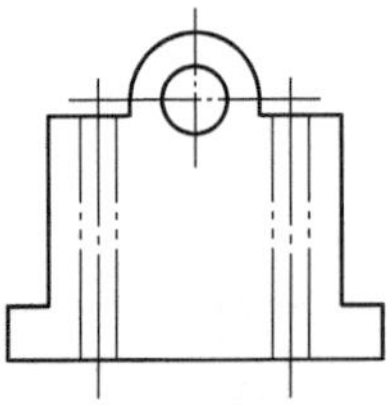	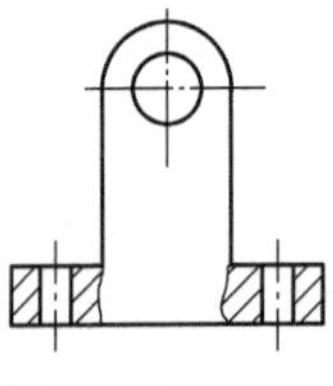	B 结构节省材料，减少了质量，并且避免了深孔加工

（续）

序号	A结构结构工艺性差	B结构结构工艺性好	说　明
7	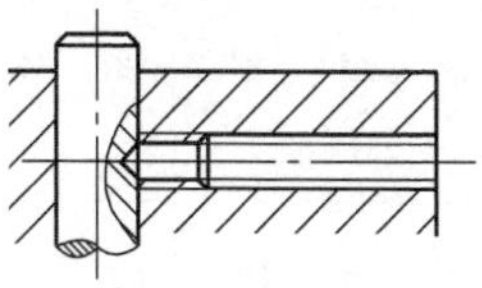	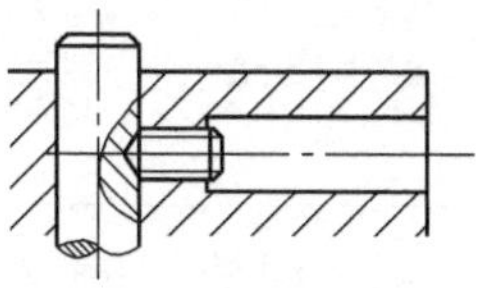	B结构可减少深孔加工
8	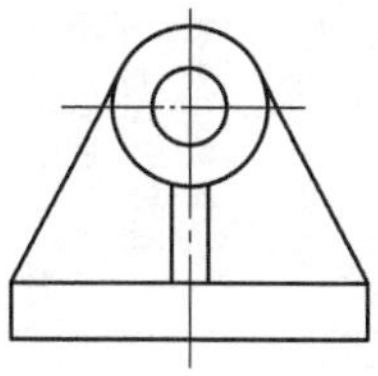	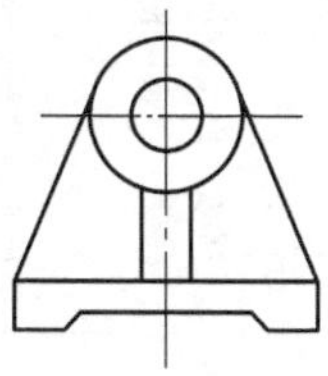	B结构可减少底面的加工劳动量，且有利于减少平面误差，提高接触刚度

为了改善零件机械加工的工艺性，在结构设计时应注意以下几点：

1）要保证加工的可能性和方便性，加工表面应有利于刀具的进入和退出。

2）在保证零件使用性能的条件下，零件的尺寸精度、几何公差和表面粗糙度的要求应经济合理，应尽量减轻质量，减少加工表面的面积，并尽量减少内表面的加工。

3）有相互位置要求的各个表面，应尽量在一次装夹中加工完。

4）加工表面形状应尽量简单，并尽可能布置在同一表面或同一轴线上，以减少刀具的调整与走刀次数，提高加工效率。

5）零件的结构要素应尽量统一，尺寸要规格化、标准化，尽量使用标准刀具和通用量具，减少换刀次数。

6）零件的结构应便于工件装夹，减少装夹次数，有利于增强刀具与工件的刚度。

如发现零件结构有明显的不合理之处，应与有关人员一起分析，按规定手续对图样进行必要的修改及补充。

第三节　毛坯的选择

在制订机械加工工艺规程时，毛坯选择得是否正确，不仅直接影响毛坯的制造工艺及费用，而且对零件的机械加工工艺、设备、工具以及工时的消耗都有很大影响。毛坯的形状和尺寸越接近成品零件，机械加工的劳动量就越少，但毛坯制造的成本可能越高。由于原材料消耗的减少，会抵消或部分抵消毛坯成本的增加。所以，应根据生产纲领和零件的材料、形状、尺寸、精度、表面质量及具体的生产条件等作综合考虑，以选择毛坯。在毛坯选择时，也要充分注意采用新工艺、新技术、新材料的可能性，以提高产品质量、生产率和降低生产成本。

一、毛坯的种类

机械加工中常用的毛坯有铸件、锻件、型材、粉末冶金件、冲压件、冷或热压制件、焊接件等。这些毛坯件的分类、制造工艺、特点和应用，在金属工艺学中已作详细介绍。为便于拟订机械加工工艺规程时进行毛坯类型的选择，将各种毛坯的主要技术特征列于表1-9中，以供参考。

表 1-9 各种主要制坯方法的技术特征

制坯方法		尺寸或质量		形状复杂程度	毛坯精度/mm	表面质量	材料	生产方式
类别	种别	最大	最小					
利用型材	1. 棒料分割	随棒料规格	—	简单	0.5～0.6（视尺寸和割法）	粗	各种棒料	单件、中批、大量
铸造	2. 手工造型、砂型铸造	通常 100t	壁厚 3～5mm	极复杂	1～10（视尺寸）	极粗	铁碳合金，非铁金属	单件、小批
	3. 机械造型、砂型铸造	～250t	壁厚 3～5mm	极复杂	1～2	粗	铁碳合金，非铁金属	大批、大量
	4. 刮板造型、砂型铸造	通常≤100t	壁厚 3～5mm	多半旋转体	4～15（视尺寸）	极粗	铁碳合金，非铁金属	单件、小批
	5. 组芯铸造	通常≤2t	壁厚 3～5mm	极复杂	1～10（视尺寸）	粗	铁碳合金，非铁金属	单件、中批、大量
	6. 离心铸造	通常≤200kg	壁厚 3～5mm	多半旋转体	1～8（视尺寸）	光	铁碳合金，非铁金属	大批、大量
	7. 金属型铸造	通常≤100kg	20～30kg，对非铁金属 壁厚 1.5mm	简单和中等（视铸件能否从铸型中取出）	0.1～0.5	光	铁碳合金，非铁金属	大批、大量
	8. 精密铸造	通常≤5kg	壁厚 0.8mm，	极复杂	0.5～0.15	极光	特别适用于难切削的材料	单件、小批
	9. 压力铸造	10～16kg	壁厚：对锌为 0.5mm，对其他合金为 0.1mm	只受铸型能否制造的限制	0.05～0.2，分型方向要小一些	极光	锌、铝、铜、锡和铅的合金	大批、大量
锻压	10. 自由锻造	≤200t	—	简单	1.5～25	极粗	碳钢、合金钢和合金	单件、小批
	11. 锤模锻	通常≤100kg	壁厚 2.5mm	受模具能否制造的限制	0.4～3.0 垂直分模线方向还要小一些	粗	碳钢、合金钢和合金	中批、大量
	12. 平锻机模锻	通常≤100kg	壁厚 2.5mm	受模具能否制造的限制	0.4～3.0 垂直分模线方向还要小一些	粗	碳钢、合金钢和合金	大批、大量
	13. 挤压	直径约 200mm	铝合金壁厚 1.5mm	简单			碳钢、合金钢和合金	大批、大量
	14. 辊锻	通常≤50kg		简单	0.32～0.5	光		
			铝合金壁厚 1.5mm	受模具能否制造的限制	0.4～2.5	粗	碳钢、合金钢和合金	大批、大量
	15. 曲柄压机模锻	通常≤100kg	壁厚 1.5mm 壁厚 1.5mm		0.4～1.8	光	碳钢、合金钢和合金	大批、大量
	16. 冷热精压	通常 100kg	壁厚 1.5mm	受模具能否制造的限制	0.05～0.10	极光	碳钢、合金钢和合金	大批、大量
冷压	17. 冷墩	直径 25mm	直径 3.0mm	简单	0.1～0.25	光	钢和其他塑性材料	大批、大量
	18. 板料冲裁	厚度 25mm	直径 0.1mm	复杂	0.05～0.5	光	各种板料	大批、大量
压制	19. 塑料压制	壁厚 8mm	壁厚 0.8mm	受模具能否制造的限制	0.05～0.25	极光	含纤维状和粉状填充剂的塑料	大批、大量
	20. 粉末金属和石墨压制	横截面面积 $100cm^2$	壁厚 2.0mm	简单，受模具形状及在凸模行程方向压力的限制	在凸模行程方向：0.1～0.25 在与此垂直方向：0.25	极光	各种金属和石墨	大批、大量

二、毛坯的形状与尺寸的确定

现代机械制造发展的趋势之一是精化毛坯，使其形状和尺寸尽量与零件接近，从而进行少屑加工甚至无屑加工。但由于毛坯制造技术和设备投资经济性方面的原因，以及机电产品性能对零件加工精度和表面质量的要求日益提高，致使目前毛坯的很多表面仍留有一定的加工余量，以便通过机械加工来达到零件的质量要求。毛坯制造尺寸和零件尺寸的差值称为毛坯加工余量，毛坯制造尺寸的公差称为毛坯公差，二者都与毛坯的制造方法有关，生产中可参阅有关的工艺手册来选取。

有些零件为加工时安装方便，常在其毛坯上作出工艺凸台，如图 1-11 所示，零件加工完后一般应将其去除。

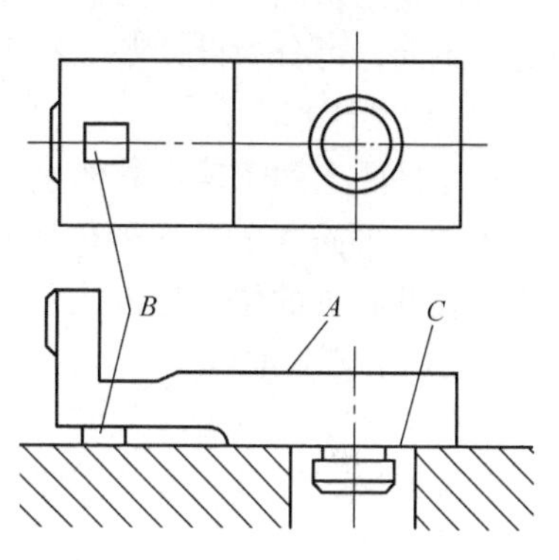

图 1-11　具有工艺凸台的毛坯

A—加工面　B—工艺凸台面　C—定位面

三、选择毛坯时应考虑的因素

为了合理地选择毛坯，通常需要从下面几个方面来综合考虑。

1. 零件生产纲领的大小

生产纲领的大小在很大程度上决定了采用某种毛坯制造方法的经济性。当生产批量较大时，应选用精度和生产率都较高的毛坯制造方法，其设备和工装方面的较大投资可通过材料消耗的减少和机械加工费用的降低而取得回报。而当零件的生产批量较小时，应选择设备和工装投资都较小的毛坯制造方法，如自由锻造和砂型铸造等。

2. 毛坯材料及其工艺特性

在选择毛坯制造方法时，首先要考虑材料的工艺特性，如可铸性、可锻性、焊接性等。例如，铸铁和青铜不能锻造，对这类材料只能选择铸件。但是材料的工艺特性不是绝对的，它随着工艺技术水平的提高而不断变化。例如，高速钢和合金工具钢很早以前由于其可铸性很差，一般均以锻件作为复杂刀具的毛坯。而现在由于精密铸造水平的提高，即使像齿轮滚刀这样复杂的刀具，也可用高速钢熔模铸造的毛坯，可以不经切削而直接刃磨出有关的几何表面。重要的钢质零件为使其具有良好的力学性能，不论其结构复杂或简单，均应选用锻件为毛坯，而不宜直接选用轧制型材。

3. 零件的形状

零件的形状和尺寸往往也是决定毛坯制造方法的重要因素。例如，形状复杂的毛坯，一般不采用金属型铸造；尺寸较大的毛坯，往往不能采用模锻、压铸和精密铸造，通常质量在100kg以上较大的毛坯常采用砂型铸造，自由锻造和焊接等方法。对于质量在 1500kg 以上的大锻件，需要水压机造型成坯，成本较高。但某些外形特殊的小零件，由于机械加工困难，往往采用较精密的毛坯制造方法，如压铸和熔模铸造等，最大限度地减少机械加工余量。

4. 现有生产条件

选择毛坯时，不应脱离本厂的生产设备条件和工艺水平，但又要结合产品的发展，积极创造条件，采用先进的毛坯制造方法。提高毛坯精度，实现少或无屑加工，是毛坯生产的一个重要发展方向。

第四节　定位基准的选择

定位基准的选择是制订工艺规程的一个重要问题，它直接影响到工序的数目、夹具结构的复杂程度及零件精度是否易于保证。一般应对几种定位方案进行比较。

一、基准的概念及分类

基准是用来确定生产对象上几何要素之间的几何关系所依据的那些点、线、面。根据其功能的不同，可分为设计基准和工艺基准两大类。

（一）设计基准

在零件图上用于确定其他点、线、面所依据的基准，称为设计基准。图 1-12 所示的柴油机机体，平面 *N* 和孔Ⅰ的位置是根据平面 *M* 决定的，所以平面 *M* 是平面 *N* 及孔Ⅰ的设计基准。孔Ⅱ、Ⅲ的位置是由孔Ⅰ的轴线决定的，故孔Ⅰ的轴线是孔Ⅱ、Ⅲ的设计基准。

（二）工艺基准

零件在加工、测量、装配等工艺过程中所使用的基准统称为工艺基准。工艺基准可分为：装配基准、测量基准、工序基准和定位基准。

1. 装配基准

在零件或部件装配时用以确定其在部件或机器中相对位置的基准。图 1-13 所示轴套的内孔即为其装配基准。

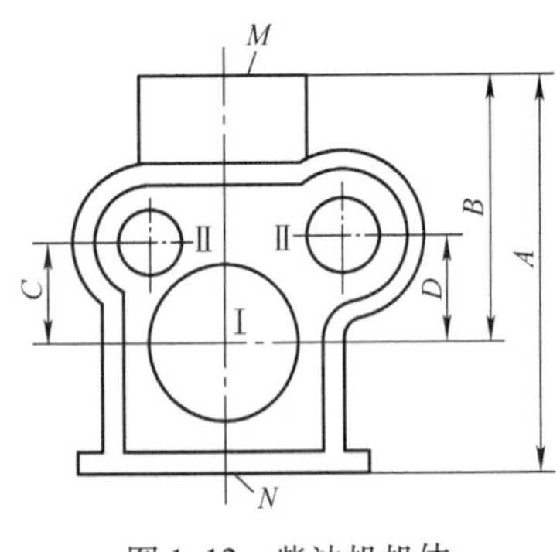

图 1-12　柴油机机体

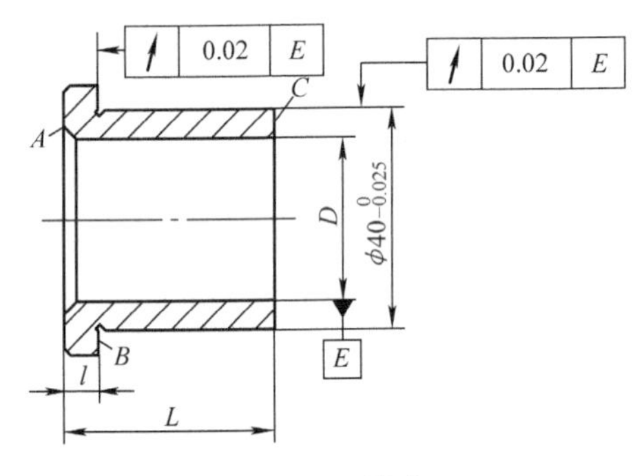

图 1-13　轴套

2. 测量基准

用以测量工件已加工表面的尺寸及各表面之间位置精度的基准。图 1-13 所示的轴套中，内孔是检验表面 *B* 轴向圆跳动和 $\phi40_{-0.025}^{0}$ mm 外圆径向圆跳动的测量基准；而表面 *A* 是检验长度尺寸 *L* 和 *l* 的测量基准。

3. 工序基准

在工序图上用来确定本工序所加工表面加工后的尺寸、形状、位置的基准。所标注的加工表面位置尺寸称为工序基准。工序基准也可以看作工序图中的设计基准。图 1-14 所示为钻孔工序的工序图，图 1-14a、b 分别表示两种不同的工序基准和相应的工序尺寸。

4. 定位基准

用以确定工件在机床上或夹具中正确位置所依据的基准。如轴类零件的顶尖孔就是车、

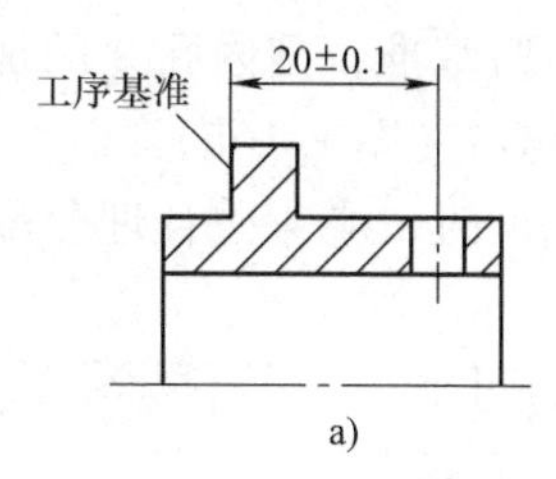

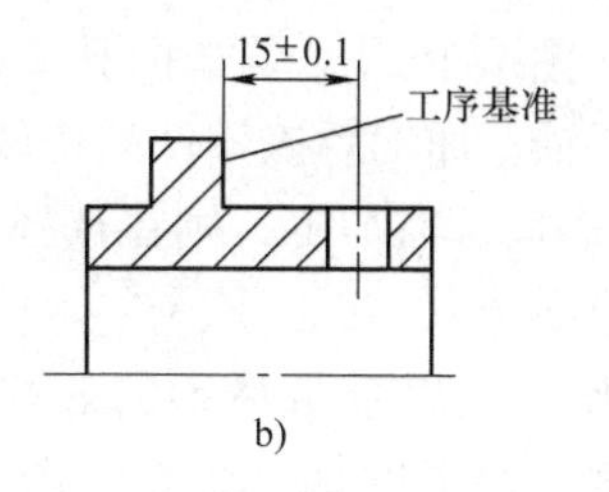

图 1-14　钻孔工序的工序图

磨工序的定位基准。图 1-15 所示齿轮的加工中，从图 1-15 中 a 可以看出，在加工齿轮端面 *E* 及内孔 *F* 的第一道工序中，是以毛坯外圆面 *A* 及端面 *B* 确定工件在夹具中的位置的，故 *A*、*B* 面就是该工序的定位基准。图 1-15b 是加工齿轮端面 *B* 及外圆 *A* 的工序，用 *E*、*F* 面确定工件的位置，故 *E*、*F* 面就是该工序的定位基准。由于工序尺寸方向的不同，作为定位基准的表面也会不同。

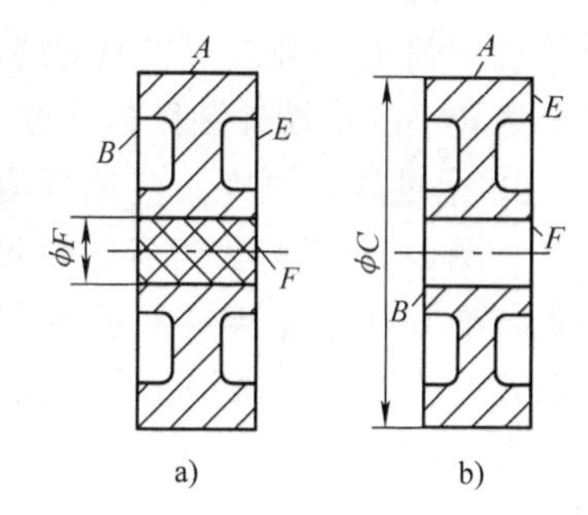

图 1-15　齿轮的加工

作为基准的点、线、面有时在工件上并不一定实际存在。在定位时起定位作用的具体表面称为定位基面。所以选择定位基准，实际上即选择恰当的定位基面。

二、粗基准的选择

定位基准一般分为粗基准和精基准。工件在机械加工的第一道工序中，只能用毛坯上未加工表面作定位基准，这种定位基准称为粗基准。而在随后的工序中用已加工表面来做定位的基准则为精基准。

选择粗基准的原则是要保证用粗基准定位所加工出的精基准有较高的精度；粗基准应能够保证加工表面和非加工表面之间的位置要求及合理分配加工表面的余量。粗基准可以按照下列原则进行选择。

1）若工件中有非加工表面，则选取该非加工表面为粗基准；若非加工表面较多，则应选取其中与加工表面相互位置精度要求较高的表面作为粗基准。这样可使加工表面与非加工表面有较正确的相对位置。此外，还可能在一次安装中将大部分加工表面加工出来。图1-16 所示的毛坯，在铸造时内孔 2 与外圆 1 有偏心，因此在加工时，若用不需加工的外圆 1 作为粗基准加工内孔 2，则内孔 2 加工后与外圆是同轴的，即加工后的壁厚均匀，但此时内孔 2

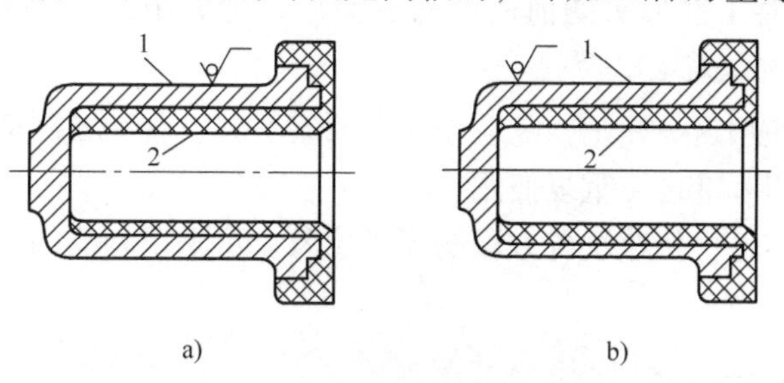

图 1-16　选择不同粗基准时的不同加工方法

1—外圆　2—内孔

的加工余量不均匀（图 1-16a）。若选内孔 2 作为粗基准，则内孔 2 的加工余量均匀，但它加工后与外圆 1 不同轴，加工后该零件的壁厚不均匀（图 1-16b）。

2）若工件所有表面都需加工，则在选择粗基准时，应考虑合理分配各加工表面的加工余量。一般按下列原则选取。

① 余量足够原则。应以余量最小的表面作为粗基准，以保证各表面都有足够的加工余量。图 1-17 所示阶梯轴的大小端外圆的偏心达 5mm，若以大端外圆为粗基准，则小端外圆可能无法加工出来，所以应选加工余量较小的小端外圆作粗基准。

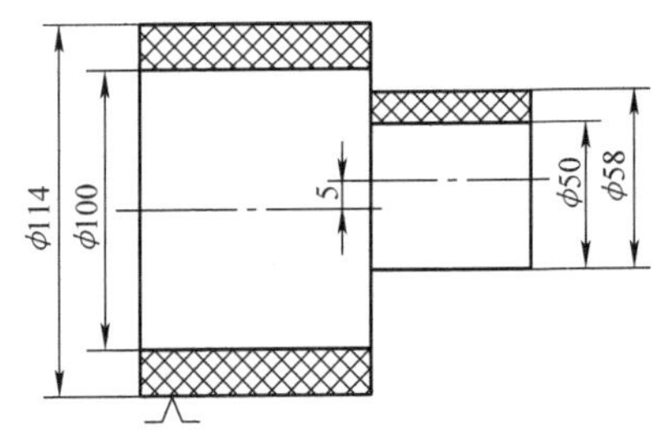

图 1-17 阶梯轴粗基准的错误选择

② 余量均匀原则。应选择零件上重要表面作为粗基准。图 1-18 所示为床身导轨加工，先以导轨面 A 作为粗基准来加工床脚的底面 B（图 1-18a）；然后再以底面 B 作为精基准来加工导轨面 A（图 1-18b），这样才能保证床身的重要表面——导轨面 A 加工时所切去的金属层尽可能薄且均匀，以便保留组织紧密、耐磨的金属表层。

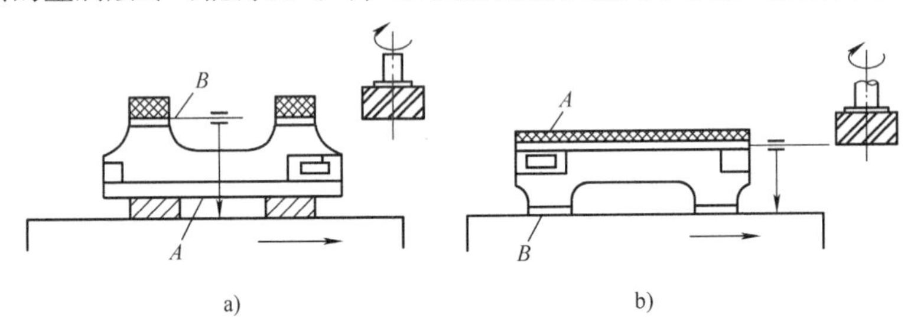

图 1-18 床身导轨加工

③ 切除总余量最小原则。应选择零件上那些平整的、足够大的表面作粗基准，以使零件上总的金属切削量减少。如上例中以导轨面作粗基准就符合此原则。

3）选择毛坯上平整光滑的表面作为粗基准，以便使定位准确，夹紧可靠。

4）粗基准应尽量避免重复使用，原则上只能使用一次。因为粗基准未经加工，表面较为粗糙，在第二次安装时，其在机床上（或夹具中）的实际位置与第一次安装时可能不一样。例如，图 1-19 所示的阶梯轴若在加工 A 面和 C 面时均用未加工表面 B 定位，对工件掉头的前后两次装夹中，加工中的 A 面和 C 面的同轴度误差难以控制。

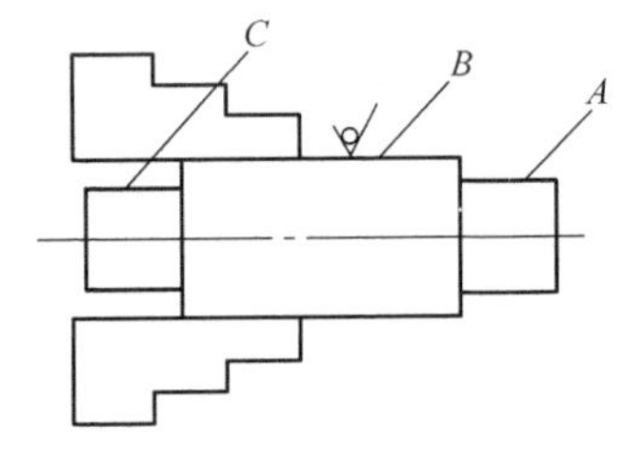

图 1-19 重复使用粗基准引起同轴度误差

对粗基准不重复使用这一原则，在应用时不要绝对化。若毛坯制造精度较高，而工件加工精度要求不高，则粗基准也可重复使用。

对较复杂的大型零件，从兼顾各方面的要求出发，可采用划线的方法来选择粗基准以合理地分配余量。

三、精基准的选择

精基准的选择应从保证零件的加工精度，特别是加工表面的相互位置精度来考虑，同时也要照顾到装夹方便和夹具的结构简单。因此，选择精基准一般应考虑以下原则。

1. 基准重合原则

应尽可能选择待加工表面的设计基准为精基准，称为基准重合原则。采用基准重合原则可以避免由定位基准与设计基准不重合而引起的定位误差即基准不重合误差。加工表面设计时给定的公差值不会减小，其尺寸精度和位置精度能可靠地得到保证。例如，图1-20a所示的在零件上加工孔3，孔3的设计基准是平面2，要求保证的尺寸是A。若加工时如图1-20b所示，以平面1为定位基准，这时影响尺寸A的定位误差Δ_{dw}就是尺寸B的加工误差，设尺寸B的最大加工误差为它的公差值T_B，则$\Delta_{dw}=T_B$。如果按如图1-20c所示加工，用平面2定位，遵循基准重合原则就不会产生定位误差。

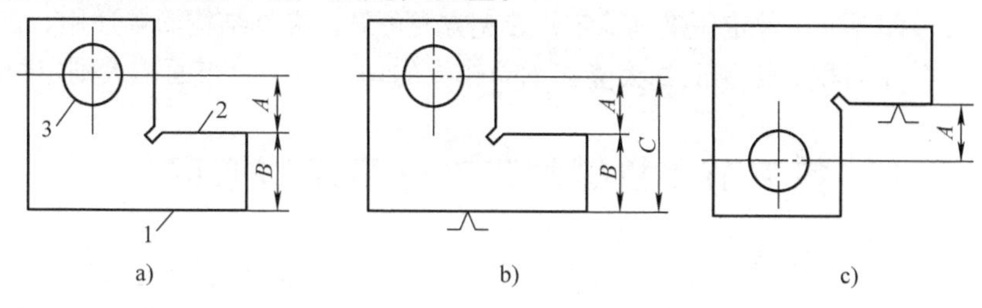

图1-20　设计基准与定位基准不重合示例

2. 基准统一原则

同一零件的多道工序尽可能选择同一个定位基准，称为基准统一原则。这样可保证各加工表面的相互位置精度，避免或减少因基准转换而引起的误差，并且简化了夹具的设计和制造工作，降低了成本，缩短了生产准备周期。如轴类零件加工，采用两中心孔作统一的定位基准加工各阶外圆表面，可保证各阶外圆表面之间较小的同轴度误差；齿轮的齿坯及齿形加工多采用齿轮的内孔和其轴线垂直的一端面作为定位基准；机床主轴箱的箱体多采用底面和导向面为统一的定位基准加工各轴孔、端面和侧面；一般箱形零件常采用一个大平面和两个距离较远的孔为统一的精基准。

应当指出，基准重合和基准统一原则是选择精基准的两个重要原则，但是有时二者会相互矛盾。遇到这样的情况一般这样处理：对尺寸精度较高的加工表面应服从基准重合原则，以免使工序尺寸的实际公差减小，给加工带来困难；除此之外，一般主要考虑基准统一原则。

3. 自为基准原则

某些精加工或光整加工工序要求余量小而均匀，加工时就以加工表面本身为精基准，这称为自为基准原则。该加工表面与其他表面之间的相互位置精度由先行工序保证。图1-21所示在导轨磨床上磨削床身导轨。工件安装后用百分表对其导轨表面找正，此时的床身底面

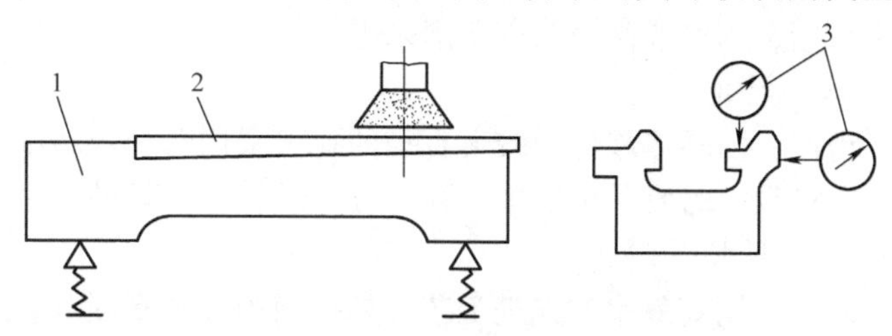

图1-21　在导轨磨床上磨削床身导轨

1—工件　2—调整用楔铁　3—找正百分表

仅起支承作用。此外，研磨、铰孔等都是自为基准的例子。

4. 互为基准原则

当两个表面的相互位置精度要求很高，而表面自身的尺寸和形状精度又很高时，常采用互为基准反复加工的办法来达到位置精度要求，这称为互为基准原则。例如精密齿轮高频淬火后，在其后的磨齿加工中，常采用先以齿面为基准磨内孔，再以内孔定位磨齿面，如此反复加工以保证齿面与内孔的位置精度。又如车床主轴前后支承轴颈与前锥孔有严格的同轴度要求，为了达到这一要求，生产中常常以主轴颈表面和锥孔表面互为基准反复加工，最后以前后支承轴颈定位精磨前锥孔。

5. 便于装夹原则

所选精基准应能保证工件定位准确稳定，装夹方便可靠，夹具结构简单适用。定位基准应有足够大的接触及分布面积。接触面积大能够承受较大的切削力，分布面积大则定位稳定可靠。

第五节 机械加工工艺路线的拟定

主要用机械加工的方法将毛坯制成所需零件的整个加工路线称为机械加工工艺路线，简称工艺路线。制订工艺规程的重要内容之一是拟定工艺路线。制订工艺路线的主要内容，除选择定位基准外，还应包括表面加工方法的选择、安排工序的先后顺序、确定工序的集中与分散程度以及加工阶段的划分等。

一、加工方法的选择

达到同样质量的加工方法有多种，在选择时一般要考虑下列因素。

1. 各种加工方法所能达到的经济精度和表面粗糙度

任何一种加工方法能获得的加工精度和表面粗糙度都有一个相当大的范围，而高精度的获得一般是以高成本为代价的。不恰当的高精度要求，会导致加工成本急剧上升。在正常加工条件下（采用符合质量标准的设备、工艺装备和标准技术等级的工人，不延长加工时间）所能保证的加工精度和表面粗糙度，这称为经济加工精度，简称经济精度。通常它的范围是比较窄的。例如，公差为IT7和表面粗糙度 Ra 0.4μm 以上外圆表面，精车可以达到，但采用磨削更为经济。而表面粗糙度 Ra 1.6μm 的外圆，则多采用车加工而不采用磨削加工，因为这时车削是更为经济的加工方法。表1-10介绍了常用加工方法的经济精度和表面粗糙度，在选择零件表面的加工方法时可参考此表。

2. 工件材料的性质

加工方法的选择，常受工件材料性质的限制。例如淬火钢淬火后应采用磨削加工；而非铁金属磨削困难，常采用金刚镗或高速精密车削来进行加工。

3. 工件的结构形状和尺寸

以内圆表面加工为例：回转体零件上较大直径的孔可采用车削或磨削；箱体上IT7级的孔常用镗削或铰削，孔径较小时宜采用铰削，孔径较大或长度较短的孔宜选镗削。

4. 生产率和经济性的要求

大批大量生产时，应采用高效率的先进工艺，如拉削内孔及平面等。或从根本上改变毛坯的制造方法，如粉末冶金、精密铸造等，可大大减少机械加工的工作量。但在生产纲领不大的情况下，应采用一般的加工方法，如镗孔或钻、扩、铰孔及铣、刨平面等。

表 1-10　常用加工方法的经济精度和表面粗糙度

加　工　表　面	加　工　方　法	经济精度 IT	表面粗糙度 Ra/μm
外圆柱面或端面	粗车	12～11	25～12.5
	半精车	10～9	6.3～3.2
	精车	8～7	1.6～0.8
	金刚石车	6～5	0.8～0.2
	粗磨	8～7	0.8～0.4
	精磨	6～5	0.4～0.2
	研磨	5～3	0.1～0.008
	超精加工	5	0.1～0.01
	抛光	—	0.1～0.012
圆柱孔	钻	12～11	25～12.5
	扩	10～9	6.3～3.2
	粗铰	8～7	1.6～0.8
	精铰	7～6	0.8～0.4
	粗拉	8～7	1.6～0.8
	精拉	7～6	0.8～0.4
	粗镗	12～11	25～12.5
	半精镗	10～9	6.3～3.2
	精镗	8～7	1.6～0.8
	粗磨	8～7	1.6～0.8
	精磨	7～6	0.4～0.2
	珩磨	6～4	0.8～0.05
	研磨	6～4	0.1～0.008
平面	粗铣（或粗刨）	13～11	25～12.5
	半精铣（或半精刨）	10～9	6.3～3.2
	精铣（或精刨）	8～7	1.6～0.8
	宽刀精刨	6	0.8～0.4
	粗拉	11～10	6.3～3.2
	精拉	9～6	1.6～0.4
	粗磨	8～7	1.6～0.4
	精磨	6～5	0.4～0.2
	研磨	5～3	0.1～0.008
	刮研	5	0.8～0.4

二、加工阶段的划分

工件的加工质量要求较高时，都应划分阶段。一般可划分为粗加工、半精加工和精加工三个阶段。加工精度和表面质量要求特别高时，还可增设光整加工和超精加工阶段。

1. 粗加工阶段

此阶段的主要任务是以高生产率去除加工表面多余的金属，所能达到的加工精度和表面质量都比较低。

2. 半精加工阶段

此阶段的任务是减小粗加工后留下的误差和表面缺陷层，使加工表面达到一定的精度，并为主要表面的精加工做好准备，同时完成一些次要表面的最后工序（扩孔、攻螺纹、铣键槽等）。

3. 精加工阶段

在精加工阶段应确保零件尺寸、形状和位置精度达到或基本达到（精密件）图样规定的精度要求以及表面粗糙度要求。因此，此阶段的主要目标是全面保证加工质量。

4. 光整阶段

对于零件上精度和表面粗糙度要求很高（IT6 级以上，表面粗糙度为 Ra 0.2μm 以下）的表面，应安排光整加工阶段。其主要任务是减小表面粗糙度值或进一步提高尺寸精度，一般不用于纠正形状误差和位置误差。

5. 超精密加工阶段

超精密加工是指加工精度高于 0.1μm，加工表面粗糙度小于 0.01μm 的加工技术。

划分加工阶段的原因是：

（1）可保证加工质量　粗加工时切削余量大，切削用量、切削热及功率都较大，因而工艺系统受力变形、热变形及工件内应力变形都较大，从而导致工件加工精度低和加工表面粗糙。为此要通过后续阶段，以较小的加工余量和切削用量来逐步消除或减少已产生的误差和减小表面粗糙度值。同时，各加工阶段之间的时间间隔可起自然时效的作用，有利于使工件消除内应力并充分变形，以便在后续工序中加以修正。

（2）可合理使用机床设备　粗加工时余量大，切削用量大，故应在功率大、刚性好、效率高而精度一般的机床上进行，以充分发挥机床的潜力。精加工对加工质量要求高，故应在较为精密的机床上进行，对机床来说，也可延长其使用寿命。

（3）便于安排热处理工序　热处理工序将加工过程自然地划分为前后阶段。热处理工序前安排粗加工，有助于消除粗加工时产生的内应力；热处理工序后安排精加工，可修正热处理过程中产生的变形。

（4）有利于及早发现毛坯的缺陷　粗加工时发现了毛坯的缺陷，如铸件的砂眼、气孔、余量不足等，可及时报废或修补，以免因继续盲目加工而造成成本浪费。

上述加工阶段的划分不是绝对的，当加工质量要求不高、工件刚性足够、毛坯质量高、加工余量小时，可以不划分加工阶段。例如，在组合机床或自动机上加工的零件不必过细地划分加工阶段。有些重型零件，由于安装运输费时又困难，常在一次安装下完成全部粗加工和精加工。为减少夹紧力的影响，并使工件消除内应力及发生相应的变形，在粗加工后可松开夹紧，再用较小的力重新夹紧，然后进行精加工。

工件的定位基准，在半精加工甚至粗加工时就应加工得很精确，如轴类零件的顶尖孔、齿轮的基准端面和孔等。而有些诸如钻小孔、倒角等粗加工工序，又常安排在精加工阶段来完成。

三、工序的集中与分散

确定了加工方法和划分加工阶段之后，零件加工的各个工步也就确定了。如何把这些工步组成工序呢？也就是要进一步考虑这些工步是分散成各个单独工序，分别在不同的机床设备上进行呢？还是把某些工步集中在一个工序中在一台设备上进行呢？

在选定了零件上各个表面的加工方法和划分了加工阶段以后，在具体实现这些加工时，可以采用两种不同的原则：一是工序集中的原则，即使每个工序中包括尽可能多的加工内容，因而使工序的总数减少；另一是工序分散的原则，其含义则与之相反。

工序集中的特点是：

1）可减少工件的装夹次数。这不仅保证了各个表面间的相互位置精度，还减少了辅助时间及夹具的数量。

2）便于采用高效的专用设备和工艺装备，生产率高。

3）工序数目少，可减少机床数量，相应地减少了工人人数及生产所需的面积，并可简化生产组织与计划安排。

4）专用设备和工艺装备比较复杂，因此生产准备周期较长，调整和维修也较麻烦，产品转换困难。

工序分散的特点是：

1）由于每台机床完成比较少的加工内容，所以机床、工具、夹具结构简单，调整方便，对工人的技术水平要求低。

2）便于选择更合理的切削用量。

3）生产适应强，转换产品较容易。

4）所需设备及工人人数多，生产周期长，生产所需面积大，运输量也较大。

按照何种原则确定工序数量，应根据生产纲领、机床设备及零件本身的结构和技术要求等作全面的考虑。

由于工序集中和工序分散各有特点，所以生产上都有应用。大批大量生产时，若使用多刀多轴的自动或半自动高效机床、数控机床、加工中心，可按工序集中原则生产；若按传统的流水线、自动线生产，多采用工序分散的组织形式。单件小批生产则一般在通用机床上按工序集中原则组织生产。

四、工序顺序的安排

复杂工件的工艺路线中要经过切削加工、热处理和辅助工序，如何将这些工序安排成一个合理的加工顺序，生产中已总结出一些指导性的原则，现分析如下。

1. 工序顺序的安排原则

（1）基准先行　作为加工其他表面的精基准一般应安排在工艺过程一开始就进行加工。例如，箱体类零件一般是以主要孔为粗基准来加工平面，再以平面为精基准来加工孔系；轴类零件一般是以外圆为粗基准来加工中心孔，再以中心孔为精基准来加工外圆、端面等。

（2）先面后孔　箱体、支架等类零件上有较大的平面可作定位基准时，应先加工这些平面以作精基准，供加工孔和其他表面时使用，这样可以保证定位稳定。此外，在加工过的平面上钻孔比在毛坯面上钻孔不易产生孔轴线的偏斜和较易保证孔距尺寸。

（3）先主后次　零件的主要加工表面（一般是指设计基准面、主要工作面、装配基面等）应先加工，而次要表面（指键槽、螺纹孔等）可在主要表面加工到一定精度之后、最终精度加工之前进行。

（4）先粗后精　一个零件的切削加工过程，总是先进行粗加工，再进行半精加工，最后是精加工和光整加工。这有利于加工误差和表面缺陷层的逐步消除，从而逐步提高零件的加工精度与表面质量。

（5）配套加工　有些表面的最后精加工安排在部装或总装过程中进行，以保证较高的配合精度。例如，连杆大头孔就要在连杆盖和连杆体装配好后再精镗和研磨；车床主轴上联接自定心卡盘的法兰，其止口及平面需待法兰安装在该车床主轴上后再进行最后的精加工。

2. 热处理工序的安排

热处理工序在工艺路线中的位置，主要取决于工件的材料及热处理的目的和种类。热处理的分类如下。

（1）预备热处理　预备热处理的目的是改善切削性能，为最终热处理做好准备和消除内应力，如正火、退火和时效处理等。它应安排在粗加工前、后和需要消除内应力处。放在粗加工前，可改善切削性能，并可减少车间之间的运输工作量；放在粗加工后，有利于粗加工内应力的消除。调质处理能得到组织均匀细致的回火索氏体，有时也作为预备热处理，常安排在粗加工后。

（2）消除残余应力处理　常用的消除残余应力处理有人工时效、退火等，一般安排在粗、精加工之间进行。为避免过多的运转工作量，对精度要求不太高的零件，一般将消除残余应力的人工时效和退火安排在毛坯进入机械加工车间前进行。对精度要求较高的复杂铸件，在加工过程中通常安排两次时效处理：铸造—粗加工—时效—半精加工—时效—精加工。对于高精度的零件，如精密丝杠、精密主轴等，应安排多次消除残余应力的热处理。

（3）最终热处理　最终热处理的目的是提高力学性能，如调质、淬火、渗碳淬火、液体碳氮共渗和渗氮等，都属于最终热处理，应安排在精加工前后。变形较大的热处理，如渗碳淬火应安排的精加工磨削前进行，以便在精加工磨削时纠正热处理的变形。调质也应安排在精加工前进行。变形较小的热处理如渗氮等，应安排在精加工后进行。

3. 辅助工序的安排

辅助工序的种类很多，包括检验、去毛刺、清洗、防锈、去磁、倒棱边及平衡等。辅助工序也是工艺规程的重要组成部分。

检验工序对保证质量、防止产生废品起到重要作用。除了工序中自检外，还需要在下列情况下单独安排检验工序。

1）粗加工全部结束以后，精加工开始以前。

2）零件从一个车间转到另一车间前后。

3）重要工序之后。

4）零件全部加工结束之后。

切削加工之后应安排去毛刺处理。未去净的毛刺将影响装夹精度、测量精度、装配精度以及工人安全。

工件在进入装配前，一般应安排清洗。例如，研磨、珩磨后没清洗过的工件会带入残存的砂粒，加剧工件在使用中的磨损；用磁力夹紧的工件没有安排去磁工序，会使带有磁性的工件进入装配线，影响装配质量。

第六节　机械加工工序内容的拟定

一、加工余量的确定

1. 加工余量的概念

加工余量是指加工过程中，所切去的金属层厚度。余量有工序余量和加工余量（毛坯

余量）之分。工序余量是相邻两工序的工序尺寸之差；加工余量是毛坯尺寸与零件图样的设计尺寸之差。两者之间的关系为

$$Z_{总} = Z_1 + Z_2 + \cdots + Z_n = \sum_{i=1}^{n} Z_i \tag{1-2}$$

式中　$Z_{总}$——加工总余量；

Z_i——工序余量；

n——工序数目。

由于工序尺寸有公差，故实际切除的余量大小不等，致使加工余量有基本余量、最小余量和最大余量之分。工序尺寸的公差一般按“入体原则”标注。此外，工序加工余量还有单边余量和双边余量之分。

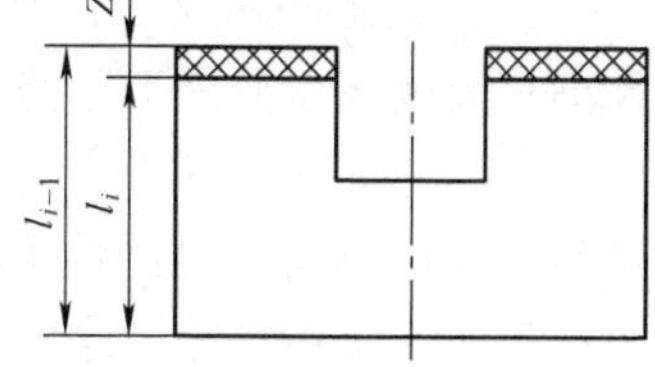

图 1-22　单边余量

（1）单边余量　零件非对称结构的非对称表面，其加工余量一般为单边余量。平面加工的余量是非对称的，故属于单边余量。工序的基本余量为前后工序的公称尺寸之差。图 1-22 所示的单边余量，其加工余量为

$$Z_i = l_{i-1} - l_i \tag{1-3}$$

式中　Z_i——本道工序的基本余量；

l_{i-1}——上道工序的公称尺寸；

l_i——本道工序的公称尺寸。

若图 1-22 中零件存在尺寸公差，则上道工序的最小尺寸与本道工序的最大尺寸之差为本道工序的最小余量 $Z_{i\min}$；上道工序最大尺寸与本道工序的最小尺寸之差为本道工序的最大余量 $Z_{i\max}$。

（2）双边余量　零件对称结构的对称表面（如回转体内、外圆柱面），其加工余量为双边余量，如图 1-23 所示。

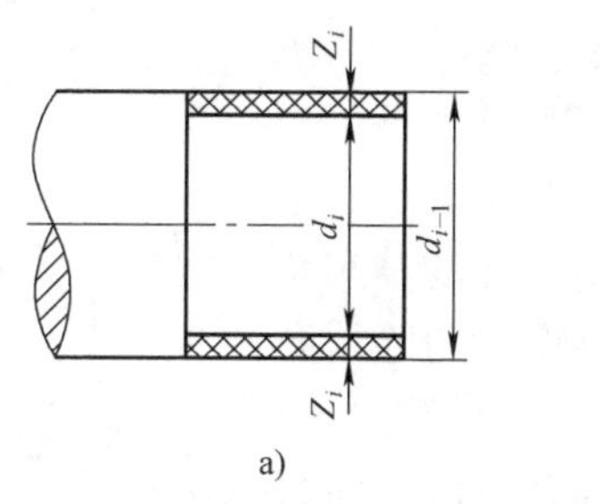

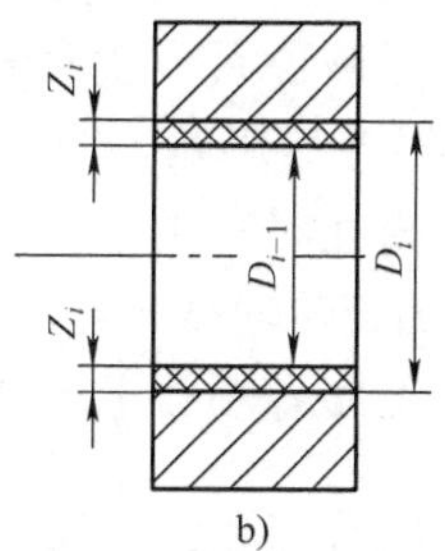

图 1-23　双边余量

对于外圆表面（图 1-23a）　$2Z_i = d_{i-1} - d_i$　(1-4)

对于内圆表面（图 1-23b）　$2Z_i = D_i - D_{i-1}$　(1-5)

式中　Z_i——本道工序的工序余量；

d_{i-1}、D_{i-1}——上道工序的公称尺寸；

d_i、D_i——本道工序的公称尺寸。

工序尺寸的公差与单边余量一样，一般按“入体原则”标注，对被包容表面（轴）来说，其公称尺寸即为最大工序尺寸；对包容面（孔）而言，其公称尺寸则为最小工序尺寸。毛坯尺寸的公差，一般采用双向标注。

2. 影响加工余量的因素

加工余量的大小对工件的加工质量和生产率有较大的影响。过大时，会浪费工时，增加刀具、金属材料及电力的消耗；过小时，既不能消除上道工序留下的各种缺陷和误差，又不能补偿本道工序的装夹误差，造成废品。因此应合理地确定加工余量。确定加工余量的基本原则是在保证加工质量的前提下，越小越好。影响加工余量的因素有以下几种。

（1）表面粗糙度 Ra 和缺陷层 D_a　为了使工件的加工质量逐步提高，一般每道工序都应切削到待加工表面以下的正常金属组织，即本道工序必须把上道工序留下的表面粗糙度 Ra 和缺陷层 D_a 全部切除，如图 1-24 所示。

（2）上道工序的尺寸公差 T_a　在加工表面上存在各种形状误差和尺寸误差，这些误差的大小一般包含在上道工序的尺寸公差 T_a 内。因此，应将 T_a 计入加工余量。

（3）工件各表面相互位置的空间偏差 ρ_a　空间偏差是指不包括在尺寸公差范围内的形状误差及位置误差，如直线度、同轴度、平行度、轴线与端面的垂直度误差等。上道工序形成的这类误差应在本道工序内予以修正。图 1-25 所示为轴的弯曲对加工余量的影响，由于上道工序轴线有直线度误差 δ，则本道工序的加工余量需相应增加 2δ。

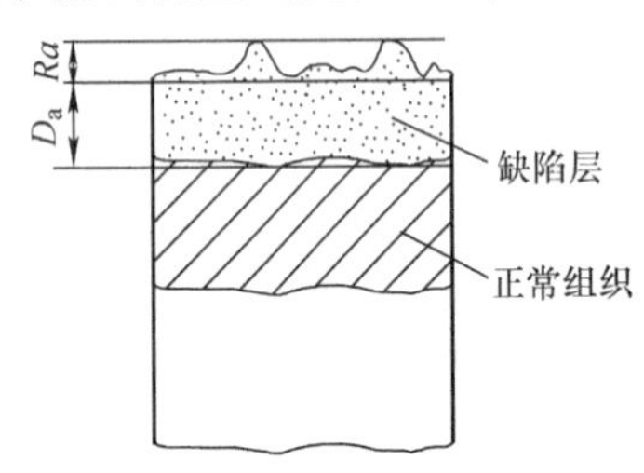

图 1-24　表面缺陷层

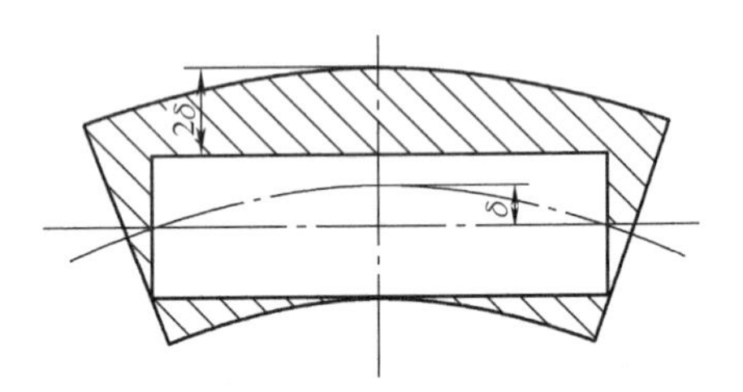

图 1-25　轴的弯曲对加工余量的影响

（4）工序加工时的装夹误差 ε_b　装夹误差包括工件的定位和夹紧误差及夹具在机床上的定位误差，这些误差会使工件在加工时的正确位置发生偏移，所以加工余量的确定还需考虑装夹误差的影响。图 1-26 所示自定心卡盘夹持工件外圆精车内孔时，由于自定心卡盘定心不准，使工件轴线偏离主轴旋转轴线 e 值，造成孔的精车余量不均匀。为确保上道工序各项误差和缺陷的切除，孔的直径余量应增加 $2e$。

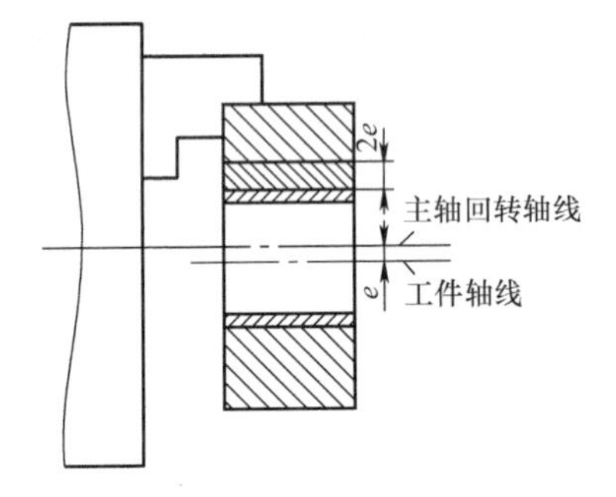

图 1-26　安装误差对加工余量的影响

ρ_a 和 ε_b 都具有方向性，因此，他们的合成应为向量和。综上所述，可得出加工余量的计算式为

对单边余量 $$Z=T_a+Ra+D_a+|\rho_a+\varepsilon_b| \tag{1-6}$$

对双边余量 $$2Z=2T_a+2(Ra+D_a)+2|\rho_a+\varepsilon_b| \tag{1-7}$$

在应用上述公式时，要根据具体的工序要求进行修正。例如，在无心磨床上加工小轴或用拉刀、浮动镗刀、浮动铰刀加工孔时，都是采用自为基准原则，不计装夹误差 ε_b。空间偏差 ρ_a 中仅剩形状误差，不计位置误差，此时计算加工余量的公式为

$$2Z_b=T_a+2(Ra+D_a)+2\rho_a \tag{1-8}$$

孔的光整加工，如研磨、珩磨、超精磨和抛光等，若主要是为了减小表面粗糙度值时，则公式为

$$2Z_b = 2Ra \tag{1-9}$$

若还需提高尺寸和形状精度时，则公式为

$$2Z_b + T_a + 2Ra + 2\rho_a \tag{1-10}$$

3. 确定加工余量的方法

（1）经验估计法　此法是根据工艺人员的实际经验确定加工余量。为了防止因加工余量不足而产生废品，所估计的加工余量一般偏大。此法常用于单件小批生产。

（2）查表法　此法是以工厂生产实践和试验研究积累的有关加工余量的资料数据为基础，先制成表格，再汇集成手册。确定加工余量时，查阅这些手册，再结合工厂的实际情况进行适当修改后确定。目前，这种方法用得比较广泛。

（3）分析计算法　此法是根据一定的试验资料和计算公式，对影响加工余量的各项因素进行综合分析和计算来确定加工余量的方法。这种方法确定的加工余量最经济合理，但必须有比较全面和可靠的试验资料。目前，只在材料十分贵重以及军工生产或少数大量生产的工厂中采用。

在确定加工总余量时，要分别确定加工余量和工序余量。加工总余量的大小与所选择的毛坯制造精度有关。用查表法确定工序余量时，粗加工工序余量不能用查表法得到，而是由加工总余量减去其他各工序余量之和而得。

二、工序尺寸与公差的确定

工序尺寸与公差的确定涉及工艺基准与设计基准是否重合的问题，如果工艺基准与设计基准不重合，必须用工艺尺寸链计算才能确定工艺尺寸。如果工艺基准与设计基准重合，可用下面过程确定工艺尺寸。

1）确定各加工工序的加工余量。

2）从终加工工序开始，即从设计尺寸开始，到第一道加工工序，逐次加上每道工序的工序余量，可分别得到各工序公称尺寸（包括毛坯尺寸）。

3）除终加工工序以外，其他各加工工序按各自所采用加工方法的加工经济精度确定工序尺寸公差（终加工工序的公差按设计要求确定）。

4）填写工序尺寸并按“入体原则”（即外表面注成上极限偏差为零，内表面注成下极限偏差为零）标注工序尺寸公差。

例如，某轴直径为 ϕ50mm，其公差等级为 IT5 级，表面粗糙度要求 Ra 0.05μm，并要求高频淬火，毛坯为锻件。其工艺路线为：粗车—半精车—高频淬火—粗磨—精磨—研磨。

根据有关手册查出各工序余量和所能达到的加工经济精度，计算各工序公称尺寸和极限偏差，然后填写工序尺寸，见表1-11。

表1-11　工序公称尺寸及极限偏差

工序名称	工序余量/mm	工序公差	工序公称尺寸/mm	工序公称尺寸及极限偏差/mm
研磨	0.01	IT5（h5）	50	$\phi50^{\ 0}_{-0.01}$
精磨	0.1	IT6（h6）	50 + 0.01 = 50.01	$\phi50.01^{\ 0}_{-0.019}$
粗磨	0.3	IT8（h8）	50.01 + 0.1 = 50.11	$\phi50.11^{\ 0}_{-0.046}$
半精车	1.1	IT10（h10）	50.11 + 0.3 = 50.41	$\phi50.41^{\ 0}_{-0.12}$
粗车	4.49	IT12（h12）	50.41 + 1.1 = 51.51	$\phi51.51^{\ 0}_{-0.19}$
锻造	—	±2	51.51 + 4.49 = 56	$\phi56 \pm 2$

三、机床及工艺设备的选择

1. 机床的选择

在选择机床时应遵循下列原则：

1）机床的主要规格尺寸应与工件的外轮廓尺寸和加工表面的有关尺寸相适应。

2）机床的精度要与工序要求的加工精度相适应。

3）机床的生产率应与零件的生产纲领相适应。

4）尽量利用现有的机床设备。

若需改装旧机床或设计专用机床，应提出任务书，说明与工序内容有关的参数、生产纲领、保证产品质量的技术条件及机床的总体布置等。

2. 工艺装备的选择

工艺装备主要包括夹具、刀具、量具和辅助工具，其选择是否合理，直接影响工件的加工质量、生产率和加工经济性。

（1）夹具的选择　单件小批生产时，优先考虑作为机床附件的各种通用夹具，如卡盘、回转工作台、机用平口钳等，也可采用组合夹具；大批大量生产时，应根据工序要求设计专用高效夹具；多品种的中批生产可采用可调夹具或成组夹具。

（2）刀具的选择　在选择刀具时主要考虑加工内容、工件材料、加工精度、表面粗糙度、生产率、经济性及所选用的机床的性能等因素。一般应优先采用标准刀具，必要时也可采用各种高生产率的复合刀具及专用刀具。此外，应结合实际情况，尽可能选用各种先进刀具，如可转位刀具、整体硬质合金刀具、陶瓷刀具、群钻等。

（3）量具的选择　量具主要根据生产类型及加工精度加以选择。单件小批生产时采用通用量具；大批大量生产时采用极限量规及高生产率的量规。此外，对用于联接机床与刀具的辅具，如刀柄、接杆、夹头等，在选择时也应予以足够的重视。由于数控机床与加工中心的应用日益广泛，辅具的重要性更为明显。若选择不当，对加工精度、生产率、经济性都会产生消极影响。具体的选择要根据工序内容、刀具和机床结构等因素而定，并且尽量选择标准辅具。

第七节　机械加工工艺规程的技术经济分析

机械加工工艺规程（简称工艺规程）的制订，既应保证产品的质量，又要采取措施提高劳动生产率和降低产品成本，即必须做到优质、高产、低消耗。

制订工艺规程时，在保证质量的前提下，往往会出现几种工艺方案，而这些方案的生产率和成本则会有所不同。为了选取最佳方案，就需进行技术经济分析。

一、时间定额

时间定额是指在一定的生产条件下，规定生产一件产品或完成一道工序所需消耗的时间。时间定额不仅是衡量劳动生产率的指标，也是安排生产计划，计算生产成本的重要依据，还是新建或扩建工厂（或车间）时计算设备和工人人数的依据。

制定时间定额应根据本企业的生产技术条件，使大多数工人都能达到、部分先进工人可以超过、少数工人经过努力可以达到或接近的平均先进水平。合理的时间定额能调动工人的积极性，促进工人技术水平的提高，从而不断提高劳动生产率。随着企业生产技术条件的不断改善，时间定额定期修订，以保持定额的平均先进水平。

完成一个零件的一道工序所需的时间称为单件时间 T_p，它由下列部分组成。

1. 基本时间 T_b

直接用于改变生产对象的尺寸、形状、相对位置、表面状态或材料性质等工艺过程所消耗的时间，称为基本时间。对切削加工而言，就是切除余量所花费的时间（包括刀具的切入、切出时间），可计算得出。

2. 辅助时间 T_a

为实现工艺过程必须进行的各种辅助动作所消耗的时间，称为辅助时间。如装卸工件、开（停）机床、测量工件尺寸、进退刀具等。基本时间与辅助时间之和称为作业时间，用 T_B 表示。

3. 布置工作地时间 T_s

为使加工正常进行，工人照管工作地点所消耗的时间（如收拾工具、清理切屑、润滑机床等），称为布置工作地时间，一般按作业时间的2%～7%来计算。

4. 休息和生理需要时间 T_r

工人在工作班内为恢复体力和满足生理需要所消耗的时间，一般按作业时间的2%～4%来计算。

以上四部分时间的总和即为单件时间 T_p，即

$$T_p = T_b + T_a + T_s + T_r = T_B + T_s + T_r \tag{1-11}$$

5. 准备和终结时间 T_e

准备时间是工人为了生产一批产品或零部件，进行准备和结束工作所消耗的时间。例如，在单件或成批生产中，每当开始加工一批工件时，工人需要熟悉工艺文件，领取毛坯、材料、工艺装备，安装刀具和夹具、调整机床和其他工艺装备等所消耗的时间。T_e 既不是直接消耗在每个工件上，也不是消耗在一个工作班内的时间，而是消耗在一批工件上的时间。设每批工件数为 n 件，则分摊到每个工件上的准备和终结时间为 T_e/n，将这部分时间加到单件时间上去，即成批生产的单件计算时间 T_c，即

$$T_c = T_p + T_e/n = T_b + T_a + T_s + T_r + T_e/n \tag{1-12}$$

大量生产中，由于 n 的数值很大，$T_e/n \approx 0$，可忽略不计。

$$T_c = T_p = T_b + T_a + T_s + T_r \tag{1-13}$$

二、生产率与经济性

在制订工艺规程的时候，必须妥善处理生产率与经济性的问题。提高劳动生产率涉及产品设计、制造工艺、生产组织及管理等多方面的因素。这里仅就与机械加工有关的，通常用以提高生产率的几种主要途径作简单介绍。

1. 缩短单件时间

缩短单件时间，主要是压缩占单件时间比重较大的那部分时间。不同的生产类型，占比重较大的时间项目也有所不同。在单件小批生产中辅助时间占较大比重；而在大批大量生产中，基本时间占较大比重。下面简要分析缩短单件时间的几种途径。

（1）缩短基本时间　基本时间 T_b 可按有关公式计算。以车削外圆为例，即

$$T_b = \frac{\pi DLZ}{1000 v_c f a_p} \tag{1-14}$$

式中　D——切削直径（mm）；

L——切削行程长度（mm）；

Z——工序余量（mm）；

v_c——切削速度（m/min）；

f——进给量（mm/r）；

a_p——背吃刀量（mm）。

上式说明，增大切削用量（切削速度、进给量及背吃刀量）和减少切削行程长度都可以缩短基本时间。

1）提高切削用量。增大切削速度、进给量和背吃刀量都能缩短基本时间，从而减少单件时间，这是机械加工中广泛采用的提高劳动生产率的有效方法之一。

由于毛坯的日益精化，致使加工余量逐渐减小，故难以通过提高背吃刀量来提高生产率。切削速度的提高主要受到刀具材料和机床性能的制约，但是，近年来由于切削用陶瓷和各种超硬刀具材料以及刀具表面涂层技术的迅猛发展，机床性能尤其是动态和热态性能的显著改善，使切削速度获得大幅度提高。目前，硬质合金车刀的切削速度可达 100～300m/min，陶瓷刀具的切削速度可达 100～400m/min，有的甚至达到 750m/min。近年来出现的聚晶金刚石和聚晶立方氮化硼新型刀具材料，其切削速度高达 600～1200m/min。

在磨削加工方面，高速磨削、强力磨削、砂带磨削的研究成果，使生产率有了大幅度提高。高速磨削的砂轮速度已高达 80～125m/s（普通磨削的砂轮速度仅为 30～35 m/s）；缓进给强力磨削的磨削深度达 6～12mm；砂带磨削同铣削加工相比，切除同样加工余量的加工时间仅为铣削加工的 1/10。

2）减少工作行程。在切削加工过程中可采用多刀切削、多件加工、工步合并等措施来减少工作行程。如图 1-27 所示。

（2）缩短辅助时间　随着基本时间的减少，辅助时间在单件时间中所占比重越来越大。这时应采取措施缩短辅助时间。

1）采用先进夹具。在大批大量生产中，采用气动、液压、电磁等高效夹具，中、小批量采用成组工艺、成组夹具、组合夹具都能减少找正和装卸工件时间。

2）采用连续加工方法。使辅助时间与基本时间重合或大部分重合。如图 1-28 所示，在双轴立式铣床上采用连续加工方式进行粗铣和精铣。在装卸区及时装卸工件，在加工区不停地进行加工。连续加工不需间歇转位，更不需停机，生产率很高。

3）采用在线检测的方法进行检测。采用在线检测的方法控制加工过程中的尺寸，使测量时间与基本时间重合。近代在线检测装置发展为自动测量系统，该系统不仅能在加工过程中测量并显示实际尺寸，而且能用测量结果控制机床的自动循环，使辅助时间大大缩短。

（3）缩短布置工作地时间　减少布置工作地时间，可在减少更换刀具和调整刀具的时间方面采取措施。例如，提高刀具或砂轮的寿命；采用刀具尺寸的线外预调和各种快速换刀、自动换刀装置，如图 1-29 所示，都能有效缩短换刀时间。

（4）缩短准备与终结时间　缩短准备与终结时间的主要方法是扩大零件的批量和减少

调整机床、刀具和夹具的时间。在中、小批生产中，产品经常更换，批量小，使准备与终结时间在单件计算时间中占有较大的比例。同时，批量小又限制了高效设备和高效装备的应用，因此，扩大批量是缩短准备与终结时间的有效途径。目前，采用成组技术、扩大相似批量以及零、部件通用化、标准化、系列化是扩大批量最有效的方法。

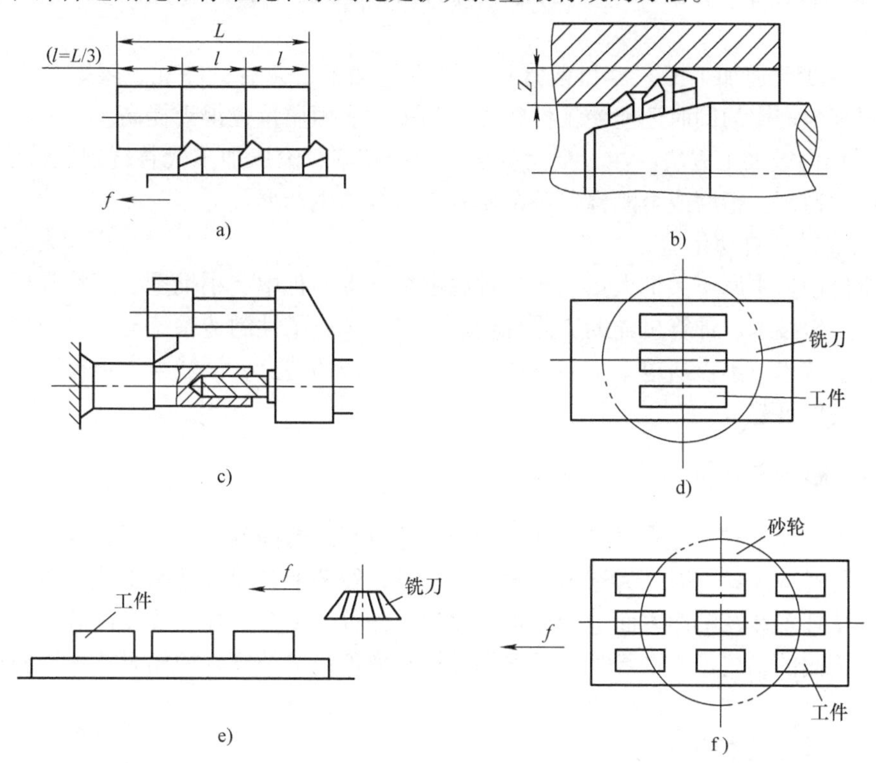

图 1-27　减少切削行程长度的方法

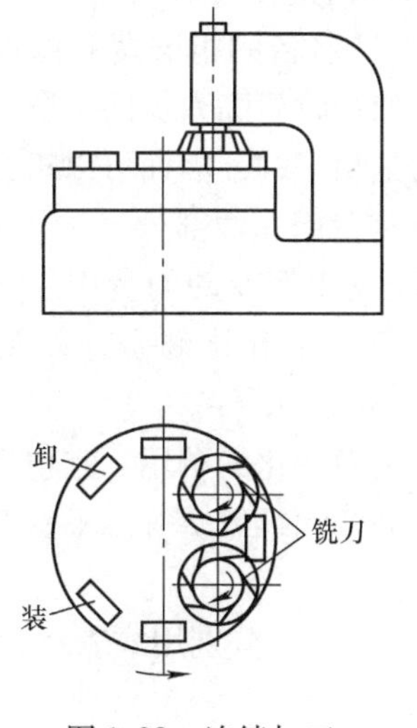

图 1-28　连续加工

图 1-29　快换刀夹

2. 采用先进制造方法

采用先进制造方法是提高劳动生产率的另一有效途径，有时能取得较大的经济效果。常有以下几种方法。

（1）采用先进的毛坯制造新工艺　精密铸造、精密锻造、粉末冶金、冷挤压、热挤压和快速成型等新工艺，不仅能提高生产率，而且工件的表面质量也能得到明显改善。

（2）采用特种加工方法　对一些特殊性能材料和一些复杂型面，采用特种加工能极大地提高生产率。

（3）采用少无屑加工工艺　目前常用的少无屑加工工艺有：冷轧、辊锻、冷挤等。这些方法在提高生产率的同时还能使工件的加工精度和表面质量也得到提高。

（4）采用高效加工方法　在大批大量生产中用拉削、滚压加工代替铣削、铰削和磨削；成批生产中用精刨、精磨或金刚镗代替刮研等都可提高生产率。

3. 进行高效、自动化加工

随着机械制造中属于大批大量生产品种的减少，多品种中、小批量生产将是机械加工工业的主流，成组技术、计算机辅助工艺规程、数控加工、柔性制造系统与计算机集成制造系统等现代制造技术，不仅适应了多品种中、小批量生产的特点，又能大大地提高生产率，是机械制造业的发展趋势。

三、技术经济分析

对某一零件加工时，通常可有几种不同的工艺方案。这些方案虽然都能满足该零件的技术要求，但是经济性却不同。为选出技术上较先进，经济上又较合理的工艺方案，就要在给定的条件下从技术和经济两方面进行分析、比较、评价。工艺过程的技术经济分析方法有两种：一是对不同的工艺过程进行工艺成本的分析和评价；二是按某种相对技术经济指标进行宏观比较。

1. 工艺成本的分析和评比

零件的实际生产成本是制造零件所需的一切费用的总和。工艺成本是指生产成本中与工艺过程有关的那一部分成本，占生产成本的70%～75%，如毛坯或原材料费用、生产工人的工资、机床电费（设备的使用费）、折旧费和维修费、工艺装备的折旧费和修理费以及车间和工厂的管理费用等。与工艺过程无关的那部分成本，如行政后勤人员的工资、厂房折旧费和维修费、照明取暖非等在不同方案的分析和评比中均是相等的，因而可以略去。

工艺成本按照与年产量的关系，分为可变费用 V 和不变费用 S 两部分。

可变费用 V 是与年产量直接有关，随年产量的增减而成比例变动的费用。它包括：材料或毛坯费、操作人员的工资、机床电费、通用机床的折旧费和维修费，以及通用工装（夹具、刀具和辅具等）的折旧费和维修费。可变费用的单位是元/件。

不变费用 S 是与年产量无直接关系，不随年产量的增减而变化的费用。它包括：调整工人的工资、专用机床的折旧费和维修费以及专用工装的折旧费和维修费等。不变费用的单位是元/年。

由以上分析可知，零件全年工艺成本 E 及单位工艺成本 E_d 可分别用式表示为

$$E = VN + S \tag{1-15}$$

$$E_d = V + \frac{S}{N} \tag{1-16}$$

式中　E——零件全年工艺成本（元/年）；

E_d——单件工艺成本（元/件）；

N——年产量（件/年）；

S——全年的不变费用（元）。

以上两式也可用于计算单个工序的成本。

图 1-30 所示为全年工艺成本 E 与年产量 N 的关系。由图可知，E 与 N 是线性关系，直线的斜率为零件的可变费用 V，直线的起点为零件的不变费用 S。

图 1-31 所示为单件工艺成本 E_d 与年产量 N 的关系。由图可知，E_d 与 N 呈双曲线关系，当 N 增大时，E_d 逐渐减小，极限值接近于可变费用 V。

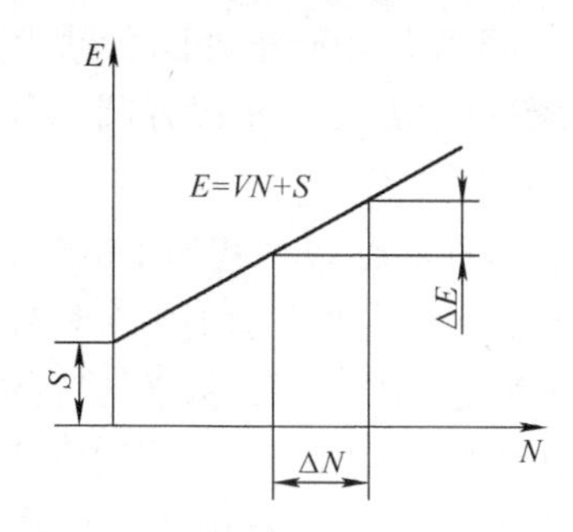

图 1-30　全年工艺成本与年产量的关系

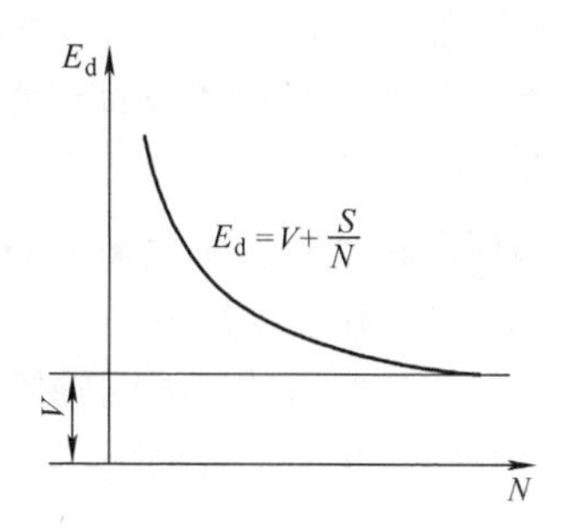

图 1-31　单件工艺成本与年产量的关系

对不同方案的工艺过程进行评比时，常用零件的全年工艺成本进行比较，这是因为全年工艺成本与年产量呈线性关系，容易比较。

设两种不同工艺方案分别为 1 和 2，它们的全年工艺成本分别为

$$E_1 = V_1N + S_1$$

$$E_2 = V_2N + S_2$$

两种方案评比时，往往是一种方案的可变费用较大的话，另一种方案的不变费用就会较大。如果某方案的可变费用与不可变费用都较大，那么该方案在经济上是不可取的。

如图 1-32 所示，在同一坐标图上，分别画出方案 1 和方案 2 的全年工艺成本与年产量的关系。由图可知，两条直线相交于 $N = N_K$ 处，该 N_K 称为临界年产量，此时，两种工艺方案的全年工艺成本相等。由 $V_1N_K + S_A = V_2N_K + S_2$ 可得

$$N_K = \frac{S_1 - S_2}{V_2 - V_1} \tag{1-17}$$

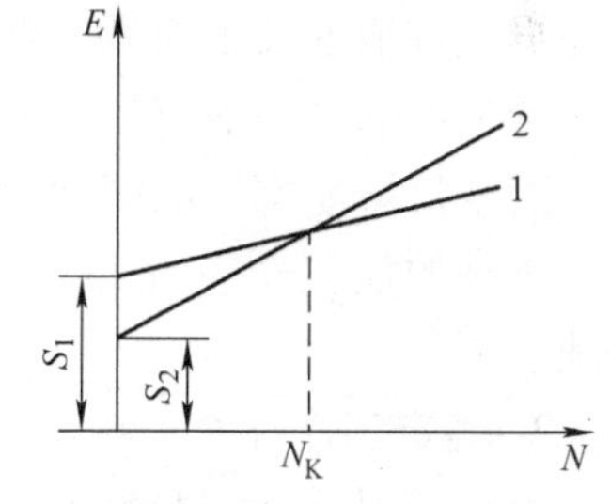

图 1-32　两种方案全年工艺成本的评比

当 $N < N_K$ 时，宜采用方案 2；当 $N > N_K$ 时，宜采用方案 1。用工艺成本评比的方法比较科学，因而对关键零件或关键工序的评比常用工艺成本进行评比。

2. 相对技术经济指标的评比

当对工艺过程的不同方案进行宏观比较时，常用相对技术经济指标进行评比。

技术经济指标反映工艺过程中劳动的消耗、设备的特征和利用程度、工艺装备需要量以及各种材料和电力的消耗等情况。常用的技术经济指标有：每个生产工人的平均年产量（件/人），每台机床的平均年产量（件/台），每平方米生产面积的平均年产量（件/m^2），以及设备利用率、材料利用率和工艺装备系数等。利用这些指标能概略和方便地进行技术经

济评比。

【任务实施】

1. 拟定工艺路线

（1）确定加工方案　轴类在进行外圆加工时，会因切除大量金属后引起残余应力重新分布而变形。应将粗、精加工分开，先粗加工，再进行半精加工和精加工，主要表面精加工放在最后进行。传动轴大多是回转面，主要是采用车削和外圆磨削。由于该轴的 Q、M、P、N 段公差等级较高，表面粗糙度值较小，应采用磨削加工。其他外圆面采用粗车、半精车、精车加工的加工方案。

（2）划分加工阶段　该轴加工划分为三个加工阶段，即粗车（粗车外圆、钻中心孔）、半精车（半精车各处外圆、台肩和修研中心孔等），粗精磨 Q、M、P、N 段外圆。各加工阶段大致以热处理为界。

（3）选择定位基准　轴类零件各表面的设计基准一般是轴的轴线，其加工的定位基准，最常用的是两中心孔。采用两中心孔作为定位基准不但能在一次装夹中加工出多处外圆和端面，而且可保证各外圆轴线的同轴度以及端面与轴线的垂直度要求，符合基准统一的原则。

在粗加工外圆和加工长轴类零件时，为了提高工件刚度，常采用一夹一顶的方式，即轴的一端外圆用卡盘夹紧，一端用尾座顶尖顶住中心孔，此时是以外圆和中心孔同作为定位基面。

（4）热处理工序安排　该轴需进行调质处理。它应放在粗加工后，半精加工前进行。如采用锻件毛坯，首先安排退火或正火处理。该轴毛坯为热轧钢，可不必进行正火处理。

（5）加工工序安排　应遵循加工顺序安排的一般原则，如先粗后精、先主后次等。另外还应注意：

外圆表面加工顺序应为先加工大直径外圆，然后再加工小直径外圆，以免一开始就降低了工件的刚度。

轴上的花键、键槽等表面的加工应在外圆精车或粗磨之后、外圆精磨之前。这样既可保证花键、键槽的加工质量，也可保证精加工表面的精度。

轴上的螺纹一般有较高的精度，其加工应安排在工件局部淬火之前进行，避免因淬火后产生的变形影响螺纹的精度。

该轴的加工工艺路线为毛坯及其热处理—预加工—车削外圆—铣键槽等—热处理—磨削。

2. 确定工序尺寸

毛坯下料尺寸：$\phi65\text{mm}\times265\text{mm}$；

粗车时，各外圆及各段尺寸按图样加工尺寸均留加工余量 2mm；

半精车时，螺纹大径车到 $\phi24^{-0.1}_{-0.2}\text{mm}$，$\phi44\text{mm}$ 及 $\phi62\text{mm}$ 台阶车到图样规定尺寸，其余台阶均留 0.5mm 加工余量。

铣加工：止动垫圈槽加工到图样规定尺寸，键槽铣到比图样尺寸多 0.25mm，作为磨削的加工余量。

精加工：螺纹加工到图样规定尺寸 M24×1.5－6g，各外圆车到图样规定尺寸。

3. 选择设备工装

外圆加工设备：卧式车床 CA6140。

磨削加工设备：万能外圆磨床 M1432B。

铣削加工设备：铣床 X5032。

4. 确定传动轴的加工工艺过程（表 1-12）

表 1-12　传动轴的加工工艺过程

工序号	工序名称	工序内容	工艺装备
1	下料	ϕ65mm×265mm	
2	车	自定心卡盘夹持工件，车端面见平，钻中心孔，用尾架顶尖顶住，粗车 P、N 及螺纹段三个台阶，直径、长度均留余量 2mm	CA6140
		掉头，自定心卡盘夹持工件另一端，车端面保证总长 259mm，钻中心孔，用尾架顶尖顶住，粗车另外四个台阶，直径、长度均留余量 2mm	CA6140
3	热处理	调质处理 24～38HRC	
4	钳	修研两端中心孔	CA6140
5	车	双顶尖装夹。半精车三个台阶，螺纹大径车到 $\phi24_{-0.2}^{-0.1}$mm，P、N 两个台阶直径上留余量 0.5mm，车槽三个，倒角三个	CA6140
		掉头，双顶尖装夹，半精车余下的五个台阶，ϕ44mm 及 ϕ52mm 台阶车到图样规定的尺寸。螺纹大径车到 $\phi24_{-0.2}^{-0.1}$mm，其余两个台阶直径上留余量 0.5mm，车槽三个，倒角四个	CA6140
6	车	双顶尖装夹，车一端螺纹 M24×1.5—6g，掉头，双顶尖装夹，车另一端螺纹 M24×1.5—6g	CA6140
7	钳	画键槽及一个止动垫圈槽加工线	
8	铣	铣两个键槽及一个止动垫圈槽，键槽深度比图样规定尺寸多铣 0.25mm，作为磨削的余量	X5032
9	钳	修研两端中心孔	CA6140
10	磨	磨外圆 Q 和 M，并用砂轮端面靠磨台 H 和 I。掉头，磨外圆 N 和 P，靠磨台肩 G。	M1432B
11	检	检验	

【复习与思考】

1. 什么是生产过程、工艺过程和工艺规程？工艺规程在生产中起何作用？
2. 什么是工序、安装、工位、工步和走刀？
3. 机械加工工艺过程卡和工序卡的区别是什么？简述它们的应用场合。
4. 常用的零件毛坯有哪些形式？各应用于什么场合？
5. 简述机械加工工艺规程的设计原则、步骤和内容。
6. 试分析如图 1-33 所示零件有哪些结构工艺性问题并提出正确的改进意见。
7. 简述机械加工工艺过程一般划分为哪几个加工阶段及主要任务是什么。

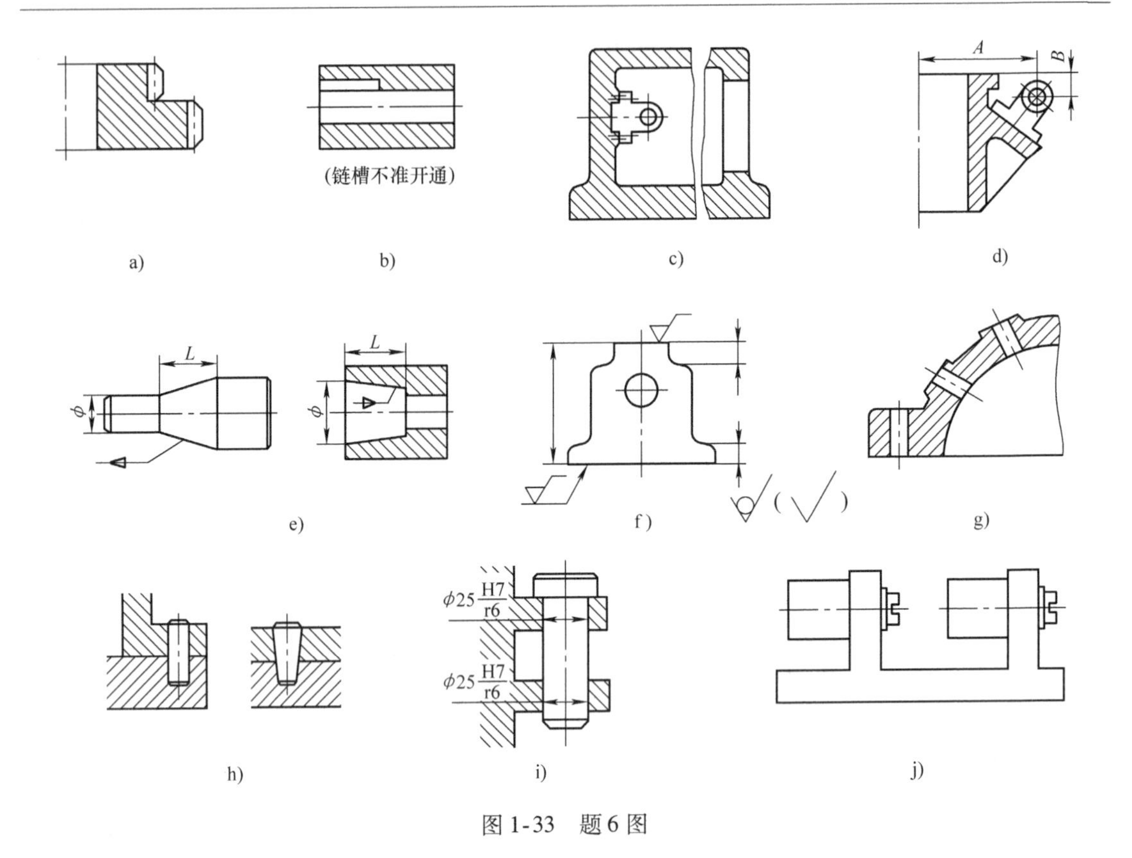

图 1-33　题 6 图

8. 零件的技术要求包括哪些?

9. 工序的集中和分散各有什么优缺点? 各应用于什么场合?

10. 工序顺序安排应遵循哪些原则? 如何安排热处理工序?

11. 什么是粗基准和精基准? 它们的选择原则是什么?

12. 试述选择精基准时，采用基准统一原则的好处。

13. 车床床身的导轨面和床脚底面都需加工，应选取哪一个面为粗基准，为什么?

14. 加工如图 1-34a 所示零件，按调整法加工，试在图中指出:

(1) 加工平面 2 时的设计基准、定位基准、工序基准和测量基准（图 1-34b)。

(2) 镗孔 4 时的设计基准、定位基准、工序基准和测量基准（图 1-34c)。

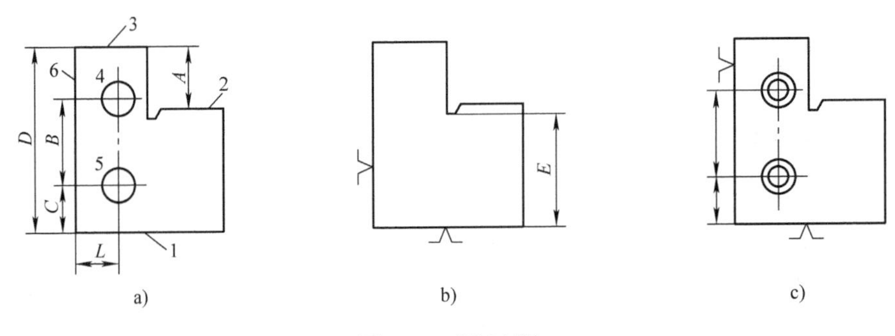

图 1-34　题 14 图

15. 何谓劳动生产率? 提高机械加工劳动生产率的工艺措施有哪些?

16. 何谓生产成本与工艺成本? 二者有何区别? 比较不同工艺方案的经济性时，需要考虑哪些因素?

17. 有一小轴，毛坯为热轧棒料，大量生产的工艺路线为粗车—半精车—淬火—粗磨—精磨，外圆设计尺寸为 $\phi30_{-0.013}^{0}$mm，已知各工序的加工余量和经济精度，试确定各工序尺寸及极限偏差，并填写在表1-13中。

表1-13　工序尺寸及极限偏差

工序名称	工序余量/mm	工序公差	工序尺寸及极限偏差/mm
精磨	0.1	IT6（h6）	
粗磨	0.4	IT8（h8）	
半精车	1.1	IT10（h10）	
粗车	2.4	IT12（h12）	
毛坯尺寸	4（总余量）	±2	

18. 某厂年产4105型柴油机2000台，已知连杆的备品率为5%，机械加工废品率为1%，试计算连杆的年生产纲领，并说明其生产类型和工艺特点。

【技能训练】

在使用通用设备加工时，编制下面各个零件的机械加工工艺卡片，并对工艺路线进行分析（生产类型：单件或小批生产）。

1）传动轴零件（图1-35），材料为45钢。

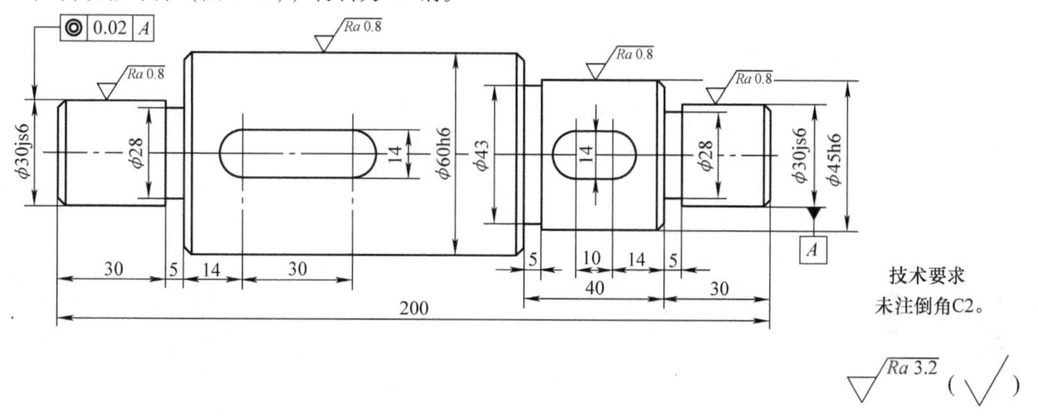

图1-35　传动轴零件

2）定位销零件（图1-36），材料为T10A。

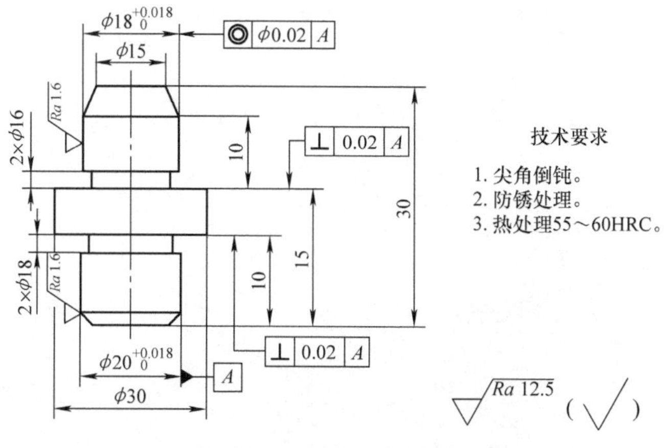

图1-36　定位销零件

3）输出轴零件图（图 1-37），材料为 45 钢。

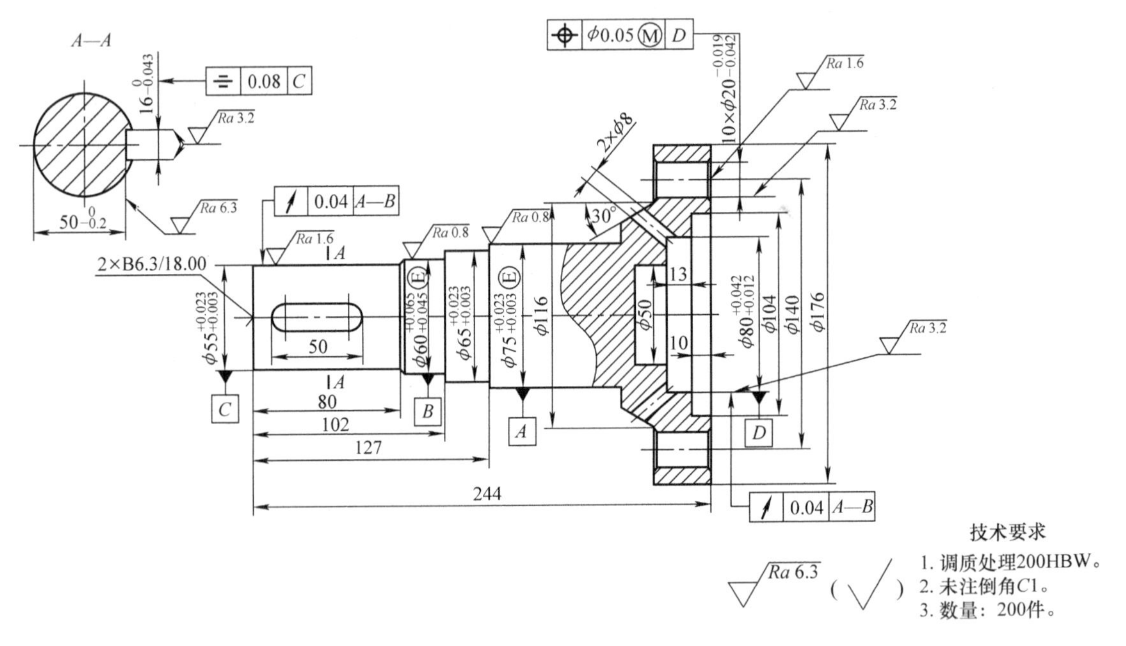

图 1-37 输出轴零件图

项目二　丝杠类零件的加工

【知识目标】

1. 掌握常用车床种类及结构。
2. 掌握车刀的种类及用途。
3. 熟悉各种表面的车削加工方法。

【能力目标】

1. 具有丝杠类零件工艺性分析的能力。
2. 掌握丝杠类零件毛坯的选择方法。
3. 具有编制简单丝杠类零件机械加工工艺方案的能力。
4. 初步具备制订较复杂丝杠类零件的工艺路线的能力。

【任务引入】

图 2-1 所示为丝杠零件图，生产类型为单件生产。试根据零件图给出的相关信息，在使用通用设备加工的条件下，编制该零件的机械加工工艺。

【任务分析】

（1）丝杠的结构和技术要求　丝杠不仅要能传递准确的运动，而且还要能传递一定的动力，所以它在精度、强度以及耐磨性各个方面，都有一定的要求。

图 2-1 所示的丝杠，螺纹部分为其主要表面，其表面粗糙度、加工质量有较高要求。$\phi 45_{-0.05}^{0}$mm、$\phi 52_{-0.016}^{0}$mm、$\phi 35_{-0.016}^{0}$mm、$\phi 40_{+0.009}^{+0.025}$mm、$\phi 50_{+0.009}^{+0.025}$mm、$\phi 35_{-0.005}^{+0.005}$mm 这几处外圆是安装轴承和传动零件的，有圆度、圆跳动要求，表面粗糙度要求也较高。$\phi 60$mm 左端面轴向定位面与 $\phi 52_{-0.016}^{0}$mm 有垂直度要求。

（2）毛坯状况　丝杠材料要有足够的强度，以保证传递一定的动力，应具有良好的热处理工艺性（淬透性好、热处理变形小、不易产生裂纹），并能获得较高的硬度、良好的耐磨性。丝杠螺母材料一般采用 CrWMn、9SiCr、9Mn2V，热处理硬度为 60 ~ 62HRC。整体淬火在热处理和磨削过程中变形较大，工艺性差，应尽可能采用表面硬化处理。上述滚珠丝杠材料为 9Mn2V 热轧圆钢，调质硬度为 250HBW，除螺纹外，其余高频淬硬 60HRC。材料加工前需经球化处理，并进行严格的切样检查。为了消除由于金相组织不稳定而引起的残余应力，安排了冰冷处理工序，使淬火后的残留奥氏体转变为马氏体。为了保证质量，毛坯热处理后进行磁粉检测，检查零件是否有微观裂纹。

【相关知识】

机械中有很多零件都是回转体，如轴、套、齿轮、丝杠等。这些零件大部分都要在车床上进行车削加工。车削是最基本的切削加工方法。由于车削加工具有加工范围广、生产率高和生产成本低等特点，因此使车床成为应用最广的机床。

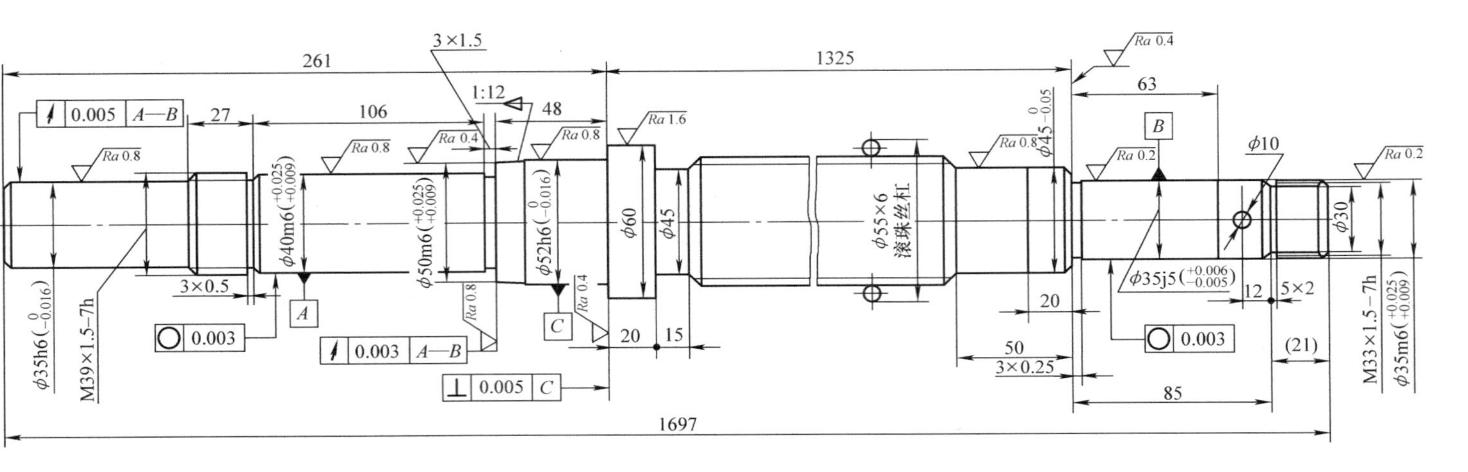

螺纹牙型放大

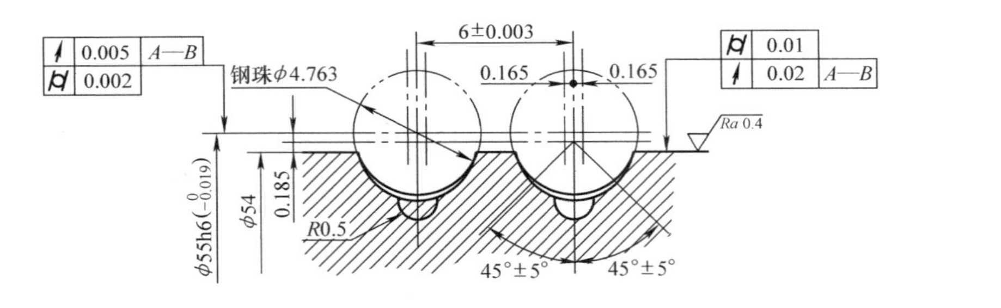

Ra 6.3 (√)

技术要求

1. 锥度1:12部分，用量规作涂色检套，接触长度大于80%。
2. 调质硬度250HBW，除M39×1.5−7h和M33×1.5−7h螺纹和φ60外圆外，其余均高频淬硬60HRC。
3. 滚珠丝杠的螺距累积误差为：0.006/25、0.009/100、0.016/300、0.018/600、0.022/900、0.03/全长。
4. 材料：9Mn2V。

图 2-1 丝杠零件图

第一节 车床的种类、结构及工艺范围

使用车刀进行车削加工的机床称为车床。车床的主运动是主轴的回转运动，进给运动通常是刀具的直线运动。

一、车床的种类

车床种类很多，按结构形式有卧式车床、落地车床、立式车床等，此外还有转塔车床、回轮车床等。随着数控技术的发展，数控车床在一般工厂应用越来越广泛。无论在加工表面类型，还是在加工精度、加工效率方面，数控车床都显示出其独特的优越性。

（一）CA6140 型卧式车床

CA6140 型卧式车床是最常用的机床之一，其外形如图 2-2 所示。它主要由床身、主轴箱、进给箱、溜板箱、刀架及尾座等组成。

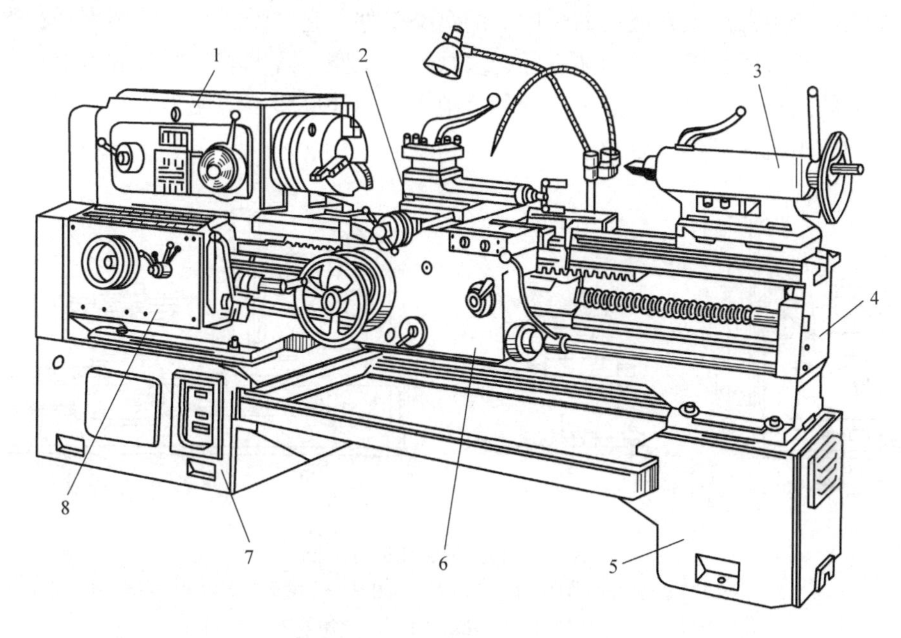

图 2-2 CA6140 型卧式车床外形

1—主轴箱 2—刀架 3—尾座 4—床身 5、7—右、左床腿 6—溜板箱 8—进给箱

1. 主轴箱

主轴箱 1 固定在床身 4 的左侧。装在主轴箱 1 中的主轴，通过卡盘等夹具装夹工件。主轴箱的功用是支承主轴并传动主轴，使主轴带动工件按照规定的转速旋转，以实现主运动。主轴箱内有变速机构，通过变换箱外手柄的位置，可以改变主轴的转速，以满足车削不同工件的需要。

2. 进给箱

进给箱 8 固定在床身 4 的左前侧，它是进给运动传动链中的传动比及转向的变换装置，功用是改变所加工螺纹的螺距或机动进给的进给量。

3. 溜板箱

溜板箱 6 固定在刀架 2 的底部，可带动刀架 2 一起作纵向运动。溜板箱的功用是把进给箱传来的运动传递给刀架，使刀架实现纵向进给、横向进给、快速移动或车螺纹。在溜板箱上装有各种操纵手柄及按钮，以供操作人员方便地操作机床。

4. 刀架

刀架2装在溜板的刀架导轨上，并可沿此导轨纵向移动。刀架由两层滑板和方刀架组成，功用是装夹车刀，并使车刀作纵向、横向或斜向运动。

5. 尾座

尾座3装在床身4的导轨上，并可沿此导轨纵向调整位置。尾座的功用是用后顶尖支承工件。在尾座上可安装钻头、铰刀等孔加工刀具，以进行孔加工；安装丝锥、板牙等螺纹加工刀具，以进行螺纹加工。

6. 床身

床身4固定在左床腿7和右床腿5上。床身是车床的基本支承件，其上安装着车床的主要部件。床身的功用是支承各主要部件，并使它们工作时保持准确的相对位置。

（二）落地车床

落地车床一般用来加工直径大而长度短的盘类工件。它与卧式车床的区别是：落地车床有一个大直径花盘，增大了工件回转直径，多数没有尾座。落地车床可分为刀架独立的和刀架装在床身上的两种。图2-3所示为这两种落地车床的外形图。落地车床广泛用于电机、机车、汽轮机和矿山机械等生产企业。

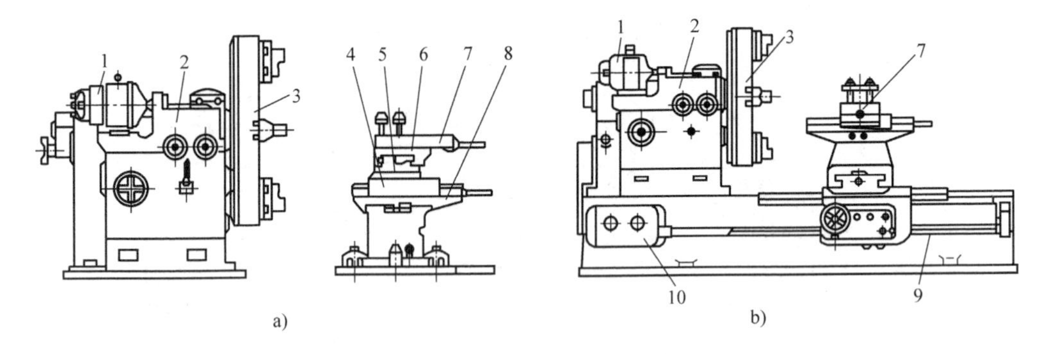

图2-3　两种落地车床的外形图

a）刀架独立的落地车床　b）刀架装在床身上的落地车床

1—电动机　2—主轴箱　3—花盘　4、7—纵向刀架　5—转盘

6、8—横向刀架　9—光杠　10—进给箱

（三）立式车床

立式车床与卧式车床的区别在于前者的主轴回转轴线是垂直的，而后者是水平的。立式车床主要用于加工短而直径大的重型工件，如大型带轮、轮圈、大型电机的零件等。

在立式车床上可车削端面、圆柱表面、圆锥表面及成形表面，有些立式车床可以车削螺纹。此外，在设有特殊夹具的立式车床上，还可进行钻削和磨削工作。

立式车床可分为单柱式和双柱式两种，图2-4所示为单柱式立式车床。图中件5为立柱，其上有带导轨的横梁4，滑板3可沿横梁4上的导轨作水平移动。件2是垂直刀架，可沿滑板3上的导轨作垂直移动。件1为水平刀架，它可以沿着立柱5的导轨作垂直移动，又可作水平移动。装夹在垂直刀架及水平刀架上的刀具可同时进行切削。

（四）转塔车床和回轮车床

成批生产形状复杂的工件，如阶梯小轴、套筒、螺钉、螺母、接头等，往往需要较多的刀具和工序，用转塔车床、回轮车床加工则可以提高生产率。图 2-5 所示为转塔车床，图 2-6 所示为回轮车床。

转塔车床、回轮车床与普通卧式车床在结构上的最大区别是：它没有丝杠，并将卧式车床的尾座换成能作纵向自动进给的转塔或回轮刀架，在刀架上可安装多组刀具。这些刀具可按照零件的加工顺序依次安装，并调整妥当。加工时，多工位刀架顺序转位，将不同刀具轮流引入工作位置进行加工。

转塔车床能完成卧式车床上的各种加工内容，如车外圆、车端面、车槽、钻孔、铰孔、车螺纹、车成形面等。但是，由于它没有丝杠，故只能用丝锥或板牙加工较短的内、外螺纹。

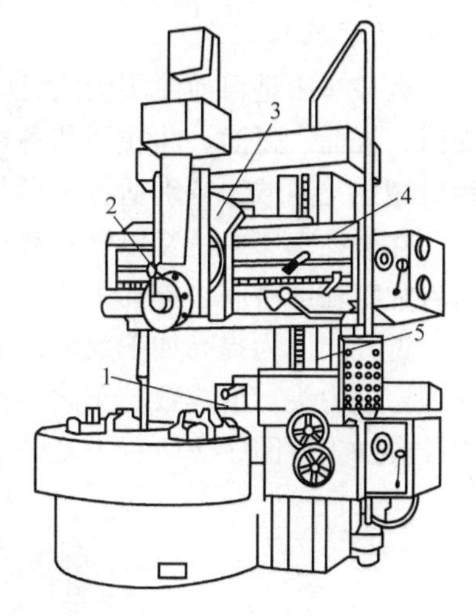

图 2-4　单柱式立式车床
1—水平刀架　2—垂直刀架　3—滑板　4—横梁　5—立柱

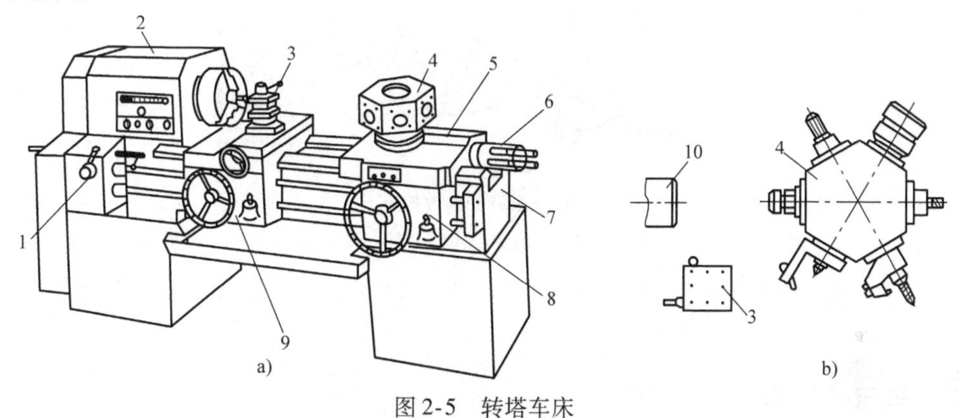

图 2-5　转塔车床
a）转塔车床外形图　b）转塔车床刀架
1—进给箱　2—主轴箱　3—横刀板　4—转塔刀具　5—纵向进给床鞍　6—定程装置　7—床身　8—转塔刀架溜板箱　9—横刀架溜板箱　10—主轴

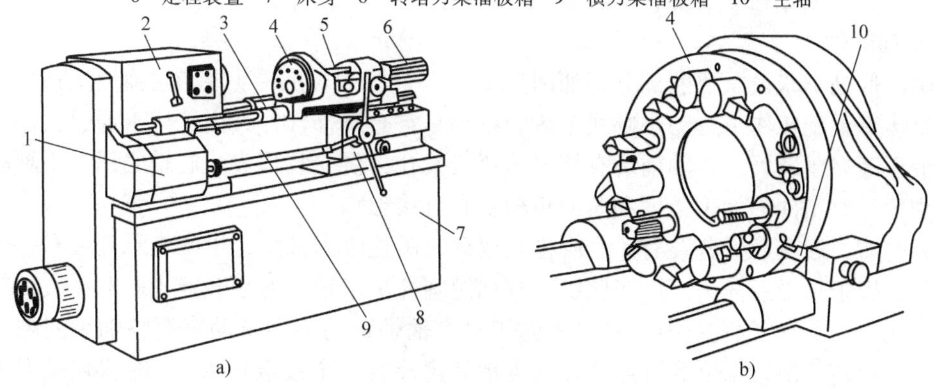

图 2-6　回轮车床
a）回轮车床外形图　b）回轮车床刀架
1—进给箱　2—主轴箱　3—刚性纵向定程机构　4—回转刀具　5—纵向进给床鞍　6—纵向定程机构　7—底座　8—溜板箱　9—床身　10—横向定程机构

（五）数控车床

数控车床是目前使用较广泛的数控机床，主要用于车削各种回转体零件的内外圆柱面、端面、锥面、弧面、曲线面和各种螺纹，因而广泛应用于航天、军工、铁路、汽车及其他各种机械加工领域，特别适合于形状复杂、精度要求较高的工件加工。

在数控车床中，又以卧式数控车床所占比例较大。在汽车行业，加工盘类零件时，为了节省加工辅助时间，提高生产率，也大量采用立式数控车床。

近几年，为提高加工效率，又在数控车床的基础上，增加了围绕 Z 轴旋转的 C 轴控制和刀台动力头，形成数控车削中心。车削中心不仅能实现车削加工，而且能实现钻、铣、攻螺纹等加工。图 2-7 所示为 CK6136S 数控车床外形图。

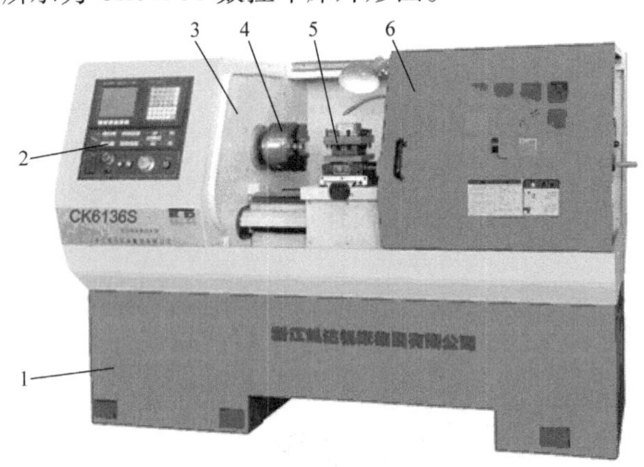

图 2-7 CK6136S 数控车床

1—床身 2—操作面板 3—主轴箱 4—主轴卡盘 5—回转刀架 6—防护罩

车床的种类除上述几种外，还有多轴自动、半自动车床、仿形及多刀车床及其他专用车床等。

二、车床的结构

下面以最为常见的 CA6140 型卧式车床为例，介绍车床的主要机构及传动系统。

（一）CA6140 型卧式车床的主要机构

1. 主轴部件

主轴部件是车床最重要的部分，如图 2-8 所示。加工时工件夹持在主轴前端的夹具上，并由其直接带动旋转作主运动。卧式车床的主轴是空心阶梯轴，其内孔用于通过长棒料以及气动、液压等夹紧装置。主轴前端有精密的莫氏锥孔，供安装顶尖或心轴之用。主轴的旋转精度、刚度等对工件的加工精度和表面粗糙度有直接影响。

主轴的前、后支承处各装有一个圆锥孔双列短圆柱滚子轴承，中间支承处装有一个圆柱滚子轴承，用于承受径向力。由于圆锥孔双列短圆柱滚子轴承的承载能力和刚度大，旋转精度高，内孔是 1∶12 的锥孔，可以通过内圈相对主轴轴颈的轴向移动来调整轴承间隙，因而可以保证有较高的回转精度和刚度。在前支承处还装有一个接触角为 60°的双列推力角接触球轴承，用于承受左、右两个方向的轴向力。

2. 变速机构

变速机构的任务是在主动轴转速不变的情况下，使从动轴得到不同的转速。车床上常见的变速机构有以下几种：

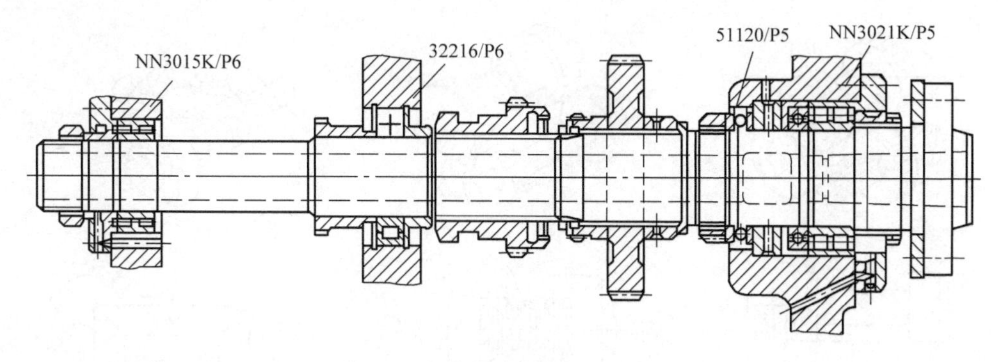

图 2-8　CA6140 型车床主轴部件

（1）滑移齿轮变速机构　如图 2-9a 所示，齿轮 z_1、z_2、z_3固定在轴Ⅰ上，由齿轮 z_1'、z_2'、z_3'组成的三联滑移齿轮以花键和轴相联接，并可移至左、中、右三个位置，使传动比不同的齿轮副 z_1/z_1'、z_2/z_2'、z_3/z_3'依次啮合。因而，当主动轴转速不变时，从动轴可以得到三种不同的转速。

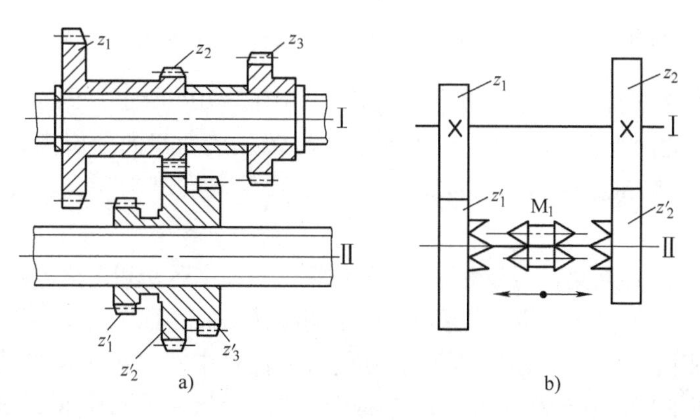

图 2-9　变速机构

a）滑移齿轮变速机构　b）离合器变速机构

（2）离合器变速机构　如图 2-9b 所示，固定在轴上的齿轮 z_1、z_2分别与空套在轴Ⅱ上的齿轮 z_1'、z_2'保持经常啮合。由于两对齿轮的传动比不同，当轴Ⅰ的转速一定时，齿轮 z_1'、z_2'将以不同的转速运动。利用安装在轴Ⅱ上的双向离合器 M_1，使其与 z_1'、z_2'连接，从而使轴Ⅱ得到不同的转速。

3. 变向机构

变向机构用以改变主轴的旋转方向或溜板和刀架的进给方向。车床上常见的变向机构如图 2-10 所示。

（1）滑移齿轮变向机构　如图 2-10a 所示，当滑移齿轮在图示位置时，运动由 z_1经中间齿轮 z_0传至 z_2，轴Ⅱ与轴Ⅰ转向相同；当 z_2移至双点画线位置时，z_1'与 z_2直接啮合，轴Ⅱ与轴Ⅰ转向相反。

（2）圆柱齿轮和摩擦离合器组成的变向机构　如图 2-10b 所示，双向离合器 M 的左面部分接合时，运动从轴Ⅰ经齿轮副 z_1/z_2传至轴Ⅱ，两轴转向相反；离合器右面部分接合时，运动由轴Ⅰ经齿轮副 z_3/z_0 和 z_0/z_4 传至轴Ⅱ，两轴转向相同。

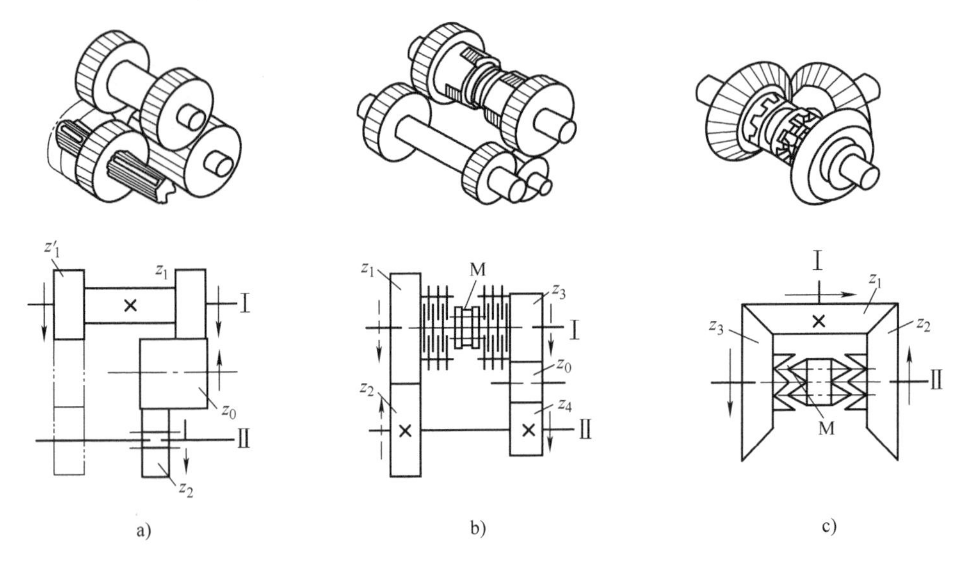

图 2-10　变向机构

a）滑移齿轮变向机构　b）圆柱齿轮和摩擦离合器组成的变向机构　c）锥齿轮和牙嵌离合器组成的变向机构

（3）锥齿轮和牙嵌离合器组成的变向机构　如图 2-10c 所示，固定在轴Ⅰ上的齿轮 z_1 带动空套在轴Ⅱ上的两个齿轮 z_2 和 z_3 作相反方向旋转，移动双向牙嵌离合器 M 使齿轮 z_2 和 z_3 分别与轴Ⅱ连接，即可改变轴Ⅱ的转向。

4. 操纵机构

操纵机构的功能是改变离合器和滑移齿轮的位置，实现主运动和进给运动的起动、停止、变速、变向等动作。为了使操作方便，常采用一个手柄操纵几个传动件，如滑移齿轮、离合器等。

（1）主轴变速操纵机构　图 2-11 所示为车床主轴箱中的一种主轴变速操纵机构，它用一个手柄同时操纵双联滑移齿轮 1 和三联滑移齿轮 2。手柄 9 通过链轮、链条传动使轴Ⅶ转动，在轴Ⅶ上固定有盘形凸轮，a'、b'、c'位置曲率半径较大，d'、e'、f'位置曲率半径较小。凸轮槽通过杠杆 11 操纵双联滑移齿轮 1。当杠杆 11 的滚子处于凸轮曲率的大半径时，双联滑移齿轮 1 在左端位置；若处于小半径时，则被移至右端位置。曲柄 5 上的拨销 4 上装有滚子，并嵌入拨叉 3 的长槽中，当拨销 4 随轴Ⅶ转动时，可拨动三联滑移齿轮 2，使其处于左、中、右三个位置。通过手柄 9 的旋转和曲柄 5 及杠杆 11 的协同动作，可使双联滑移齿轮 1 和三联滑移齿轮 2 的轴向位置实现六种不同的组合，得到六种不同的转速。

（2）纵、横向机动操纵机构　它的功能是接通、断开车床纵、横向机动进给和改变进给方向，如图 2-12 所示。

向左或向右扳动手柄 1 便可以接通向左或向右的纵向进给，其运动传递过程如下：向左或向右扳动手柄 1，手柄座下端的开口槽通过球头销 4 拨动轴 5 沿轴向移动，再经杠杆 7、连杆 8 使凸轮 9 转动，凸轮上的曲线槽通过销钉 10 带动轴 11 以及固定在它上面的拨叉 12 向前或向后移动，从而使双面齿形离合器 M_8 向前或向后啮合，即可接通向前或向后横向进给。

（3）主轴开停及制动操纵机构　该操纵机构如图 2-13 所示，它的功能是控制主轴开停、换向和制动。

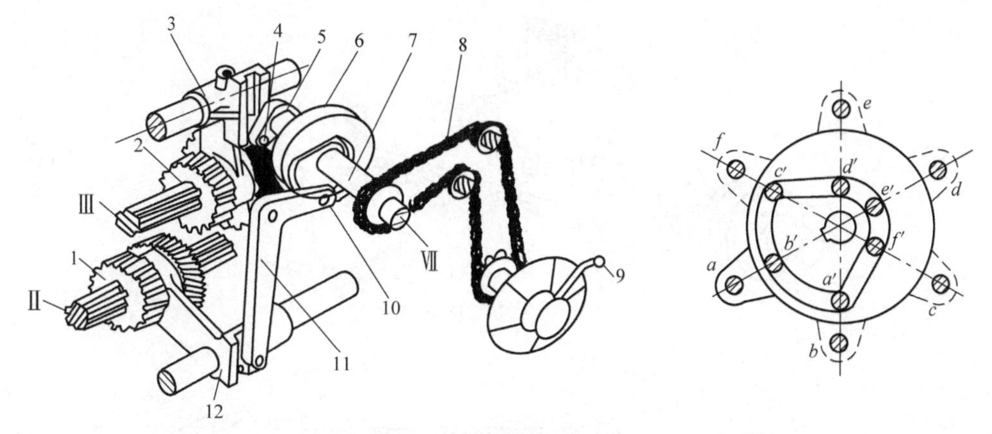

图 2-11　主轴变速操纵机构

1—双联滑移齿轮　2—三联滑移齿轮　3、12—拨叉　4—拨销　5—曲柄　6—凸轮
7—轴　8—链条　9—手柄　10—圆柱销　11—杠杆

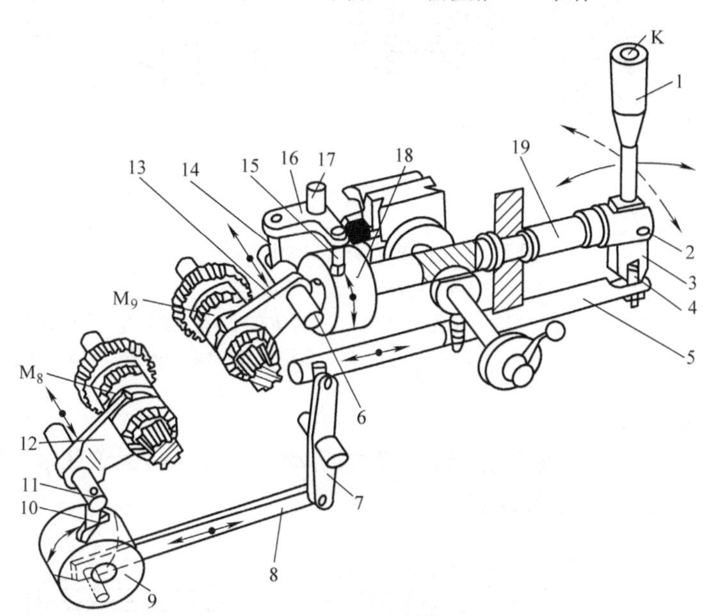

图 2-12　纵、横向机动操纵机构

1—手柄　2—销子　3—手柄座　4—球头销　5、6、11、19—轴　7、16—杠杆
8—连杆　9、18—凸轮　10、14、15—销钉　12、13—拨叉　17—销轴

向上扳动手柄 7 时，通过由件 9、10 和 11 组成的杠杆机构使轴 12 和扇形齿轮 13 顺时针转动，齿条轴 14 及固定在其左端的拨叉 15 右移，拨叉又带动滑套 3 右移，将羊角形摆块 4 的右端压下，则其下端推动轴 16 左移，使空套双联齿轮 1 与轴Ⅰ连接，于是主轴起动正向旋转。向下扳动手柄 7 时，齿条轴 14 带动滑套 3 左移，将空套齿轮 2 与轴Ⅰ连接，于是主轴起动反向旋转。手柄 7 扳至中间位置时，齿条轴 14 和滑套 3 也都处于中间位置，双向摩擦离合器的左右两组摩擦片都松开，传动链断开，这时齿条轴 14 上的凸起部分压紧制动杠杆 5 的下端，将制动带 6 拉紧，于是主轴被制动，迅速停止旋转；当齿条轴 14 移向左端或右端位置，使离合器接合、主轴起动时，它上面的凹圆弧与制动杠杆 5 接触，制动带 6 松开，主轴不被制动。

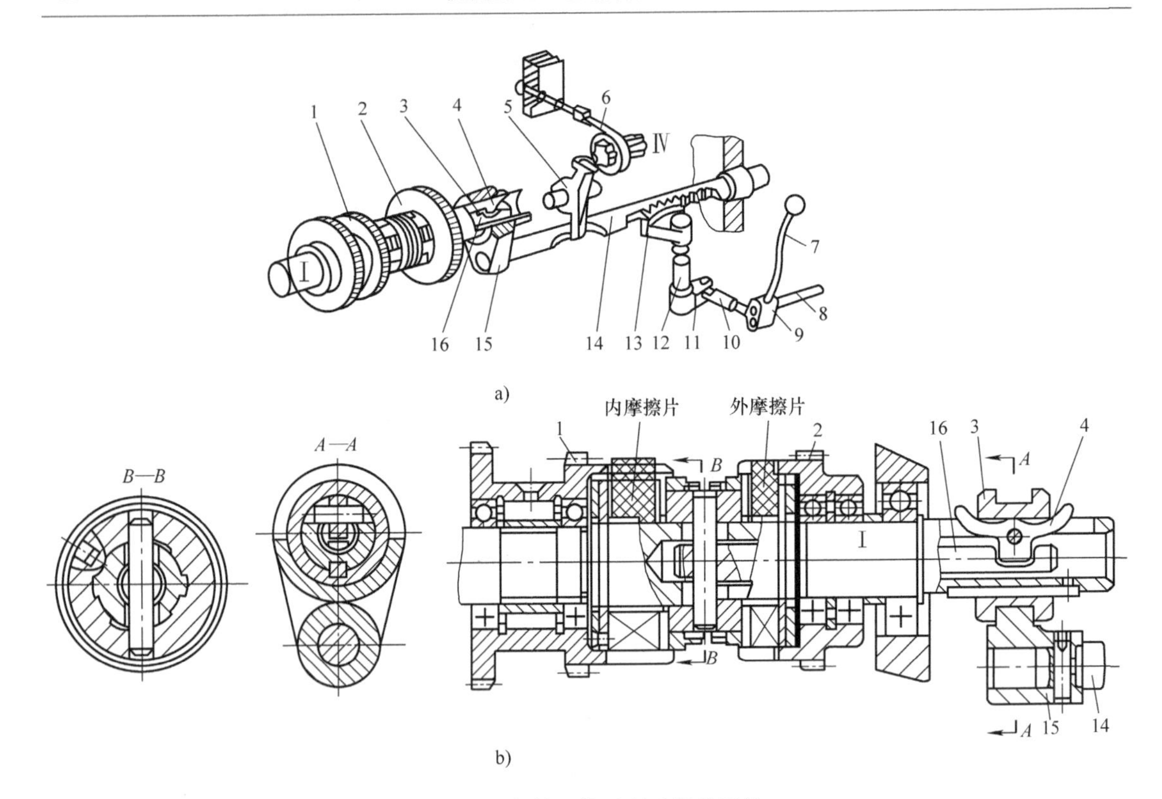

图 2-13　主轴开停及制动操纵机构

a）轴测图　b）结构图

1—双联齿轮　2—齿轮　3—滑套　4—羊角形摆块　5—制动杠杆　6—制动带　7—手柄　8—操纵杆　9、11—曲柄　10—拉杆　12、16—轴　13—扇形齿轮　14—齿条轴　15—拨叉

5. 开合螺母机构

开合螺母的功能是接通或断开由丝杠传来的运动，以便在车螺纹和蜗杆时，合上开合螺母带动溜板箱和刀架运动，如图 2-14 所示。

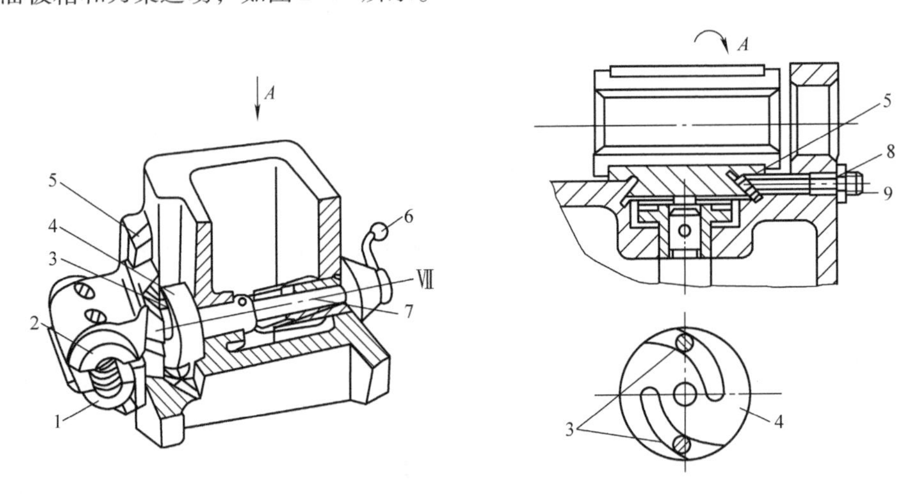

图 2-14　开合螺母机构

1—下半螺母　2—上半螺母　3—圆柱销　4—槽盘　5—镶条　6—手柄　7—轴　8—螺母　9—螺栓

当扳动手柄6，经轴Ⅶ使槽盘4逆时针转动时，曲线槽迫使两圆柱销3互相靠近，带动上、下半螺母合拢，与丝杠啮合，带动刀架向左或向右移动；当向上述相反方向扳动手柄6时，槽盘4顺时针转动，曲线槽通过圆柱销3使两个半螺母分开，刀架便停止运动。

6. 超越离合器与安全离合器

（1）超越离合器　超越离合器的结构如图2-15所示。快速电动机使刀架纵横快速移动，其起动按钮位于手柄1（图2-12）的顶部。在蜗杆轴ⅩⅫ的左端与齿轮之间装有超越离合器，以避免光杠和快速电动机同时传动轴ⅩⅫ。

机动进给时，由光杠传来的低速进给运动，使齿轮1（即超越离合器的外环）按图示逆时针方向转动。三个圆柱滚子3在弹簧5的弹力和摩擦力的作用下，楔紧在齿轮1和星形体2之间。齿轮1就经圆柱滚子3带动星形体2一起转动。进给运动再经超越离合器右边的安全离合器7、8传至轴ⅩⅫ。按下快移按钮，快速电动机经齿轮副18/24、传动轴ⅩⅫ经安全离合器使星形体2得到一个与齿轮1转向相同但转速高得多的转动。这时，摩擦力使圆柱滚子3经销4、弹簧5，向楔形槽的宽端滚动，脱开了外环与星形体之间的联系。因此，快移时可以不用脱开进给链。

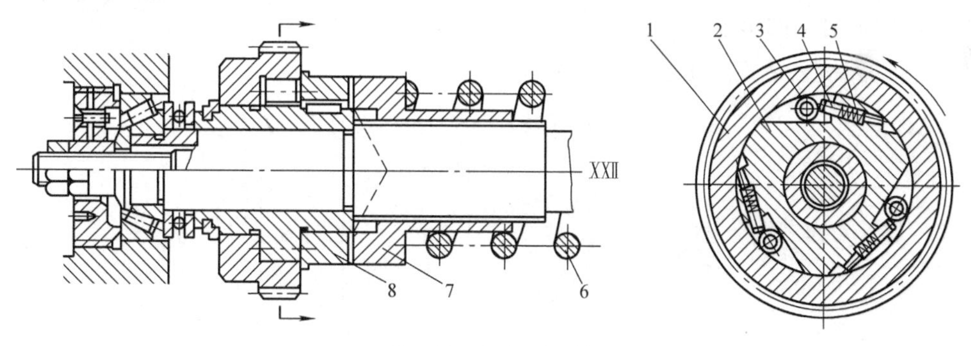

图2-15　超越离合器

1—齿轮　2—星形体　3—圆柱滚子　4—销　5、6—弹簧　7—安全离合器的右半部分　8—安全离合器的左半部分

（2）安全离合器　机动进给时，如进给力过大或刀架移动受阻，则有可能损坏机件。为此，在进给链中设置安全离合器来自动停止进给。安全离合器的结构如图2-15所示。超越离合器的星形体2空套在轴ⅩⅫ上。安全离合器的左半部分8用键固定在星形体2上。安全离合器的右半部分7经花键与轴ⅩⅫ相连。运动经件2、8和安全离合器左、右半部分间的齿以及件7传给轴ⅩⅫ。

安全离合器的工作原理如图2-16所示（图中零件号同图2-15）。左、右半部分之间有螺旋形端面齿，倾斜的接触面在传递转矩时产生轴向力，这个力靠弹簧6平衡。图2-16表示当进给力超过预定值后安全离合器脱开的过程。通过螺母、杆、压套调节弹簧力，从而调节安全离合器能传递的转矩。

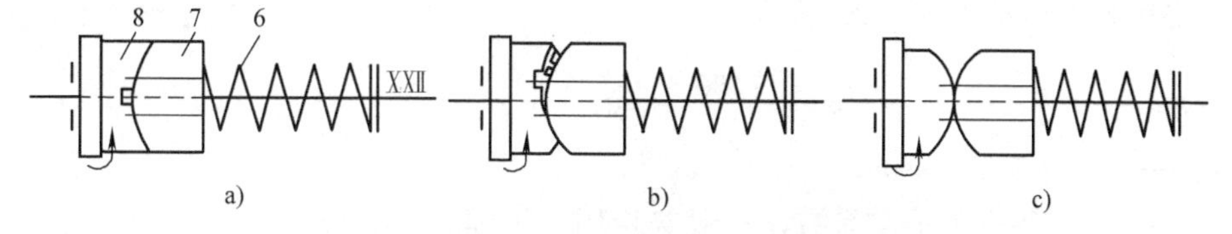

图2-16　安全离合器的工作原理

a）正常传递转矩　b）开始脱开　c）完全脱开

（二）CA6140 型卧式车床的传动系统

CA6140 型卧式车床的主运动是指主轴的旋转运动；进给运动是指刀具的直线移动，包括纵向进给运动（刀具沿平行于工件中心线方向的移动）和横向进给运动（刀具沿垂直于工件中心线方向的移动）。主运动由主运动传动链传递；进给运动由进给运动传动链提供。

图 2-17 所示为 CA6140 型卧式车床的传动系统图，它是反映机床全部运动传递关系的示意图。

1. 主运动传动链

（1）传动路线　车床的主运动传动链的两末端件是电动机和主轴。主运动传动链的作用是将电动机的运动传给主轴，并使其获得各种不同的转速，以适应不同的需求。如图2-17 所示，主电动机（7.5kW，1450r/min）经 V 带传动机构将运动传给轴Ⅰ，通过轴Ⅰ上的双向片式离合器 M_1（左半部接合时，主轴正转；右半部接合时，主轴反转；左右都不接合时，主轴停止转动）传递给轴Ⅱ；通过三联齿轮传递给轴Ⅲ，然后以两种方式传至主轴。其一是图 2-17 所示方式，轴Ⅲ上最右端固定的 63 齿轮传递给轴Ⅵ上 50 齿轮，从而将运动传至主轴；其二是运动经齿轮由轴Ⅲ传至轴Ⅳ，再由轴Ⅳ传至轴Ⅴ，并由轴Ⅴ经过离合器 M_2 最后将运动传到轴Ⅵ，即主轴。

（2）传动路线表达式　主运动传动路线表达式为

$$\begin{matrix}\dfrac{\text{电动机}}{7.5\text{kW}}\\ 1450\text{r/min}\end{matrix}-\frac{\phi130}{\phi230}-\text{I}-\left\{\begin{matrix}(\text{正转})\\ M_1(\text{左})-\left\{\begin{matrix}\frac{51}{43}\\ \frac{56}{38}\end{matrix}\right\}\\ (\text{反转})\\ M_1(\text{右})-\frac{50}{34}-\text{VII}-\frac{34}{30}\end{matrix}\right\}-\text{II}-\left\{\begin{matrix}\frac{22}{58}\\ \frac{30}{50}\\ \frac{39}{41}\end{matrix}\right\}-\text{III}-$$

$$\left\{\begin{matrix}\frac{63}{50}-M_2(\text{左})\\ \left\{\begin{matrix}\frac{20}{80}\\ \frac{50}{50}\end{matrix}\right\}-\text{IV}-\left\{\begin{matrix}\frac{20}{80}\\ \frac{51}{50}\end{matrix}\right\}-\text{V}-\frac{26}{58}-M_2(\text{右})\end{matrix}\right\}\begin{matrix}-\text{VI}\\ (\text{主轴})\end{matrix}$$

由于Ⅲ轴至Ⅴ轴间的 4 种传动比为

$$u_1=\frac{50}{50}\times\frac{51}{50}\approx 1,\ u_2=\frac{20}{80}\times\frac{51}{50}\approx\frac{1}{4},\ u_3=\frac{50}{50}\times\frac{20}{80}=\frac{1}{4},\ u_4=\frac{20}{80}\times\frac{20}{80}=\frac{1}{16}$$

其中 $u_2\approx u_3$，所以主轴实际获得 $2\times3\times(3+1)=24$ 级正转转速，$3\times(3+1)=12$ 级反转转速。

（3）主运动的运动平衡式为

$$n_{\text{主}}=1450\times\frac{130}{230}\times(1-\varepsilon)u$$

式中　$n_{\text{主}}$——主轴转速（r/min）；

ε——V 带传动的滑动系数，一般取 0.01～0.02；

u——Ⅰ至Ⅵ的传动比。

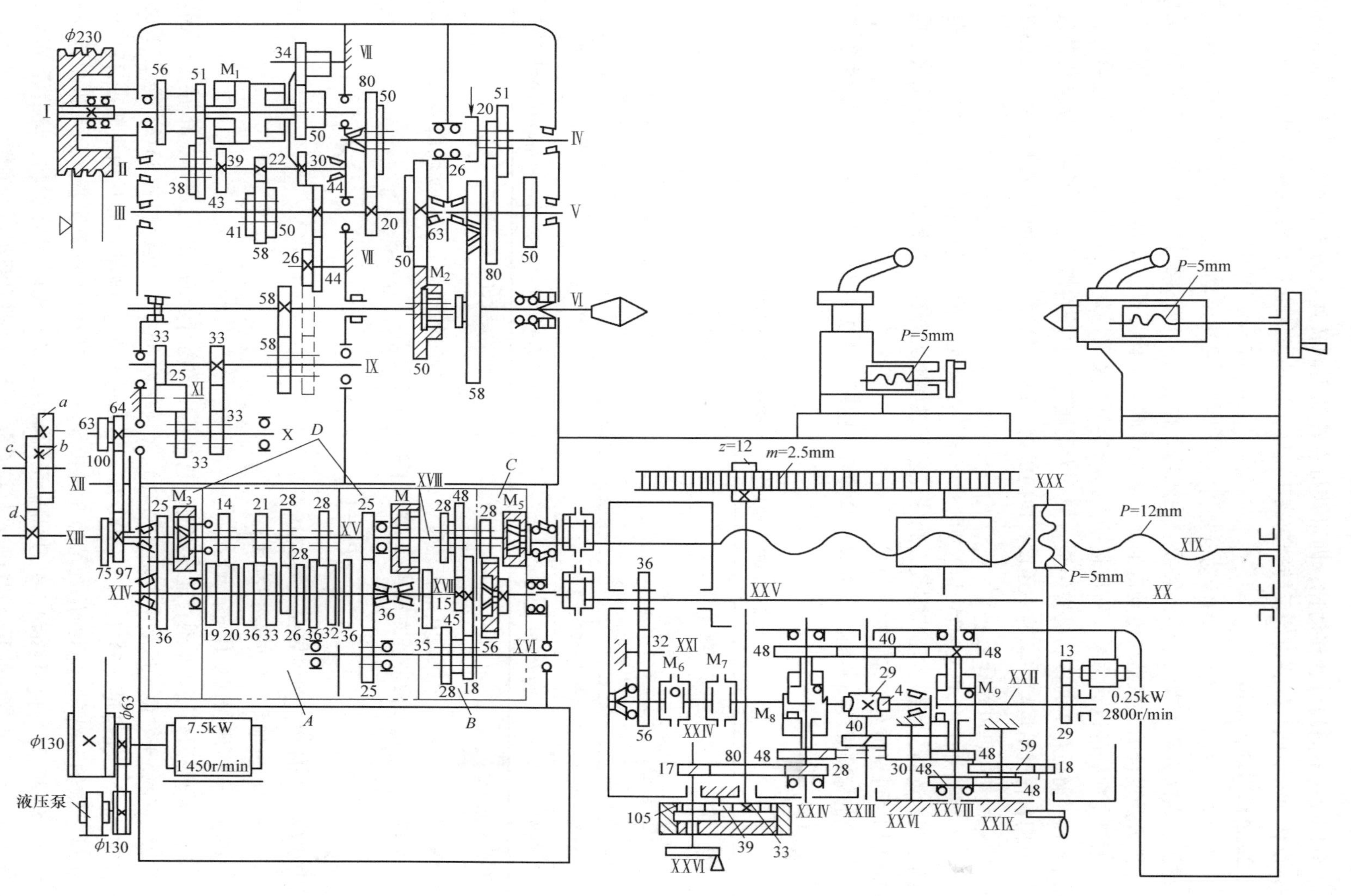

图 2-17　CA6140 型卧式车床的传动系统图

分别代入不同的可变传动比，即可获得主轴的不同转速。另外，由于轴Ⅰ、轴Ⅱ间的正、反传动比不同，故获得的反转转速高于正转，这种设计主要是为了节省辅助时间。

2. 进给运动传动链

如图2-17所示，进给运动传动链是指由主轴到刀架的传动联系，其目的是使刀架实现车螺纹、纵向进给和横向进给的需要。由于这3种进给运动不同时使用，所以3条传动链中的大部分是重合的，只是在传动链的最后部分经转换机构分开。车螺纹时，由于主轴和刀架间必须保持准确的运动关系，所以运动由进给箱至刀架采用丝杠传动；纵、横向进给时，运动由光杠经溜板箱中的传动机构传至刀架。为了能车削左、右螺纹和改变纵、横向机动进给运动方向，在进给运动传动链中还设有换向机构。很显然，纵、横向机动进给与车削螺纹性质不同，故分两部分叙述。

（1）螺纹加工传动链　CA6140型卧式车床的螺纹加工传动链能保证加工一定尺寸范围内的米制、英制、模数、径节螺纹，此外，还可以加工大导程、较精密和非标准螺纹，通过换向机构，可获得左、右旋螺纹。

不同的标准螺纹用不同的参数表示其导程、螺距。表2-1列出四种螺纹的螺距参数及其螺距、导程之间的换算关系。

表2-1　螺距参数及其与螺距、导程的换算

螺纹种类	螺距参数	螺距/mm	导程/mm
米制	螺距 P/mm	P	$Ph=KP$
模数	模数 m/mm	$P_m=\pi m$	$Ph_m=K\pi m$
英制	每英寸牙数 n/（牙/in）	$P_n=25.4/n$	$Ph_n=25.4K/n$
径节	径节 DP/（牙/in）	$P_{DP}=25.4\pi/DP$	$Ph_{DP}=25.4\pi K/DP$

注：K 为螺纹线数。

车削任一螺纹，为保证其加工精度，必须保证主轴每转一转，刀具准确地移动被加工螺纹一个导程的距离。因此，车削螺纹的运动平衡方程式为

$$Ph=1_{(主轴)}\times u\times Ph_{丝}$$

式中　Ph——被加工螺纹导程（mm）；

u——主轴至丝杠间总传动比；

$Ph_{丝}$——机床丝杠导程（mm）。

1）车削普通螺纹。车削普通螺纹时，进给箱中的离合器 M_3 和 M_4 脱开，M_5 接合，ⅩⅥ轴上的25齿轮处于右位。运动由主轴（Ⅵ轴）经齿轮副58/58，换向机构33/33或（33/25）×(25/33)、交换齿轮（63/100）×(100/75）传到进给箱中ⅩⅢ轴，然后由齿轮副25/36传至ⅩⅣ轴。ⅩⅣ轴至ⅩⅤ轴之间的传动可经8对齿轮副中的任何一对来实现。运动再由齿轮副(25/36)×(36/25）传至ⅩⅥ轴，经过ⅩⅦ轴至ⅩⅧ轴之间的齿轮副传至ⅩⅧ轴，最后经 M_5，传至丝杠ⅩⅨ。当溜板箱中的开合螺母与丝杠接合时，就可带动刀架车削普通螺纹。

车削普通螺纹的传动路线表达式为

$$主轴Ⅵ-\frac{58}{58}-Ⅸ-\left\{\begin{array}{c}\frac{33}{33}\\(右旋)\\\frac{33}{25}\times\frac{25}{33}\\(左旋)\end{array}\right\}-Ⅹ-\frac{63}{100}\times\frac{100}{75}-XIII-\frac{25}{36}-XIV-u_{XIV-XV}-$$

$$XV-\frac{25}{36}\times\frac{36}{25}-XVI-u_{XVI-XVIII}-XVIII-M_5-XIX(丝杠)-刀架$$

车削普通螺纹（右旋）的运动平衡式为

$$Ph=1_{(主轴)}\times\frac{58}{58}\times\frac{33}{33}\times\frac{63}{100}\times\frac{100}{75}\times\frac{25}{36}\times u_{基}\times\frac{25}{36}\times\frac{36}{25}\times u_{倍}\times 12$$

式中　$u_{基}$——基本组的传动比；

$u_{倍}$——增倍组的传动比。

将上式化简后得

$$Ph=7u_{基}u_{倍}$$

可见，适当地选择 $u_{基}$ 和 $u_{倍}$ 的值，就可以得到各种 Ph 值。下面分析 $u_{基}$ 和 $u_{倍}$ 的值。

在XIV轴和XV轴之间共有 8 种不同的传动比，即

$$u_{基1}=\frac{26}{28}=\frac{6.5}{7},\ u_{基2}=\frac{28}{28}=\frac{7}{7},\ u_{基3}=\frac{32}{28}=\frac{8}{7},\ u_{基4}=\frac{36}{28}=\frac{9}{7}$$

$$u_{基5}=\frac{19}{14}=\frac{9.5}{7},\ u_{基6}=\frac{20}{14}=\frac{10}{7},\ u_{基7}=\frac{33}{21}=\frac{11}{7},\ u_{基8}=\frac{36}{21}=\frac{12}{7}$$

这组变速机构传动副的传动比值近似等于等差级数，是获得螺纹导程的基本机构，称为基本组。

XVI轴和XVIII轴之间有 4 种不同的传动比，即

$$u_{倍1}=\frac{18}{45}\times\frac{15}{48}=\frac{1}{8},\ u_{倍2}=\frac{28}{35}\times\frac{15}{48}=\frac{1}{4},\ u_{倍3}=\frac{18}{45}\times\frac{35}{28}=\frac{1}{2},\ u_{倍4}=\frac{28}{35}\times\frac{35}{28}=1$$

它们之间成倍数关系排列，称为增倍机构或增倍组，可将由基本组获得的导程值成倍扩大或缩小。

普通螺纹的螺距数列是分段的等差数列，每段又是公比为 2 的等比数列。将基本组与增倍组串联使用，就可车出 1mm、1.25mm、1.5mm、1.75mm、2mm、2.25mm 等不同螺距的螺纹。

2）车削模数螺纹。模数螺纹主要用于米制蜗杆，它用模数 m 表示螺距的大小，其导程为

$$Ph_{m}=KP_{m}=K\pi m$$

式中　K——螺纹线数；

P_{m}——螺距；

m——螺纹模数。

模数为标准值，它们为分段等差数列。车削模数螺纹与车削普通螺纹基本一样，唯一的区别是此时交换齿轮组合为 $\frac{64}{100}\times\frac{100}{97}$。其运动平衡方程式为

$$Ph_{m} = 1_{(主轴)} \times \frac{58}{58} \times \frac{33}{33} \times \frac{64}{100} \times \frac{100}{97} \times \frac{25}{36} \times u_{基} \times \frac{25}{36} \times \frac{36}{25} \times u_{倍} \times 12$$

整理后得 $m = \frac{7}{4K} u_{基} u_{倍}$

3）车削英制螺纹。英制螺纹以每英寸长度上的螺纹牙数 n 表示。n 值已经标准化，是按分段的等差数列排列，可查有关手册确定 $u_{基}$、$u_{倍}$。英制螺纹的螺距 $P_n = \frac{1}{n}$ in。

为了计算方便，可将英制螺距换算成用 mm 表示的导程，即

$$Ph_n = K \times \frac{1}{n}\ (\text{in}) = \frac{25.4}{n} K\ (\text{mm})$$

车削英制螺纹时，进给箱中的齿式离合器 M_4 脱开，M_3 和 M_5 接合，XVI轴上的 25 齿轮处于左位。运动由主轴（VI轴）经齿轮副 58/58，换向机构 33/33 或（33/25）×（25/33）、交换齿轮（63/100）×（100/75）传到进给箱中XIII轴，然后由离合器 M_3 将运动传至XV轴。XV轴至XIV轴之间的传动可经 8 对齿轮副中的任何一对来实现。再由齿轮副（36/25）传至XVI轴，经过增倍组至XVIII轴，最后经 M_5，传至丝杠XIX。

其运动平衡方程式为

$$Ph_n = \frac{25.4}{n} \times K \approx \frac{25.4}{21} \times \frac{1}{u_{基}} \times u_{倍} \times 12$$

简化为

$$n = \frac{7Ku_{基}}{4u_{倍}}$$

4）车削径节螺纹。径节螺纹应用于英制蜗杆中，它是用径节 DP（牙/in）表示的。径节也按分段的等差数列的规律排列，CA6140 型卧式车床可以车削径节为 1～96 牙/in 的螺纹。径节代表齿轮或蜗轮折算到每一英寸分度圆直径上的齿数。车削径节螺纹除交换齿轮换成 $\frac{64}{100} \times \frac{100}{97}$ 外，其余的传动路线与加工英制螺纹时相同。

运动平衡方程式为

$$Ph_{DP} = \frac{25.4}{DP} \times K\pi \approx \frac{25.4}{7} \times \frac{u_{倍}}{u_{基}}$$

简化为

$$DP = \frac{7Ku_{基}}{u_{倍}}$$

（2）机动进给传动链　刀架的纵向和横向机动进给传动链，由主轴至进给箱XVIII轴的传动路线与车削螺纹时的传动路线相同。此后，运动由XVIII轴经齿轮副 28/56 传至光杠（XX轴），再由光杠经溜板箱中的传动机构，分别传至齿轮齿条机构或横向进给丝杠（XXX轴），使刀架作纵向或横向机动进给运动。其传动路线表达式为

$$主轴\text{VI} - \begin{Bmatrix} 普通螺纹传动路线 \\ 英制螺纹传动路线 \end{Bmatrix} - \text{XVIII} - \frac{28}{56} - \text{XX}（光杠） - \frac{36}{32} \times \frac{32}{56}$$

$$M_6（超越离合器） - M_7（安全离合器） - \text{XXII} - \frac{4}{29} - \text{XXIII} -$$

$$\left\{\begin{array}{l} -\left\{\begin{array}{l}\dfrac{40}{48}-M_9\uparrow \\ \dfrac{40}{30}\times\dfrac{30}{48}-M_9\downarrow\end{array}\right\}-\mathrm{XXVIII}-\dfrac{48}{48}\times\dfrac{59}{18}-\mathrm{XXX}\text{（横向进给丝杠）}-\text{刀架（横向进给）} \\ -\left\{\begin{array}{l}\dfrac{40}{48}-M_8\uparrow \\ \dfrac{40}{30}\times\dfrac{30}{48}-M_8\downarrow\end{array}\right\}-\mathrm{XXIV}-\dfrac{28}{80}-\mathrm{XXV}-\text{齿轮齿条}-\text{刀架（纵向进给）}\end{array}\right.$$

1）当进给运动经普通螺纹正常螺距的传动路线时，其运动平衡式可简化为

$$f_{纵}=0.71\ u_{基}u_{倍}$$

变换$u_{基}$和$u_{倍}$，可得32级进给量，范围为0.08～1.22mm/r。

2）当进给运动经英制螺纹正常螺距的传动路线时，其运动平衡式可简化为

$$f_{纵}=1.474u_{倍}/u_{基}$$

变换$u_{倍}=1$，可得8级进给量，范围为0.86～1.59mm/r。

两条传动路线共可得到40级正常纵向进给量。

3）当主轴转速为10～125r/min，运动经扩大螺距机构及英制螺纹传动路线时，可将进给量扩大4倍或16倍，除去重复和过大的，可得16种加大进给量，范围为0.71～6.33mm/r，以满足低速、大进给量强力切削和精车的需要。

4）当主轴转速为450～1400r/min时（其中500r/min除外），将轴Ⅸ上滑移齿轮58右移，主轴运动经齿轮副50/63、44/44、26/58、58/58传至轴Ⅸ，再经普通螺纹传动路线（使用$u_{倍}=1/8$），可得8级的进给量，范围为0.028～0.054mm/r。

横向进给量同样可通过上述四种传动路线获得，只是以同样传动路线传动时，横向进给量是纵向进给量的一半。

（3）刀架的快速移动传动链　刀架的纵向和横向机动快速移动由装在溜板箱内的快速电动机驱动。运动经齿轮副13/29传至XXII轴，然后沿与工作进给时同样的传动路线，传至纵向进给齿轮齿条机构或横向进给丝杠，使刀架作纵向或横向快速移动，并依靠单向超越离合器M_6，保证快速移动与工作进给运动不发生干涉。

利用XXVI轴上的手轮和横向进给丝杠（XXX轴）上的手柄，可手动操纵刀架的纵、横向移动。

三、车削加工的工艺范围

在车床上可以加工各种回转表面，如内外圆柱面、内外圆锥面、成形面、内外螺纹等，还可以车端面（平面），车槽或切断，钻孔，铰孔，钻中心孔，滚花等，车削加工主要工艺范围如图2-18所示。

在车床上使用的刀具主要是车刀，还可以使用钻头、扩孔钻、铰刀、丝锥、板牙等加工刀具。车削加工的公差等级为IT8，表面粗糙度Ra可达1.6～0.8μm。

车削加工具有以下特点：

（1）加工范围广　从零件类型来说，只要在车床上装夹的零件均可加工；从加工精度来说，可获得低、中和相当高的精度（如精细车非铁金属可达IT5、Ra 0.8μm）；从材料类型来说，可加工金属和非金属；从生产类型来说，适合于单件小批生产到大批量生产。

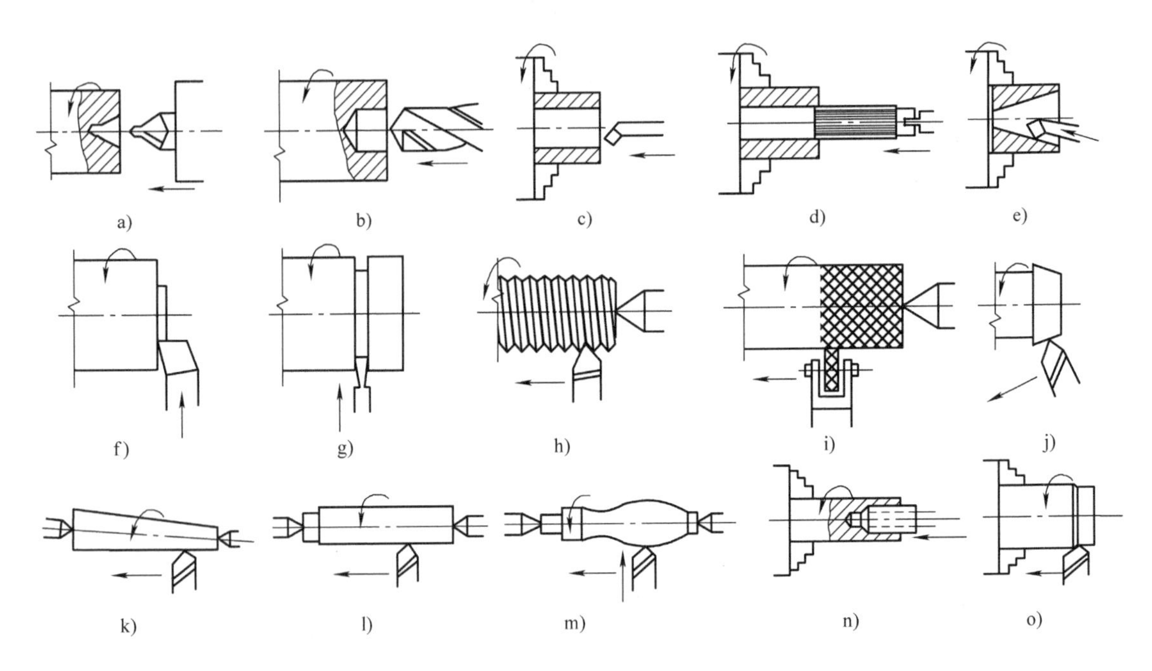

图 2-18 车削加工主要工艺范围

a）钻中心孔 b）钻孔 c）车内孔 d）铰孔 e）车内锥孔 f）车端面 g）车槽或切断 h）车螺纹 i）滚花 j）车短外圆锥面 k）车长圆锥面 l）车长外圆柱面 m）车成形面 n）攻螺纹 o）车短外圆面

（2）生产率高 一般车削是连续的，切削过程是平稳的，可以采用高的切削速度。车刀的刀杆可以伸出很短，刀杆的刚度好，可以采用较大的背吃刀量和进给量。

（3）生产成本低 车刀的制造、刃磨和使用都很方便，通用性好；车床附件较多，可满足大多数工件的加工要求，生产准备时间短，有利于提高效率，减低成本。

在卧式车床上装上一些附件和夹具，不仅可以可靠地保证加工质量、提高加工效率，还可以扩大车床的使用范围，降低成本。

四、工件的装夹和车床附件

车削时，必须把工件装夹在车床的夹具上，经校准后进行加工。由于工件的形状、尺寸、精度和加工批量等情况不同，所以必须使用不同的车床附件。经常使用的车床附件有：卡盘、顶尖、心轴、中心架和跟刀架等。

1. 自定心卡盘

自定心卡盘一般用来夹持圆形、正三角形、正六角形工件。图 2-19 所示为自定心卡盘的外形和结构。当扳手插入任一小锥齿轮 3 的方孔 4 中转动时，小锥齿轮 3 就带动大锥齿轮 2 转动。大锥齿轮 2 背面的平面螺纹 1 与三个卡爪背面的平面螺纹啮合，因此当大锥齿轮 2 转动时，三个卡爪就同时向心或离心移动。卡爪从外向内夹紧可以装夹实心工件；卡爪从内向外夹紧可以装夹空心工件。

自定心卡盘用三个卡爪夹持工件，一般不需要校正，三个卡爪能自动定心，使用方便，但定位精度较低（0.05 ~ 0.15mm）。因此，当被加工零件各表面位置精度要求较高时，应尽量在一次装夹中加工出来。

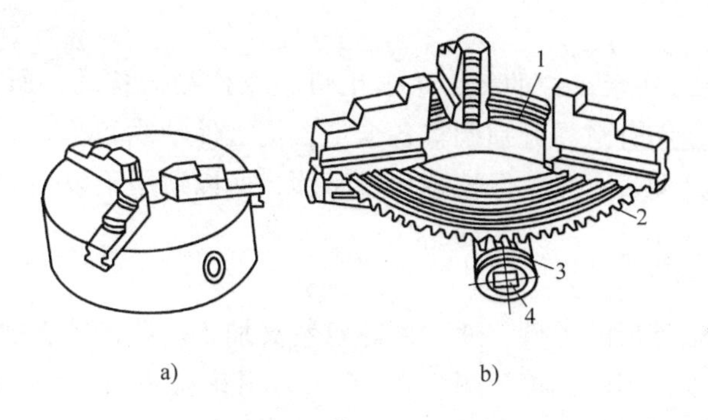

图 2-19　自定心卡盘

a）外形图　b）结构图

1—平面螺纹　2—大锥齿轮　3—小锥齿轮　4—方孔

当对轴类零件进行粗加工或半精加工时，常采用自定心卡盘与尾座上的后顶尖配合，采用“一夹一顶”的方式装夹工件，提高工件装夹系统的刚性。

2. 顶尖、拨盘和鸡心夹头

车床上使用的顶尖分前顶尖与后顶尖两种。顶尖头部一般都制成60°锥度，与工件中心孔吻合；后端带有标准锥度，可插入主轴锥孔或尾座锥孔中。后顶尖有固定顶尖（也称死顶尖）和回转式顶尖（也称活顶尖）两种（图 2-20）。回转式顶尖可减少与工件的摩擦，但刚性较差，精度也不如固定顶尖，故一般用于轴的粗加工或半精加工。若轴的精度要求较高时，后顶尖也应用固定顶尖。为减轻摩擦，可在顶尖头部加少许油脂。

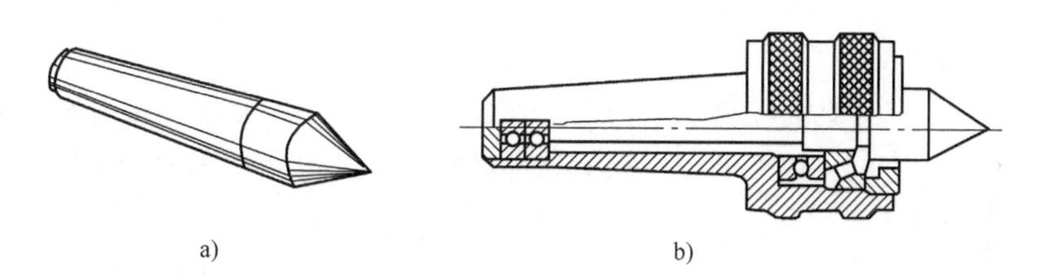

图 2-20　顶尖

a）固定顶尖　b）回转式顶尖

顶尖常和拨盘、鸡心夹头组合在一起使用，用来安装轴类零件，进行精加工。图2-21所示为用顶尖、拨盘和鸡心夹头装夹工件。用鸡心夹头的螺钉夹紧工件，鸡心夹头的弯尾嵌入拨盘的缺口中，拨盘固定在主轴上并随主轴转动。工件用前、后顶尖顶紧，当拨盘转动时，就通过鸡心夹头带动工件旋转。

采用两顶尖装夹工件，可以使各加工表面都处在同一轴线上，因而能保证在多次安装中各回转表面有较高的同轴度，一般用于精加工。

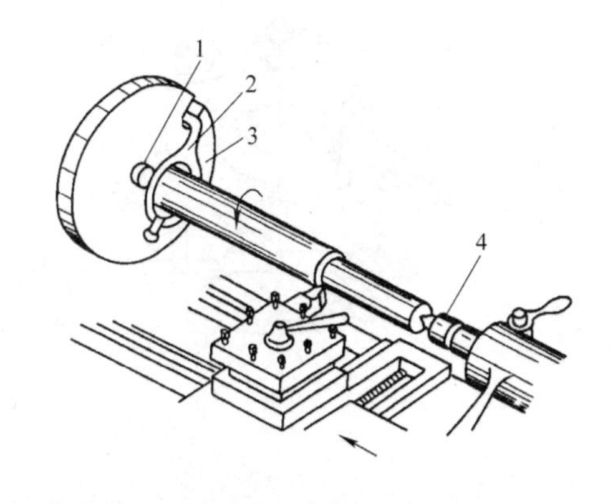

图 2-21　用顶尖、拨盘和鸡心夹头装夹工件

1—前顶尖　2—鸡心夹头　3—拨盘　4—后顶尖

3. 单动卡盘

单动卡盘如图 2-22 所示。它的每一个卡爪可独立作径向移动，所以可装夹较复杂形状的工件。这种卡盘在使用时，需分别调整各卡爪，使工件轴线和车床主轴轴线重合。

单动卡盘的优点是夹紧力大，但校正比较麻烦，所以适用于装夹毛坯件、形状不规则的工件或较重的工件。

4. 花盘

不对称或具有复杂外形的工件，通常用花盘装夹加工。花盘的表面开有径向的通槽和 T 形槽，以便安装装夹工件用的螺栓。图 2-23 所示为用花盘装夹工件。用花盘装夹不规则形状的工件时，常会产生重心偏移，所以需加平衡铁予以平衡。

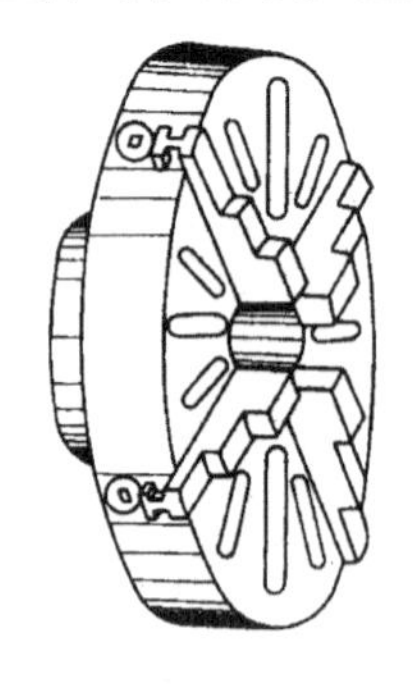

图 2-22 单动卡盘

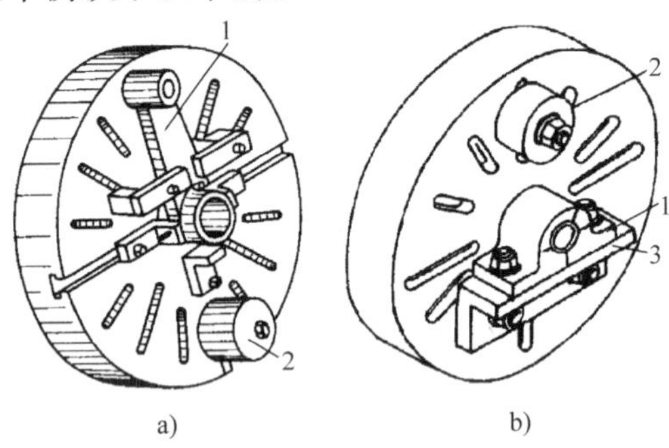

图 2-23 用花盘装夹工件

a）加工连杆孔 b）加工轴承座孔

1—工件 2—平衡铁 3—角铁

5. 中心架和跟刀架

车削细长轴时，为了防止工件切削时产生弯曲，需要使用中心架和跟刀架。中心架的结构如图 2-24a 所示。它的主体 1 通过压板 7 和螺母 6 紧固在机床导轨的一定位置上。盖子 4

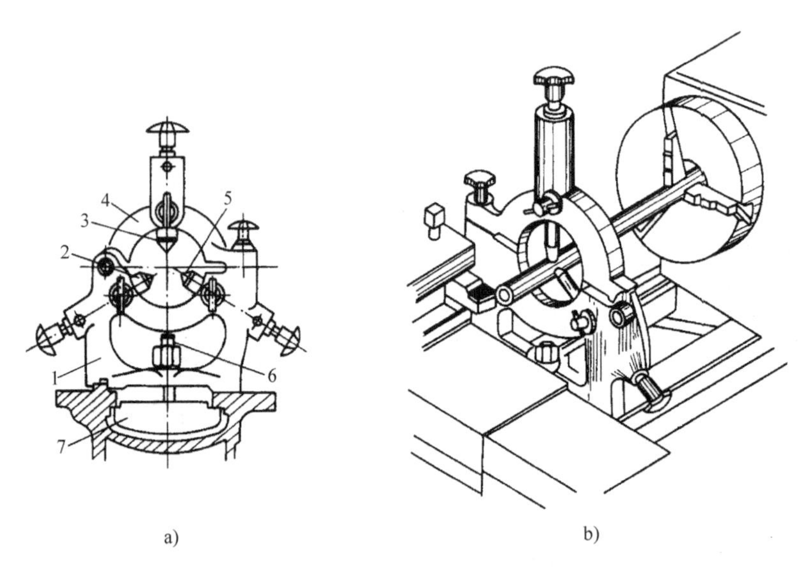

图 2-24 中心架的结构

1—主体 2、3、5—支承爪 4—盖子 6—螺母 7—压板与主体1用铰链作活动连接，可以打开以便放入工件。三个支承爪2、3、5用来支持工件。支承爪可以自由调节，以适应不同直径的工件。中心架用于车削细长轴、阶梯轴、长轴的外圆、端面及切断等。图2-24b所示为用中心架车端面时的情况。

跟刀架的工作情况如图2-25所示。它的作用与中心架相同，所不同的地方是它一般只有两只卡爪，而另一个卡爪被车刀代替。跟刀架固定在床鞍上，跟着刀架一起移动，主要用来支承车削没有阶梯的长轴，如精度要求高的光轴、长丝杠等。

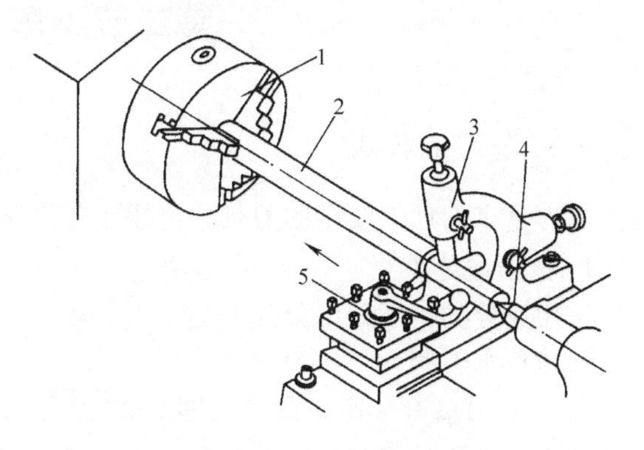

图2-25　跟刀架的工作情况

1—自定心卡盘　2—工件　3—跟刀架　4—后顶尖　5—刀架

6. 心轴

在加工齿轮、衬套等盘套类零件时，其外圆、孔和两个端面无法在一次装夹中全部加工完毕，如果把工件掉头装夹再加工，往往不能保证位置精度。因此，可在孔精加工之后，把工件装在心轴上，再把心轴安装在前、后两顶尖之间或直接装在车床主轴锥孔内精加工其他表面，来获得较高的位置精度。常用心轴有圆柱心轴、锥度心轴和胀套心轴，如图2-26所示。

图2-26a所示为圆柱心轴，其对中精度稍差，但夹紧力较大。这种心轴的端面需要与圆柱面垂直，工件的端面也需要与孔垂直。图2-26b所示为锥度心轴，其锥度为1∶3000～1∶8000，对中性好，装卸方便，但不能承受较大的切削力，多用于精加工。图2-26c所示为胀套心轴，

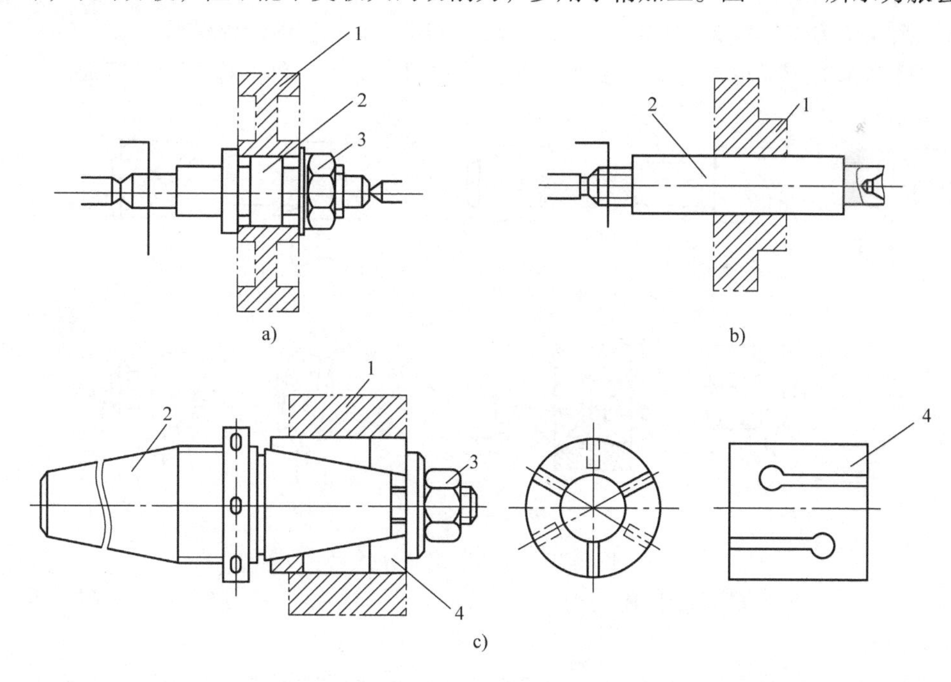

图2-26　心轴

a）圆柱心轴　b）锥度心轴　c）胀套心轴

1—工件　2—心轴　3—螺母　4—胀套

它可以直接装在车床主轴锥孔内，转动螺母可使开口套筒沿轴向移动，靠心轴锥度使套筒径向胀开，撑紧工件。采用这种装夹方式时，装卸工件方便。

第二节 车刀的选择

一、车刀的种类

车刀是车削加工使用的刀具，可用于各类车床。车刀的种类很多。

1. 按用途分类

按用途分类，车刀可分为外圆车刀、弯头车刀、偏刀、车槽或切断刀、镗孔车刀、螺纹车刀和成形车刀等。

（1）外圆车刀 外圆车刀如图2-27a所示，它主要用于车削工件外圆，也可用于车削外圆倒角。直头外圆车刀制造简单，刚性好。它的主偏角在45°~75°之间，副偏角在10°~15°之间。

（2）弯头车刀 弯头车刀如图2-27b所示，它既可车削外圆表面，也可车削端面和倒角。它的主偏角和副偏角均为45°。

（3）偏刀 偏刀如图2-27c所示，它分左偏刀（右图）和右偏刀（左图），用于车削工件外圆、轴肩或端面。

（4）车槽或切断刀 车槽或切断刀如图2-27d所示，它用于切断工件或在工件上车槽。

（5）镗孔车刀 镗孔车刀如图2-27e所示，它用于镗削工件内孔。

（6）螺纹车刀 螺纹车刀如图2-27f所示，它用于车削工件的外螺纹。

（7）成形车刀 成形车刀如图2-27g所示，它用于加工工件的成形回转表面。

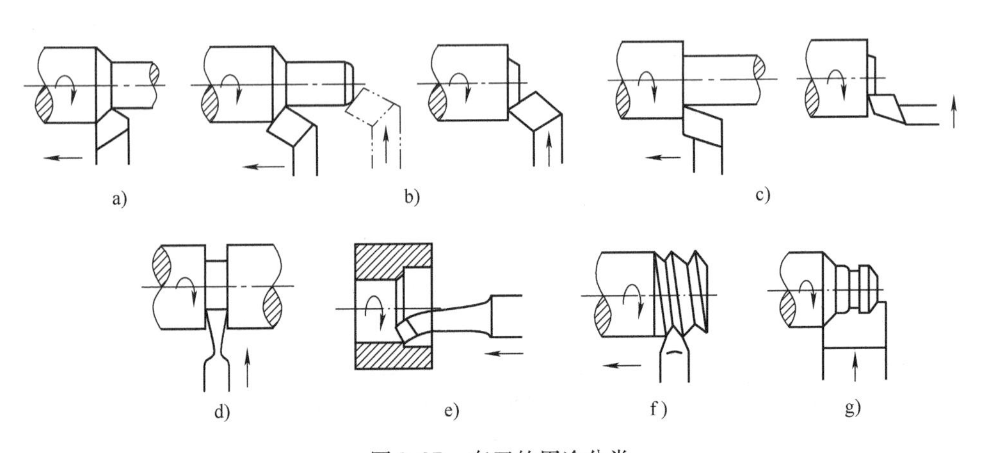

图2-27 车刀的用途分类

a）外圆车刀 b）弯头车刀 c）偏刀 d）车槽或切断刀 e）镗孔车刀 f）螺纹车刀 g）成形车刀

2. 按结构分类

按结构分类，车刀可分为整体车刀、焊接车刀、机夹重磨车刀和机夹可转位车刀。

（1）整体车刀 整体车刀如图2-28a所示，其刀体和切削部分为一整体，一般为高速钢刀具，综合力学性能好，易刃磨。

（2）焊接车刀 焊接车刀如图2-28b所示，它是将一定形状的硬质合金刀片，用黄铜等焊料焊接在刀杆的刀槽内而制成。焊接车刀结构简单、紧凑，制造方便，使用灵活，抗振性好，使用十分广泛。

（3）机夹重磨车刀 机夹重磨车刀如图2-28c所示，它采用机械方法将普通硬质合金刀片夹固在刀杆上，可以避免刀片因焊接而产生的裂纹，并且刀杆可以多次重复使用，也便于刀片的集中刃磨，但因刀片用钝后仍需刃磨，不能完全避免产生裂纹。

（4）机夹可转位车刀 机夹可转位车刀如图2-28d所示，它采用机械夹紧的方法将可转位刀片夹紧在刀杆上而构成的。常见可转位车刀刀片如图2-29所示，可转位刀片通常制成正三角形、正四边形、正五边形、菱形和圆形等，刀片的切削刃不需刃磨，各刃可转位轮流使用。机夹可转位车刀与其他车刀相比，切削效率和刀具寿命都大为提高，适应自动线与数控机床对刀具的要求。

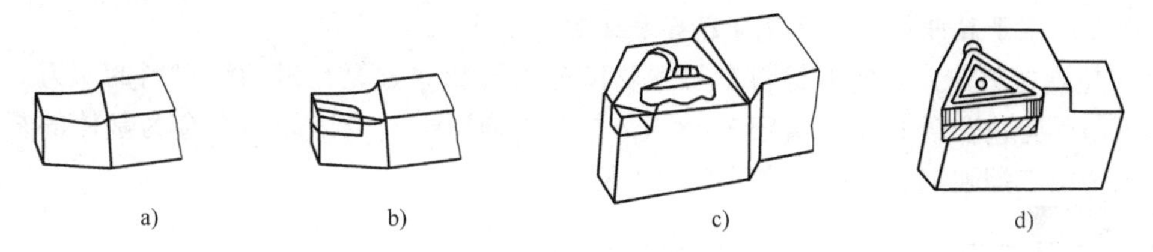

图2-28 车刀的结构分类

a）整体车刀 b）焊接车刀 c）机夹重磨车刀 d）机夹可转位车刀

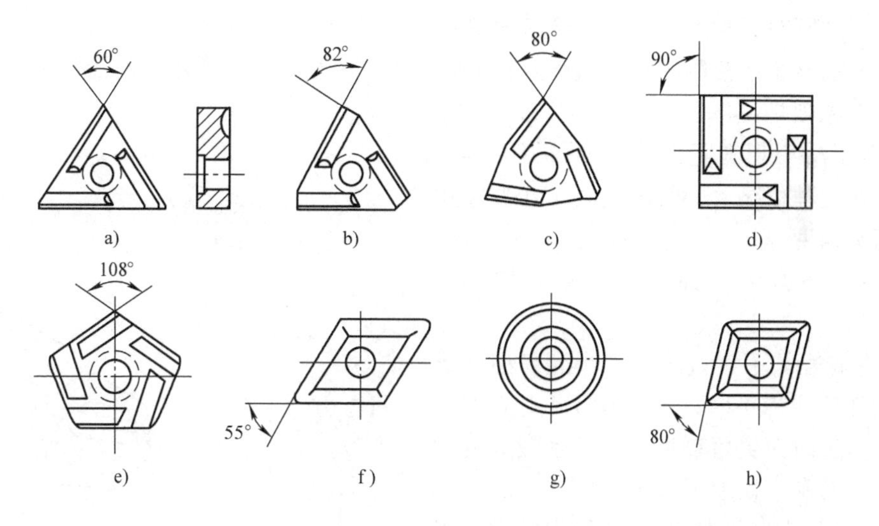

图2-29 常见可转位车刀刀片

a）T型 b）F型 c）W型 d）S型 e）P型 f）D型 g）R型 h）C型

3. 按切削部分材料分类

按切削部分材料分类，车刀可分为高速钢车刀、硬质合金车刀和陶瓷车刀等。

（1）高速钢车刀 高速钢车刀切削部分与刀体部分用车刀条，按需要的形状、尺寸、角度等刃磨而成。高速钢综合力学性能好，易刃磨，常用来制造小型车刀、螺纹车刀和形状复杂的成形车削。常用的牌号有：W18Cr4V（W18）、W6Mo5Cr4V2（M2）、W6Mo5Cr4V2Al

（501）、W12Mo3Cr4V3N（V3N）、W2Mo9Cr4VCo8（M42）等。

（2）硬质合金车刀　硬质合金是由硬度很高的难熔金属碳化物（WC、TiC、TaC 和 TbC 等）和金属粘结剂（Co、Ni、Mo 等）用粉末冶金的方法烧结而成，比高速钢硬，耐磨、耐热，切削性能较好，因而目前应用最为广泛。

（3）涂层硬质合金车刀　采用化学气相沉积等方法，在硬质合金表面涂覆一层 5 ~ 12μm 耐磨、难熔物质，制成涂层硬质合金刀具。根据涂覆层材料不同，有 TiC 涂层刀片、TiN 涂层刀片、TiN-TiC 复合涂层刀片等。与非涂层刀具相比较，涂层硬质合金刀具可降低切削力和切削温度，极大提高了刀具的耐磨性和刀具的寿命，且提高了工件的加工表面质量。涂层硬质合金主要用于机夹可转位车刀，适用于各种钢材、铸铁的精加工、半精加工或负荷轻的粗加工等。

（4）陶瓷车刀　陶瓷车刀以氧化铝为主要成分，比硬质合金车刀具有更高的硬度和耐磨性，可在高温下高速切削，多用于精车和半精车加工。

（5）超硬材料车刀　超硬材料车刀主要指金刚石和立方氮化硼两种材料的车刀。金刚石刀具可用于有色合金的高速精细车削；立方氮化硼用于制成以硬质合金为基体的复合刀片，用来精加工淬硬钢、高温合金等难加工材料。

二、常见车刀的结构及其几何角度的选取

1. 外圆车刀

（1）外圆粗车刀　图 2-30 所示为典型的 75°硬质合金钢件外圆粗车刀。外圆粗车刀应能适应粗车外圆时背吃刀量大，进给速度快的特点，主要要求车刀有足够的强度，能一次进给车削较多的余量。常用的外圆粗车刀有主偏角 45°、75°和 90°等几种。选择粗车刀的几何角度的一般原则是：

1）为了减小切削阻力，应尽量将刀具刃磨锋利，在这种情况下，前角 γ_o 可取小些，用以增加刀头强度。

2）为了增加刀头强度，后角 α_o 取小些 $\alpha_o = 5° \sim 7°$。

3）主偏角 κ_r 不宜过小，太小容易引起振动，当工件形状许可时，最好用 75°左右的主偏角，因为这时刀尖角较大，能承受较大的切削力，而且有利于切削刃散热。

4）一般粗车时选择 0° ~ 3°的刃倾角，以增加刀头强度。

5）主切削刃上一般磨负倒棱，其宽度为 (0.5 ~ 0.8) f（f 为进给量）$\gamma_o = -5°$，以增强切削刃的强度。

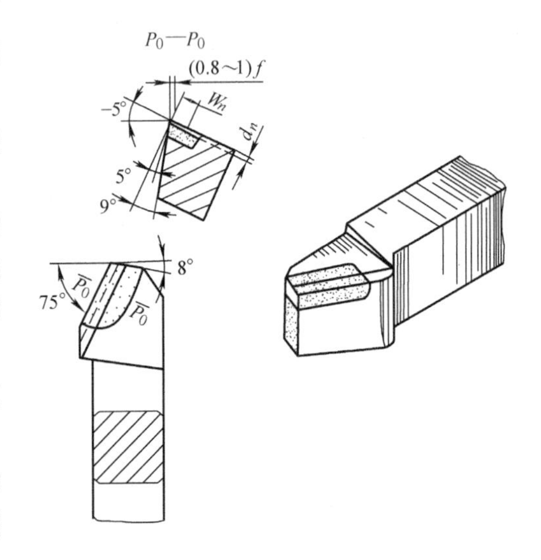

图 2-30　75°硬质合金钢件外圆粗车刀

（2）外圆精车刀　图 2-31 为比较典型的 90°硬质合金精车刀。精车外圆时，要求达到工件的尺寸精度和较小的表面粗糙度值，精车时切去的金属较少，所以要求车刀锋利，切削

刃平直光洁，刀尖可以磨出修光部分，并使切屑流向待加工表面。一般选择精车刀的几何角度可以根据下面原则：

1）前角 γ_o 一般应取大些，可使车刀锋利，以达到减小切削变形和切削轻快的目的。

2）后角 α_o 取大些，以减少车刀和工件之间的摩擦，精车时切去少量的金属，对车刀的强度要求不太高，因此允许取较大的后角，$\alpha_o = 6° \sim 8°$。

3）取较小的副偏角，或使刀尖处磨修光刃，修光刃宽度一般为（1.2～1.5）f。

4）采用的刃倾角 3°～8°，以控制切屑流向待加工表面。

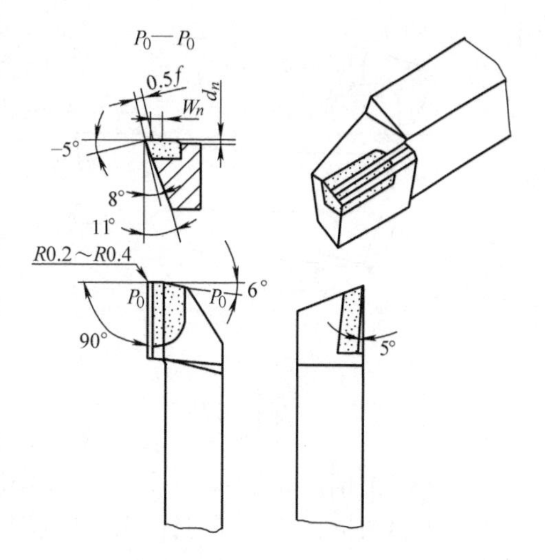

图 2-31　90°硬质合金外圆精车刀

2. 车槽或切断刀

图 2-32 所示为比较典型的高速钢切断刀。切断刀以横向进给为主，前端的切削刃是主切削刃，两侧的切削刃是副切削刃。为了减少工件材料的浪费和切断时能加工到工件的中心，一般切断刀的主切削刃较狭、刀头较长、刀头强度比其他车刀差。所以在选择几何参数和切削用量时应特别注意。高速钢切断刀的几何参数如下。

（1）前角　切断中碳钢时前角 $\gamma_o = 20° \sim 30°$；切断铸铁时，前角 $\gamma_o = 0° \sim 10°$。

（2）后角　主后角 $\alpha_o = 6° \sim 8°$。切断刀有两个对称的副后角 $\alpha_o' = 1° \sim 2°$。它们的作用是减少切断刀副后刀面和工件的摩擦。考虑到切断刀刀头狭而长，两个副后角不能太大。

（3）主偏角　$\kappa_r = 90°$。

（4）副偏角　$\kappa_r' = 1° \sim 1.5°$。

（5）刀头宽度　通常取 $a = 2 \sim 6$mm。

（6）刀头长度　通常取刀头长度 $L = a_p +$（2～3）mm，a_p 为背吃刀量。

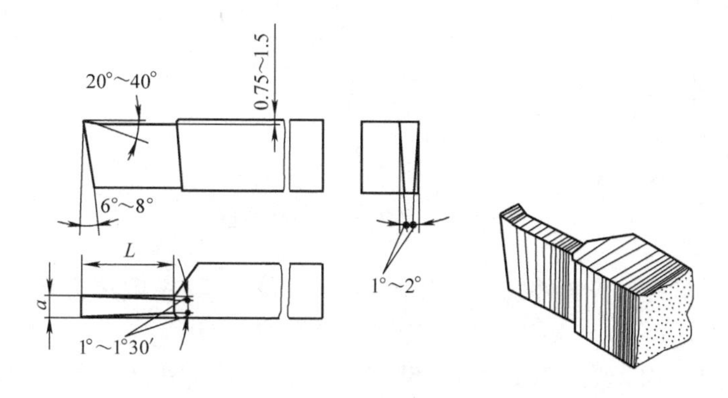

图 2-32　高速钢切断刀

3. 内孔车刀

根据不同的加工情况，内孔刀可分为通孔车刀（图 2-33）和不通孔车刀（图 2-34）两

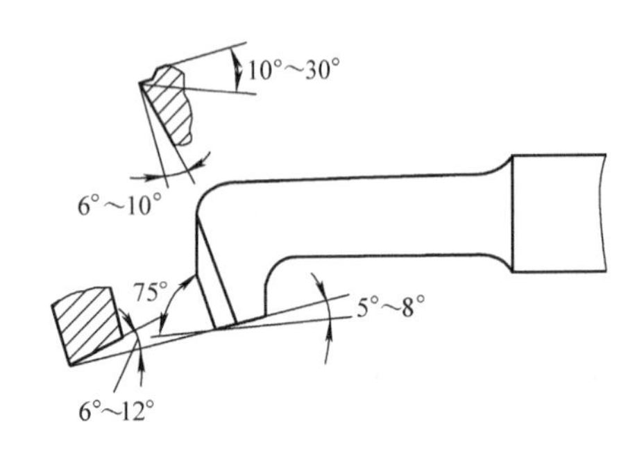

图 2-33　通孔车刀

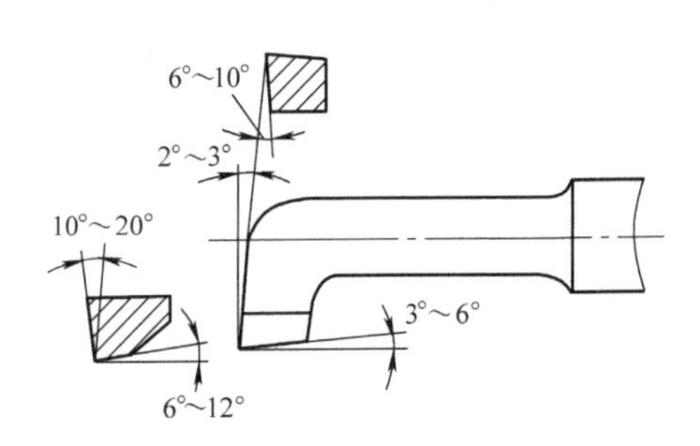

图 2-34　不通孔车刀

种。通孔车刀主偏角 κ_r取 45°～75°，副偏角 κ_r'取 6°～45°，后角 α_o取 8°～12°，在主切削刃方向上磨出卷屑槽，使切削刃锋利，切削轻快，在背吃刀量较大的情况下，仍可保持它的稳定性。不通孔镗刀要求主偏角大于 90°，一般为 92°～95°。刀尖到刀杆外端的距离应小于孔的半径 R，以便有足够的退刀余地。

第三节　车削的加工方法

一、车外圆

车外圆是车床上最基本的一种加工，是由工件的旋转和车刀作纵向移动完成的，如加工光轴和阶梯轴、套筒、圆盘形零件（如带轮、飞轮、齿轮）的外表面。

1. 车外圆车刀的选择

车外圆车刀的选择如图 2-35 所示。

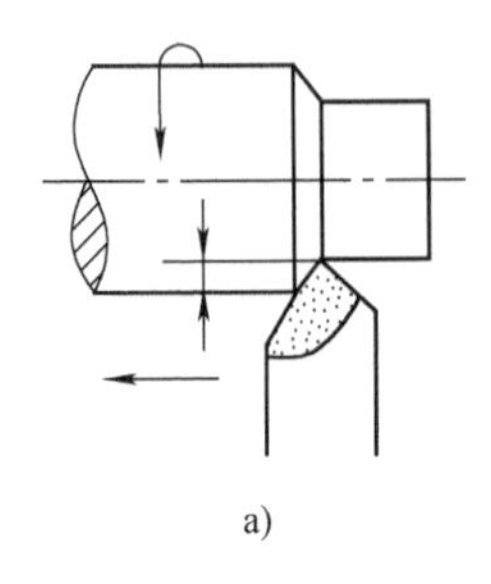

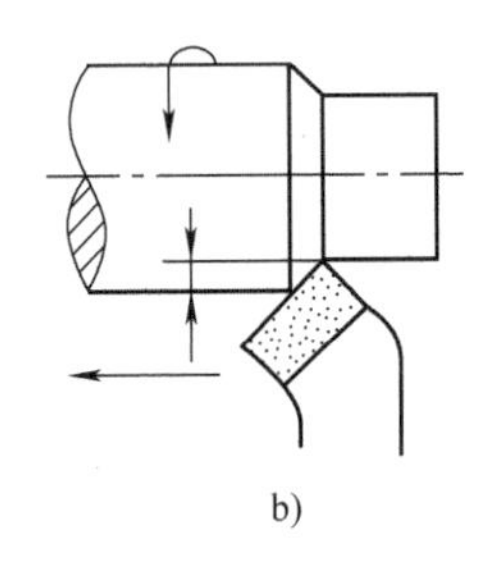

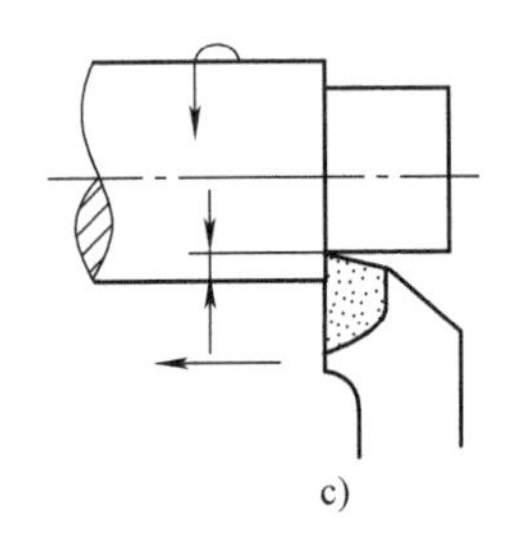

图 2-35　车外圆车刀的选择

（1）普通外圆车刀　普通外圆车刀如图 2-35a 所示，其主偏角为 60°～75°，用于粗车外圆和无台阶的外圆。

（2）45°弯头刀　45°弯头刀如图 2-35b 所示，其不仅可用于车外圆，而且可车端面和倒角。

（3）90°偏刀　90°偏刀如图 2-35c 所示，其用于车削有台阶的外圆和细长轴，图 2-35c 所示为右偏刀。

2. 车外圆的步骤

粗车和精车，一般都按下列步骤进行操作：

1）把工件和车刀装夹合理，切削用量选择正确后便可开动车床，使工件旋转。

2）摇动床鞍、中滑板手柄，使车刀刀尖接触工件右端外圆表面。

3）不动中滑板，摇动床鞍，使车刀向尾座方向移动离开工件。

4）按选定的背吃刀量，摇动中滑板，使车刀作横向进给。

5）纵向车削工件3~5mm，不动中滑板手柄，纵向退出车刀，停车测量工件。与要求尺寸比较，得出需要修正的背吃刀量，根据中滑板刻度盘的刻度调节背吃刀量，然后手动或自动纵向走刀，将工件多余的金属去除。

6）在车削到需要长度时，即停止走刀，退出车刀，然后停车。

车削外圆注意事项：①车削时必须及时清除切屑，且在停车时清除切屑。②粗车铸、锻件等带硬皮的工件毛坯时，为保护刀尖，应先车端面或倒角，且背吃刀量应大于工件硬皮厚度。③装夹车刀时，尽可能使刀尖与工件轴线等高，刀杆与之垂直，且悬伸部分应尽可能短。

3. 车外圆切削用量的选择

（1）背吃刀量的选择　粗车时尽可能选择较大的背吃刀量，以减小走刀的次数（a_p = 2~5mm）。半精车大致为1~2mm，精车外圆背吃刀量一般为0.2~0.5mm。

（2）进给量的选择　当背吃刀量确定后，粗加工时，进给量的选择主要受切削力的限制。应在不超过刀具的刀片和刀杆的强度，不大于机床进给机构强度，不顶弯工件和不产生振动等条件下，选取一个较大的进给量值。表2-2是硬质合金及高速钢车刀粗车外圆和端面时的进给量。粗车时进给量一般为0.3~1.5mm/r。

表2-2　硬质合金及高速钢车刀粗车外圆和端面时的进给量

加工材料	车刀刀杆尺寸 B/mm×H/mm	工件直径/mm	背吃刀量/mm				
			≤3	>3~5	>5~8	>8~12	12以上
			进给量/mm·r^{-1}				
碳素结构钢和合金结构钢	16×25	20	0.3~0.4	—	—	—	—
		40	0.4~0.5	0.3~0.4	—	—	—
		60	0.5~0.7	0.4~0.6	0.3~0.5	—	—
		100	0.6~0.9	0.5~0.7	0.5~0.6	0.4~0.5	—
		400	0.8~1.2	0.7~1.0	0.6~0.8	0.5~0.6	—
	20×30 25×25	20	0.3~0.4	—	—	—	—
		40	0.4~0.5	0.3~0.4	—	—	—
		60	0.6~0.7	0.5~0.7	0.4~0.6	—	—
		100	0.8~1.0	0.7~0.9	0.5~0.7	0.4~0.7	—
铸铁及铜合金	16×25	40	0.4~0.5	—	—	—	—
		60	0.6~0.8	0.5~0.8	0.4~0.6	—	—
		100	0.8~1.2	0.7~1.0	0.6~0.8	0.5~0.7	—
		400	1.0~1.4	1.0~1.2	0.8~1.0	0.6~0.8	—
	20×30 25×25	40	0.4~0.5	—	—	—	—
		60	0.6~0.9	0.5~0.8	0.4~0.7	—	—
		100	0.9~1.3	0.8~1.2	0.7~1.0	0.5~0.8	—
		600	1.2~1.8	1.2~1.6	1.0~1.3	0.9~1.1	0.7~0.9

半精加工和精加工时，由于进给量对工件的已加工表面粗糙度影响很大，通常按照工件加工表面粗糙度值的要求，根据工件材料、刀尖圆弧半径、切削速度等条件来选择合理的进

给量。当切削速度提高，刀尖圆弧半径增大，或刀具磨有修光刃时，可以选择较大的进给量，以提高生产率。表 2-3 是按表面粗糙度选择进给量的参考值，精车时进给量一般为 0.05～0.3mm/r。

表 2-3 按表面粗糙度选择进给量的参考值

工件材料	表面粗糙度/μm	切削速度/m·min^{-1}	进给量/mm·min^{-1}		
			刀尖圆弧半径/mm		
			0.5	1.0	2.0
铸铁、青铜、铝合金	*Ra* 6.3～3.2	不限	0.25～0.40	0.40～0.50	0.50～0.60
	Ra 3.2～1.6		0.15～0.20	0.25～0.40	0.40～0.60
	Ra 1.6～0.8		0.10～0.15	0.15～0.20	0.20～0.35
碳钢及合金钢	*Ra* 6.3～3.2	<50	0.30～0.50	0.45～0.60	0.55～0.70
		>50	0.40～0.55	0.55～0.65	0.65～0.70
	Ra 3.2～1.6	<50	0.18～0.25	0.25～0.30	0.30～0.40
		>50	0.25～0.30	0.30～0.35	0.35～0.50
	Ra 1.6～0.8	<50	0.10	0.11～0.15	0.15～0.22
		50～100	0.11～0.16	0.16～0.25	0.25～0.35
		>100	0.16～0.20	0.20～0.25	0.25～0.35

（3）切削速度的选择　切削速度受机床、刀具、工件等因素的影响，在背吃刀量和进给量选定以后，可在保证刀具合理使用寿命的条件下，确定合适的切削速度。粗加工时，背吃刀量和进给量都较大，切削速度受刀具寿命和机床功率的限制，一般较低。精加工时，背吃刀量和进给量都取得较小，切削速度主要受工件加工质量和刀具寿命的限制，一般较高。选择切削速度时，还应考虑工件材料的强度和硬度以及切削加工性等因素。表 2-4 为硬质合金外圆车刀切削速度的参考值。

表 2-4 硬质合金外圆车刀切削速度的参考值

工件材料	热处理状态	$a_p=0.3\sim2$mm	$a_p=2\sim6$mm	$a_p=6\sim10$mm
		$f=0.08\sim0.3$mm/r	$f=0.3\sim0.6$mm/r	$f=0.6\sim1$mm/r
		切削速度/m·min^{-1}		
低碳钢、易切削钢	热轧	2.33～3.0	1.67～2.0	1.17～1.5
中碳钢	热轧	2.17～2.67	1.5～1.83	1.0～1.33
	调质	1.67～2.17	1.17～1.5	0.83～1.17
合金结构钢	热轧	1.67～2.17	1.17～1.5	0.83～1.17
	调质	1.33～1.83	0.83～1.17	0.67～1.0
工具钢	退火	1.5～2.0	1.0～1.33	0.83～1.17
灰铸铁	<190HBW	1.5～2.0	1.0～1.33	0.83～1.17
	190～225HBW	1.33～1.83	0.83～1.17	0.67～1.0

二、车端面与车台阶

1. 车端面

车端面是由工件的旋转和车刀作横向移动完成的，图 2-36 所示为四种不同车刀车端面时车刀的选择。

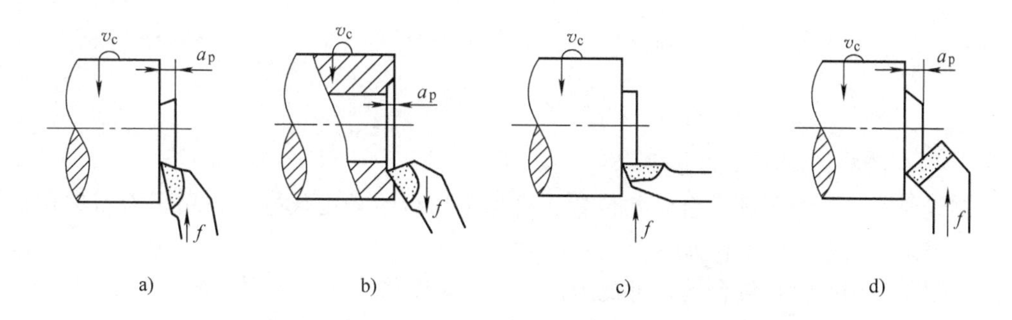

图 2-36　车端面时车刀的选择

（1）用右偏刀由外向中心车端面（图 2-36a）　它适合于带阶台和小端面的工件，由副切削刃切削。切削到中心时，凸台突然被切削掉，因此刀头易损坏；切削深度大时，易扎刀。

（2）用右偏刀由中心向外车端面（图 2-36b）　它由主切削刃切削，切削条件较好，不会出现图 2-36a 中出现的问题。

（3）用左偏刀由外向中心车端面（图 2-36c）　它由主切削刃切削，适用于车削有台阶的端面或余量较大的端面。

（4）用 45°弯头车刀由外向中心车端面（图 2-36d）　它由主切削刃切削，凸台逐渐被切削掉，切削条件较好，刀头强度比偏刀大，加工质量较高，适用于车削较大的平面。

车端面注意事项：①车刀刀尖应对准工件中心，以免端面出现凸台，造成崩刃。②端面质量要求较高时，最后一刀背吃刀量应小些，最好由中心向外切削。

2. 车端面的切削用量

车端面的切削用量可参考车削外圆来选择：

1）背吃刀量的选择：粗车时一般 $a_p=2\sim5$mm，精车时一般 $a_p=0.2\sim1$mm。

2）进给量的选择：粗车时一般为 0.3～0.7mm/r，精车时一般为 0.1～0.3mm/r。

3）切削速度的选择：车端面时的切削速度是随工件直径的减小而减小的，在计算时应按端面最大直径来计算。

3. 车台阶

车台阶实际上是车外圆与车端面的综合，车削时要兼顾外圆的尺寸精度和台阶的长度。车刀选择与安装与车端面同，其操作要领如下。

1）车台阶时使用 90°偏刀。

2）车低台阶（<5mm）时，应使主切削刃与工件轴线相垂直，可一次走刀完成切削（图 2-37a）。

3）当台阶面较高时，应分层切削。最后一次纵向走刀后，车刀横向退出，以修光台阶端面。切削时，应使车刀主切削刃与工件轴线的夹角约为 95°（图 2-37b）。

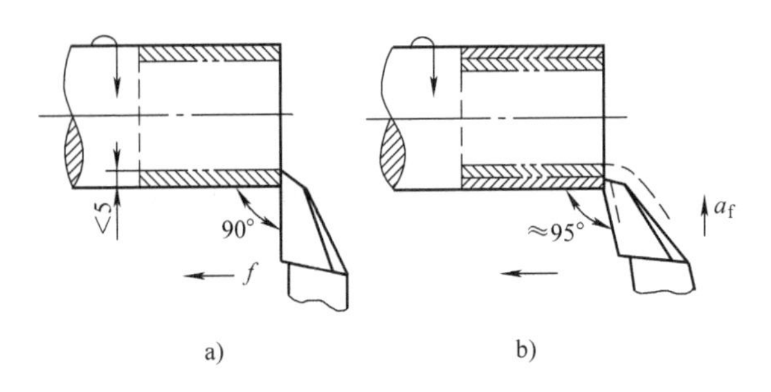

图 2-37　车台阶

4）车削台阶时控制尺寸的方法。

① 刻线痕方法。为了确定台阶的位置，可先量出台阶长度尺寸，再用车刀刀尖在台阶的位置处车刻出细线，然后车削。

② 利用床鞍刻度盘控制台阶尺寸的方法。台阶长度尺寸一般可用床鞍的刻度盘来控制。例如，加工台阶尺寸 a，可把车刀刀尖接触尺寸线的起点，调整床鞍，使其刻度对零，纵向床鞍显示的长度等于 a，这样就可以控制台阶的长度尺寸。

三、车槽与切断

1. 车槽

在车床上车槽是用车槽车刀作横向进给来完成的。车槽方法如图 2-38 所示。

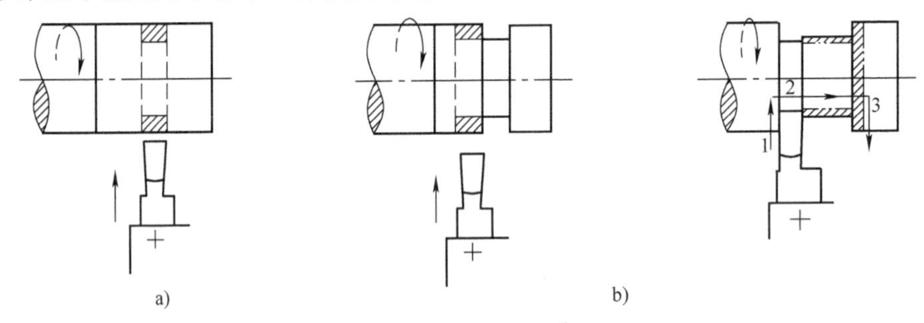

图 2-38　车槽方法

车槽刀刀头较窄，易折断，因此，在装刀时注意两边对称，不宜伸出太长。

当槽宽小于 5mm 时，可一次切出，如图 2-38a 所示；当槽宽大于 5mm 时，应分几次切出，最后精加工两侧面和底面，如图 2-38b 所示。车槽时，进给量要小，且应尽量均匀连续进给。

2. 切断

（1）切断刀的安装　切断使用切断刀，其形状与车槽刀相似，但刀头更窄而长。刀具的刀尖一定要与主轴轴心线等高，以防打刀和切断后端面留有凸面。切断刀安装过低，刀头易被压断，如图 2-39a 所示。切断刀安装过高，刀具后刀面顶住工件，不易切削，如图 2-39b 所示。

（2）切断注意事项

1）切断表面粗糙的工件前，最好先用外圆车刀先车圆，或尽量减小进给量，以免造成

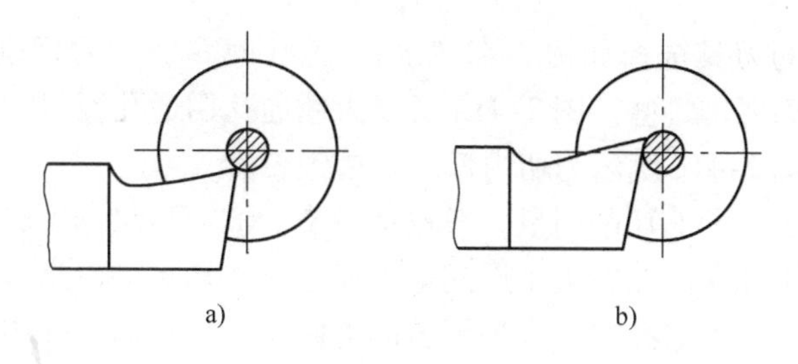

图 2-39　切断刀的安装

“扎刀”现象。

2）手动进刀切断时，摇动手柄应连续均匀，以避免由于切断刀与工件表面摩擦，而使工件表面产生冷硬现象，造成迅速磨损刀具。

3）用卡盘装夹工件时，切断位置离卡盘要近一些。

4）切断一夹一顶装夹的工件时，工件不应完全切断，应卸下工件后再敲断。

5）切断时，不能用两顶尖装夹工件，否则切断后工件会飞出，造成事故。

3. 车槽和切断时的切削用量选择

（1）背吃刀量　横向切削时，背吃刀量等于切断刀的刀头宽度。

（2）进给量　车钢料时进给量一般为 0.05 ~ 0.1mm/r；车铸铁时进给量为 0.1 ~ 0.2mm/r。

（3）切削速度　用硬质合金车刀车钢料时，切削速度为 80 ~ 120m/min；车铸铁时切削速度为 60 ~ 100m/min。

四、钻孔与镗孔

1. 钻孔

在车床上钻孔时，通常将钻头装在尾座锥形孔中，用手转动尾座手轮使钻头移动进行加工（图 2-40）；也可用夹具把钻头装夹在刀架上，或用床鞍拉动车床尾座，进行自动进给钻孔。

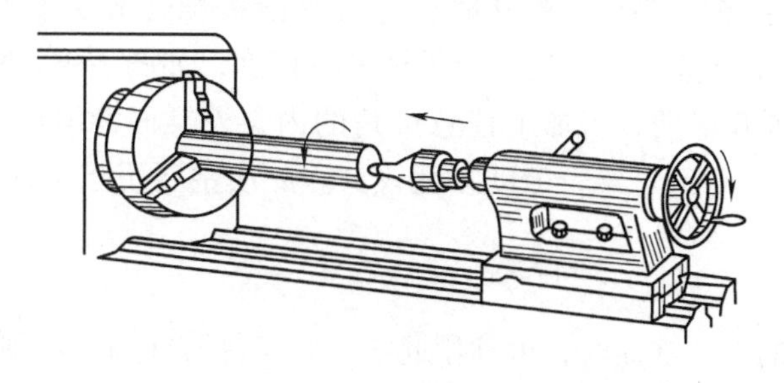

图 2-40　在车床上钻孔

钻孔加工要点：①钻孔前先将端面车平。②钻孔前可先用中心钻在工件端面上钻出中心孔，再用钻头钻孔，这样既便于定心，又容易保证孔的直线度。③钻孔时，摇动尾座手轮使钻头缓慢进给，并注意经常退出钻头排屑。④钻孔进给量不能过大，钻钢件时应加切削液，钻削铸铁时，一般不加切削液，以免切屑粉末磨损车床导轨。

2. 镗孔

用铸、锻或钻削方法得到的孔，内孔表面是很粗糙的，还需要用内孔刀车削，一般称为镗孔。在车床上镗孔的刀具选择如图 2-41 所示。镗孔时，因为刀杆刚度不足、排屑困难，所以比车外圆和车端面要困难些。图 2-41a 所示为镗通孔用通孔镗刀；图 2-41b 所示为镗不通孔用不通孔镗刀；图 2-41c 所示为切内槽用切槽镗刀。

镗孔加工要点：①镗孔的切削用量一般取得较小。②应尽量选用较粗的镗刀杆，装镗刀时，刀杆伸长应略大于孔深。③解决排屑问题主要是解决切屑的流出方向，为此，要采用正刃倾角的内孔车刀；加工不通孔时，应采用负的刃倾角，使切屑从孔中排出。④为了保证加工质量，镗孔也应采用试切法调整背吃刀量。⑤刀尖应与工件中心等高或稍高，否则容易将刀杆压低而产生扎刀现象，并可造成孔径扩大；车削不通孔则必须等高，否则不能将孔底车平。

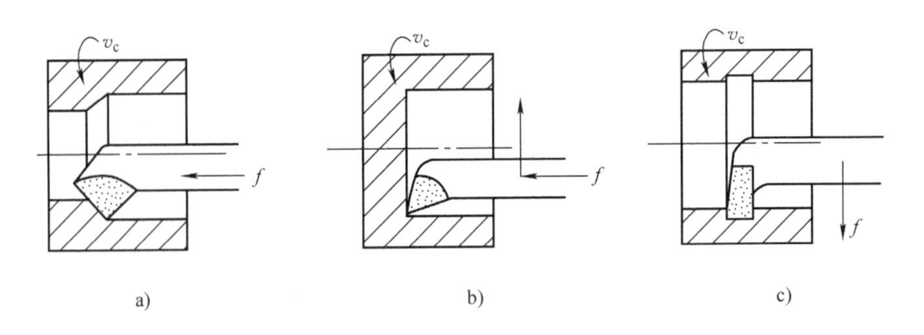

图 2-41　镗孔的刀具选择

五、车圆锥面

由于圆锥面具有配合紧密、定心准确、装拆方便等优点，所以在各种机械结构中得到广泛的应用。车削圆锥面的方法有下列几种。

1. 转动小滑板法

车削锥度大而长度短的工件及锥孔时，可将小滑板偏转等于工件锥角 α 一半的角度（即 $\alpha/2$）后，再紧固其转盘，然后摇进给手柄进行切削，如图 2-42a 所示。

这种方法优点是操作简便，可加工任意锥角的内、外锥面，但锥面长度不可太大（受小滑板行程的限制），需手动进给，劳动强度较大。此法主要用于单件小批量生产中，精度较低。

2. 尾座偏移法

车削长而锥度小的外圆锥面时，可利用此法。将工件装在前、后顶尖之间，并把尾座上部横向偏移一定距离 s，使工件轴线与纵向走刀方向成 $\alpha/2$ 角，自动走刀切出锥面。一般都把尾座上部向操作者方向偏移，使锥体小头在床尾方向，以利于加工和检验，如图 2-42b 所示。

尾座偏移量的计算公式为

$$s = \frac{D - d}{2l}L = L\tan\frac{\alpha}{2}$$

式中　s——尾座偏移量；

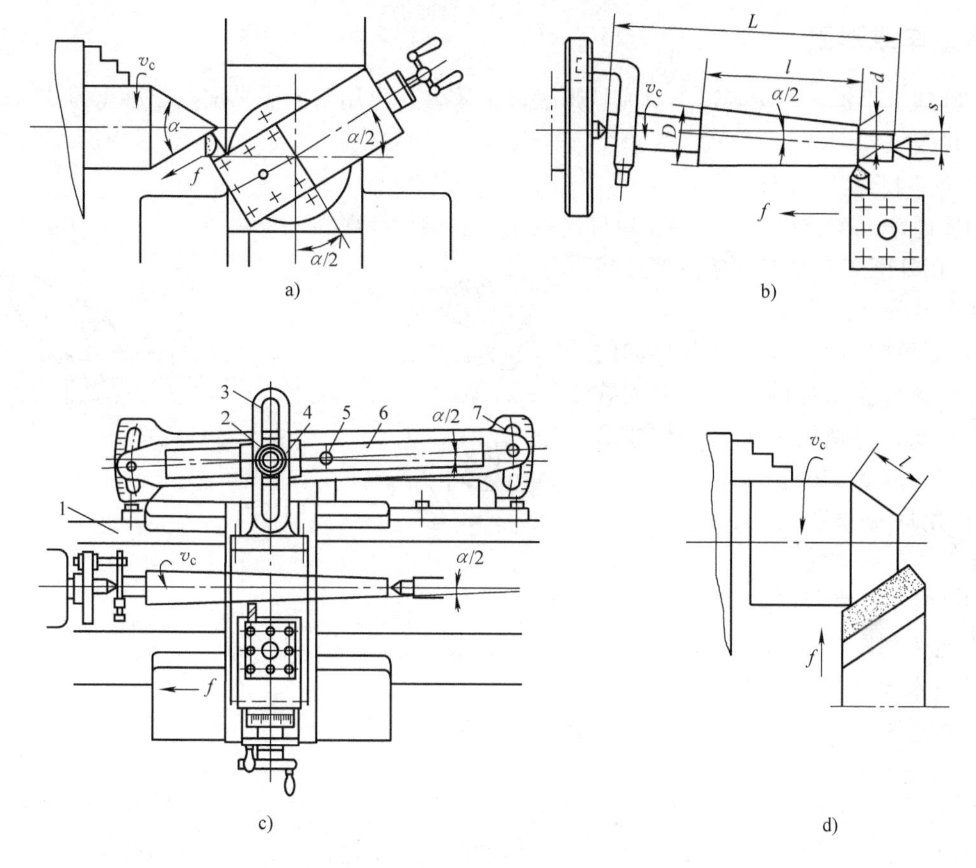

图 2-42　车削锥面的方法

a）转动小滑板法　b）尾座偏移法　c）靠模法　d）宽刀法

1—床身　2—螺母　3—联接板　4—滑块　5—中心轴　6—靠模板　7—底座

D——锥面大端直径；

d——锥面小端直径；

l——锥面长度；

L——两顶尖之间的距离；

α——锥角。

这种方法能机动进给，表面质量较好，但不能车削锥度较大（$\alpha<16°$）的工件，也不能车锥孔，调整尾座偏移量较费时。

3. 靠模法

使用专用的靠模装置进行锥面加工，如图 2-42c 所示。

这种加工方法可以加工锥角 $\alpha<24°$的内、外锥面，实现自动进给，表面质量较好，适用于成批和大量生产中较长的内、外锥面。

4. 宽刀法

采用与工件形状相适应的刀具横向进给车削锥面，如图 2-42d 所示。这种方法可加工任意锥角、锥面长度小（一般不超过 20～25mm）的内、外锥面，加工效率高，但要求刀具和工件的刚性好，适用于成批和大量生产中较短的内、外锥面。

六、车成形面

车圆球、手把、凸轮等这类具有特形表面的零件，可用双手操纵法、成形车刀法及靠模法进行加工。

1. 双手操纵法车成形面

用普通车刀车成形面仅适用于单件小批生产。操作步骤为

1）用外圆车刀在工件相应部位粗车出几个台阶（图2-43a）。

2）双手控制车刀依纵向和横向的综合进给切掉台阶的峰部，获得大致的成形轮廓，再换用精车刀进行成形面的精车（图2-43b）。

3）用样板检验成形面是否合格（图2-43c）。

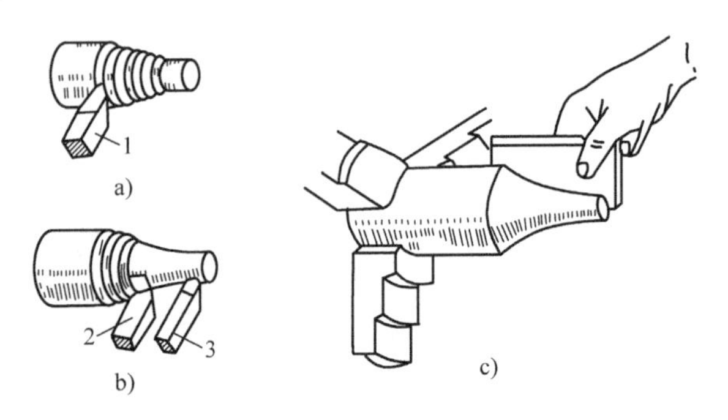

图2-43 双手操纵法车成形面

1—粗切台阶刀 2—成形轮廓刀 3—精切轮廓刀

切削时，通常要经多次反复度量、修整才能达到图样要求。这种方法对操作者技术要求较高，生产率低，但由于不要特殊的设备，因此在单件、小批量生产中广泛应用。

2. 用成形刀车成形面

用与要加工的零件表面轮廓相应的切削刃加工成形面（图2-44），操作方便，加工效率高，但由于样板刀的切削刃不能太宽，且磨出的曲线形状也不十分准确，因此这种方法多用于加工形状比较简单、轮廓尺寸要求不高的成形面。

3. 用靠模法车成形面

将刀架的横滑板与丝杠脱开，在其前端的拉杆3上装有滚柱5。当纵滑板纵向走刀时，滚柱5便在靠模4的曲线槽内移动，从而使刀具随着作曲线移动，采用小刀架控制切深，便可车出与靠模曲线相应的成形面，如图2-45所示。这种方法操作简便，加工出的成形面比较精确，生产率高，适用于大批量生产。

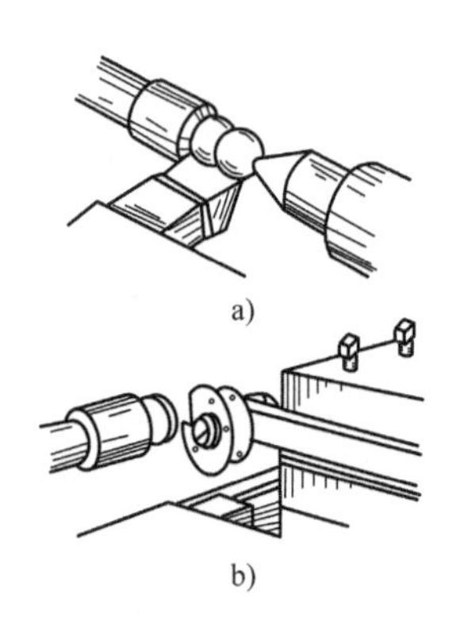

图2-44 用成形车刀车成形面

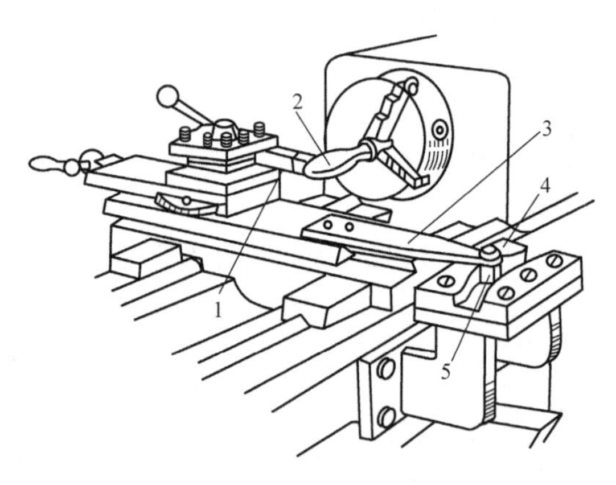

图2-45 用靠模法车成形面

1—车刀 2—工件 3—拉杆 4—靠模 5—滚柱

七、车螺纹

车床上可以车削各种不同截面形状的螺纹，如普通螺纹、梯形螺纹、锯齿螺纹、矩形螺纹等，它们是用与螺纹轴向截面形状相同的车刀完成的，其加工方法大致相同。

1. 加工原理

车削螺纹与一般车削不同，要求主轴每转一转，刀架准确地移动一个螺距或导程。车削一般螺纹时，按机床铭牌指示，变动进给箱外面的变速手柄，可获得车削各种不同螺距或导程螺纹的进给量。车削比较精密的螺纹，可通过进给箱中的离合器，将主轴传来的运动，只经过变向机构和交换齿轮 $\frac{a}{b} \times \frac{c}{d}$，直接传给丝杠（图2-46），从而使传动路线大为缩短，减少了积累误差，提高了精度。不同的螺距可用调整交换齿轮的方法来实现，用这种方法还可以加工特殊螺距的螺纹。

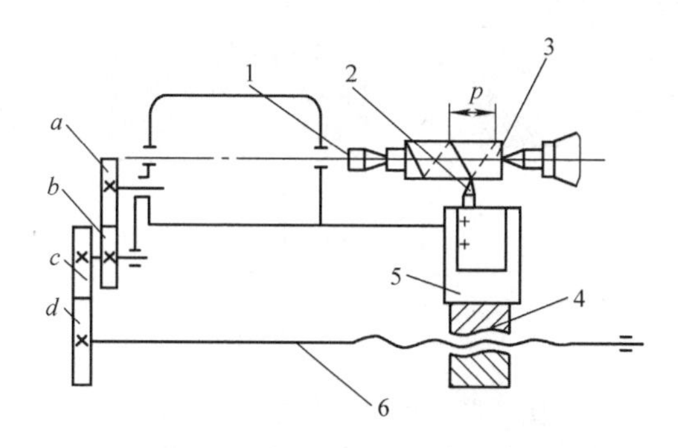

图2-46　车螺纹的传动示意图
1—主轴　2—车刀　3—工件　4—开合螺母
5—床鞍　6—丝杠

2. 螺纹车刀的安装

螺纹车刀的刀尖角必须与螺纹牙型角相等（普通螺纹的牙型角为60°），切削部分的形状应与螺纹截面形状相吻合。因此，精车螺纹时，应取其前角为0°。安装螺纹车刀时，刀尖必须与工件中心等高；刀尖角的等分线必须垂直于工件轴线。为了保证上述要求，常使用对刀样板来刃磨和安装刀具（图2-47）。

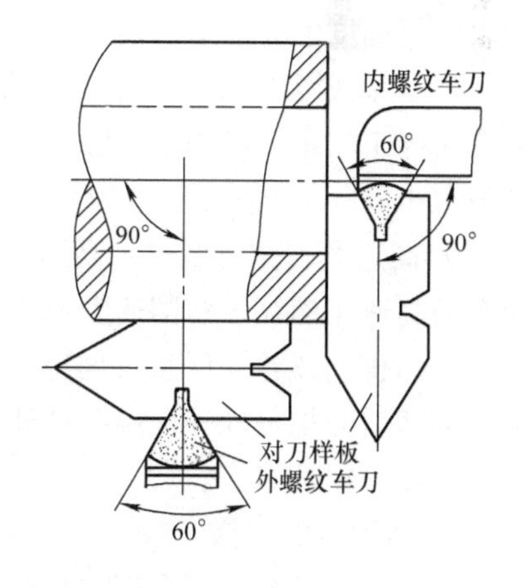

图2-47　螺纹车刀的形状及对刀方法

3. 车削三角形螺纹的方法

车削螺纹时，一般可采用低速车削和高速车削两种方法。低速车削螺纹可获得较高的精度和较小的表面粗糙度值，但生产率很低；高速车削螺纹比低速切削螺纹生产率可提高10倍以上，也可以获得较小的表面粗糙度值，因此现在工厂中已被广泛采用。

（1）低速车削三角形螺纹　在低速车螺纹时，为了保持螺纹车刀的锋利状态，车刀的材料最好用高速钢制成，并且把车刀分成粗、精车刀进行粗、精加工。车螺纹主要有直进法、左右切削法、斜进法这三种进刀方法。

1）直进法。车螺纹时，只利用中滑板进给（图2-48a），在几次工作行程中车好螺纹，这种方法称为直进法车螺纹。直进法车螺纹可以得到比较正确的牙型。但车刀刀尖全部参加切削（图2-48d），螺纹不易车光，并且容易产生“扎刀”现象。因此，只适用于螺距 $P<1$mm的三角形螺纹。

2）左右切削法。车削螺纹时，除了用中滑板进给外，同时利用小滑板的刻度把车刀左、右微量进给（借刀），这样重复切削几次工作行程，直至螺纹的牙型全部车好，这种方法称为左右切削法（图2-48b）。

3）斜进法。在粗车螺纹时，为了操作方便，除了中滑板进给外，小滑板可只向一个方向进给，这种方法称为斜进法（图2-48c）。但精车时，必须用左右切削法才能使螺纹的两侧面都获得较小的表面粗糙度值。

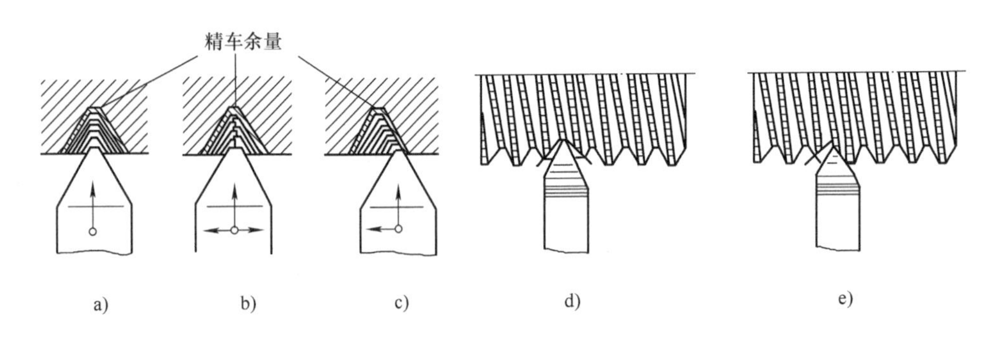

图2-48　车螺纹时的进给方式

a）直进法　b）左右切削法　c）斜进法　d）直进法出屑情况　e）单面切削出屑情况

用左右切削法和斜进法车螺纹时，因为车刀是单面切削的（图2-48e），所以不容易产生“扎刀”现象。精车时选择很低的切削速度（$v_c<5$m/min），再加注切削液，可以获得很小的表面粗糙度值。但是采用左右切削法时，车刀左右进给量不能过大，精车时一般要小于0.05mm/r，否则会使牙底过宽或凹凸不平。

在实际工作中，可用观察法控制左、右进给量，当排出切屑很薄时，车出的螺纹表面粗糙度值较小。

（2）高速车三角形螺纹　高速车螺纹时，最好使用YT15的硬质合金螺纹车刀。用硬质合金车刀高速车螺纹，切削速度取50～100m/min。车削时只能用直进法进刀，使切屑垂直于轴线方向排出或卷成球状较理想。如果用左右切削法，车刀只有一个切削刃参加切削，高速排出的切屑会把另外一面拉毛。如果车刀刃磨得不对称或倾斜，也会使切屑侧向排出，拉毛螺纹表面或损坏刀头。

4. 切削用量的选择

低速车削螺纹时，要合理选择粗、精车切削用量，并在一定走刀次数内完成车削。

（1）切削速度　粗车时 $v_c=10\sim15$m/min；精车时 $v_c<6$m/min。

（2）背吃刀量　车螺纹时，其总背吃刀量 a_p 与螺距 P 的关系为 $a_p=0.65P$。

用硬质合金车刀高速车削螺距为1.5～3mm、材料为中碳钢或中碳合金钢的螺纹时，一般只要3～5次工作行程就可完成。横向进给时，开始背吃刀量大些，以后逐步减少，但最后一次不要小于0.1mm。

例车，螺距$P=2\text{mm}$，总背吃刀量$a_p=0.65P=1.3\text{mm}$，具体分配情况为

第一刀背吃刀量：$a_{P1}=0.6\text{mm}$。

第二刀背吃刀量：$a_{P2}=0.4\text{mm}$。

第三刀背吃刀量：$a_{P3}=0.2\text{mm}$。

第四刀背吃刀量：$a_{P4}=0.1\text{mm}$。

用硬质合金车刀高速切削中碳钢和中碳合金钢螺纹时，走刀次数参考表2-5。

表2-5　高速切削三角形螺纹时的走刀次数

螺距/mm	1.5~2	3	4	5	6
走刀次数（粗车）	2~3	3~4	4~5	5~6	6~7
走刀次数（精车）	1	2	2	2	2

（3）进给量　进给量f就等于螺纹的螺距或导程，可通过调整进给箱上的相关手柄获得。

5. 车削螺纹的操作步骤

以车外螺纹为例，其操作步骤如图2-49所示。

1）开车，使车刀与工件轻微接触，记下刻度盘读数，向右退出车刀，如图2-49a所示。

2）合上开合螺母，在工件表面上车出一条螺旋线，横向退出车刀，停车，如图2-49b所示。

3）开反车使刀具退到工件右端，停车，用钢直尺检查螺距是否正确，如图2-49c所示。

4）利用刻度盘调整切深，开车切削，如图2-49d所示。

5）车刀将行到终点时，应做好退刀停车准备，先快速退出车刀，然后停车，再开反车退回刀架，如图2-49e所示。

6）再次横向进刀，继续切削，如图2-49f所示。

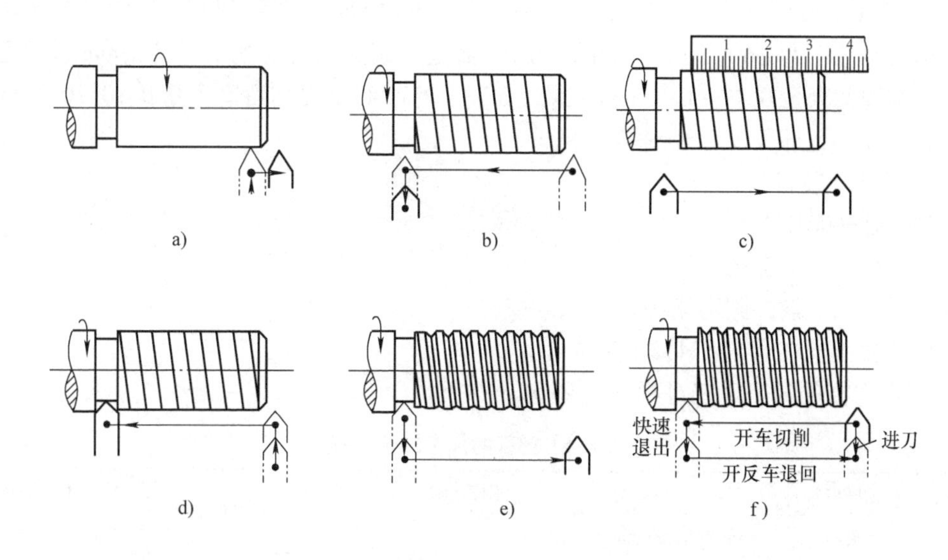

图2-49　车削外螺纹操作步骤

【任务实施】

1. 拟定丝杠加工工艺路线

丝杠零件图如图 2-1 所示。

丝杠加工中，中心孔是定位基准。由于丝杠是柔性件，刚性很差，极易产生变形，出现直线度、圆柱度等加工误差，不易达到图样上的形位精度和表面质量等技术要求，所以加工时还需增加辅助支承。将外圆表面与跟刀架相接触，防止因切削力造成的工件弯曲变形。同时，为了确保定位基准的精度，在工艺过程中先后安排了三次研磨中心孔工序。

由于丝杠上的螺纹是关键部位，为防止因淬火应力集中所引起的裂纹和避免螺纹在全长上的变形而使磨削余量不均，螺纹加工中采用“全磨”加工方法，即在热处理后直接采用磨削螺纹工艺，以确保螺纹加工精度。

由于该丝杠为单件生产，要求较高，故加工工艺过程严格按照工序划分阶段的原则，将整个工艺过程分为五个阶段：准备和预先热处理阶段（工序 1 ~6），粗加工阶段（工序 7 ~ 13），半精加工阶段（工序 14 ~23），精加工阶段（工序 24 ~25），终加工阶段（工序 26 ~ 28）。为了消除残余应力，整个工艺过程安排了四次消除残余应力的热处理，并严格规定机械加工和热处理后不准冷校直，以防止产生残余应力。为了消除加工过程中的变形，每次加工后工件应垂直吊放，并采用留加工余量分层加工的方法，经过多道工序逐步消除加工过程中引起的变形。

2. 确定工序尺寸

下料尺寸：ϕ65mm × 1715mm。

粗车尺寸：各外圆均留加工余量 6mm。

半精车尺寸：总长 1697mm，各外圆留加工余量 1.4 ~ 1.5mm，锥度留磨量 1.1 ~ 1.2mm，螺纹加工至 $\phi 33^{+0.50}_{+0.30}$mm、$\phi 39^{+0.80}_{+0.60}$mm，外圆 ϕ60mm 加工至 $\phi 60^{+0.40}_{+0.30}$mm，ϕ54mm 处加工至 $\phi 56^{+0.40}_{+0.20}$mm。

粗磨尺寸：各外圆均留磨量 0.3 ~ 0.4mm（分三次），磨锥度留磨量 0.35 ~ 0.45mm，ϕ60mm 外圆加工至 $\phi 60^{0}_{-0.20}$（分两次），$\phi 45^{0}_{-0.05}$mm 外圆加工至 $\phi 45^{+0.40}_{+0.30}$mm（分两次）。

半精磨尺寸：磨 ϕ60 外圆（磨出即可），磨滚珠螺纹大径、磨 $\phi 45^{0}_{-0.05}$mm 外圆至图样要求，外圆均留余量 0.12 ~ 0.15mm，螺纹 M33、M39 和锥度均留磨余量 0.10 ~ 0.15mm。

精磨尺寸：各部分尺寸至图样要求。

3. 选择加工装备

车削：卧式车床 CA6140；

平面磨削：平面磨床 M820；

外圆磨削：万能外圆磨床 M1432A；

丝杠磨削：丝杠磨床 S7432。

4. 确定丝杠的加工工艺过程（表 2-6）

表 2-6 丝杠的加工工艺过程

工序号	工序名称	工序内容	工艺装备
1	备料	热轧圆钢 ϕ65mm × 1715mm	
2	热处理	球化退火	

（续）

工序号	工序名称	工序内容	工艺装备
3	车	车削试样，试样尺寸为 ϕ45mm × 8mm，车削后应保证零件总长为 1703mm	CA6140
4	磨	在平面磨床上磨试样两平面（磨出即可），表面粗糙度 Ra 0.8μm	M820
5	检验	检验试样，要求试样球化等级 1.5 ~ 4 级，网状组织小于 3 级，待试样合格后方可转入下道工序	
6	热处理	调质，调质后硬度 250HBW，校直	
7	粗车	粗车各外圆，均留加工余量 6mm	CA6140
8	钳	划线，钻 ϕ10mm 起吊通孔	
9	热处理	时效处理，除应力，要求全长弯曲小于 1.5mm，不得冷校直	
10	车	1）车两端面取总长 1697mm，修正两端面中心孔，要求 60°锥面的表面粗糙度 Ra 1.6μm 2）车外圆 ϕ60mm 处至 $\phi60^{+0.40}_{+0.30}$mm，滚珠螺纹大径 ϕ54mm 加工至 $\phi56^{+0.40}_{+0.20}$mm，车锥度 1∶12，留磨量 1.1 ~ 1.2mm，车螺纹 M33 × 1.5 − 7h 大径至 $\phi33^{+0.50}_{+0.30}$mm，车螺纹 M39 × 1.5 − 7h 大径至 $\phi39^{+0.80}_{+0.60}$mm，车其余各外圆，均按图样公称尺寸留加工余量 1.4 ~ 1.5mm，倒角，各外圆、锥面的圆跳动公差小于 0.25mm，加工后应垂直吊放	CA6140
11	粗磨	粗磨滚珠螺纹大径至 $\phi56^{0}_{-0.20}$mm，磨其他各外圆，均留磨量 1.1 ~ 1.2mm	M1432B
12	热处理	按图样技术要求淬硬，中温回火，冰冷处理，工艺要求：全长弯曲小于 0.5mm，两端中心孔硬度达 50 ~ 56HRC，不得冷校直	
13	检验	检验硬度，磁性探伤，去磁	
14	研	研磨两端中心孔，表面粗糙度 Ra 0.8μm	CA6140
15	粗磨	磨 ϕ60mm 外圆至 $\phi60^{+0.20}_{+0.10}$mm，磨滚珠螺纹大径 $\phi56^{+0.10}_{0}$mm，磨其余各外圆，均留磨量 0.65 ~ 0.75mm，磨出两端垂直度公差为 0.005mm 及表面粗糙度 Ra 0.8μm 的肩面，磨 M39 × 1.5 − 7h 螺纹大径至 $\phi39^{+0.30}_{+0.20}$mm 和 M33 × 1.5 − 7h 螺纹大径至 $\phi33^{+0.30}_{+0.20}$mm，磨锥度 1∶12，留磨量 0.35 ~ 0.45mm，要求用环规着色检查，接触面 50%，完工后垂直吊放	M1432B
16	检验	磁性探伤，去磁	
17	粗磨	磨滚珠丝杠底槽至尺寸，粗磨滚珠丝杠螺纹，留磨量（三针测量仪 $M = \phi60.1^{0}_{-0.7}$mm 量棒直径 ϕ4.2mm），齿形用样板透光检查，去不完整牙，完工后垂直吊放	S7432
18	检验	磁性探伤，去磁	
19	热处理	低温回火除应力，要求变形不大于 0.15mm，不准冷校直	
20	研	修研两端中心孔，要求表面粗糙度 Ra 0.4μm，完工后垂直吊放	CA6140
21	粗磨	磨 ϕ60mm 外圆至 $\phi60^{0}_{-0.20}$mm，磨 $\phi45^{0}_{-0.05}$mm 外圆至 $\phi45^{+0.40}_{+0.30}$mm，磨其他各外圆，均留磨量 0.3 ~ 0.4mm	M1432B

（续）

工序号	工序名称	工序内容	工艺装备
22	半精磨	半精磨滚珠螺纹，留精磨余量（三针测量仪 $M=\phi59.2^{+0.20}_{0}$mm 量棒直径 $\phi4.2$mm），齿形用样板透光检查，完工后垂直吊放	S7432
23	热处理	低温回火，消除磨削应力，要求全长弯曲小于 0.10mm，不得冷校直	
24	研	修研两端中心孔，表面粗糙度 Ra 0.2μm，完工后垂直吊放	CA6140
25	半精磨	磨 $\phi60$mm 外圆（磨出即可），磨滚珠螺纹大径至图样要求，全长圆柱度公差为 0.02mm，磨 $\phi45^{0}_{-0.05}$mm 外圆至图样要求，磨其余各外圆及端面，外圆均留余量 0.12～0.15mm，磨 M33×1.5－7h 螺纹大径、M39×1.5－7h 螺纹大径和锥度 1∶12，均留磨余量 0.10～0.15mm，工艺要求：各磨削外圆的圆跳动公差小于 0.005mm，锥度 1∶12，接触面 60%	M1432B
26	精磨	磨 M33×1.5－7h 螺纹和 M39×1.5－7h 螺纹至图样要求	S7432
27	精磨	精磨滚珠丝杠螺纹至图样要求，齿尖倒圆 $R0.8$mm，要求：齿形按样板透光检查，完工后垂直吊放	S7432
28	终磨	终磨各外圆、锥度 1∶12 及肩面至图样要求，完工后垂直吊放，并涂防锈油（备单配滚珠螺母）	M1432B

【复习与思考】

1. 试述 CA6140 型卧式车床的主要部件及功用。
2. 落地车床、立式车床各有何用途？
3. 常见的变速、变向机构有哪几种？
4. 在 CA6140 型卧式车床上车削导程为 10mm 的米制螺纹，试指出最多可有几条传动路线？
5. CA6140 型卧式车床的快速电动机可以随意正反转吗？
6. 简述车削四种螺纹时，离合器 M_3、M_4、M_5 的状态和交换齿轮的选取。
7. 简述车削加工特点。
8. 轴类零件粗车和精车时各采取何种装夹方式？车削细长轴时还常采用何种车床夹具提高刚度？
9. 试比较外圆粗车刀与外圆精车刀、通孔车刀与不通孔车刀的区别。
10. 简述车削外圆的步骤及切削用量如何选择。
11. 简述在车床上钻孔与镗孔的加工要点。
12. 车削锥面有哪些方法？各适合于何种场合？
13. 车削三角形螺纹有哪些方法？试述车削 M20（$P=2$mm）外螺纹的切削用量的选择方法。
14. 在车床上能加工哪些表面？车床的类型有哪些？它们的适合场合是什么？
15. 试列举车床上常使用的几种车刀。
16. 立式车床与卧式车床的用途和机床的结构有什么不同？

【技能训练】

在使用通用设备加工的条件下，编制下面各个零件机械加工工艺，并对工艺路线进行分析（生产类型：单件或小批生产）。

1）连杆螺钉零件（图2-50），材料为40Cr。

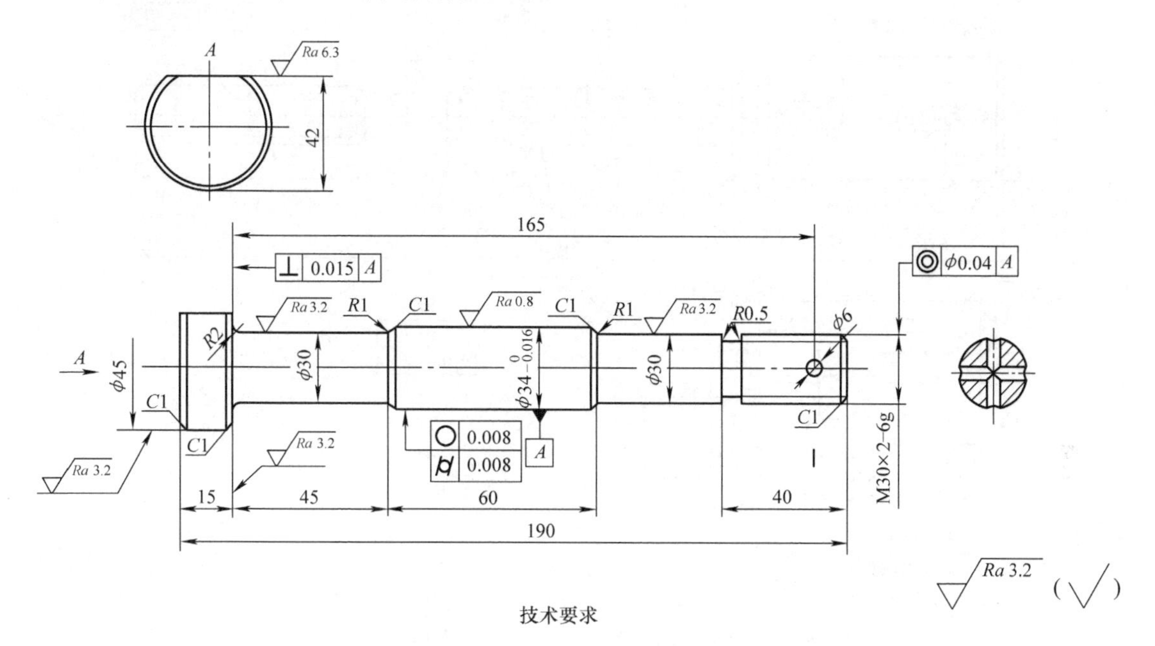

图2-50　连杆螺钉零件图

2）活塞杆零件（图2-51），材料为38CrMoAlA。

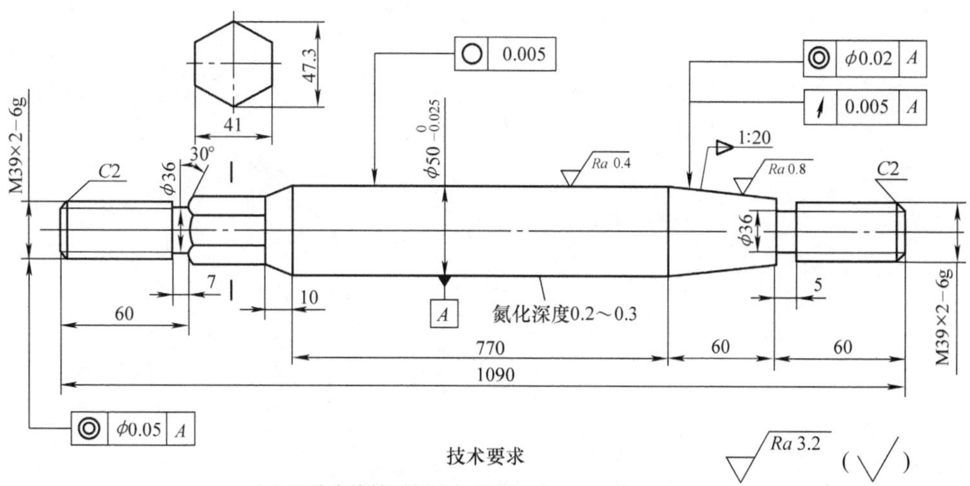

图2-51　活塞杆零件图

3）钻床主轴零件（图 2-52），材料为 40Cr。

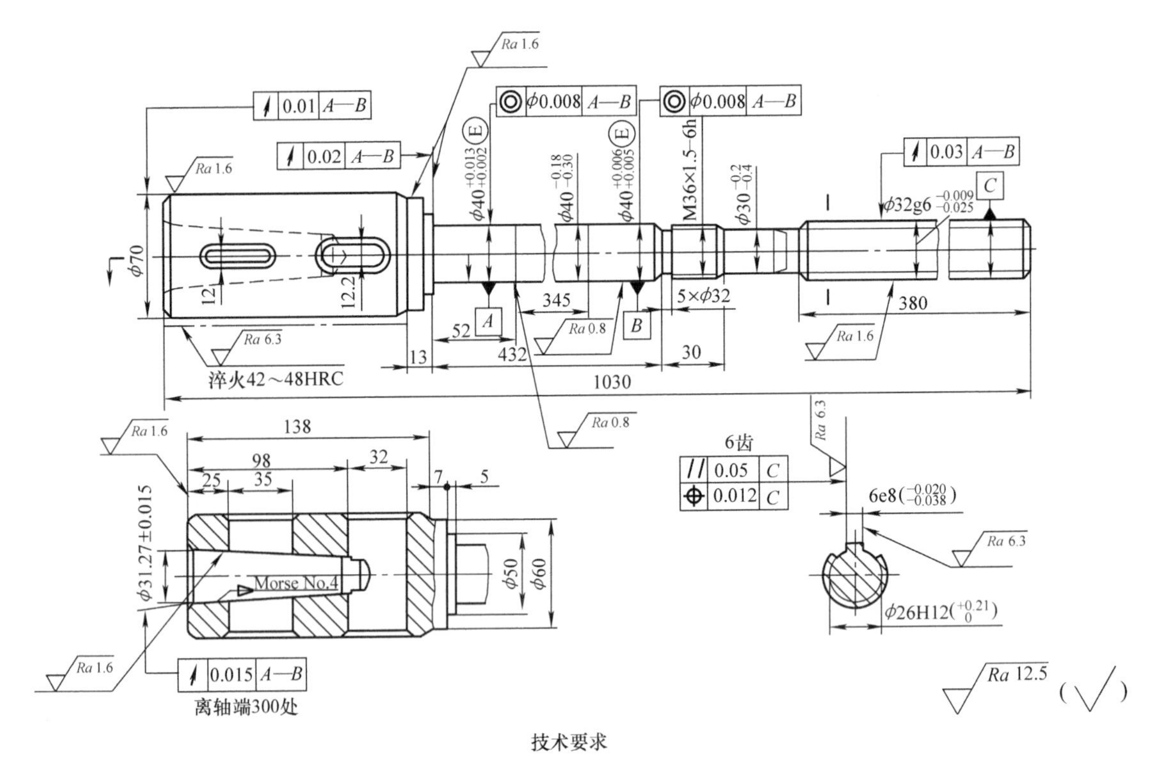

图 2-52 钻床主轴零件图

项目三　拨叉类零件的加工

【知识目标】

1. 掌握铣床的种类、结构及铣床附件。
2. 掌握铣刀的种类及用途。
3. 熟悉铣削加工方法。
4. 了解刨床、刨刀及刨削加工方法。
5. 了解拉床、拉刀及拉削加工方法。
6. 熟悉工艺尺寸链的计算方法。

【能力目标】

1. 具有叉架类零件工艺性分析的能力。
2. 掌握叉架类零件毛坯的选择方法。
3. 具有编制简单叉架类零件机械加工工艺方案的能力。
4. 初步具备制订较复杂叉架类零件的工艺路线的能力。

【任务引入】

图 3-1 所示为一车床拨叉零件图，生产类型为小批生产，试根据零件图给出的相关信息，在使用通用设备加工的条件下，编制该零件的机械加工工艺。

【任务分析】

1. 分析零件工艺结构性

CA6140 型卧式车床的拨叉位于车床变速机构中，主要起换挡作用，使主轴获得所需的速度和转矩。两件零件铸为一体，加工时分开。

该拨叉零件共有两处加工表面，其间有一定的位置要求。

（1）以 ϕ14mm 为中心的加工表面　这一组加工表面包括：ϕ14mm 的孔，以及其上、下两个端面，上端面与孔有位置要求。

（2）以 ϕ40mm 为中心的加工表面　这一组加工表面包括：ϕ40mm 的孔，以及其上、下两个端面。

这两组表面有一定的位置要求，即 ϕ40mm 的孔上、下两个端面与 ϕ14mm 的孔有垂直度要求。由上面分析可知，加工时应先加工一组表面，再以这组加工后表面为基准加工另外一组表面。

2. 毛坯选择

零件材料为 ZG310－570。考虑零件在机床运行过程中所受冲击不大，零件结构又比较简单，故选择铸件毛坯，有的采用 HT200。

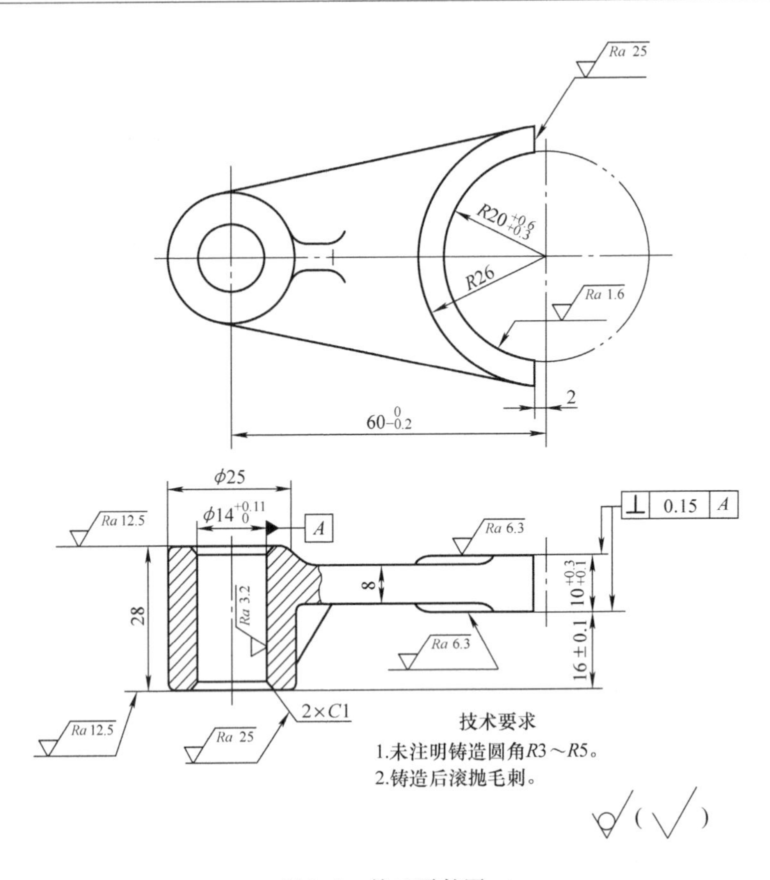

图3-1 拨叉零件图

【相关知识】

第一节 铣 削 加 工

铣削是机械加工中应用广泛的切削加工方法之一，可对工件进行粗加工、半精加工或精加工。铣削时，由于切削速度高，同时工作齿数多，故生产率高。铣削加工的公差等级一般为 IT7 ~ IT13；表面粗糙度 *Ra* 值为 12.5 ~ 1.6μm。铣削适用于单件小批量生产，也适用于大批量生产。

一、铣床的种类、铣床附件及工件的安装

使用铣刀进行铣削加工的机床称为铣床。铣床主轴带动铣刀旋转为主运动，工作台带动工件作进给运动。为了调整铣刀和工件的相对位置，工件或铣刀可在三个相互垂直的方向上作调整运动，并根据加工要求，可在其中某一个方向上完成进给运动。

（一）铣床的种类

铣床种类很多，常用的有卧式铣床、立式铣床，其余还有龙门铣床和数控铣床及铣镗加工中心等。在一般工厂，卧式铣床和立式铣床应用最广，其中卧式万能升降台式铣床应用最多，特加以介绍。

1. 卧式万能升降台铣床

卧式万能升降台铣床简称万能卧式铣床，如图3-2所示。其主轴是水平的，与工作台面平行。下面以X6132型铣床为例，介绍万能卧式铣床的主要组成部分及作用。

（1）床身　床身用来固定和支承铣床上所有的部件。顶部有水平导轨，前壁有燕尾形的垂直导轨，电动机、主轴及主轴变速机构等安装在它的内部。

（2）横梁　横梁的上面安装吊架，用来支承刀杆外伸的一端，以加强刀杆的刚性。横梁可沿床身的水平导轨移动，以调整其伸出的长度。

（3）主轴　主轴是空心轴，前端有7∶24的精密锥孔，其用途是安装铣刀刀杆并带动铣刀旋转。

（4）纵向工作台　它在转台的导轨上作纵向移动，带动台面上的工件作纵向进给。

（5）横向工作台　它位于升降台上面的水平导轨上，带动纵向工作台一起作横向进给。

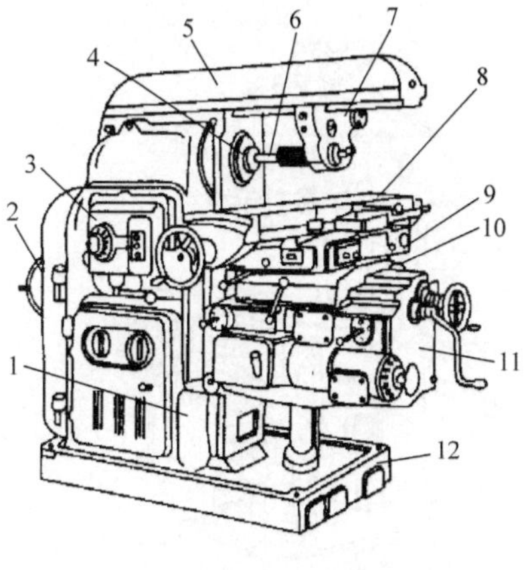

图3-2　卧式万能升降台铣床
1—床身　2—电动机　3—变速机构　4—主轴
5—横梁　6—刀杆　7—刀杆支架
8—纵向工作台　9—转台　10—横向工作台
11—升降台　12—底座

（6）转台　它的作用是能将纵向工作台在水平面内扳转一定的角度，以便铣削螺旋槽。

（7）升降台　它可以使整个工作台沿床身的垂直导轨上下移动，以调整工作台台面到铣刀的距离，并作垂直进给。

带有转台的卧铣，由于其工作台除了能作纵向、横向和垂直方向移动外，还能在水平面内左右扳转45°，因此称为万能卧式铣床。

立式铣床与卧式铣床的区别——立式铣床的主轴与工作台面垂直，而卧式则与其平行。

2. 立式升降台铣床

立式升降台铣床的结构如图3-3所示。有时根据加工的需要，可以将立铣头（主轴）偏转一定的角度。

3. 龙门铣床

龙门铣床属大型机床，图3-4所示为四轴龙门铣床外形图。它一般用来加工卧式、立式铣床不能加工的大型工件。

（二）铣床附件及工件的安装

1. 铣床附件

铣床的主要附件有分度头、机用平口钳、万能铣头和回转工作台，如图3-5所示。

（1）分度头　在铣削加工中，常会遇到铣六方、齿轮、花键和刻线等加工过程。这时，就需要利用分度头分度。因此，分度头是万能卧式铣床上的重要附件。

1）分度头的作用。它能使工件实现绕自身的轴线转动一定的角度（即进行分度）。利用分度头主轴上的卡盘夹持工件，使被加工工件的轴线相对于铣床工作台在向上90°和向下10°的范围内倾斜成需要的角度，以加工各种位置的沟槽、平面等（如铣锥齿轮）。分度头与工作台纵向进给运动配合，通过配换交换齿轮，能使工件连续转动，以加工螺旋沟槽、斜齿轮等。

万能分度头由于具有广泛的用途，在单件小批量生产中应用较多。

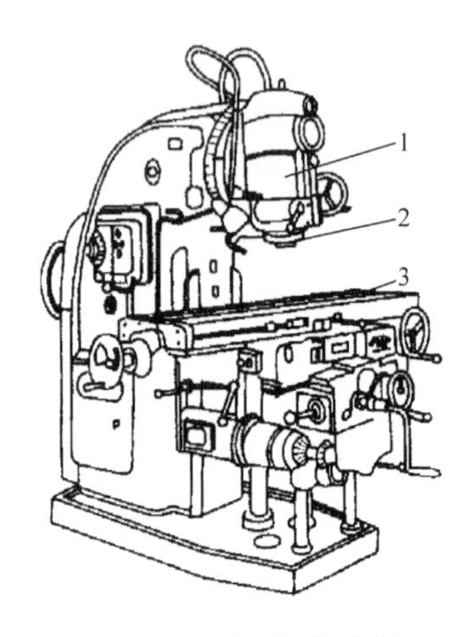

图 3-3 立式升降台铣床

1—立铣头 2—主轴 3—工作台

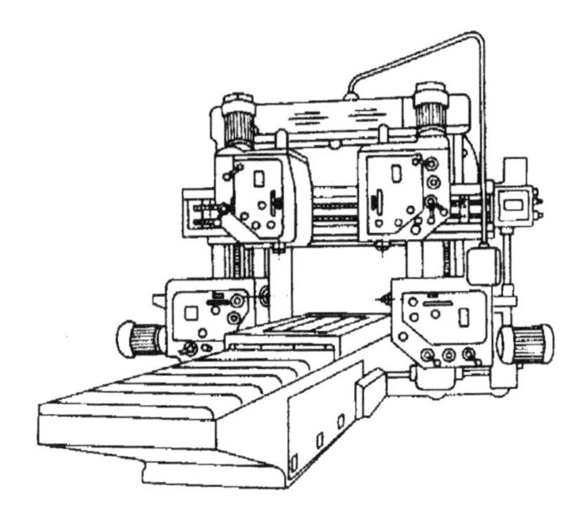

图 3-4 四轴龙门铣床外形图

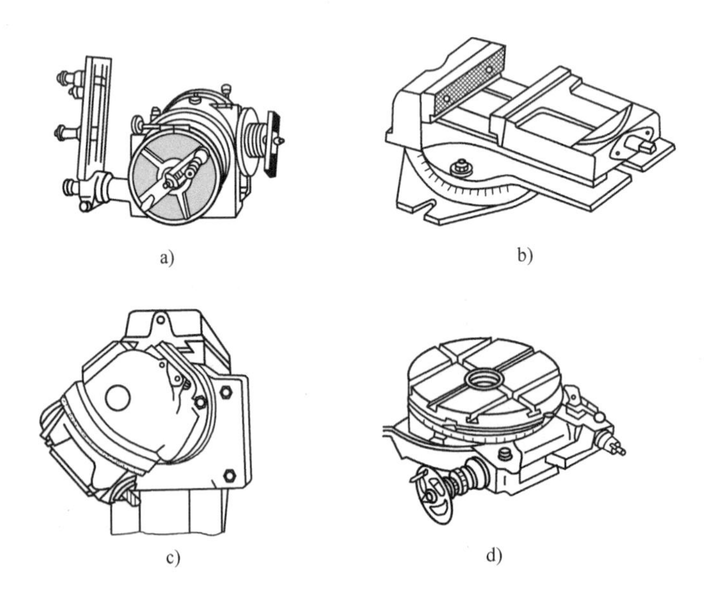

图 3-5 铣床主要附件

a）分度头 b）机用平口钳 c）万能铣头 d）回转工作台

2）分度头的结构。分度头的主轴是空心的，两端均为锥孔，前锥孔可装入顶尖（莫氏4号），后锥孔可装入心轴，以便在差动分度时交换齿轮，把主轴的运动传给侧轴可带动分度盘旋转。主轴前端外部有螺纹，用来安装自定心卡盘，如图 3-6 所示。

松开壳体上部的两个螺钉，主轴可以随回转体在壳体的环形导轨内转动，因此主轴除安装成水平外，还能扳成倾斜位置。当主轴调整到所需的位置上，应拧紧螺钉。主轴倾斜的角度可以从刻度上看出。

在壳体下面，固定有两个定位块，以便与铣床工作台面的 T 形槽相配合，用来保证主轴轴线准确地平行于工作台的纵向进给方向。

手柄用于紧固或松开主轴，分度时松开，分度后紧固，以防在铣削时主轴松动。另一手柄是控制蜗杆的手柄，它可以使蜗杆和蜗轮联接或脱开（即分度头内部的传动切断或结合），在切断传动时，可用手转动分度的主轴。蜗轮与蜗杆之间的间隙可用螺母调整。

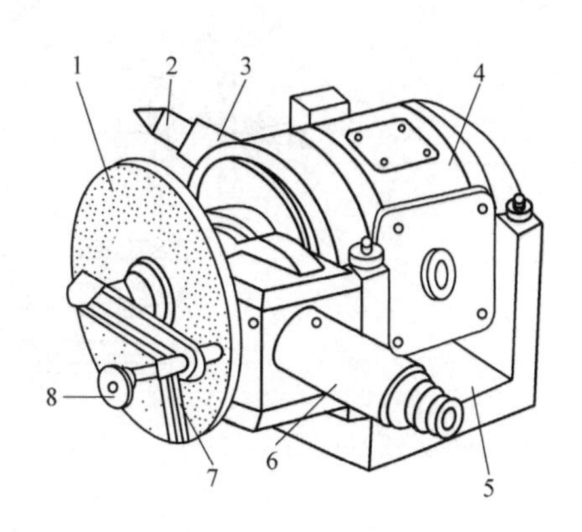

图3-6　分度头结构
1—分度盘　2—顶尖　3—主轴
4—转动体　5—底座　6—交换齿轮轴
7—扇形叉　8—手柄

3）分度方法。分度头内部的传动系统如图3-7a所示。转动手柄7，通过传动机构（传动比1∶1斜齿轮传动8，1∶40蜗杆传动3），使分度头主轴带动工件转动一定角度。手柄转一圈，主轴带动工件转1/40圈。

如果要将工件的圆周等分为 z 等分，则每次分度工件应转过 $1/z$ 圈。设每次分度手柄的转数为 n，则手柄转数 n 与工件等分数 z 之间的关系为

$$1:40 = \frac{1}{z}:n$$

$$n = \frac{40}{z}$$

分度头分度的方法有直接分度法、简单分度法、角度分度法和差动分度法等。这里仅介绍常用的简单分度法。例如：铣齿数 $z=35$ 的齿轮，需对齿轮毛坯的圆周作35等分，每一次分度时，手柄转数为

$$n = \frac{40}{z} = \frac{40}{35} = 1\frac{1}{7}\ （圈）$$

分度时，如果求出的手柄转数不是整数，可利用分度盘上的等分孔距来确定。分度盘如图3-7b所示，一般备有两块分度盘。分度盘的两面各钻有不通的许多圈孔，各圈孔数均不相等，然而同一孔圈上的孔距是相等的。

分度头第一块分度盘正面各圈孔数依次为24、25、28、30、34、37；反面各圈孔数依次为38、39、41、42、43。

第二块分度盘正面各圈孔数依次为46、47、49、51、53、54；反面各圈孔数依次为57、58、59、62、66。

按上例计算结果，即每分一齿，手柄需转过 $1\frac{1}{7}$ 圈，其中1/7圈需通过分度盘（图3-7b）来控制。用简单分度法需先将分度盘固定。再将手柄上的定位销调整到孔数为7的倍数（如28、42、49）的孔圈上，如在孔数为28的孔圈上。此时手柄转过1整圈后，再沿孔数为28的孔圈转过4个孔距，即

$$n = 1\frac{1}{7} = 1\frac{4}{28}$$

为了确保手柄转过的孔距数可靠，可调整分度盘上的扇形条1、2间的夹角（图3-7b），使之正好等于分子的孔距数，这样依次进行分度时就可准确无误。

（2）机用平口钳　机用平口钳是一种通用夹具，经常用其安装小型工件。

（3）万能铣头　在卧式铣床上装上万能铣头，不仅能完成各种立铣的工作，而且还可以根据铣削的需要，把铣头主轴扳成任意角度。

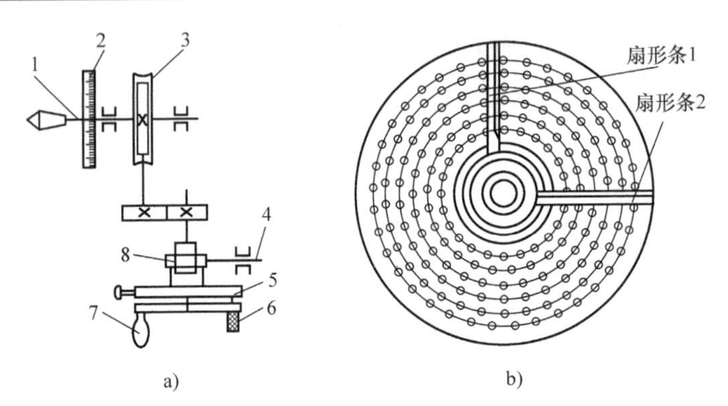

图 3-7 分度头的传动

1—主轴 2—刻度盘 3—1∶40 蜗杆传动 4—齿换齿轮轴 5—分度盘 6—定位销 7—手柄 8—1∶1 斜齿轮传动

万能铣头的底座用螺栓固定在铣床的垂直导轨上。铣床主轴的运动通过铣头内的两对锥齿轮传到铣头主轴上。铣头的壳体可绕铣床主轴轴线偏转任意角度。铣头主轴的壳体还能在铣头壳体上偏转任意角度。因此，铣头主轴就能在空间偏转成所需要的任意角度。

（4）回转工作台 回转工作台又称为转盘、平分盘、圆形工作台等。它的内部有一套蜗轮蜗杆。摇动手轮，通过蜗杆轴，就能直接带动与回转工作台相连接的蜗杆转动。回转工作台周围有刻度，可以用来观察和确定其位置。拧紧固定螺钉，回转工作台就固定不动。回转工作台中央有一孔，利用它可以方便地确定工件的回转中心。当底座上的槽和铣床工作台的 T 形槽对齐后，即可用螺栓把回转工作台固定在铣床工作台上。铣圆弧槽时，工件安装在回转工作台上，铣刀旋转，用手均匀缓慢地摇动回转工作台而使工件铣出圆弧槽。

2. 工件的安装

铣床上常用的工件安装方法有以下几种。

（1）用机用平口钳安装工件 在铣削加工时，常使用机用平口钳夹紧工件，如图 3-8 所示。它具有结构简单，夹紧牢靠等特点，所以使用广泛。机用平口钳尺寸规格，是以其钳口宽度来区分的。XA6132 型铣床配用的机用平口钳为 160mm。机用平口钳分为固定式和回转式两种。回转式机用平口钳可以绕底座旋转 360°，固定在水平面的任意位置上，因而扩大了其工作范围，是目前机用平口钳应用的主要类型。机用平口钳用两个 T 形螺栓固定在铣床上，底座上还有一个定位键，它与工作台上中间的 T 形槽相配合，以提高机用平口钳安装时的定位精度。

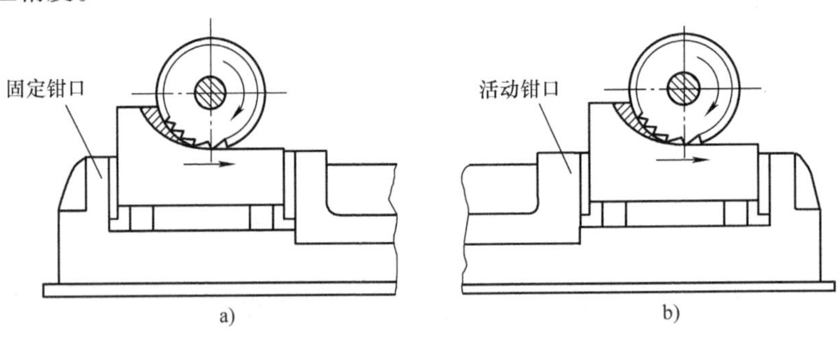

图 3-8 用机用平口钳安装工件

a）正确 b）不正确

（2）用压板、螺栓和垫铁安装工件　对于大型工件或机用平口钳难以安装的工件，可用压板、螺栓和垫铁将工件直接固定在工作台上，如图 3-9a 所示。

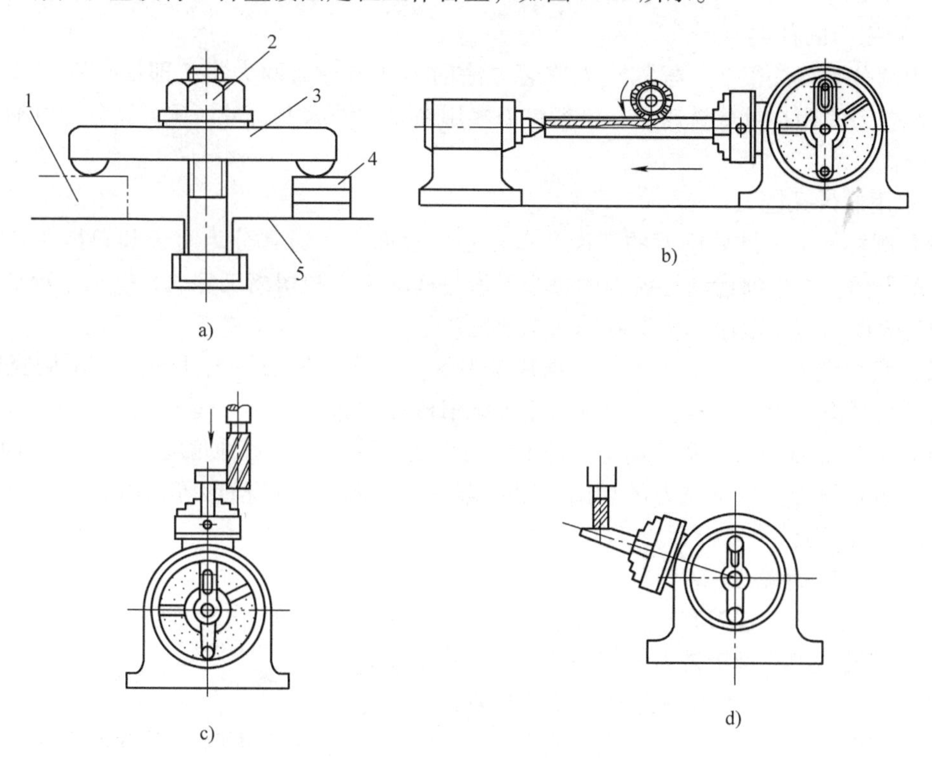

图 3-9　工件在铣床上常用的安装方法
a）用压板、螺栓和垫铁安装工件　b）用分度头安装工件
c）分度头卡盘在垂直位置安装工件　d）分度头卡盘在倾斜位置安装工件
1—工件　2—螺母　3—压板　4—垫铁　5—工作台

注意事项：

1）压板的位置要安排得当，压点要靠近切削面，压力大小要适合。粗加工时，压紧力要大，以防止切削中工件移动；精加工时，压紧力要合适，注意防止工件发生变形。

2）工件如果放在垫铁上，要检查工件与垫铁是否贴紧了，若没有贴紧，必须垫上铜皮或纸，直到贴紧为止。

3）压板必须压在垫铁处，以免工件因受压紧力而变形。

4）安装薄壁工件，在其空心位置处，可用活动支撑（千斤顶等）增加刚度。

5）工件压紧后，要用划针盘复查加工线是否仍然与工作台平行，避免工件在压紧过程中变形或走动。

（3）用分度头安装工件　分度头安装工件一般用在等分工件中。既可以用分度头卡盘（或顶尖）与尾架顶尖一起使用安装轴类零件，也可以只使用分度头卡盘安装工件，又由于分度头的主轴可以在垂直平面内转动，因此可以利用分度头在水平、垂直及倾斜位置安装工件，如图 3-9b、c、d 所示。

当零件的生产批量较大时，可采用专用夹具或组合夹具装夹工件，这样既能提高生产率，又能保证产品质量。

二、铣刀的选用

（一）铣刀的种类

铣刀的分类方法很多，根据铣刀安装方法的不同可分为两大类，即带孔铣刀和带柄铣刀。带孔铣刀多用在卧式铣床上，带柄铣刀多用在立式铣床上。带柄铣刀又分为直柄铣刀和锥柄铣刀。

1. 常用的带孔铣刀

（1）圆柱铣刀　圆柱铣刀的刀齿分布在圆柱表面上，通常分为直齿和斜齿两种，主要用于铣削平面。由于斜齿圆柱铣刀的每个刀齿是逐渐切入和切离工件的，故工作较平稳，加工表面的表面粗糙度数值小，但有轴向切削力产生。

（2）盘形铣刀　即三面刃铣刀，锯片铣刀等。三面刃铣刀主要用于加工不同宽度的直角沟槽及小平面、台阶面等。锯片铣刀用于铣窄槽和切断。

（3）角度铣刀　角度铣刀具有各种不同的角度，用于加工各种角度的沟槽及斜面等。

（4）成形铣刀　成形铣刀的切削刃呈凸圆弧、凹圆弧、齿槽形等。用于加工与切削刃形状对应的成形面。

2. 常用的带柄铣刀

（1）立铣刀　立铣刀有直柄和锥柄两种，多用于加工沟槽、小平面、台阶面等。

（2）键槽铣刀　键槽铣刀专门用于加工封闭式键槽。

（3）T形槽铣刀　T形槽铣刀专门用于加工T形槽。

（4）镶齿面铣刀　一般刀盘上装有硬质合金刀片，加工平面时可以进行高速铣削，以提高工作效率。

（二）铣刀的安装

1. 带孔铣刀的安装

1）带孔铣刀中的圆柱形、盘形铣刀，多用长刀杆安装，如图3-10所示。长刀杆一端有7:24锥度与铣床主轴孔配合，安装刀具的刀杆部分，根据刀孔的大小分几种型号，常用的有ϕ16mm、ϕ22mm、ϕ27mm、ϕ32mm等。

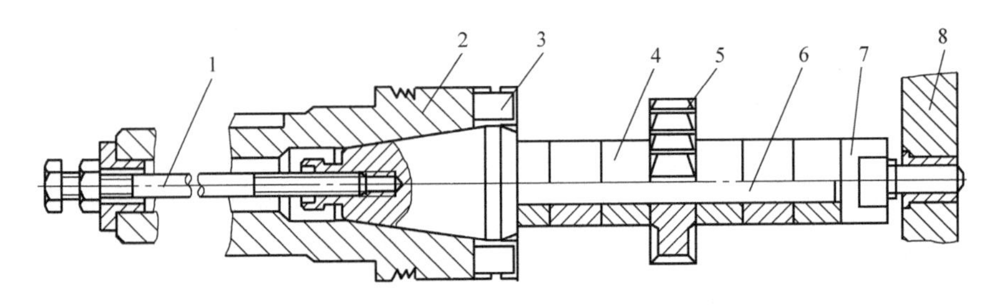

图3-10　盘形铣刀的安装

1—拉杆　2—铣床主轴　3—端面键　4—套筒　5—铣刀　6—刀杆　7—螺母　8—刀杆支架

用长刀杆安装带孔铣刀时要注意：

① 铣刀应尽可能地靠近主轴或吊架，以保证铣刀有足够的刚度；套筒的端面与铣刀的端面必须擦干净，以减小铣刀的端跳；拧紧刀杆的压紧螺母时，必须先装上吊架，以防刀杆受力弯曲。

② 斜齿圆柱铣刀所产生的轴向切削力应指向主轴轴承，主轴转向与斜齿圆柱铣刀旋向的选择见表3-1。

表3-1　主轴转向与斜齿圆柱铣刀旋向的选择

情况	铣刀安装简图	螺旋线方向	主旋转方向	轴向力的方向	说　明
1		左旋	逆时针方向旋转	向着主轴轴承	正确
2		左旋	顺时针方向旋转	离开主轴轴承	不正确

2）带孔铣刀中的面铣刀，多用短刀杆安装，如图3-11所示。

2. 带柄铣刀的安装

1）锥柄铣刀的安装，如图3-12a所示。根据铣刀锥柄的大小，选择合适的变径套，将各配合表面擦净，然后用拉杆把铣刀及变径套一起拉紧在主轴上。

2）直柄铣刀的安装，这类铣刀多为小直径铣刀，一般不超过ϕ20mm，多用弹簧夹头进行安装，如图3-12b所示。铣刀的柱柄插入弹簧套的孔中，用螺母压弹簧套的端面，使弹簧套的外锥面受压而孔径缩小，即可将铣刀抱紧。弹簧套上有三个开口，故受力时能收缩。弹簧套有多种孔径，以适应各种尺寸的铣刀。

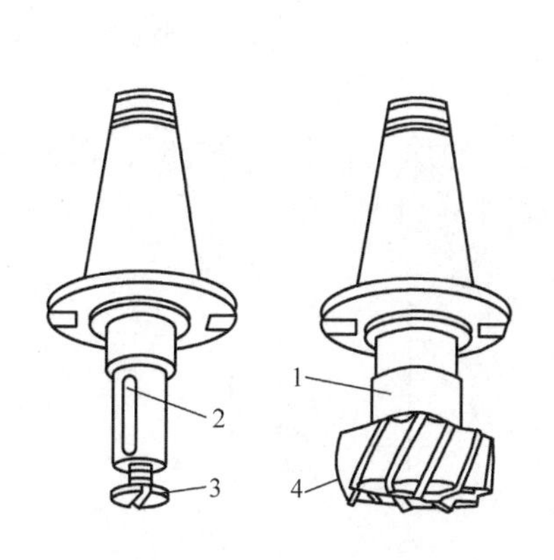

图3-11　面铣刀的安装
1—垫套　2—键　3—螺钉　4—铣刀

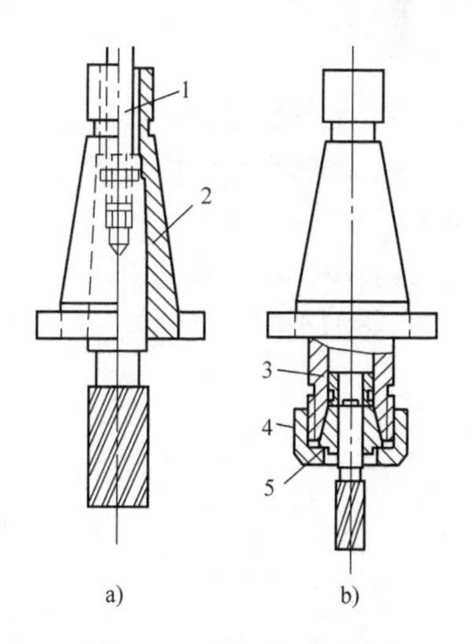

图3-12　带柄铣刀的安装
a）锥柄铣刀的安装　b）直柄铣刀的安装
1—拉杆　2—变锥套　3—夹头体　4—螺母　5—弹簧套

（三）铣削方式及合理选用

铣削方式是指铣削时铣刀相当于工件的运动和位置关系。不同的铣削方式对刀具的寿命、工件的表面粗糙度、铣削过程的平稳性及切削加工的生产率等都有很大的影响。

1. 周边铣削法

用铣刀圆周上的切削刃来铣削工件加工表面的方法，称为周边铣削法。它有两种铣削方式：逆铣（铣刀的旋转方向与工件的进给方向相反，如图 3-13a 所示）和顺铣（铣刀的旋转方向与工件的进给方向相同，如图 3-13b 所示）。

逆铣时，刀齿由切削层内切入，从待加工表面切出，切削厚度由零增至最大。由于切削刃并非绝对锋利，所以刀齿在刚接触工件的一段距离上不能切入工件，只是在待加工表面上挤压、滑行，使工件表面产生严重冷硬层，降低了表面加工质量，并加剧了刀具磨损。顺铣时，切削厚度由大到小，没有逆铣的缺点。同时，顺铣时的铣削力始终压向工作台，避免了工件上、下振动，因而可提高铣刀的寿命和加工表面质量。但顺铣时由于水平切削分力与进给方向相同，因此可能会使铣床工作台产生窜动，引起振动和进给不均匀。加工有硬皮的工件时，由于刀齿首先接触工件表面硬皮，会加速刀齿的磨损。这些都使顺铣的应用受到很大的限制。

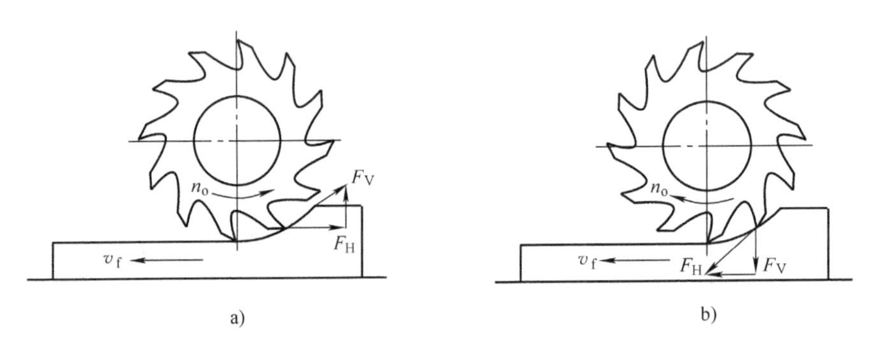

图 3-13 逆铣和顺铣
a）逆铣 b）顺铣

一般情况下，尤其是粗加工或是加工有硬皮的毛坯时，多采用逆铣。精加工时，加工余量小，铣削力小，不易引起工作台窜动，可采用顺铣。

2. 端面铣削法

端面铣削法称端铣法，是利用铣刀端面的刀齿来铣削工件的加工表面。端铣时，根据铣刀相对于安装位置的不同，可分为三种不同的切削方式，如图 3-14 所示。

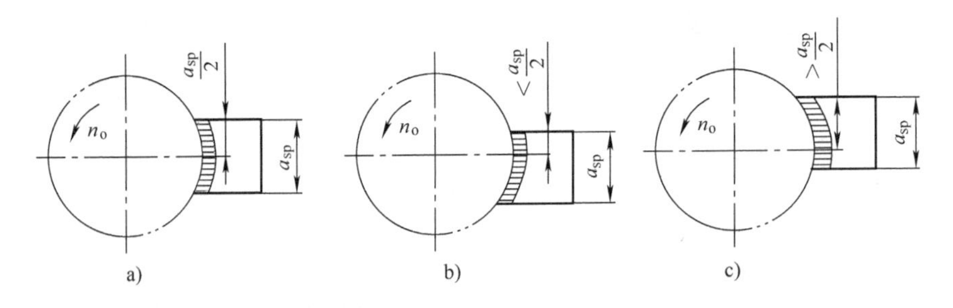

图 3-14 端面铣削法
a）对称铣 b）不对称逆铣 c）不对称顺铣

（1）对称铣　工件安装在面铣刀的对称位置上，它具有较大的平均切削厚度，可保证刀齿在切削表面的冷硬层之下铣削。如图3-14a所示。

（2）不对称逆铣　铣刀从较小的切削厚度处切入，从较大的切削厚度处切出，这样可减少切入时的冲击，提高铣削的平稳行，适合于加工普通碳钢和低合金钢，如图3-14b所示。

（3）不对称顺铣　铣刀从较大的切削厚度处切入，从较小的切削厚度处切出。在加工塑性较大的不锈钢、耐热合金等材料时，可减小毛刺及刀具的粘结磨损，刀具寿命可大大提高，如图3-14c所示。

三、铣削加工方法

（一）铣平面

平面可以用圆柱铣刀、面铣刀或三面刃铣刀在卧式铣床或立式铣床上进行铣削。

1. 用圆柱铣刀铣平面

圆柱铣刀一般用于卧式铣床铣平面。铣平面用的圆柱铣刀一般为螺旋齿圆柱铣刀，铣刀的宽度必须大于所铣平面的宽度，螺旋线的方向应使铣削时所产生的进给力将铣刀推向主轴轴承方向。

圆柱铣刀通过长刀杆安装在卧式铣床的主轴上，刀杆上的锥柄与主轴上的锥孔相配，并用一拉杆拉紧。刀杆上的键槽与主轴上的方键相配，用来传递动力。安装铣刀时，先在刀杆上装几个垫圈，然后装上铣刀，如图3-15a所示。应使铣刀切削刃的切削方向与主轴旋转方向一致，同时铣刀还应尽量装在靠近床身的地方。在铣刀的另一侧也套上垫圈，然后用手轻轻旋上压紧螺母，如图3-15b所示。安装吊架，使刀杆前端进入吊架轴承内，拧紧吊架的紧固螺钉，如图3-15c所示。初步拧紧刀杆螺母，开车观察铣刀是否装正，然后用力拧紧螺母，如图3-15d所示。

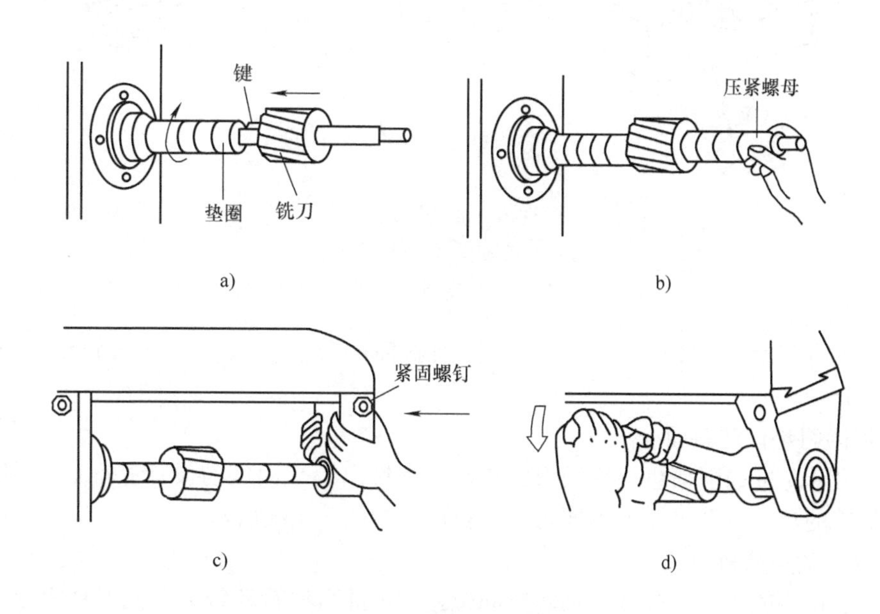

图3-15　安装圆柱铣刀的步骤

操作方法：根据工艺卡的规定调整机床的转速和进给量，再根据加工余量的多少来调整铣削深度，然后开始铣削。铣削时，先用手动进给使工作台纵向靠近铣刀，而后改为自动进给；当进给行程尚未完毕时不要停止进给运动，否则铣刀在停止的地方切入金属就比较深，形成表面深啃现象；铣削铸铁时不加切削液（因铸铁中的石墨可起润滑作用），铣削钢料时要用切削液，通常用含硫矿物油作切削液。

用螺旋齿铣刀铣削时，同时参加切削的刀齿数较多，每个刀齿工作时都是沿螺旋线方向逐渐地切入和脱离工作表面，切削比较平稳。在单件小批量生产的条件下，用圆柱铣刀在卧式铣床上铣平面仍是常用的方法。

2. 用面铣刀铣平面

面铣刀一般用于立式铣床上铣平面，有时也用于卧式铣床上铣侧面，如图 3-16 所示。面铣刀一般中间带有圆孔。通常先将铣刀装在短刀轴上，再将刀轴装入机床的主轴上，并用拉杆螺纹拉紧。

用面铣刀铣平面与用圆柱铣刀铣平面相比，其特点是：切削厚度变化较小，同时切削的刀齿较多，因此切削比较平稳；再则面铣刀的主切削刃担负着主要的切削工作，而副切削刃又有修光作用，所以表面光整；此外，面铣刀的刀齿易于镶装硬质合金刀片，可进行高速铣削，且其刀杆比圆柱铣刀的刀杆短些，刚性较好，能减少加工中的振动，有利于提高铣削用量。因此，端铣法既提高了生产率，又提高了表面质量，所以在大批量生产中，端铣法已成为加工平面的主要方式之一。

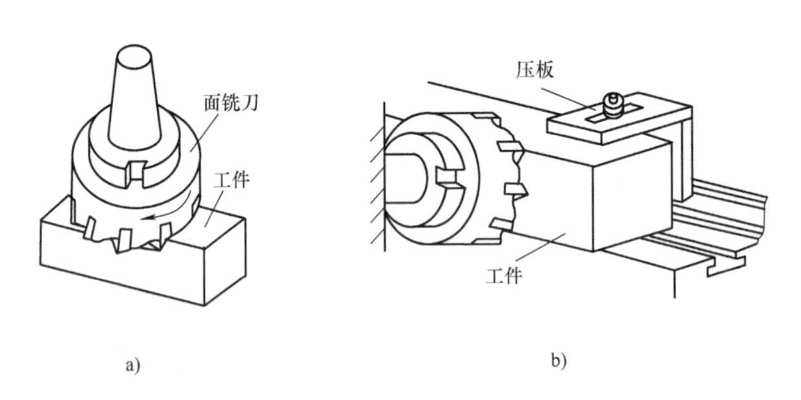

图 3-16 面铣刀铣平面
a）立式铣床 b）卧式铣床

（二）铣斜面

工件上具有斜面的结构是很常见的，铣削斜面的方法也很多，下面介绍几种常用的方法。

1. 使用倾斜垫铁铣斜面

在零件设计基准的下面垫一块倾斜的垫铁，则铣出的平面就与设计基准面成倾斜位置，改变倾斜垫铁的角度，即可加工不同角度的斜面，如图 3-17a 所示。

2. 用万能铣头铣斜面

由于万能铣头能方便地改变刀轴的空间位置，因此可以转动铣头以使刀具相对工件倾斜一个角度来铣斜面，如图 3-17b 所示。

3. 用角度铣刀铣斜面

较小的斜面可用合适的角度铣刀加工。当加工零件批量较大时，则常采用专用夹具铣斜面，如图 3-17c 所示。

4. 用分度头铣斜面

在一些圆柱形和特殊形状的零件上加工斜面时，可利用分度头将工件转至所需位置而铣出斜面，如图 3-17d 所示。

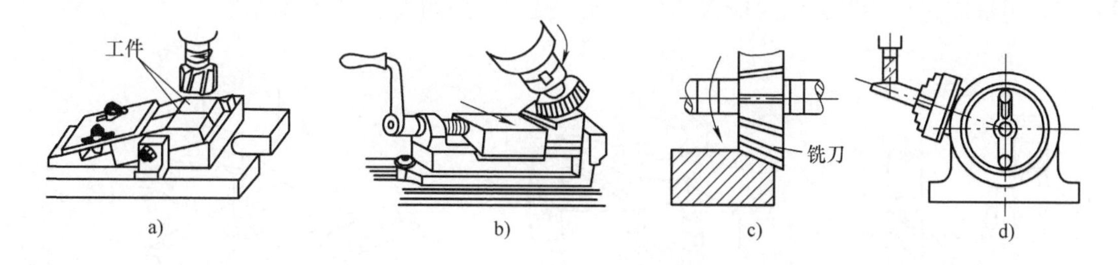

图 3-17 铣斜面的几种方法

a）用斜垫铁铣斜面 b）用万能铣头铣斜面 c）用角度铣刀铣斜面 d）用分度头铣斜面

（三）铣沟槽

在铣床上能加工的沟槽种类很多，如直槽、角度槽、V 形槽、T 形槽、燕尾槽和键槽等。现仅介绍键槽、T 形槽和燕尾槽的加工。

1. 铣键槽

常见的键槽有封闭式和敞开式两种。在轴上铣封闭式键槽，一般用键槽铣刀加工，如图 3-18a 所示。键槽铣刀一次轴向进给不能太大，切削时要注意逐层切下。敞开式键槽多在卧式铣床上用三面刃铣刀进行加工，如图 3-18b 所示。注意在铣削键槽前，做好对刀工作，以保证键槽的对称度公差。

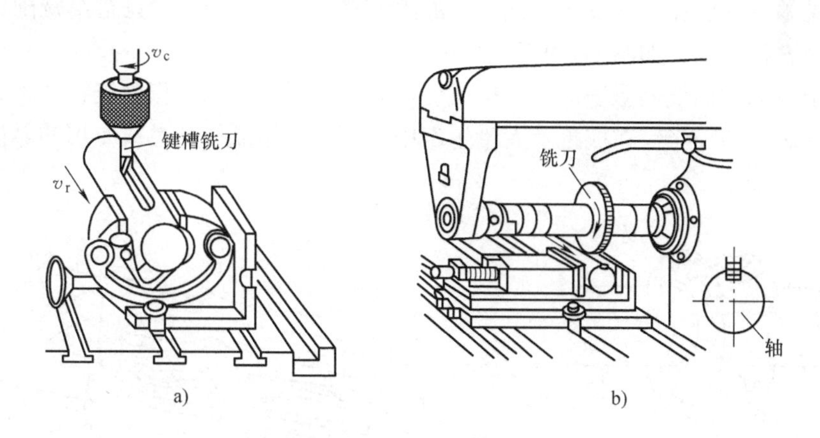

图 3-18 铣键槽

a）在立式铣床上铣封闭式键槽 b）在卧式铣床上铣敞开式键槽

由于立铣刀中央无切削刃，不能向下进刀，若用立铣刀加工，必须预先在槽的一端钻一个落刀孔，才能用立铣刀铣键槽。对于直径为 3 ~ 20mm 的直柄立铣刀，可用弹簧夹头装夹，弹簧夹头可装入机床主轴孔中；对于直径为 10 ~ 50mm 的锥柄铣刀，可利用变径套装入机床主轴孔中。

对于敞开式键槽，可在卧式铣床上进行，一般采用三面刃铣刀加工。

2. 铣T形槽及燕尾槽

T形槽应用很多，如铣床和刨床的工作台上用来安放紧固螺栓的槽就是T形槽。要加工T形槽及燕尾槽，首先用立铣刀或三面刃铣刀铣出直角槽，然后在立式铣床上用T形槽铣刀铣削T形槽和用燕尾槽铣刀铣削成形，如图3-19所示。但由于T形槽铣刀工作时排屑困难，因此切削用量应选得小些，同时应多加切削液，最后再用角度铣刀铣出倒角。

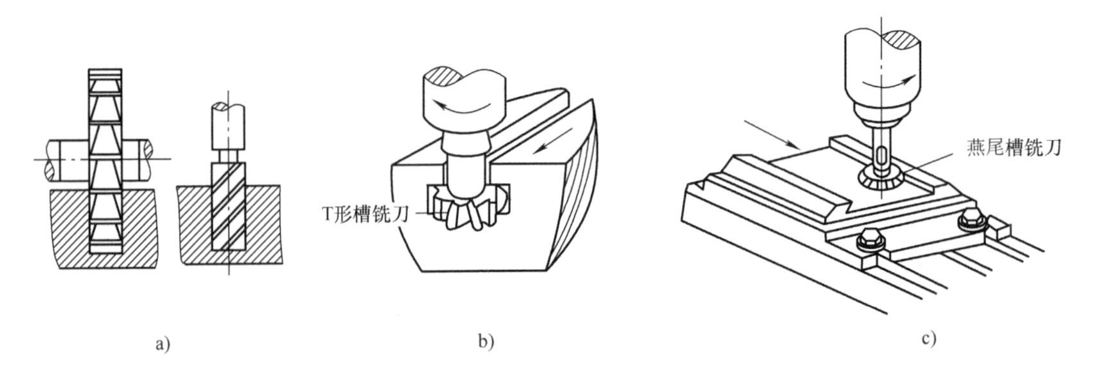

图3-19 铣T形槽及燕尾槽

a）先铣出直槽 b）铣T形槽 c）铣燕尾槽

（四）铣成形面

如零件的某一表面在截面上的轮廓线由曲线和直线组成，则这个面就是成形面。成形面一般在卧式铣床上用成形铣刀来加工，如图3-20a所示。成形铣刀的形状要与成形面的形状相吻合。如零件的外形轮廓由不规则的直线和曲线组成，这种零件就称为具有曲线外形表面的零件。这种零件一般在立式铣床上铣削，加工方法有：按划线用手动进给铣削；用圆形工作台铣削；用靠模铣削，如图3-20b所示。

对于要求不高的曲线外形表面，可按工件上划出的线迹移动工作台进行加工，顺着线迹将打出的样冲眼铣掉一半。在成批及大量生产中，可以采用靠模夹具或专用的靠模铣床来对曲线外形面进行加工。

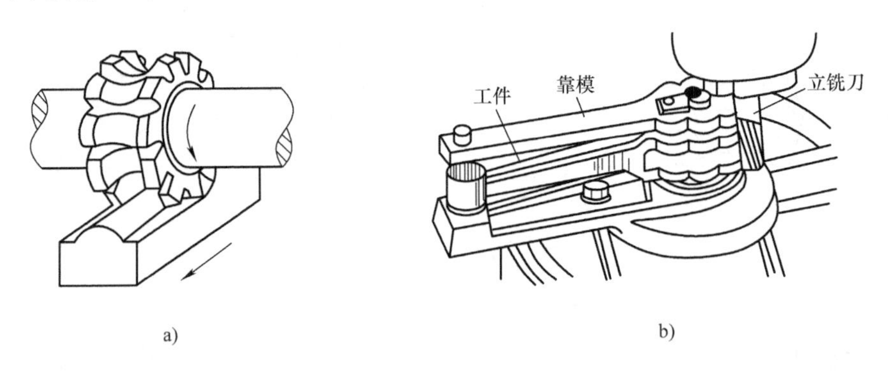

图3-20 铣成形面

a）用成形铣刀铣成形面 b）用靠模铣曲面

（五）铣齿形

齿轮齿形的加工原理可分为两大类：展成法（又称范成法），它是利用齿轮刀具与被切齿轮的互相啮合运转而切出齿形的方法，如插齿和滚齿加工等；成形法（又称型铣法），它是利用仿照与被切齿轮齿槽形状相符的盘状铣刀或指形齿轮铣刀切出齿形的方法，如图3-21所示。在铣床上加工齿形的方法属于成形法。

铣削时，常用分度头和尾架装夹工件，如图3-22所示。可用盘状模数铣刀在卧式铣床上铣齿，也可用指形齿轮铣刀在立式铣床上铣齿。

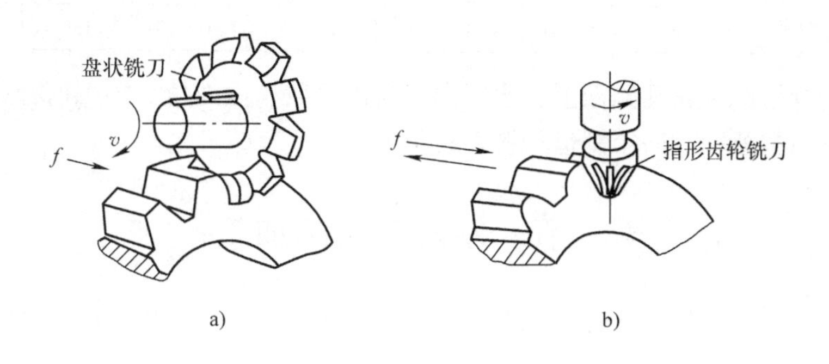

图3-21　铣齿形
a）盘状铣刀铣齿轮　b）指形齿轮铣刀铣齿轮

图3-22　分度头和尾架装夹工件

圆柱齿轮和锥齿轮可在卧式铣床或立式铣床上加工；人字形齿轮在立式铣床上加工；蜗轮则可以在卧式铣床上加工。卧式铣床加工齿轮一般用盘状铣刀，而在立式铣床上则使用指形齿轮铣刀。

成形法加工的特点是：

1）设备简单，只用普通铣床即可，刀具成本低。

2）由于铣刀每切一齿槽都要重复消耗一段切入、退刀和分度的辅助时间，因此生产率较低。

3）加工出的齿轮精度较低，只能达到11～9级。这是因为在实际生产中，不可能为每一种模数、齿数的齿轮制造一把成形铣刀，而只能将模数相同且齿数不同的铣刀编成号数，每号铣刀有它规定的铣齿范围，每号铣刀的刀齿轮廓只与该号范围的最小齿数齿槽的理论轮廓相一致，对其他齿数的齿轮只能获得近似齿形。

为铣削同一模数而齿数在一定的范围内的齿轮，可将铣刀分成8把一套和15把一套的两种规格。8把一套适用于铣削模数为0.3～8的齿轮；15把一套适用于铣削模数为1～16的齿轮，15把一套的铣刀加工精度较高。铣刀号数小，加工的齿轮齿数少；反之刀号大，能加工的齿数就多。模数齿轮铣刀刀号选择表见表3-2和表3-3。

根据以上特点，成形法铣齿一般多用于修配或单件制造某些转速低、精度要求不高的齿轮。在大批量生产中、或精度要求较高的齿轮，都在专门的齿轮加工机床上加工。

表 3-2 模数齿轮铣刀刀号选择表

铣刀号数	1	2	3	4	5	6	7	8
齿数范围	12 ~ 13	14 ~ 16	17 ~ 20	21 ~ 25	26 ~ 34	35 ~ 54	55 ~ 134	135 以上

表 3-3 模数齿轮铣刀刀号选择表

铣刀号数	1	1.5	2	2.5	3	3.5	4	4.5
齿数范围	12	13	14	15 ~ 16	17 ~ 18	19 ~ 20	21 ~ 22	23 ~ 25
铣刀号数	5	5.5	6	6.5	7	7.5	8	
齿数范围	26 ~ 29	30 ~ 34	35 ~ 41	42 ~ 54	55 ~ 79	80 ~ 134	135 以上	

齿轮铣刀的规格标示在其侧面上，表示出：铣削模数、压力角、加工何种齿轮、铣刀号数、加工齿轮的齿数范围、何年制造和铣刀材料等。

第二节 刨削与拉削加工

刨削与拉削加工分别是在刨床和拉床上完成的，刨床和拉床都是主运动为直线运动的机床。

一、刨削加工方法

用刨刀在刨床上对工件进行切削加工的工艺过程，称为刨削。按照切削时刀具与工件相对运动方向的不同，刨削可分为水平刨削和垂直刨削两种。水平刨削通常称为刨削，垂直刨削通常称为插削。

刨削主要用于加工各种平面、沟槽和成形表面。刨床的主运动为刀具或工件的直线往复运动，进给运动是间歇性的直线运动，其方向与主运动方向垂直，由刀具或工件完成。刨削加工的公差等级可达 IT7 ~ IT8 级，表面粗糙度 $Ra6.3 \sim 1.6\mu m$。刨削加工特别适用于加工窄长平面，生产率较低，多用于单件小批生产。

（一）刨床

刨床类机床主要有牛头刨床、龙门刨床和插床等。

1. 牛头刨床

图 3-23 所示为牛头刨床。常见型号为 B6065，其中“B”表示刨床类；“6”表示牛头刨床组；“0”表示牛头刨床系；“65”表示最大刨削长度为 650mm。

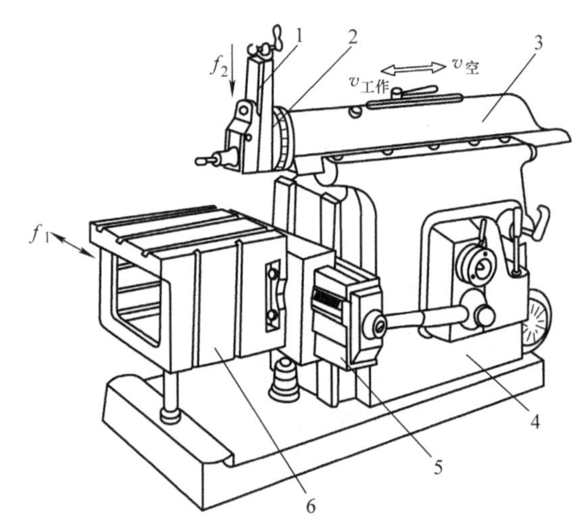

图 3-23 牛头刨床

1—刀架 2—转盘 3—滑枕 4—床身 5—横梁 6—工作台

工作时，主运动是装有刀架 1 的滑枕 3 沿床身 4 的导轨在水平方向作往复直线运动；进给运动是工作台 6 带动工件沿横梁 5 作间歇式的横向运动。这两种运动都是机动。此外，刀架座可绕水平轴线转至一定的位置以加工斜面；刀架能沿刀架座的导轨上下移动，作切入运动；横梁可沿床身的垂直导轨上下移动，以适应不同高度工件的加工。这三种移动都是手动。

牛头刨床主要用来刨削中、小型工件。由于其结构简单，机床的调整与操作比较方便；刨刀的构造简单，刃磨方便。在工具、机修车间进行单件或小批生产时，牛头刨床应用较广泛。

2. 龙门刨床

图3-24所示为BM2015型龙门刨床。其型号中“B”表示刨床类；“M”表示精密特性；“2”表示龙门刨床组；“0”表示龙门刨床系；“15”表示最大刨削长度为1500mm。

机床工作时，主运动是工件随工作台9一起作直线往复运动；进给运动是垂直刀架5和6可在横梁2的导轨上间歇地移动作横向运动；立柱3和7上的侧刀架1和8可沿立柱导轨上下间歇移动，以加工垂直面。这三种运动都是机动。垂直刀架上的滑板可使刀具上下移动，作切入运动或刨垂直面；滑板还能绕水平轴旋转至一定的角度，以加工倾斜面；横梁2还能沿立柱导轨升降至一定位置，以适应不同高度工件的加工。此三种移动均为手动。

龙门刨床主要用于加工大平面，特别是长而窄的平面，还可加工沟槽或同时加工几个中小型零件的平面，精刨时可得到较高的加工质量。

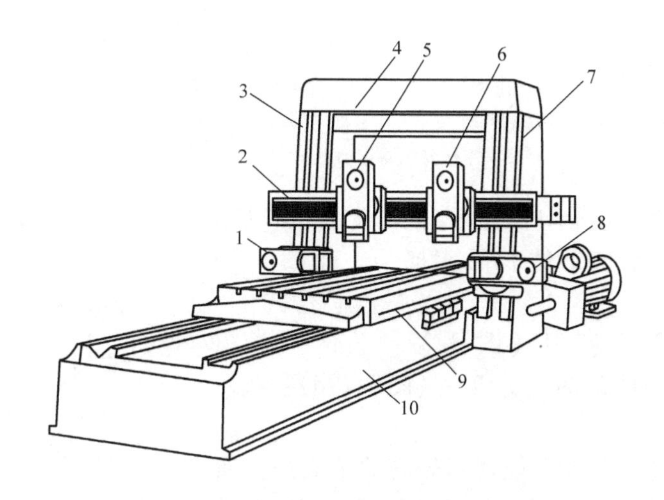

图3-24　BM2015型龙门刨床

1、8—侧刀架　2—横梁　3、7—立柱　4—顶梁

5、6—垂直刀架　9—工作台　10—床身

3. 插床

插床主要用来插削直线的成形内表面。图3-25所示为B5032型插床。型号中“B”表示刨床类；“5”表示插床组；“0”表示插床系；“32”表示最大插削长度为320mm。

插床的构造及传动和牛头刨床相似，不同的是插床的滑枕在垂直方向作直线往复运动，工作台作纵向、横向或回转的进给运动。

（二）刨削加工

1. 刨刀与插刀

（1）刨刀　刨刀的外形与车刀相似，但由于刨削加工的不连续性，刨刀切入工件时受到较大的冲击力，所以一般刨刀刀杆的横截面积比车刀大。有些刨刀的刀杆做成弯形的，以

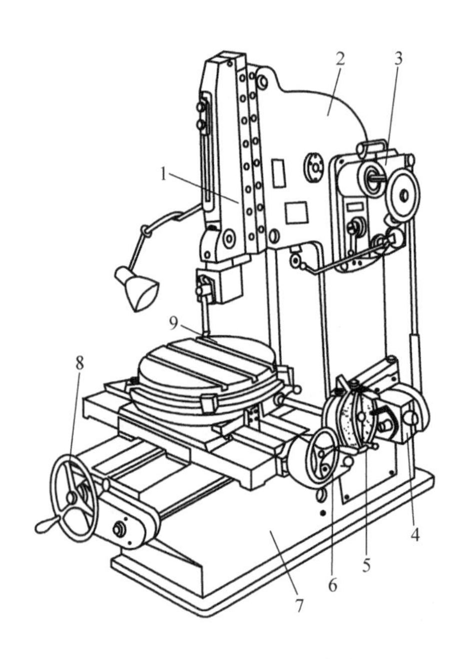

图 3-25　B5032 型插床

1—滑枕　2—床身　3—变速箱　4—进给箱
5—分度盘　6—工作台横向移动手轮　7—底座
8—工作台纵向移动手轮　9—工作台

便刨削时，由于加工余量不均匀造成刨削深度突然增大或切削刃突然遇到坚硬质点时，能向后弯曲变形，避免啃伤工件表面或崩刃，如图 3-26 所示。

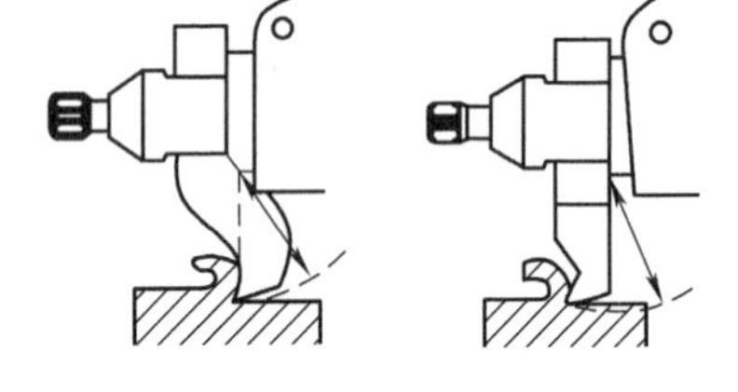

图 3-26　弯头刨刀和直头刨刀

常用刨刀有平面刨刀（图 3-29a）、偏刀（图 3-29b）、角度偏刀（图 3-29c）、切刀（图 3-29d）、弯刀（图 3-29e）。

用宽刃精刨刀进行精刨，能得到较高的平面加工质量。图 3-27 所示为加工一般铸铁用的宽刃精刨刀。这种刀带有较宽的、平行于已加工表面的切削刃（平直刃）。刨削时，以较低的切削速度和极小的背吃刀量，切去（或刮去）工件表面极薄的一层金属。精刨后，工件表面粗糙度可达 Ra 1.6～0.4μm，在 1000mm 长度范围内的直线度公差可在 0.02～0.03mm 内。

（2）插刀　在插床上插削工件用的刀具称为插刀。插削和刨削的加工性质相同，只是刨刀在水平方向进行刨削，而插刀则在垂直方向进行刨削。所以，只要把刨刀刀头从水平切削的位置转到垂直切削位置，就是插刀刀头的几何形状（图 3-28）。根据用途的不同，插刀可以分为尖刀、光刀、切刀、偏刀和成形刀等。

2. 工件的安装

小型工件可直接夹在机用平口钳内，机用平口钳用螺栓紧固在刨床工作台上。这种方法使用方便，应用广泛。较大的工件可用螺栓压板直接装夹在工作台上。

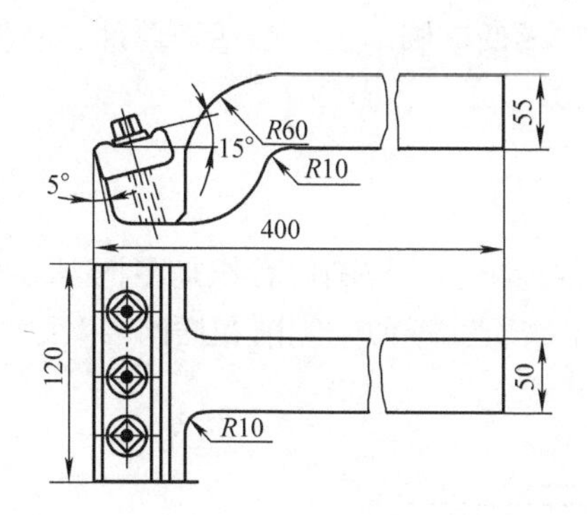

图 3-27 宽刃精刨刀

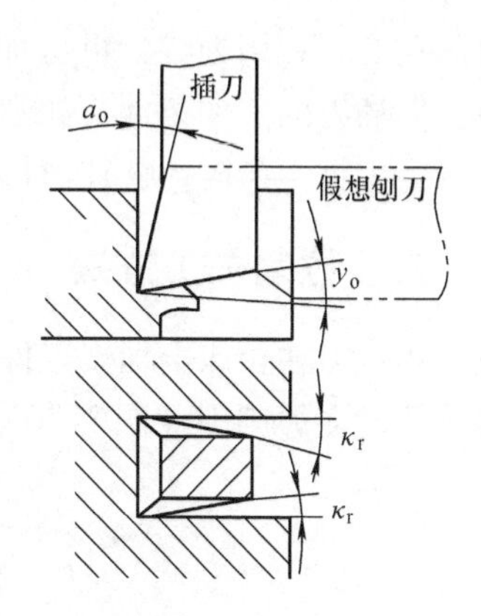

图 3-28 插刀的几何形状

3. 刨削加工

刨床主要用于单件、小批量生产中加工水平面、垂直面、倾斜面等平面和 T 形槽、燕尾槽、V 形槽等沟槽，也可以加工直线成形面，如图 3-29 所示。

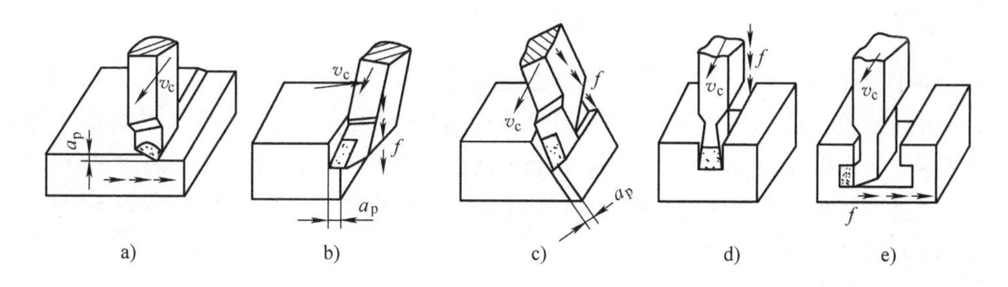

图 3-29 刨床加工的典型表面

（1）切削用量的选择

1）切削速度 v_c。切削时，工件和刨刀的平均相对速度 v_c 一般取 0.28 ~ 0.83m/s。

2）进给量 f。刨刀每往复一次，工件移动的距离。其取值范围为 0.33 ~ 3.3mm。

3）背吃刀量 a_p。刨削中的背吃刀量是工件已加工表面和待加工表面之间的垂直距离。一般取 0.5 ~ 2mm。

（2）刨削步骤

1）装夹工件、刀具；

2）将工作台升降到使工件接近刀具的位置；

3）调整滑枕行程长度及起始位置；

4）调整滑枕每分钟往复次数和工作台进给量；

5）开车试切，停车测量试切尺寸，利用刀架上的刻度盘调整背吃刀量（若工件加工余量过大，则应分几次刨削）。

当要求工件表面粗糙度值低于 $Ra6.3\mu m$ 时，粗刨后还要进行精刨。精刨时背吃刀量和进给量应比粗刨小，切削速度可适当高些。

插削主要用来加工各种装夹时垂直于工作台的键槽、花键槽、六方孔、四方孔和其他多边形孔等。利用划线，也可加工盘形凸轮等特形面。在插床上加工内表面，比在刨床上方便，但插刀的工作条件不如刨刀，插削的加工质量和生产率低于刨削，一般适于单件、小批生产。大批生产时，往往由拉削加工代替。

二、拉削加工方法

用拉刀在拉床上加工工件内、外表面的工艺过程，称为拉削。拉削可看作是多把刨刀排列成队的多刃刨削（图3-30）。因此，拉削从切削性质上来看，近似于刨削和插削。

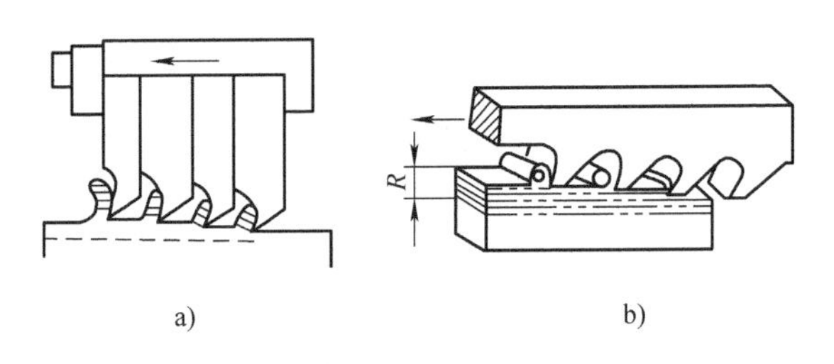

图3-30 拉削与刨削

a）多刃刨削 b）拉削平面

拉削运动比较简单，只有主运动，没有进给运动。拉削时，工件固定不动，拉刀对工件作相对直线运动，拉刀的后一个切削刀齿比前一个刀齿高出一个齿升量，因此在一次进给中，被加工零件表面的全部切削余量被拉刀上不同的切削刃分层切下，所以生产率很高。并且，由于拉削速度较低，拉削过程平稳，切削层的厚度很薄，公差等级可以达到IT7～IT8级，表面粗糙度值达 $Ra1.6 \sim 0.4\mu m$。

（一）拉床及拉刀

1. 拉床

拉床是用拉刀进行加工的机床。拉床按其加工表面的不同，可分为内表面及外表面拉床；按机床结构形式，可分为卧式拉床及立式拉床。拉床的工作一般由液压驱动，主参数用额定拉力表示，如常用卧式内拉床L6120，其额定拉力为200kN。卧式内拉床及夹具如图3-31所示。床身3内部装有液压缸4，由高压变量液压泵提供液压油驱动活塞移动，活塞杆带动拉刀沿水平方向移动拉削工件。工件2在加工时，其端面靠在工件支架5的表面上。拉削前，护送夹头和滚柱向左移动，将拉刀穿过工件预制孔，并将拉刀柄部插入拉刀夹头。

2. 拉刀

根据被加工表面及孔断面形状的不同，拉刀有各种形式。图3-32所示为圆孔拉刀的结构图。l_1为拉刀的柄部，用以夹持拉刀，并带动拉刀运动。l_2为颈部。l_3为导向部分，用以引导拉刀正确的加工位置，防止拉刀歪斜。l_4为切削部分，有切削齿，用于切削金属。切削齿上有切屑槽用以容纳切屑。切屑槽应有足够的空间，否则切屑容纳不下，会破坏已加工表面，甚至使拉刀折断。切削齿刃上沿轴向有交错的断屑槽。l_5为校正部分，用作最后的修正加工。l_6为防止拉刀工作时下垂的后支持部分，又称后导向部分。

（二）拉削加工

拉削可以加工各种形状的通孔、平面及成形表面，特别适宜于加工用其他方法较难加工

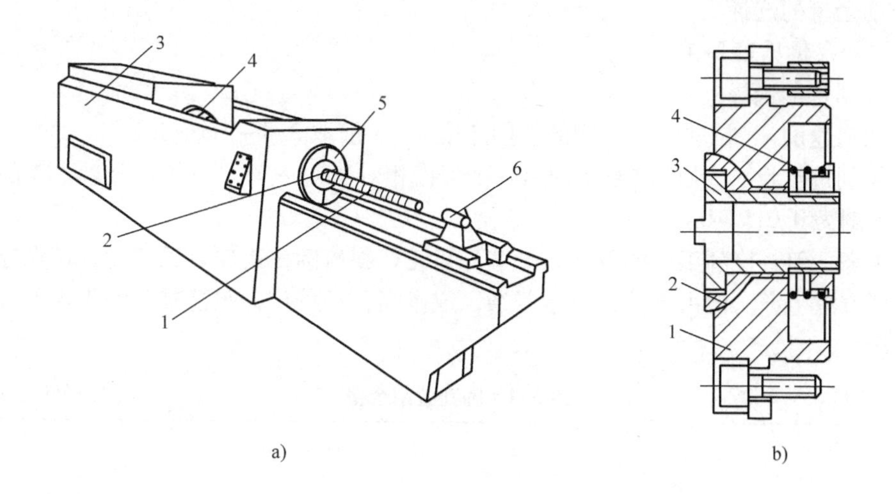

图3-31　卧式内拉床及夹具

a）卧式内拉床（1—拉刀　2—工件　3—床身　4—液压缸　5—工件支架　6—后托架）

b）拉床夹具（1—支承体　2—球座　3—套筒　4—弹簧）

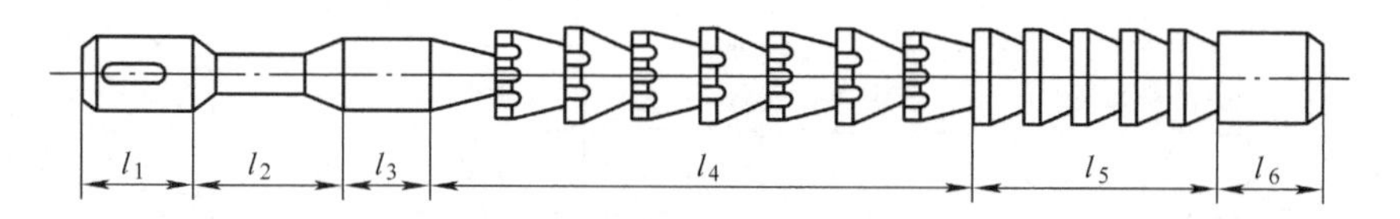

图3-32　圆孔拉刀的结构图

的各种异形通孔零件。内表面拉削多用于加工工件上贯通的圆孔、方孔、多边形孔、内花键、键槽、内齿轮等，如图3-33所示。拉削加工孔形时，必须预先钻孔或车孔。

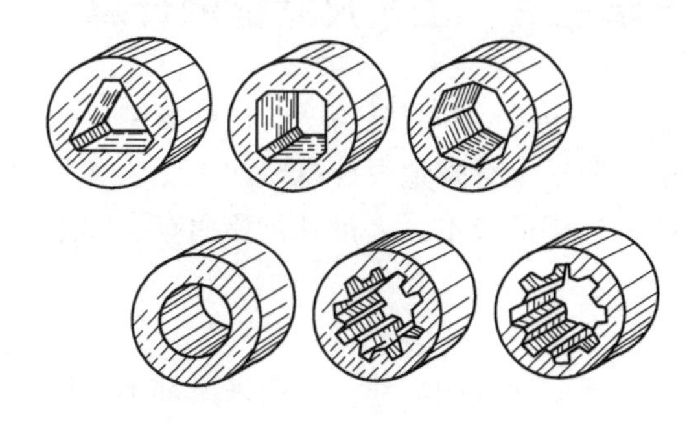

图3-33　拉削各种孔形

1. 拉削前对工件的要求

1）工件的待加工表面应清理干净。拉削的孔，应具有一定的几何精度（如孔的同轴度、孔与基面的垂直度等）和表面粗糙度，孔两端应进行倒角，以免毛刺影响拉刀的通过及工件的定位。

2）工件硬度180～210HBW时，拉削能获得较好的表面质量。工件硬度低于170HBW或高于210HBW时，应先进行热处理以调整硬度，改善切削性能。

2. 拉削余量的选择

圆孔拉削余量见表3-4。

3. 拉削用量的选择

(1) 切削速度 v 拉削圆孔碳钢的切削速度 v，一般取2.5～4m/min。

(2) 拉削进给量 f 拉削进给量即后一个刀齿相对于前一个刀齿的齿升量，拉削圆孔中碳钢取值范围为0.015～0.03mm。

近几年来，随着拉削工艺的发展，一些外齿轮、斜齿圆柱齿轮、锥齿轮，甚至非圆齿轮也能用拉削方法生产。但由于拉刀制造复杂，成本高，一种拉刀只能加工一种表面，适用于大批量生产。

表3-4 圆孔拉削余量 (单位：mm)

拉削长度 L	被拉孔直径							
	拉前孔（公差等级IT12、IT13，表面粗糙度 Ra50～12.5）				拉前孔（公差等级IT11，表面粗糙度 Ra6.3～3.2）			
	10～18	>18～30	>30～50	>50～80	>10～18	>18～30	>30～50	>50～80
6～10	0.5	0.6	0.8	0.9	0.4	0.5	0.6	0.7
>10～18	0.6	0.7	0.9	1.0	0.4	0.5	0.6	0.7
>18～30	0.7	0.9	1.0	1.1	0.5	0.6	0.7	0.8
>30～50	0.8	1.1	1.2	1.2	0.5	0.6	0.7	0.8
>50～80	0.9	1.2	1.2	1.3	0.6	0.7	0.8	0.9

第三节 工艺尺寸链的计算

机械制造的精度，主要取决于尺寸和装配精度。在机械制造过程中，运用尺寸链原理去解决并保证产品的设计与加工要求，合理地设计机械加工工艺和装配工艺规程，以保证加工精度和装配精度、提高生产率、降低成本，是极其重要而有实际意义的问题。

一、尺寸链概述

在机器装配和零件加工过程中涉及的尺寸，一般来说都不是孤立的，而是彼此之间有着一定的内在联系。往往一个尺寸的变化会引起其他尺寸的变化，或是一个尺寸的获得要靠其他一些尺寸来保证。机械产品设计时，就是通过各个零件有关尺寸（或位置）之间的相互联系和相互依存关系而确定出零件上的尺寸（或位置）公差的。上面这些问题的研究和解决，需要借助于尺寸链的基本知识和计算方法。

(一) 尺寸链的定义与基本术语

在零件的加工过程和机器的装配过程中，经常会遇到一些相互联系的尺寸组合，这些相互联系且按一定顺序排列的封闭尺寸组合称为尺寸链，如图3-34所示。

从尺寸链的定义和示例中可知，无论何种尺寸链，都是由一组有关尺寸首尾相接所形成

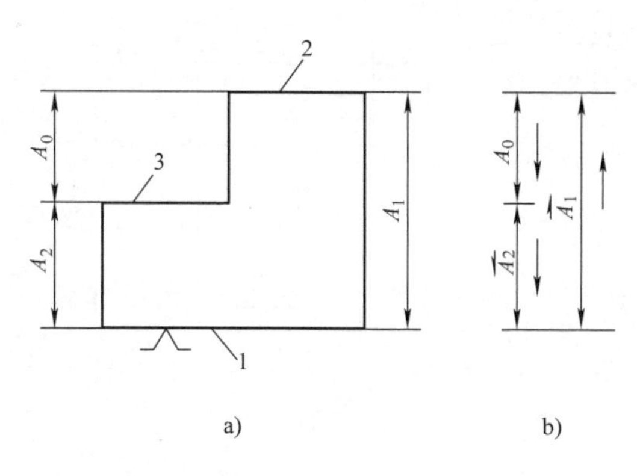

图 3-34　加工尺寸链

的尺寸封闭图，且其中任何一尺寸的变化都会导致其他尺寸的变化。

1. 尺寸链的主要特点

（1）尺寸链的封闭性　即由一系列相互关联的尺寸排列成为封闭的形式。

（2）尺寸链的制约性　即某一尺寸的变化将影响其他尺寸的变化。

2. 尺寸链的组成

列入尺寸链中的每一尺寸简称为尺寸链中的环（图 3-34 中的 A_0、A_1、A_2 等），环可分为封闭环和组成环。

（1）封闭环　尺寸链中在装配过程或加工过程中最后形成的一环。如图 3-34a 所示中，以加工好的平面 1 定位加工平面 2，获得了尺寸 A_1，即环 A_1；然后同样以平面 1 定位加工平面 3，获得了尺寸 A_2，即环 A_2；最后自然形成了 A_0，所以环 A_0 是封闭环。所以，在加工完成前封闭环是不存在的。一个尺寸链中只能有一个封闭环。

（2）组成环　尺寸链中对封闭环有影响的全部环都称为组成环，如图 3-34 中的 A_1、A_2。按组成环对封闭环的影响性质，又分为增环和减环。在字母上方用向右箭头表示增环，用向左箭头表示减环。

1）增环。在其他组成环不变的条件下，若某一组成环的尺寸增大，封闭环的尺寸也随之增大；若该环尺寸减小，封闭环的尺寸也随之减小，则该组成环成为增环，如图 3-34 中的 A_1。

2）减环。在其他组成环不变的条件下，若某一组成环的尺寸增大，封闭环的尺寸随之减小；若该环尺寸减小，封闭环的尺寸随之增大，则该组成环成为减环，如图 3-34 中的 A_2。

对环数较多的尺寸链，若用定义来逐个判别各环的增减性很费时并且容易出错。为能迅速判别增减环，可在绘制尺寸链图时，用首尾相接的单向箭头顺序表示各环，其中，与封闭环箭头方向相同者为减环，与封闭环箭头相反者为增环。

（二）尺寸链的分类

1. 按环的几何特征区分

（1）长度尺寸链　全部环为长度尺寸的尺寸链，如图 3-34b 所示。

（2）角度尺寸链　全部环为角度尺寸的尺寸链，如图 3-35 所示。

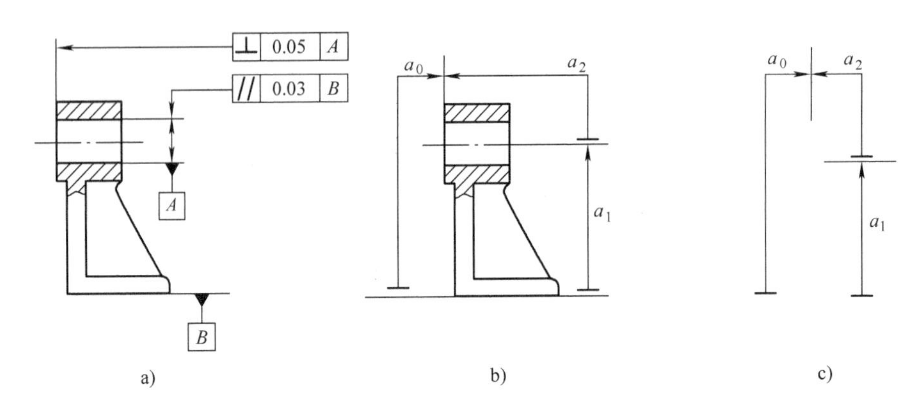

图 3-35 角度尺寸链

2. 按尺寸链的应用场合区分

（1）装配尺寸链　全部组成环为不同零件设计尺寸所形成的尺寸链，如图 3-42 所示。

（2）工艺尺寸链　全部组成环为同一零件工艺尺寸所形成的尺寸链，如图 3-34 所示。

3. 按空间位置区分

（1）直线尺寸链　全部组成环平行于封闭环的尺寸链。图 3-34 所示就是直线尺寸链。

（2）平面尺寸链　全部组成环位于一个平面或几个平行平面内，但某些组成环不平行于封闭环的尺寸链。

（3）空间尺寸链　组成环位于几个不平行平面内的尺寸链。

二、尺寸链的计算方法

在尺寸链的计算中，关键要找出正确的封闭环。在工艺尺寸链中，一般是以设计尺寸，也可以是以加工余量作为封闭环，其具体的查找和分析将在下面内容里介绍。尺寸链的计算方法有极值法和概率法两种。

（一）极值法

1. 封闭环的公称尺寸

封闭环的公称尺寸 A_0 等于增环的公称尺寸 $\overrightarrow{A_i}$ 之和减去减环的公称尺寸 $\overleftarrow{A_i}$ 之和，即

$$A_0 = \sum_{i=1}^{m} \overrightarrow{A_i} - \sum_{i=m+1}^{n-1} \overleftarrow{A_i} \tag{3-1}$$

式中　m——增环的环数；

n——组成环的环数。

2. 封闭环的极限尺寸

封闭环的上极限尺寸 $A_{0\max}$ 等于所有增环的上极限尺寸 $\overrightarrow{A}_{i\min}$ 之和减去所有减环的下极限尺寸 $\overrightarrow{A}_{i\min}$ 之和，即

$$A_{0\max} = \sum_{i=1}^{m} \overrightarrow{A}_{i\max} - \sum_{i=m+1}^{n-1} \overleftarrow{A}_{i\min} \tag{3-2}$$

封闭环的下极限尺寸 $A_{0\min}$ 等于所有增环的下极限尺寸 $\overrightarrow{A}_{i\min}$ 之和减去所有减环的上极限

尺寸 $\overleftarrow{A}_{i\max}$ 之和，即

$$A_{0\min} = \sum_{i=1}^{m} \overrightarrow{A}_{i\min} - \sum_{i=m+1}^{n-1} \overleftarrow{A}_{i\max} \tag{3-3}$$

3. 各环上、下极限偏差之间的关系

封闭环的上极限偏差 ESA_0 等于所有增环的上极限偏差 $ES\overrightarrow{A}_i$ 之和减去所有减环的下极限偏差 $EI\overleftarrow{A}_i$ 之和，即

$$ESA_0 = \sum_{i=1}^{m} ES\overrightarrow{A}_i - \sum_{i=m+1}^{n-1} EI\overleftarrow{A}_i \tag{3-4}$$

封闭环的下极限偏差 EIA_0 等于所有增环的下极限偏差 $EI\overrightarrow{A}_i$ 之和减去所有减环的上极限偏差 $ES\overleftarrow{A}_i$ 之和，即

$$EIA_0 = \sum_{i=1}^{m} EI\overrightarrow{A}_i - \sum_{i=m+1}^{n-1} ES\overleftarrow{A}_i \tag{3-5}$$

4. 封闭环的公差

封闭环的公差 TA_0 等于各组成环的公差 TA_i 之和，即

$$TA_0 = \sum_{i=1}^{m} T\overrightarrow{A}_i + \sum_{i=m+1}^{n-1} T\overleftarrow{A}_i = \sum_{i=1}^{n-1} TA_i \tag{3-6}$$

由式（3-6）可知，封闭环的公差比任何一个组成环的公差都大。若要减小封闭环的公差，即提高加工精度，而又不增加加工难度，即不减小组成环的公差，那就要尽量减少尺寸链中组成环的环数，这就是尺寸链最短原则。

5. 组成环的平均公差

组成环的平均公差等于封闭环的公差除以组成环的数目所得的商，即

$$T_{av} = \frac{TA_0}{n} \tag{3-7}$$

将式（3-1）、式（3-3）、式（3-5）和式（3-6）改写成表 3-5 所示计算封闭环的竖式表，计算时较为简单。纵向各列中，最后一行是以上各行相加的和；横向各行中，第Ⅳ列为第Ⅱ列与第Ⅲ列之差；而最后一列和最后一行则是进行综合验算的依据。注意：将减环的有关的数据填入和算出的结果移出该表时，其公称尺寸前应加“－”号；其上、下极限偏差对调位置后再变号（“＋”变“－”，“－”变“＋”）。对增环、封闭环无此要求。

表 3-5　计算封闭环的竖式表

列号	Ⅰ	Ⅱ	Ⅲ	Ⅳ
名称代号	公称尺寸	上极限偏差	下极限偏差	公差
环的名称	A	ES	EI	T
增环	$\sum_{i=1}^{m} \overrightarrow{A}_i$	$\sum_{i=1}^{m} ES\overrightarrow{A}_i$	$\sum_{i=1}^{m} EI\overrightarrow{A}_i$	$\sum_{i=1}^{m} T\overrightarrow{A}_i$
减环	$-\sum_{i=m+1}^{n-1} \overleftarrow{A}_i$	$-\sum_{i=m+1}^{n-1} EI\overleftarrow{A}_i$	$-\sum_{i=m+1}^{n-1} ES\overleftarrow{A}_i$	$\sum_{i=m+1}^{n-1} T\overleftarrow{A}_i$
封闭环	A_0	ESA_0	EIA_0	TA_0

极值法解算尺寸链的特点是简便、可靠。但在封闭环公差较小，组成环数目较多时，由式（3-7）可知，分摊到各组成环的公差过小，使加工困难，制造成本增加。而实际生产中各组成环都处于极限尺寸的概率很小，故极值法主要用于组成环的环数很少，或组成环数虽多，但封闭环的公差较大的场合。

（二）概率法

在大批大量生产中，采用调整法加工时，一个尺寸链中各尺寸都可看成独立的随机变量，而且实践证明，各尺寸处于公差带中间，即符合正态分布。

1. 封闭环的公差

若各组成环的公差都按正态分布，则其封闭环的公差也是正态分布。封闭环的公差为

$$TA_0 = \sqrt{\sum_{i=1}^{n-1}(TA_i)^2} \tag{3-8}$$

式中 n——组成环的环数。

假设各组成环的公差相等，且等于 T_{av}，则可以从上式得出各组成环的平均公差为

$$T_{av} = \frac{TA_0}{\sqrt{n-1}} = \frac{\sqrt{n-1}}{n-1}TA_0 \tag{3-9}$$

2. 各组成环的中间偏差

当各组成环的尺寸呈正态分布，且分布中心与公差带中心重合时，各环的平均偏差等于中间偏差，即

$$\Delta_i = \frac{ESA_i + EIA_i}{2} \tag{3-10}$$

式中 Δ_i——组成环的中间偏差。

3. 封闭环的中间偏差

$$\Delta_0 = \sum_{i=1}^{m}\overrightarrow{\Delta}_i - \sum_{i=m+1}^{n-1}\overleftarrow{\Delta}_i \tag{3-11}$$

式中 Δ_0——封闭环的中间偏差。

4. 用中间偏差、公差表示极限偏差

组成环的极限偏差为

$$ESA_i = \Delta_i + \frac{TA_i}{2} \tag{3-12}$$

$$EIA_i = \Delta_i - \frac{TA_i}{2} \tag{3-13}$$

封闭环的极限偏差为

$$ESA_0 = \Delta_0 + \frac{TA_0}{2} \tag{3-14}$$

$$EIA_0 = \Delta_0 - \frac{TA_0}{2} \tag{3-15}$$

三、工艺尺寸链的应用

限于篇幅，这里只介绍在工艺尺寸链中应用较多的极值解法。

（一）基准不重合时的尺寸换算

1. 定位基准与设计基准不重合时的尺寸换算

【例3-1】 图3-36a所示为定位基准与设计基准不重合时的尺寸换算示例，图3-36b为相应的零件尺寸链。A、B两平面已在上一工序中加工好，且保证了工序尺寸为$50_{-0.16}^{0}$mm的要求。本工序中采用B平面定位加工C平面，调整机床时需按尺寸A_2进行（图3-36c）。C平面的设计基准是A平面，与其定位基准B平面不重合，故需进行尺寸换算。

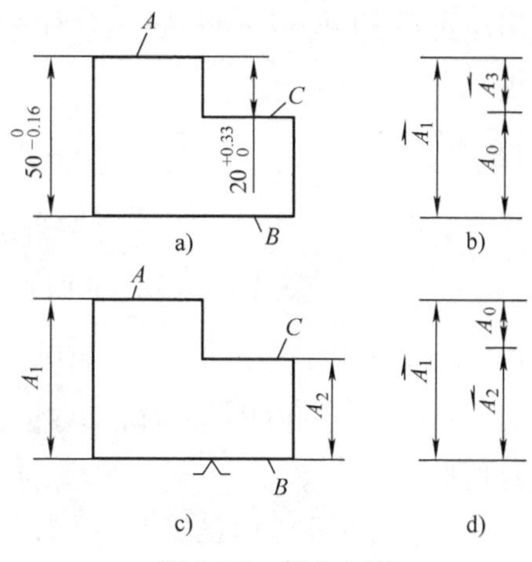

图3-36　例3-1图

解：

（1）确定封闭环　设计尺寸$20_{0}^{+0.33}$mm是本工序加工后间接保证的，故该尺寸为封闭环A_0。

（2）查明组成环　根据组成环的定义，尺寸A_1和A_2均对封闭环产生影响，故A_1和A_2为该尺寸链的组成环。

（3）绘制尺寸链图及判定增、减环　工艺尺寸链如图3-36d所示，其中A_1为增环，A_2为减环。

（4）计算工序尺寸及其极限偏差

由 $$A_0 = \overrightarrow{A_1} - \overleftarrow{A_2}$$

得 $$\overleftarrow{A_2} = \overrightarrow{A_1} - A_0 = (50 - 20)\text{mm} = 30\text{mm}$$

由 $$\text{EI}A_0 = \text{EI}\overrightarrow{A_1} - \text{ES}\overleftarrow{A_2}$$

得 $$\text{ES}\overleftarrow{A_2} = \text{EI}\overrightarrow{A_1} - \text{EI}A_0 = (-0.16 - 0)\text{mm} = -0.16\text{mm}$$

由 $$\text{ES}A_0 = \text{ES}\overrightarrow{A_1} - \text{EI}\overleftarrow{A_2}$$

得 $$\text{EI}\overleftarrow{A_2} = \text{ES}\overrightarrow{A_1} - \text{ES}A_0 = (0 - 0.33)\text{mm} = -0.33\text{mm}$$

所求工序尺寸 $$A_2 = 30_{-0.33}^{-0.16}\text{mm}。$$

（5）验算　根据题意及尺寸链可知$T\overrightarrow{A_1} = 0.16$mm，$TA_0 = 0.33$mm，由计算知$T\overleftarrow{A_2} = 0.17$mm。

因 $$TA_0 = T\overrightarrow{A_1} + T\overleftarrow{A_2}$$

故计算正确。

2. 测量基准与设计基准不重合时的尺寸换算

【例3-2】 图3-37a所示为测量基准与设计基准不重合时的尺寸换算示例，C面的设计基准是B面，设计尺寸为$30_{-0.2}^{0}$mm。在加工完成后，为方便测量，以A面为测量基准，测量尺寸为$40_{-0.2}^{-0.1}$mm。建立尺寸链如图3-37b所

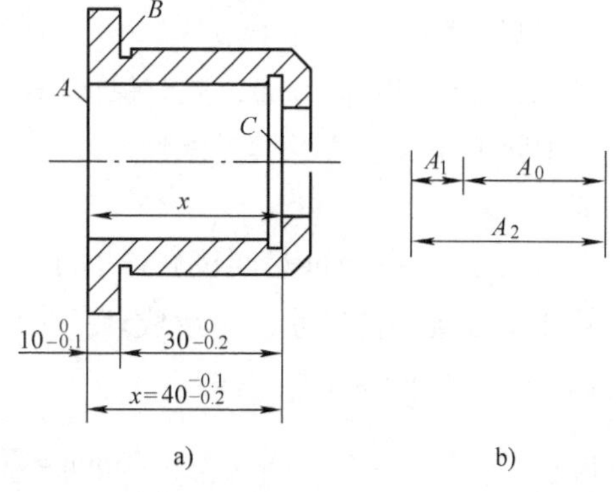

图3-37　例3-2图

示，其中 A_0 是封闭环，A_2 是增环，A_1 是减环，试求测量尺寸 A_2。

解：

由图 3-37 可知 $A_0=30_{-0.2}^{0}$mm，$A_1=10_{-0.1}^{0}$mm。

由 $$A_0=\overrightarrow{A_2}-\overleftarrow{A_1}$$

得 $$\overrightarrow{A_2}=A_0+\overleftarrow{A_1}=(30+10)\text{mm}=40\text{mm}$$

由 $$ESA_0=ES\overrightarrow{A_2}-EI\overleftarrow{A_1}$$

得 $$ES\overrightarrow{A_2}=EIA_0+EI\overleftarrow{A_1}=[0+(-0.1)]\text{mm}=-0.1\text{mm}$$

由 $$EIA_0=EI\overrightarrow{A_2}-ES\overleftarrow{A_1}$$

得 $$EI\overrightarrow{A_2}=EIA_0+ES\overleftarrow{A_1}=(-0.2+0)\text{mm}=-0.2\text{mm}$$

最后得 $$A_2=40_{-0.2}^{-0.1}\text{mm}$$

显然，基准不重合时虽然方便了加工和测量，但同时使工艺尺寸的精度要求也提高了，增加了加工的难度，因此在实际生产中应尽量避免基准不重合。

（二）工序基准有加工余量时，工艺尺寸链的建立和解算

【例 3-3】 图 3-38 所示为孔及键槽加工的尺寸链。有关孔及键槽的加工顺序如下：

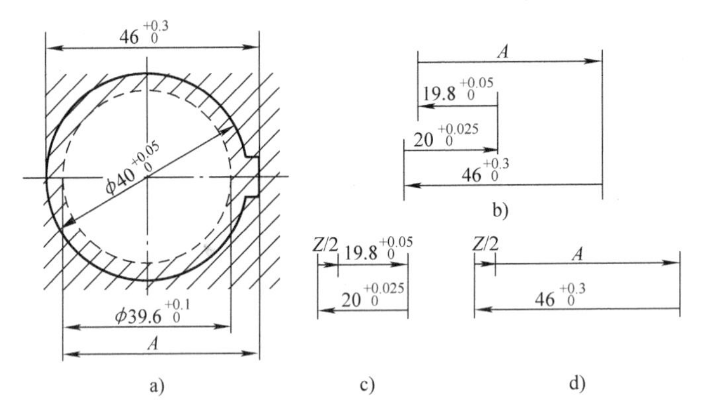

图 3-38 孔及键槽加工的尺寸链

1）镗孔至 $\phi39.6_{0}^{+0.1}$mm。

2）插键槽，工序尺寸为 A。

3）热处理。

4）磨孔至 $\phi40_{0}^{+0.05}$mm，同时保证 $46_{0}^{+0.3}$mm。

试确定中间工序尺寸 A 及其极限偏差。

解：

键槽尺寸 $46_{0}^{+0.3}$mm 是间接获得尺寸，为封闭环。而 $\phi39.6_{0}^{+0.1}$mm 和 $\phi40_{0}^{+0.05}$mm 及工序尺寸 A 是直接获得尺寸，为组成环。尺寸链如图 3-38 所示，其中 $\phi40_{0}^{+0.05}$mm 和 A 尺寸是增环，$\phi39.6_{0}^{+0.1}$mm 是减环。

由 $$A_0=46\text{mm}=20\text{mm}+\overrightarrow{A}-19.8\text{mm}$$

得 $$\overrightarrow{A}=45.8\text{mm}$$

由　$ESA_0=0.3mm=0.025mm+ES\overrightarrow{A}-0$

得　$ES\overrightarrow{A}=0.275mm$

由　$EIA_0=0=0+EI\overrightarrow{A}-0.05mm$

得　$EI\overrightarrow{A}=0.05mm$

故插键槽的工序尺寸A及其极限偏差为　$A=45.8^{+0.275}_{+0.05}mm$。

若按“入体原则”标注，则为$A=45.85^{+0.225}_{0}mm$。

（三）保证渗碳或渗氮层深度时，工艺尺寸链的建立和解算

【例3-4】 图3-39a所示为某轴颈衬套，内孔$\phi145^{+0.04}_{0}mm$的表面需经渗氮处理，渗氮层深度要求为0.3～0.5mm（即单边$0.3^{+0.2}_{0}mm$，双边$0.6^{+0.4}_{0}mm$）。

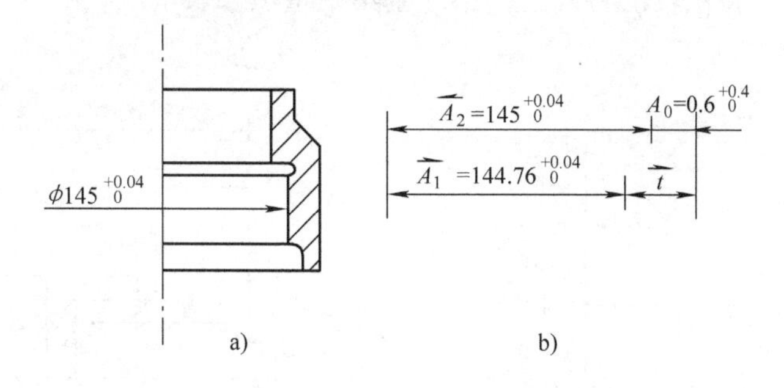

图3-39　保证渗氮深度的尺寸计算

其加工顺序是：

1）初磨孔至$\phi144.76^{+0.04}_{0}mm$，$Ra=0.8\mu m$。

2）渗氮，渗氮的深度为t。

3）终磨孔至$\phi145^{+0.04}_{0}mm$，$Ra=0.8\mu m$，并保证渗氮层深度0.3～0.5mm。

试求终磨前渗氮层深度t及其公差。

解：

由图3-39b可知，工序尺寸A_1、A_2、t是组成环，而渗氮层$0.6^{+0.4}_{0}mm$是加工间接保证的设计尺寸，是封闭环。

由　$A_0=\overrightarrow{A_1}+\overrightarrow{t}-\overleftarrow{A_2}$

得　$t=(0.6+145-144.76)mm=0.84mm$

由　$ESA_0=ES\overrightarrow{A_1}+ES\overrightarrow{t}-EI\overleftarrow{A_2}$

得　$ES\overrightarrow{t}=(0.4+0-0.04)mm=0.36mm$

由　$EIA_0=EI\overrightarrow{A_1}+EI\overrightarrow{t}-ES\overleftarrow{A_2}$

得　$EI\overrightarrow{t}=(0+0.04-0)mm=0.04mm$

由　$t=0.84^{+0.36}_{+0.04}mm=0.88^{+0.32}_{0}mm$

得　$t/2=0.44^{+0.16}_{0}mm$

即渗氮工序的渗氮层深度为0.44～0.6mm。

（四）图表跟踪法

当零件的加工工序和同一方向的尺寸都比较多，工序中工艺基准与设计基准又不重合，且需多次转换工艺基准时，工序尺寸及其公差的换算会很复杂。因为此时不仅组成尺寸链的各环有时不易分清，难以方便地建立工艺尺寸链，而且在计算过程中容易出错。如果采用图表跟踪法，就可以直观、简便地建立起尺寸链，且便于计算机进行辅助计算。

下面以某轴套端面加工时轴向工序尺寸及公差为例，对图表跟踪法作具体介绍。

1. 图表的绘制

其格式如图 3-40 所示。绘制步骤如下：

1）在图表上方画出工件简图，标出有关设计尺寸，从有关表面向下引出表面线。

2）按加工顺序，在图表自上而下地填写各工序的加工内容。

3）用查表法或经验比较法将确定的工序基本余量填入表中。

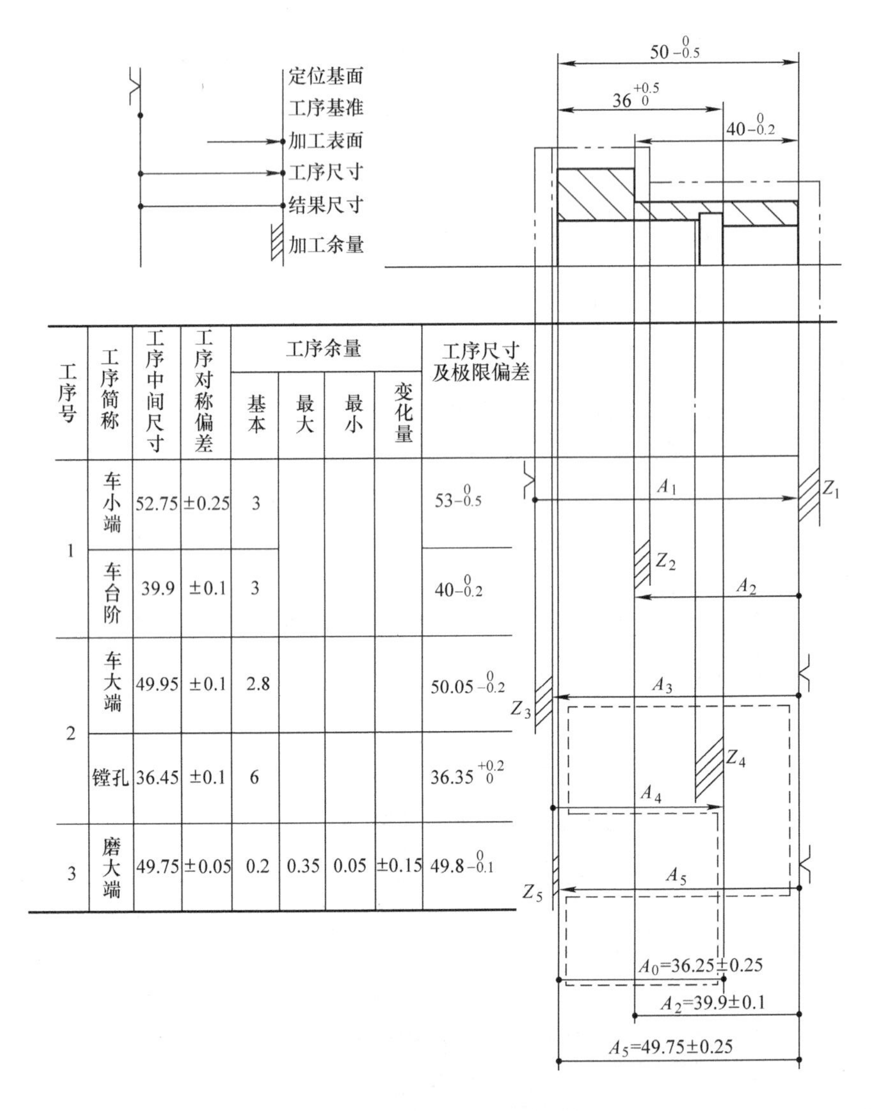

工序号	工序简称	工序中间尺寸	工序对称偏差	工序余量				工序尺寸及极限偏差
				基本	最大	最小	变化量	
1	车小端	52.75	±0.25	3				$53_{-0.5}^{0}$
	车台阶	39.9	±0.1	3				$40_{-0.2}^{0}$
2	车大端	49.95	±0.1	2.8				$50.05_{-0.2}^{0}$
	镗孔	36.45	±0.1	6				$36.35_{0}^{+0.2}$
3	磨大端	49.75	±0.05	0.2	0.35	0.05	±0.15	$49.8_{-0.1}^{0}$

图 3-40　图表跟踪法的绘制格式

4）为计算方便，将有关的设计尺寸改写为平均尺寸和对称偏差的形式在图表的下方标出。

5）按图3-40所规定的符号，标出定位基面、工序基准、加工表面、结果尺寸及加工余量。加工余量画在待加工表面竖线的“体外”一侧；与确定工序尺寸无关的粗加工余量可标可不标；同一工序内的所有工序尺寸按加工时或尺寸调整时先后次序列出。

2. 尺寸链的查找方法

一般来说，设计尺寸和除靠火花磨削余量外的工序余量是工艺尺寸链的封闭环，而工序尺寸则是组成环。组成环的查找方法是：从封闭环的两端，沿相应表面线同时向上（或向下）追踪，当遇到尺寸箭头时，说明此表面是在该工序加工而得，从而可判定该工序尺寸即为一组成环。此时，应沿箭头拐入追踪至工序基准，然后再沿该工序基准的相应表面线按上述方法继续向上（或向下）追踪，直到两条追踪线汇合封闭为止。图3-40中虚线就是以结果尺寸A_0为封闭环向上追踪所找到的一个工艺尺寸链。同时，可分别列出各个结果尺寸链和加工余量为封闭环的尺寸链，如图3-41所示。

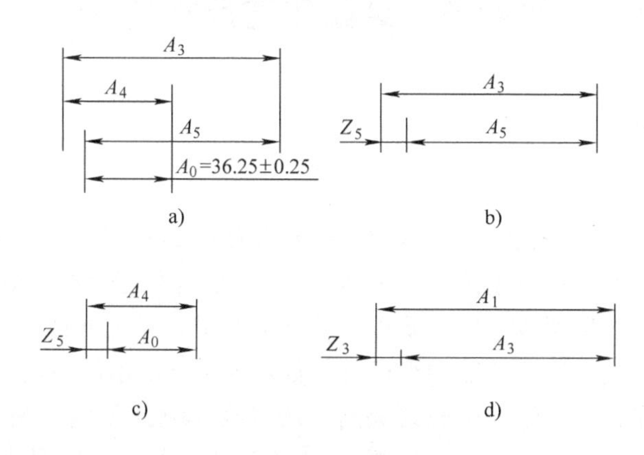

图3-41　用图表跟踪法列出的尺寸链

3. 工序尺寸及其公差的计算

由图3-41a～c可看出，尺寸A_3、A_4、A_5是公共环，需要先通过图3-41b和c求出A_3和A_4。然后再解图3-41a尺寸链。由图3-40可知$A_5=49.75\text{mm}$和$A_0=36.25\text{mm}$是设计尺寸。

1）确定各工序的公称尺寸A_3、A_4：

$$A_3 = A_5 + Z_5 = (49.75+0.2)\text{mm} = 49.95\text{mm}$$

$$A_4 = A_0 + Z_5 = (36.25+0.2)\text{mm} = 36.45\text{mm}$$

2）确定各工序尺寸的公差：

将封闭环A_0的公差TA_0按等公差原则，并考虑加工方法的经济精度及加工的难易程度分配给工序尺寸A_3、A_4、A_5，即

$$TA_3 = \pm0.1\text{mm},\ TA_4 = \pm0.1\text{mm},\ TA_5 = \pm0.05\text{mm}$$

所以得$A_3=(49.95\pm0.1)\text{mm}$，$A_4=(36.45\pm0.1)\text{mm}$，$A_5=(49.75\pm0.05)\text{mm}$

3）解图3-41d所示的尺寸链：

由图3-41d可知　$A_1 = A_3 + Z_3 = (49.95+2.8)\text{mm} = 52.75\text{mm}$

按粗车的经济精度取$TA_1=\pm0.25\text{mm}$，则

$$A_1=(52.75\pm0.25)\text{mm}$$

由图 3-40 知 $A_2=(39.9\pm0.1)\text{mm}$。

4）按图 3-41b 所列的尺寸链验算余量：

$$Z_{5\max}=A_{3\max}-A_{5\min}=(50.05-49.7)\text{mm}=0.35\text{mm}$$

$$Z_{5\min}=A_{3\min}-A_{5\max}=(49.85-49.8)\text{mm}=0.05\text{mm}$$

所以，$Z_5=0.05\sim0.35\text{mm}$，满足磨削余量要求。

将各工序尺寸按“入体原则”标注，即

$A_1=53_{-0.5}^{0}\text{mm}$，$A_2=40_{-0.2}^{0}\text{mm}$，$A_3=50_{-0.2}^{0}\text{mm}$，$A_4=36.35_{0}^{+0.2}\text{mm}$，$A_5=49.8_{-0.1}^{0}\text{mm}$（由于公差分配的变化，不可按原图尺寸标注）

最后，将上述计算过程的有关数据及计算结果填入跟踪图表中。

第四节 装配工艺尺寸链

一、装配尺寸链

（一）装配尺寸链的组成和查找

装配尺寸链是产品或部件在装配过程中，由相关零件的有关尺寸（表面或轴线间距离）或相互位置关系（平行度、垂直度或同轴度等）组成的尺寸链。装配精度（封闭环）是零部件装配后才最后形成的尺寸或位置关系。在装配关系中，对装配精度有直接影响的零部件的尺寸和位置关系，都是装配尺寸链的组成环。如图 3-42a 所示的装配关系，装配精度要求主轴锥孔中心线和尾座顶尖套锥孔中心线等高，从查找影响此项装配精度的有关尺寸入手，建立以此项装配要求为封闭环的装配尺寸链，如图 3-42b 所示。A_0 是在装配后才最后形成的尺寸，是装配尺寸链的封闭环，A_2，A_3 是增环，A_1 是减环。图 3-42c 是采用修配法建立的装配尺寸链。

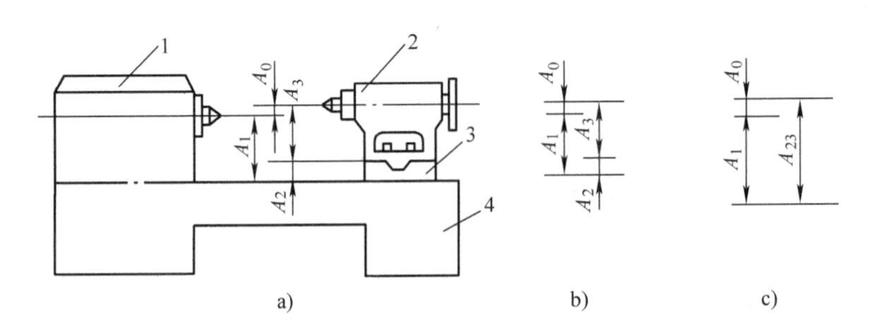

图 3-42 车床主轴线与尾座中心线的等高性要求

1—主轴箱 2—尾座 3—尾座底板 4—床身

（二）装配尺寸链的建立方法

装配尺寸链的建立是在装配图的基础上，根据装配精度要求，找出与此项精度有关的零件及相应的有关尺寸，并画出尺寸链图。图 3-43 所示为某减速器的齿轮轴组件装配示意图。

齿轮轴1在左、右两个滑动轴承2和5中转动，装配时要求齿轮轴与滑动轴承间的轴向间隙为0.2~0.7mm，试建立轴向间隙为装配精度的尺寸链。

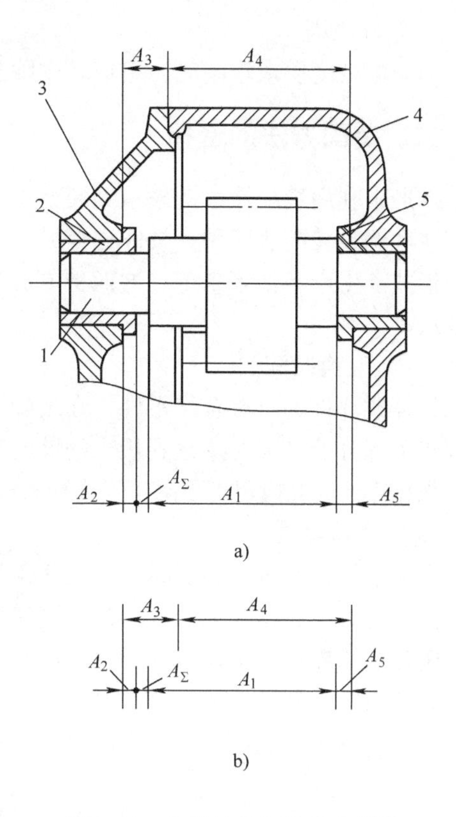

图3-43　齿轮轴组件装配示意图

1—齿轮轴　2—左滑动轴承　3—左箱体　4—右箱体　5—右滑动轴承

1. 确定封闭环

装配尺寸链的封闭环是装配精度 A_0 = 0.2~0.7mm。

2. 查找组成环

组成环的查找分两步，首先找出对装配精度有影响的相关零件，然后再在相关零件上找出相关尺寸。

3. 查找相关零件

以封闭环两端的那两个零件为起点，以相邻零件装配基准间的联系为线索，分别由近及远地找出装配关系中影响装配精度的零件，直至找到同一个基准零件或同一个基准表面为止。其间经过的所有零件都是相关零件。本例中封闭环 A_0 两端的零件分别是齿轮轴1和左滑动轴承2，左端：与左端滑动轴承2的装配基准相联系的是左箱体3。右端：与齿轮轴1的装配基准相联系的是右滑动轴承5，与右滑动轴承5的装配基准相联系的是右箱体4，最后左、右箱体在其装配基准“止口”处封闭。这样齿轮轴1、左滑动轴承2、左箱体3、右箱体4和右滑动轴承5都是相关零件。

4. 确定相关零件上的相关尺寸

每个相关零件上只能选一个长度尺寸作为相关尺寸，即选择相关零件上装配基准间的联系尺寸作为相关尺寸。本例中的尺寸 A_1、A_2、A_3、A_4 和 A_5 都是相关尺寸，它们就是以 A_0 为封闭环的装配尺寸链中的组成环。

5. 画出尺寸链，确定增、减环

将封闭环和找到的组成环画成如图3-43b所示的尺寸链图。利用画箭头的方法可判断 A_3 和 A_4 是增环，A_1、A_2 和 A_5 是减环。

（三）装配尺寸链的组成原则

1. 封闭原则

组成环由封闭环两端开始，到基准件后形成封闭的尺寸组。

2. 环数最少原则

装配尺寸链以零部件的装配基准为联系确定相关零件，以相关零件上装配基准间的尺寸为相关尺寸，由相关尺寸作为组成环即可满足环数最少原则。这时每个相关零部件上只有一个组成环。

3. 精确原则

当装配精度要求较高时，组成环中除长度尺寸环外，还会有几何公差环和配合间隙环。

二、装配方法的选择

生产中利用装配尺寸链来达到装配精度的工艺方法有：互换装配法、分组装配法、修配装配法和调整装配法四种。具体选择哪种方法来装配，应根据产品的性能要求、结构特点和生产形式、生产条件等来定。这四种方法既是机器和部件的装配方法，也是装配尺寸链的解算方法。

（一）互换装配法

机器或部件的所有合格零件，在装配时不经任何选择、调整和修配，装入后就可以使全部或绝大部分的装配对象达到规定的装配精度和技术要求的装配方法称为互换法。

根据零件的互换程度不同，互换法又可分为完全互换法和大数互换法（不完全互换法）。

1. 完全互换法

合格的零件在进入装配时，不经任何选择、调整和修配就可以使装配对象全部达到装配精度的装配方法，称为完全互换法，其实质是用控制零件加工误差来保证装配精度。完全互换装配法是用极值法来解装配尺寸链的，因而极值法计算工艺尺寸链的公式，在这里也可使用。计算时在已知封闭环（装配精度）的公差，分配有关零件（各组成环）公差时，可按“等公差”原则先确定组成环的平均公差 T_{av}，即

$$T_{av}=\frac{T_0}{n-1} \tag{3-16}$$

然后根据各组成环尺寸大小和加工的难易程度，对各组成环的平均公差在平均公差值的基础上作适当调整。

【例3-5】 图3-44a所示为车床主轴部件的双联齿轮装配图，要求装配后保证轴向间隙 $A_0=0.1\sim0.35$mm。已知各组成环的公称尺寸为：$A_1=43$mm，$A_2=5$mm，$A_3=30$mm，$A_4=3_{-0.04}^{\ 0}$mm，$A_5=5$mm，其中 A_4 为标准件的尺寸。试按极值法求出各组成环的公差及上、下极限偏差。

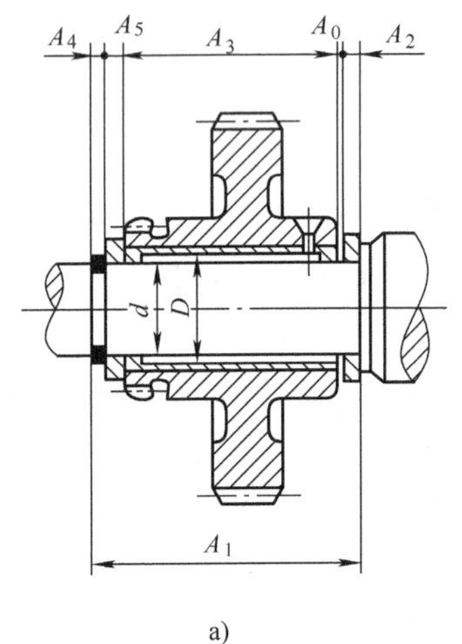

a)

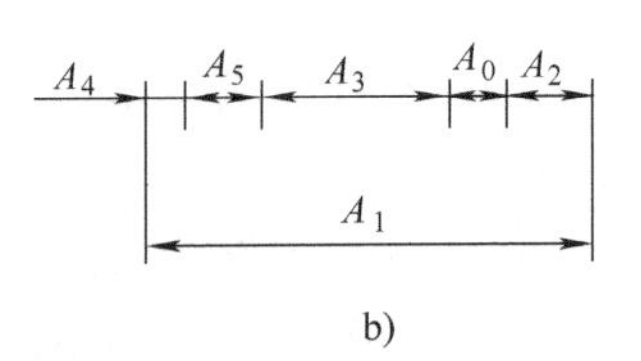

b)

图3-44 车床主轴的双联齿轮装配图

解：

1）画出装配尺寸链（图3-44b），检验各环尺寸。

尺寸链中的组成环为增环 A_1，减环 A_2、A_3、A_4、A_5，封闭环 A_0 的公称尺寸为

$$\begin{aligned}A_0&=\overrightarrow{A_1}-(\overleftarrow{A_2}+\overleftarrow{A_3}+\overleftarrow{A_4}+\overleftarrow{A_5})\\&=[43-(5+30+3+5)]\text{mm}=0\text{mm}\end{aligned}$$

由此可知，各组成环的公称尺寸的已定数值正确。

2）确定各组成环的公差。

首先计算各组成环的平均公差 T_{av}

$$T_{av}=\frac{T_0}{n-1}=\frac{0.35-0.1}{6-1}\text{mm}=0.05\text{mm}$$

现参考 T_{av} 来确定各组成环的公差，即 $\overrightarrow{A_1}$ 和 $\overleftarrow{A_3}$ 尺寸大小和加工难易程度大体相当，故取 $TA_1 = TA_3 = 0.06\text{mm}$；$\overleftarrow{A_2}$ 和 $\overleftarrow{A_5}$ 尺寸大小和加工难易程度相当，故取 $TA_2 = TA_5 = 0.045\text{mm}$；$A_4$ 为标准件，其公差为已定值 $TA_4 = 0.04\text{mm}$。

$$\sum T_i = (0.06 + 0.045 + 0.06 + 0.045 + 0.04)\text{mm} = 0.25\text{mm} = TA_0$$

从计算可知，各组成环公差之和未超过封闭环公差。封闭环可写成 $A_0 = 0^{+0.35}_{+0.10}\text{mm}$。协调环的公差 TA_3 也可以先不给定，而是通过公式 $\sum T_i \leqslant TA_0$ 算出。

3）确定各组成环的公差带位置。

将 A_3 作为协调环，其余组成环的公差均按“入体原则”分布，即 $A_1 = 43^{+0.06}_{0}\text{mm}$，$A_2 = 5^{0}_{-0.045}\text{mm}$，$A_4 = 3^{0}_{-0.04}\text{mm}$，$A_5 = 5^{0}_{-0.045}\text{mm}$。

协调环 A_3 的上、下极限偏差计算为

$$\text{ES}A_0 = \sum_{i=1}^{m} \text{ES}\,\overrightarrow{A_i} - \sum_{i=m+1}^{n-1} \text{EI}\,\overleftarrow{A_i}$$

$$0.35\text{mm} = 0.06\text{mm} - (-0.045\text{mm} + \text{EI}A_3 - 0.045\text{mm} - 0.04\text{mm})$$

则

$$\text{EI}A_3 = -0.16\text{mm}$$

因

$$\text{ES}A_3 = TA_3 + \text{EI}A_3 = [0.06 + (-0.16)]\text{mm} = -0.10\text{mm}$$

所以

$$A_3 = 30^{-0.10}_{-0.16}\text{mm}$$

全部计算结果为

$A_1 = 43^{+0.06}_{0}\text{mm}$，$A_2 = 5^{0}_{-0.045}\text{mm}$，$A_3 = 30^{-0.10}_{-0.16}\text{mm}$，$A_4 = 3^{0}_{-0.04}\text{mm}$，$A_5 = 5^{0}_{-0.045}\text{mm}$。

2. 大数互换法

完全互换法的装配过程虽然简单，但它是根据增、减环同时出现极值情况下建立封闭环与组成环的关系式，由于组成环分得的制造公差过小常使零件加工过程产生困难。根据数理统计规律可知，首先，在一个稳定的工艺系统中进行大批大量加工时，零件尺寸出现极值的可能性很小，其次在装配时，各零件的尺寸同时为极大、极小的“极值组合”的可能性更小，实际上可以忽略不计。所以完全互换法以提高零件加工精度为代价来换取完全互换装配显然是不经济的。

大数互换法（不完全互换法）的实质是将组成环的制造公差适当放大，使零件容易加工，这会使极少数产品的装配精度超出规定要求，所以需在装配时，采取适当的工艺措施，以排除个别产品因超出公差而产生废品的可能性。大数互换法用于封闭环精度要求较高而组成环又较多的场合。

【例 3-6】 已知条件与【例 3-5】相同，试用大数互换法确定各组成环的公差及上、下极限偏差。

解：

1）解题步骤跟极值法相同，首先建立装配尺寸链；然后计算组成环的平均公差 T_{av}，以 T_{av} 作参考，根据各组成环公称尺寸的大小和加工难易程度确定各组成环的公差及其分布。

计算组成环的平均公差为

$$T_{av} = \frac{TA_0}{\sqrt{n-1}} = \frac{0.25}{\sqrt{6-1}}\text{mm} \approx 0.112\text{mm}$$

2）根据组成环公差的上述确定原则，确定 $TA_1 = 0.15\text{mm}$，$TA_2 = TA_5 = 0.10\text{mm}$，$A_4$ 为标准件，其公差为定值 $TA_4 = 0.04\text{mm}$。将 A_3 作为协调环，其公差 TA_3 为

$$TA_3 = \sqrt{TA_0^2 - \sum_{i=1}^{n-2}(TA_i)^2}$$

$$= \sqrt{0.25^2 - (0.15^2 + 0.10^2 + 0.10^2 + 0.04^2)}\text{mm} \approx 0.13\text{mm}$$

3）最后确定各组成环公差的位置。除协调环 A_3 外，其他组成环按“入体原则”分布，即 $A_1 = 43^{+0.15}_{0}\text{mm}$，$A_2 = A_5 = 5^{0}_{-0.10}\text{mm}$，$A_4 = 3^{0}_{-0.04}\text{mm}$。

各组成环相应的中间偏差为 $\Delta_1 = 0.075\text{mm}$，$\Delta_2 = \Delta_5 = -0.05\text{mm}$，$\Delta_4 = -0.02\text{mm}$；封闭环的中间偏差 $\Delta_0 = 0.225\text{mm}$。

由 $$\Delta_0 = \overrightarrow{\Delta}_1 - (\overleftarrow{\Delta}_2 + \overleftarrow{\Delta}_3 + \overleftarrow{\Delta}_4 + \overleftarrow{\Delta}_5)$$

$$0.225\text{mm} = 0.075\text{mm} - (-0.05\text{mm} + \Delta_3 - 0.02\text{mm} - 0.05\text{mm})$$

得协调环的中间偏差 Δ_3 为

$$\Delta_3 = -0.03\text{mm}$$

则协调环 A_3 的上、下极限偏差为

$$\text{ES}A_3 = \Delta_3 + \frac{TA_3}{2} = \left(-0.03 + \frac{0.13}{2}\right)\text{mm} = 0.035\text{mm}$$

$$\text{EI}A_3 = \Delta_3 - \frac{TA_3}{2} = \left(-0.03 - \frac{0.13}{2}\right)\text{mm} = -0.095\text{mm}$$

所以 $$A_3 = 30^{+0.035}_{-0.095}\text{mm}。$$

（二）分组装配法

在大批大量生产中，当装配精度要求特别高，同时又不便于采用调整装置的部件，若用互换装配法装配，组成环的制造公差过小，加工困难，很不经济，此时可以采用分组装配法装配。分组法装配是将各组成环公差增大若干倍（一般为 2 ~ 4 倍），使组成环零件可以按经济精度进行加工，然后再将各组成环按实际尺寸大小分为若干组，各对应组进行装配，同组零件具有互换性，并保证全部装配对象达到规定的装配精度。该方法通常采用极值法计算。

与分组装配法有着选配共性的装配方法还有直接选配法和复合选配法。前者是由装配工人从许多待装配的零件中，凭检验挑选合格的零件通过试凑进行装配的方法。这种方法的优点是简单，不需将零件事先分组，但装配中工人挑选零件需要较长时间，劳动量大，而且装配质量在很大程度上取决于工人的技术水平，因此不宜用于节拍要求较严的大批大量生产中。这种装配方法没有互换性。复合选配法是上述两种方法的综合，即将零件预先测量分组，装配时再在各对应组内凭工人经验直接选配。这一方法的特点是配合件公差可以不等，

装配质量高，且装配速度快，能满足一定的生产节拍要求。

在汽车发动机中，活塞销和活塞销孔的配合要求很高，图3-45a所示为某型汽车发动机活塞销与活塞销孔的装配关系。销子和销孔的公称尺寸为$\phi28$mm，在冷态装配时要有0.0025～0.0075mm的过盈量。若按完全互换法装配，需封闭环公差$T_0=(0.0075-0.0025)\text{mm}=0.0050\text{mm}$均等地分配给活塞销$d(d=\phi28_{-0.0025}^{\ 0}\text{mm})$与活塞销孔$D(D=\phi28_{-0.0075}^{-0.0050}\text{mm})$，制造这样精确的活塞销孔和活塞销是很困难的，也是不经济的。生产上常采用将活塞销孔与活塞销的制造公差放大，而在装配时用分组法装配来保证上述装配精度要求，方法如下：

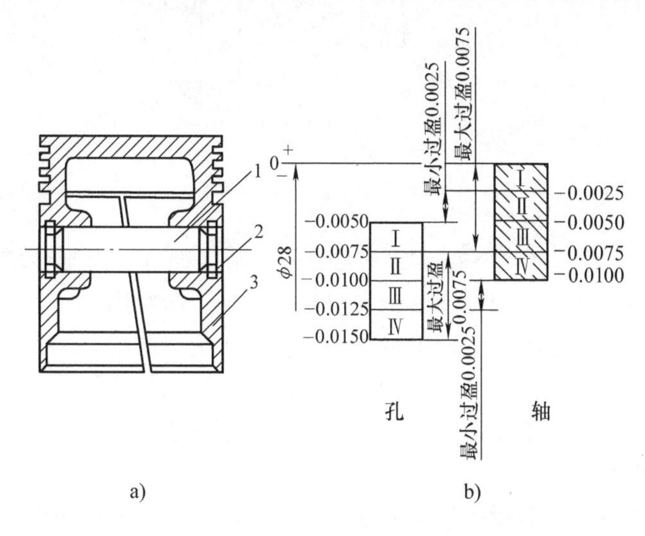

图3-45　活塞销与活塞销孔的装配关系

1—活塞销　2—挡圈　3—活塞

将活塞销和活塞销孔的制造公差同向放大4倍，即$d=\phi28_{-0.010}^{\ 0}\text{mm}$，$D=\phi28_{-0.015}^{-0.005}\text{mm}$；然后在加工好的一批工件中，用精密量具测量，将活塞销孔孔径D与活塞销直径d按尺寸从大到小分成4组，分别涂上不同颜色的标记；装配时让具有相同颜色标记的活塞销与活塞销孔相配，即让大活塞销配大活塞销孔，小活塞销配小活塞销孔，保证达到上述装配精度要求。图3-45b给出了活塞销和活塞销孔的分组公差带位置，具体分组情况可见表3-6。

表3-6　活塞销与活塞销孔直径分组　（单位：mm）

组别	标志颜色	活塞销直径 $d=\phi28_{-0.010}^{\ 0}$	活塞销孔直径 $D=\phi28_{-0.015}^{-0.005}$	配合情况	
				最小过盈	最大过盈
Ⅰ	红	$\phi28_{-0.0025}^{\ 0}$	$\phi28_{-0.0075}^{-0.0050}$	0.0025	0.0075
Ⅱ	白	$\phi28_{-0.0050}^{-0.0025}$	$\phi28_{-0.0100}^{-0.0075}$		
Ⅲ	黄	$\phi28_{-0.0075}^{-0.0050}$	$\phi28_{-0.0125}^{-0.0100}$		
Ⅳ	绿	$\phi28_{-0.0100}^{-0.0075}$	$\phi28_{-0.0150}^{-0.0125}$		

采用分组法装配时需注意如下事项：

1）要保证分组后各组的配合精度和配合性质符合原设计要求。原来规定的几何公差不能扩大，表面粗糙度值不能因公差增大而增大；配合件的公差应当相等；公差增大的方向要同向；增大的倍数要等于以后分组数，放大倍数应为整数倍。

2）零件分组后，各组内相配合零件的数量要相等，相配件的尺寸分布应相同，以形成配套。按照一般正态分布规律，零件分组后可以相互配套，不会产生各对应配合组内相配零件数量不等的情况。但是如果受某些因素的影响，则将造成加工尺寸非正态分布（图3-46）从而造成各组尺寸分布不对应，使得各对应组相配零件数不等而不能配套。

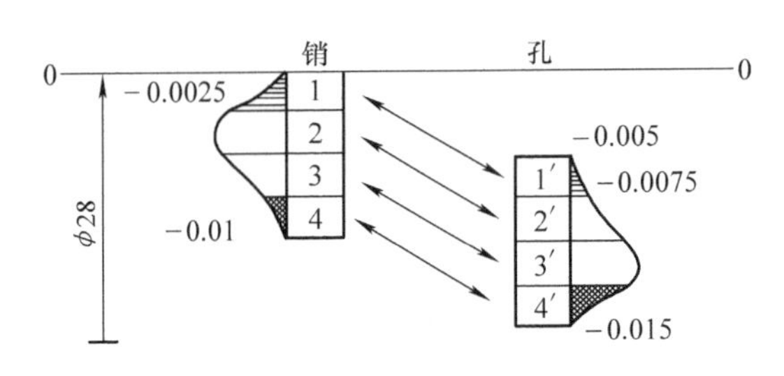

图3-46　加工尺寸非正态分布

3）分组数不宜太多。尺寸公差只要增大到经济精度即可，否则会增加分组、测量、储存、保管等的工作量，造成组织工作复杂和混乱，增加生产费用。

分组装配法适用于大批大量生产中封闭环公差要求很严的场合，且组成环的环数不宜太多，一般相关零件只有2~3个。因其生产组织复杂，应用范围受到一定限制。此种方法常用于汽车、拖拉机制造及轴承制造业等大批大量生产中。

（三）修配装配法

当尺寸链的环数较多，而封闭环的精度要求较高时，若用互换装配法来装配，则势必使组成环的公差很小，由此增加了机械加工的难度并影响经济性。如生产批量不大，可采用修配装配法来装配，即各组成环均按经济精度制造，而对其中某一环（称补偿环或修配环）预留一定的修配量，在装配时由钳工或用机械加工的方法将修配量去除，使装配对象达到设计要求的装配精度。

用修配装配法进行装配，装配工作复杂，劳动量大，产品装配以后，先要测量产品的装配精度，如果不合格，就要拆开产品，对某一零件进行修整，然后重新装配，进行检验，直到满足规定的要求为止。

修配法通常采用极值法计算尺寸链，以决定修配环的尺寸。所选择的修配环应是容易进行装配加工并且对其他尺寸链没有影响的零件。

1. 修配方法

（1）单件修配法　上述修配装配法定义中的“补偿环”若为一个零件上的尺寸，则该修配方法称为单件修配法。它在修配装配法中应用最广，如车床尾座底板的修配、平键联接中的平键或键槽的修配就是常见的单件修配法。

（2）合并加工修配法　若补偿环是由多个零件构成的尺寸，则该装配方法称为合并加工修配法。该方法是将两个或多个零件合并在一起进行加工修配，合并加工所得尺寸作为一个补偿环，并视作“一个零件”参与总装，从而减少组成环的环数。合并加工修配法在装配时不能进行互换，相配零件要打上号码以便对号装配，此方法多用于单件及小批量生产。

（3）自身加工修配法　利用机床本身具有的切削能力，在装配过程中，将预留在待修配零件表面上的修配量（加工余量）去除，使装配对象达到设计要求的装配精度，这就是自身加工修配法。

修配装配法的主要优点是既可放宽零件的制造公差，又可获得较高的装配精度。缺点是增加了一道修配工序，对工人的技术水平要求较高，且不适宜组织流水线生产。

2. 修配环的选择

采用修配装配法时应正确选择修配环，选择时应遵循以下原则：

1）尽量选择结构简单、质量轻、加工面积小和易于加工的零件。

2）尽量选择易于独立安装和拆卸的零件。

3）选择的修配环，修配后不能影响其他装配精度。因此，不能选择并联尺寸链中的公共环作为修配环。

3. 修配环尺寸的确定

修配环在修配时对封闭环尺寸变化的影响分两种情况：一种是使封闭环尺寸变小，另一种是使封闭环尺寸变大。因此用修配装配法解尺寸链时，应根据具体情况分别进行。

（1）修配环被修配时，封闭环尺寸变小的情况（越修越小）　由于各组成环均按经济精度制造，加工难度降低，从而导致封闭环实际误差值 δ_0 大于封闭环规定的公差值 T_0，即 $\delta_0 > T_0$（图 3-47）。为此，要通过修配装配法使 $\delta_0 \leqslant T_0$。但是，修配环现处于"越修越小"的状态，所以封闭环实际尺寸最小值 $A'_{0\min}$ 不能小于封闭环最小尺寸 $A_{0\min}$。因此，δ_0 与 T_0 之间的相对位置应如图 3-47a 所示，即 $A'_{0\min} = A_{0\min}$。

用极值法解算时，可用下式计算封闭环实际尺寸的最小值 $A'_{0\min}$ 和公差增大后的各组成环之间的关系，即

$$A'_{0\min} = A_{0\min} = \sum_{i=1}^{m} \overrightarrow{A}_{i\min} - \sum_{i=m+1}^{n-1} \overleftarrow{A}_{i\max} \qquad (3\text{-}17)$$

上式只有修配环为未知数，可以利用它求出修配环的一个极限尺寸（修配环为增环时可求出最小值，为减环时可求出最大值）。修配环的公差也可按经济加工精度给出，求出一个极限尺寸后，修配环的另一个极限尺寸也可以确定。

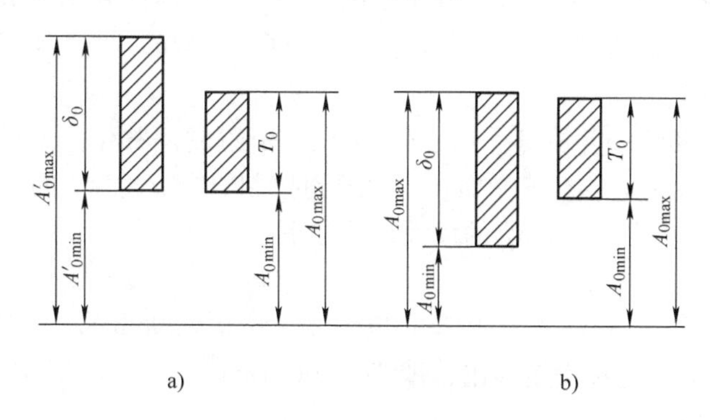

图 3-47　修配环调节作用示意图

a）越修越小　b）越修越大

（2）修配环被修配时，封闭环尺寸变大的情况（越修越大）　修配前 δ_0 相对于 T_0 的位置如图 3-47b 所示，即 $A'_{0\max} = A_{0\max}$。

修配环的一个极限尺寸可按下式计算，即

$$A'_{0max} = A_{0max} = \sum_{i=1}^{m} \overrightarrow{A}_{imax} - \sum_{i=m+1}^{n-1} \overleftarrow{A}_{imin} \quad (3\text{-}18)$$

修配环的另一个极限尺寸，在公差按经济精度给定后也随之确定。

【例3-7】 已知条件与【例3-5】相同，试用修配装配法求出各组成环的公差及上、下极限偏差。

解： 在建立了装配尺寸链以后，则要确定修配环。按修配环的选取原则，现选 A_5 为修配环。然后按经济加工精度给各组成环定出公差及上、下极限偏差，即 $A_1 = 43^{+0.20}_{0}$mm，$A_2 = 5^{0}_{-0.10}$mm，$A_3 = 30^{0}_{-0.20}$mm，$A_4 = 3^{0}_{-0.05}$mm。修配环 A_5 的公差定为 $TA_5 = 0.10$mm，但上、下极限偏差则应通过公式（3-18）求出（因为修配环“越修越大”），其 δ_0 与 T_0 的位置关系如图3-47b 所示。

由
$$ESA_0 = \sum_{i=1}^{m} ES\,\overrightarrow{A}_i - \sum_{i=m+1}^{n-1} EI\,\overleftarrow{A}_i$$

$$0.35\text{mm} = 0.20\text{mm} - (-0.10\text{mm} - 0.20\text{mm} - 0.05\text{mm} + EIA_5)$$

得
$$EIA_5 = 0.20\text{mm}$$

因
$$ESA_5 = EIA_5 + TA_5 = (0.20 + 0.10)\text{mm} = 0.30\text{mm}$$

所以
$$A_5 = 5^{+0.30}_{+0.20}\text{mm}$$

$$\delta_0 = \sum_{i=1}^{n-1} TA_i = (0.20 + 0.10 + 0.20 + 0.05 + 0.10)\text{mm} = 0.65\text{mm}$$

最大修配量
$$\delta_{cmax} = (0.65 - 0.25)\text{mm} = 0.40\text{mm}$$

最小修配量
$$\delta_{cmin} = 0$$

【例3-8】 在图3-42 所示的装配尺寸链中，设各组成环的公称尺寸为 $A_1 = 205$mm，$A_2 = 49$mm，$A_3 = 156$mm，封闭环 $A_0 = 0$，其公差按车床精度标准 $TA_0 = 0.06$mm。尺寸链图如图3-42b 所示，试求修配环的参数。

提示：此装配尺寸链若采用完全互换法（按等公差法计算）求解，可得出各组成环的平均公差值为0.02mm，要达到这样的加工精度比较困难；即使采用大数互换法（也按等公差法计算）求解，可得出各组成环的平均公差值为0.035mm，零件加工仍然困难，故一般采用修配装配法来装配。

解： 将 A_2 和 A_3 两环合并成 A_{23}（图3-42c）一个组成环并作为修配环。各组成环均按经济公差制造，确定 $TA_1 = TA_{23} = 0.1$mm，考虑到控制方便，令 A_1 的公差作对称分布，即 $A_1 = (205 \pm 0.05)$mm，则修配环 A_{23} 的尺寸计算如下。

1）公称尺寸 A_{23}

$$A_{23} = A_2 + A_3 = (49 + 156)\text{mm} = 205\text{mm}$$

2）修配环公差 TA_{23} 已按设定给出，即 $TA_{23} = 0.1$mm。

3）修配环最小尺寸 A_{23min}

因 A_{23} 为增环，且此种情况为“越修越小”，已知 $A_{0min} = 0$，

故
$$A_{0min} = A_{23min} - A_{1max}$$
$$0 = A_{23min} - 205.05\text{mm}$$
$$A_{23min} = 205.05\text{mm}$$

4）修配环最大尺寸 A_{23max}

$$A_{23\max}=A_{23\min}+TA_{23}=(205.05+0.1)\ \mathrm{mm}=205.15\mathrm{mm}$$

5）修配量 δ_c 的计算

$$\delta_c=\delta_0-T_0=(0.2-0.06)\mathrm{mm}=0.14\mathrm{mm}$$

考虑到车床总装时，尾座底板与床身配合的导轨接触面需刮研以保证有足够的接触点，故必须留有一定的刮研量。取最小刮研量为 0.15mm，这时修配环的公称尺寸还应增加一个刮研量，故合并加工后的尺寸为 $A_{23}=(205^{+0.15}_{+0.05}+0.15)\ \mathrm{mm}=205^{+0.30}_{+0.20}\mathrm{mm}$。

（四）调整装配法

对于精度要求高且组成环数又较多的产品或部件，在不能用互换装配法进行装配时，除了用分组装配法和修配装配法外，还可用调整装配法来保证装配精度。

调整装配法也是按经济加工精度确定零件的公差。由于每一个组成环的公差扩大，结果使一部分装配件超差。为了保证装配精度，可通过改变一个零件的位置、换用一个适当尺寸的调整件或调整有关零件的相互位置来补偿这些影响。

调整装配法与修配装配法的区别是，调整装配法不是靠去除金属，而是靠改变补偿件的位置或更换补偿件的方法来保证装配精度。

根据调整方法的不同，调整装配法可分为：可动调整法、固定调整法和误差抵消调整法三种。

1. 可动调整法

在装配尺寸链中，选定某个零件为调整环，根据封闭环的精度要求，采用改变调整环的位置，即移动、旋转或移动旋转并用，以达到装配精度，这种方法称为可动调整法。该方法在调整过程中不需拆卸零件，比较方便。

例如，图 3-48 所示为丝杠螺母副轴向间隙的调整，当发现丝杠螺母副间隙不合适时，可转动中间的调节螺钉，通过楔块的上下移动来改变轴向间隙的大小。图 3-49 所示的结构是靠转动中间螺钉来调整轴承外圈相对于内圈的位置以取得合适的间隙或过盈的，调整合适后，用螺母锁紧，保证轴承即有足够的刚性又不至于过分发热。可动调整不但调整方便，能获得比较高的精度，而且可以补偿由于磨损和变形等所引起的误差，使设备恢复原有精度，所以在一些传动机构或易磨损机构中，常用可动调整法。但是，可动调整法中因可动调整件的出现，削弱了机构的刚性，因而在刚性要求较高或机构比较紧凑，无法安排可动调整件时，就必须采用其他的调整法。

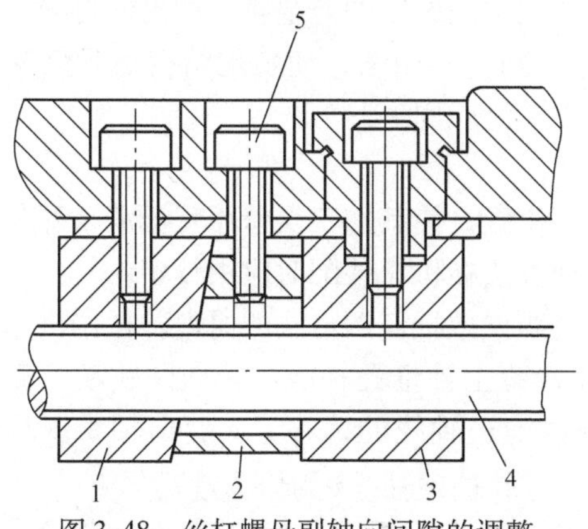

图 3-48　丝杠螺母副轴向间隙的调整

1、3—螺母　2—楔块　4—丝杠　5—调节螺母

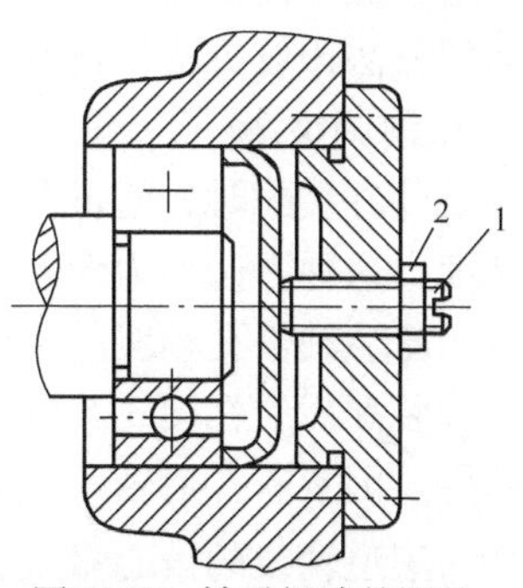

图 3-49　轴承间隙的调整

1—螺钉　2—螺母

2. 固定调整法

在装配尺寸链中，选择某一组成环为调节环（补偿环），该环是按一定尺寸间隔分级制造的一套专用零件（如垫片、垫圈或轴套等）。产品装配时，根据各组成环所形成累积误差的大小，通过更换调节件来实现改变调节环实际尺寸的方法，以保证装配精度，这种方法即固定调整法。

【例 3-9】 图 3-44a 所示双联齿轮装配后要求轴向间隙 $A_0=0^{+0.20}_{+0.05}$ mm，已知 $A_1=115$mm，$A_2=8.5$mm，$A_3=95$mm，$A_4=2.5$mm，$A_5=9$mm，现采用固定调整法装配，试确定各组成环的尺寸偏差，并求调整件的分组数及尺寸系列。

解：1）建立装配尺寸链，如图 3-44b 所示。

2）选择调整环。选择加工比较容易，装卸比较方便的组成环 A_5 作为调整环。

3）确定组成环公差。按加工经济精度确定各组成环公差并确定极限偏差：$A_1=115^{+0.15}_{0}$mm，$A_2=8.5^{0}_{-0.1}$mm，$A_3=95^{0}_{-0.1}$mm，$A_4=2.5^{0}_{-0.12}$mm，并设 $T_5=0.03$mm。

4）调整范围 δ。在未装入调整环 A_5 之前，先实测齿轮端面轴向间隙的大小，然后选一个合适的调整环 A_5 装入该空隙中，要求达到装配要求。所测空隙 A_0 的变动范围就是所要求的、取的调整范围 δ。

从尺寸链图中可以看出，有 A_1、A_2、A_3、A_4 四个环节造成的装配误差累积值为

$$\delta_s=(0.15+0.1+0.1+0.12)\ \text{mm}=0.47\text{mm}$$

5）确定调整环的分组数 i。取封闭环公差与调整环公差之差 T_0-T_5 作为调整环尺寸分组间隔 Δ，则

$$i=\frac{\delta_s}{\Delta}=\frac{\delta_s}{T_0-T_5}=\frac{0.47}{0.15-0.03}\approx 3.9$$

分组数不能为小数，取 $i=4$，调整环分组数不宜过多，否则组织生产繁琐，一般 i 取 3 ~ 4 为宜。

6）确定调整环 A_5 的尺寸系列。假定调整环最大尺寸级别为 A_{51}，则

$$A_{51\min}=A_{1\max}-(A_{2\min}+A_{3\min}+A_{4\min})-A_{0\max}=9.27\text{mm}$$

因 $T_5=0.03$mm，调整环级差为 $T_0-T_5=0.12$mm，则四组调整环的分级尺寸为

$$A_{51}=9.30^{0}_{-0.03}\text{mm},\ A_{52}=9.18^{0}_{-0.03}\text{mm},\ A_{53}=9.06^{0}_{-0.03}\text{mm},\ A_{54}=8.94^{0}_{-0.03}\text{mm}$$

在产量大，精度要求高的装配中，固定调整环可用不同厚度的薄金属片冲出，再与一定厚度的垫片组合成所需的各种不同尺寸，然后把它装到空隙中去，使装配结构达到装配要求。这种装配方法比较灵活，在汽车、拖拉机生产中广泛应用。

3. 误差抵消调整法

在产品或部件装配时，通过调整有关零件的相互位置，使其加工误差相互抵消一部分以提高装配精度，这种方法称为误差抵消调整法。这种方法在机床装配时应用较多。

下面以车床主轴锥孔轴线的径向圆跳动为例，说明误差抵消调整法的原理。根据机床精度标准，主轴装配后应在图 3-50 所示的 A、B 两处检验主轴锥孔轴线的径向圆跳动。影响此项精度的主要因素有：后轴承内环孔轴线对外环内滚道轴线的偏心量 e_1；前轴承内环孔轴线对外环内滚道轴线的偏心量 e_2；主轴锥孔轴线 $\overline{cc}$ 对其轴颈轴线 $\overline{ss}$ 的偏心量 e_s。

从图 3-50 中的 a、b、c 和 d 四种情况下，可以得出 e_1、e_2 和 e_s 对 B 处径向圆跳动影响的几条规律：

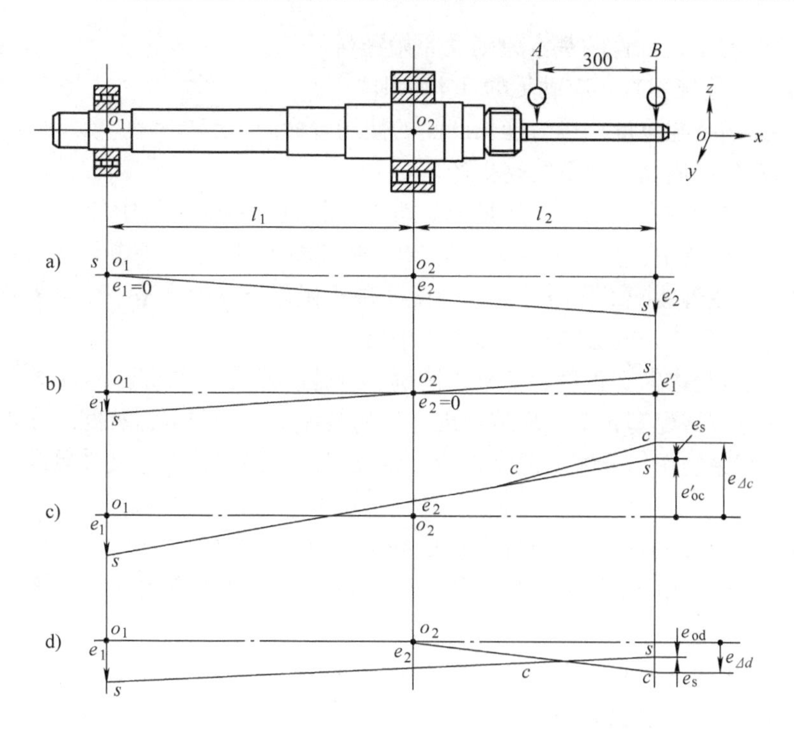

图 3-50　主轴锥孔轴线径向圆跳动的误差抵消调整法

1）对比图 3-50a 和图 3-50b 可知，前轴承的偏心误差比后轴承的偏心误差对 B 处径向圆跳动的影响大。所以，机床设计时应选用前轴承的精度等级高于后轴承的精度等级。

2）对比图 3-50c 和图 3-50d 可知，前、后轴承的偏心量同向时比前、后轴承的偏心量异向时对 B 处的径向圆跳动的影响小。所以，调整时应 e_1 和 e_2 同向。

3）对比图 3-50d 和图 3-50c 可知，主轴锥孔轴线对其轴颈轴线的偏心量 e_s 和前、后轴承偏心量 e_1 和 e_2 引起的主轴偏心量 e' 异向时比同向时对 B 处的径向圆跳动的影响小。所以，调整时应使 e_s 和 e' 异向。

实际生产中，可事先测出 e_1、e_2 和 e_s 的方向和大小，装配时根据上述 2）和 3）两条规律仔细调整三个公差环，就能抵消加工误差，提高装配精度。误差抵消调整法，可在不提高组成环的加工精度条件下，提高装配精度。但由于需要先测出补偿环的误差方向和大小，装配时需技术等级高的工人，因而增加了装配时和装配前的工作量，并给装配组织工作带来一定的麻烦。误差抵消调整法多用于单件小批量生产、封闭环要求较严的多环装配尺寸链中。

三、装配工艺规程

将合理的装配工艺过程和操作方法，按一定的格式编写而成的书面文件就是装配工艺规程。装配工艺规程不仅是指导装配作业的主要技术文件，而且是制订装配生产计划和技术的准备，以及设计或改建装配车间的重要依据。在装配工艺规程中，应规定产品及其部件的装配顺序、装配方法、装配的技术要求及检验方法，装配所需的设备和工具以及装配的时间定额等。

（一）制订装配工艺规程的基本原则及原始资料

1. 制订装配工艺规程时，应满足的基本原则

1）保证产品的装配质量，尽力延长产品的使用寿命。

2）尽力缩短生产周期，力争提高生产率。

3）合理安排装配顺序和工序，尽量减少钳工工作量。装配工作中的钳工劳动量是很大的，在机器和仪器制造中，分别占劳动量的20%和50%以上。所以减少钳工劳动量，降低工人的劳动强度，改善装配工作条件，使装配实现机械化与自动化是一个急需解决的问题。

4）尽量减少装配工作的成本在产品成本中所占的比例。

5）装配工艺规程应做到正确、完整、协调、规范。作为一种重要的技术文件不仅不允许出现错误，而且应该配套齐全。除编制出全套的装配工艺规程卡，装配工序卡外，还应该有与之配套的装配系统图、装配工艺流程图、装配工艺流程表、工艺文件更改通知等一系列工艺文件。

6）在了解本企业现有的生产条件下，尽可能采用先进的技术。

7）工艺规程中使用的术语、符号、代号、计量单位、文件格式等，要符合相应标准的规定，并尽量与国际接轨。

8）制订装配工艺规程时要充分考虑到安全和防污的问题。

2. 制订装配工艺规程的原始资料

在制订装配工艺规程之前，必须具备下列原始资料：

（1）产品的装配图样及验收技术文件　产品的装配图样应包括总装配图样和部件装配图样，并能清楚地表示出零部件的相互连接情况及其尺寸，装配精度和其他技术要求，零件的明细表等。为了在装配时对某些零件进行补充机械加工和核算装配尺寸链，有时还需要某些零件图样。

验收技术条件主要规定了产品主要技术性能的检验、试验工作的内容及方法，这是制订装配工艺规程的主要依据之一。

（2）产品的生产纲领　生产纲领决定了生产类型，不同的生产类型使装配的组织形式、装配方法、工艺规程的划分、设备及工艺装备专业化或通用化水平、手工操作量的比例、对工人技术水平的要求和工艺文件的格式等均有不同。各种生产类型的装配工作特点见表3-7。

（3）生产条件　生产条件包括现有装配设备、工艺装备、装配车间面积、工人技术水平、机械加工条件及各种工艺资料和标准等。设计者熟悉和掌握了它们，才能切合实际地制订出合理的装配工艺规程。

（二）制订装配工艺规程的步骤、方法及内容

1. 熟悉产品的图样及验收技术条件

制订装配工艺规程时，要通过对产品的总装配图、部件装配图、零件图及技术要求的研究，深入地了解产品及其各部分的具体结构、产品及各部件的装配技术要求、设计者所需保证产品装配精度的方法以及产品的检查验收的内容和方法。要审查产品的结构工艺性；研究设计人员所确定的装配方法；进行必要的装配尺寸链分析和计算。

产品结构的装配工艺性是指在一定的生产条件下，产品结构符合装配工艺上的要求。产品结构的装配工艺性主要有以下几个方面的要求。

（1）整个产品能被分解为若干独立的装配单元　若产品被分成若干个独立的装配单元，

就可以组织装配工作的平行作业、流水作业，使装配工作专业化，有利于装配质量的提高，缩短整个装配工作的周期，提高劳动生产率。装配单元是指机器中能进行独立装配的部分，它可以是零件、部件，也可以是像连杆盖和连杆体组成的套件。

表 3-7　各种生产类型的装配工作特点

装配工作＼生产类型	大批大量生产	成批生产	单件小批生产
工作特点	产品固定，生产内容长期重复，生产周期一般较短	产品在系列化范围内变动，分批交替投产或多品种同时投产，生产内容在一定时期内重复	产品经常变换，不定期重复生产，生产周期一般较长
组织形式	多采用流水装配线，有连续移动，间歇移动及可变节奏移动等方式，还可采用自动装配机或自动装配线	笨重且批量不大的产品多采用固定流水装配；批量较大时采用流水装配；多品种同时投产时用多品种可变节奏流水装配	多采用固定装配或固定式流水装配进行总装
装配工艺方法	按互换法装配，允许有少量简单的调整，精密偶件成对供应或分组供应装配，无任何修配工作	主要采用互换法，但灵活运用其他保证装配精度的方法，如调整装配法、修配装配法、合并加工法以节约加工费用	以修配装配法及调整装配法为主，互换件比例较小
工艺过程	工艺过程划分很细，力求达到高度的均衡性	工艺过程的划分需适合于批量的大小，尽量使生产均衡	一般不制订详细的工艺文件。工序可适当调整，工艺也可灵活掌握
工艺装备	专业化程度高，宜采用专用高效工艺装备，易于实现机械化、自动化	通用设备较多，但也采用一定数量的专用工具、夹具、量具，以保证装配质量和提高工效	一般为通用设备及通用工具、夹具、量具
手工操作要求	手工操作比例小，熟练程度容易提高，便于培养新工人	手工操作比例较大，技术水平要求较高	手工操作比例大，要求工人有高的技术水平和多方面的工艺知识
应用实例	汽车、拖拉机、内燃机、滚动轴承、手表、缝纫机、电气开关等行业	机床、机车车辆、中小型锅炉、矿山采掘机械等行业	重型机床、重型机械、汽轮机、大型内燃机、大型锅炉等行业

（2）零、部件结构应使装配方便　零件和部件的结构应能顺利地装配出机器。图 3-51 所示为零件相互位置对装配的影响，图中是将一个已装有两个单列深沟球轴承的轴装入箱体内。图 3-51a 所示为两轴承同时进入箱体孔，这样在装配时不易对准，若将左、右两轴承之间的距离在原有基础上扩大 3～5mm（图 3-51b），则安装时右轴承先进入箱壁孔中，然后再对准左轴承就会方便许多。为使整个轴组件能从箱体左端进入，设计时还应使右轴承外径及齿轮外径均小于左箱体壁孔径。

图 3-52 所示为一配合精度要求较高的定位销的装配。图 3-52a 由于在基体上未开气孔，故压入时空气无法排出，可能造成定位销压不进去。图 3-52b 和图 3-52c 的结构则可将定位销顺利压入。若基体不便钻排气孔时，也可考虑在定位销上钻排气孔。

（3）要考虑装配后返工、修理和拆卸的方便　装配时要考虑到如发生装配不当需进行

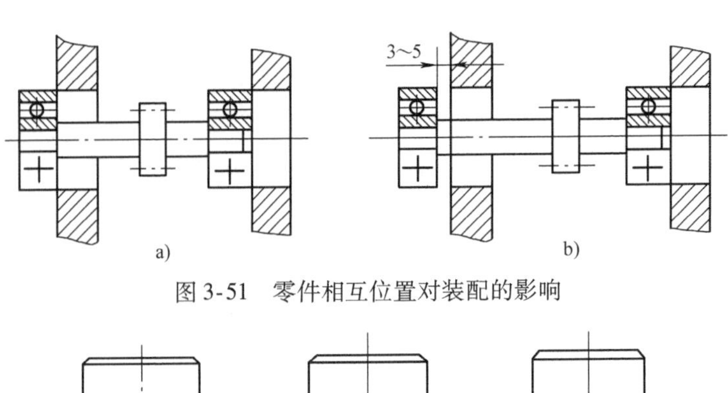

图 3-51 零件相互位置对装配的影响

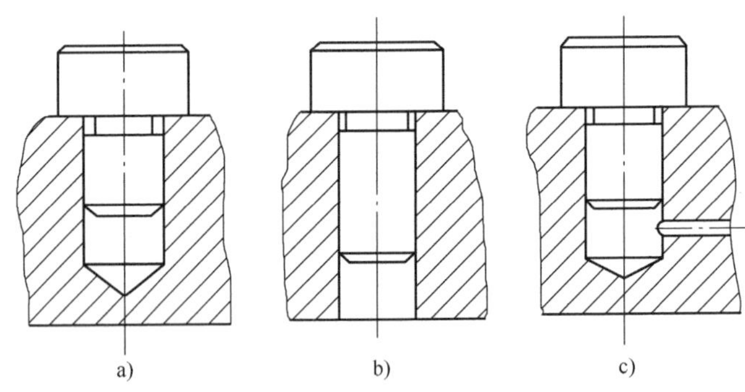

图 3-52 定位销的装配

返工，以及今后修理和更换配件时，应便于拆卸。图 3-53a 所示为在结构设计时，使箱体的孔径等于轴承外环的内径，不便直接拆卸；图 3-53b 所示为使箱体的孔径大于轴承外环的内径，可以直接拆卸。二者相比，第二种更为合理。

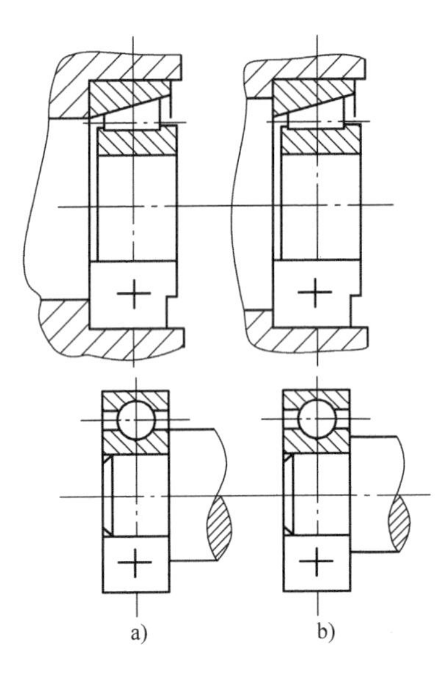

图 3-53 轴承的结构应考虑拆卸方便

（4）尽量减少装配过程中的机械加工和钳工的修配工作量 应该指出，对结构装配工艺性的要求与生产规模有着密切的关系。产量大则要求组织流水生产，对装配工艺性要求相对高一些，装配时补充的机械加工和调整工作要尽量少而简单，以保证装配过程的节奏性；单件小批量生产时，对装配工艺性要求则相对低一些。

2. 确定装配的组织形式

产品装配工艺方案的制订与装配的组织形式有关。如装配工序划分的集中或分散程度，产品装配的运送方式，以及工作地的组织等均与装配的组织形式有关。装配的组织形式要根据生产纲领及产品结构特点来确定。下面介绍各种装配组织形式的特点及应用。

（1）固定式装配 固定式装配是将产品或部件的全部装配工作安排在一个固定的工作地上进行装配，装配过程中产品位置不变，装配所需要的零部件都汇集在工作地点。

固定式装配的特点是装配周期长，装配面积利用率低，且需要技术水平高的工人。在单件或中、小批生产中，对那些因质量和尺寸较大，装配时不便移动的重型机械，或机体刚性较差，装配时移动会影响装配精度的产品，均宜采用固定式装配的组织形式。

（2）移动式装配　移动式装配是装配工人和工作地点固定不变而将产品或部件置于装配线上，通过连续或间隔地移动使其顺次经过各装配工作地，以完成全部装配工作。

采用移动式装配时，装配过程分得很细，每个工人重复地完成固定的工序，广泛采用专用的设备及工具，生产率高，多用于大批大量生产中。

3. 选择装配方法

这里所指的装配方法包含两个方面，一是指手工装配还是机械装配；另一是指保证装配精度的工艺方法和装配尺寸链的计算方法。对前者的选择，主要取决于生产纲领和产品的装配工艺性，但也要考虑产品尺寸和质量的大小以及结构的复杂程度。对后者的选择则主要取决于生产纲领和装配精度，但也与装配尺寸链中的环数的多少有关。具体情况见表3-8。

表3-8　各种装配方法的适用范围和应用实例

装配方法	适用范围	应用实例
完全互换法	适用于零件数较少、批量很大、零件可用经济精度加工时	汽车、拖拉机、中小型柴油机、缝纫机及小型电机的部分部件
不完全互换法	适用于零件数稍多、批量大、零件加工精度需适当放宽	机床、仪器仪表中某些部件
分组装配法	适用于成批或大量生产中，装配精度很高，零件数很少，又不便采用调整装置时	中小型柴油机的活塞与缸套、活塞与活塞销、滚动轴承的内外圈与滚动体
修配装配法	单件小批生产中，装配精度要求高且零件数较多的场合	车床尾座垫板、滚齿机分度蜗轮与工作台装配后精加工齿形、平面磨床砂轮（架）对工作台面自磨
调整装配法	除必须采用分组装配法选配的精密配件外，调整装配法可用于各种装配场合	机床导轨的楔形镶条，内燃机气门间隙的调整螺钉，滚动轴承调整间隙的间隔套、垫圈，锥齿轮调整间隙的垫片

4. 划分装配单元，确定装配顺序

将产品划分为可进行独立装配的单元是制订装配工艺规程中最重要的一个步骤。对于大批大量生产结构复杂的产品尤其重要。只有划分好装配单元，才能合理安排装配顺序和划分装配工序，组织平行流水作业。

产品或机器由零件、合件、组件和部件等装配单元组成。零件是组成机器的基本单元，它由整块金属或其他材料组成。零件一般都预先装成合件、组件和部件后，再安装到机器上。合件由若干个零件永久连接（铆和焊）而成，或连接后再经加工而成，如装配式齿轮、发动机连杆小头孔压入衬套后再精镗。组件是指一个或几个合件与零件的组合，没有显著完整的功用，如主轴箱中轴与其上的齿轮、套、垫片、键和轴承的组合件。部件是若干组件、合件及零件的组合体，并在机器中能完成一定的完整的功用，如车床的主轴箱、进给箱等。机器是由上述各装配单元结合而成的整体，具有独立的、完整的功能。

无论哪一级的装配单元都要选定某一零件或比它低一级的单元作为装配基准件。装配基准件通常应为产品的基体或主干零部件。基准件应有较大的体积和质量，有足够的支承面，以满足陆续装入零件或部件时的作业要求和稳定性要求。如床身零件是床身组件的装配基准零件；床身组件是床身部件的装配基准组件；床身部件是机床产品的装配基准部件。

划分好装配单元，并确定装配基准件后，就可安排装配顺序。确定装配顺序的要求是保证装配精度，使装配连接、调整、校正和检验工作能顺利进行，前面工序不妨碍后面工序进行，后面工序不损坏前面工序的质量。

一般装配顺序的安排是：

1）预处理工序先行，如零件的倒角、去毛刺、清洗、防锈和防腐处理、涂装和干燥等。

2）先基准件、重大件的装配，以便保证装配过程的稳定性。

3）先复杂件、精密件和难装配件的装配，以保证装配顺利进行。

4）先进行易破坏以后装配质量的工作，如冲击性质的装配、压力装配和加热装配。

5）集中安排使用相同设备及工艺装备的装配和有共同特殊装配环境的装配。

6）处于基准件同一方位的装配尽可能集中进行。

7）电线、油气管路的安装应与相应工序同时进行。

8）易燃、易爆、易碎，有毒物质或零部件的安装，尽可能放在最后，以减少安全防护工作量，保证装配工作顺利完成。

为了清晰表示装配顺序，常用装配单元系统图来表示。图 3-54 所示为部件的装配系统图；图 3-55 所示为产品的装配系统图。

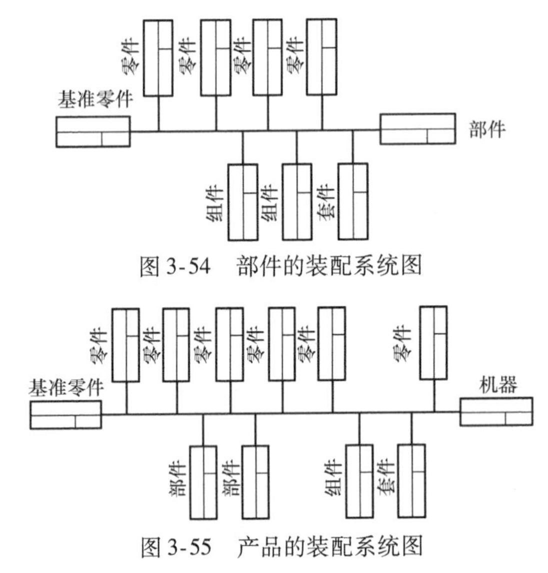

图 3-54　部件的装配系统图

图 3-55　产品的装配系统图

装配单元系统图的画法是：首先画一条横线，横线左端画出基准件的长方格，横线右端箭头指向装配单元的长方格。然后按装配顺序由左向右依次画出待装入基准件的零件、合件、组件和部件的长方格。表示零件的长方格画在横线上方；表示合件、组件和部件的长方格画在横线下方。每一长方格内，上方注明装配单元名称，左下方填写装配单元的编号，右下方填写装配单元的件数。

在装配单元系统图上加注所需的工艺说明（如焊接、配钻、配刮、冷压、热压、攻螺纹、铰孔及检验等），就形成装配工艺系统图（图 3-56）。此图较全面地反映了装配单元的划分、装配顺序和装配工艺方法，它是装配工艺规程制订中的主要文件之一，也是划分装配工序的依据。

5. 划分装配工序

装配顺序确定后，就可将装配工艺过程划分为若干工序，其主要工作如下：

1）确定工序集中与分散的程度。

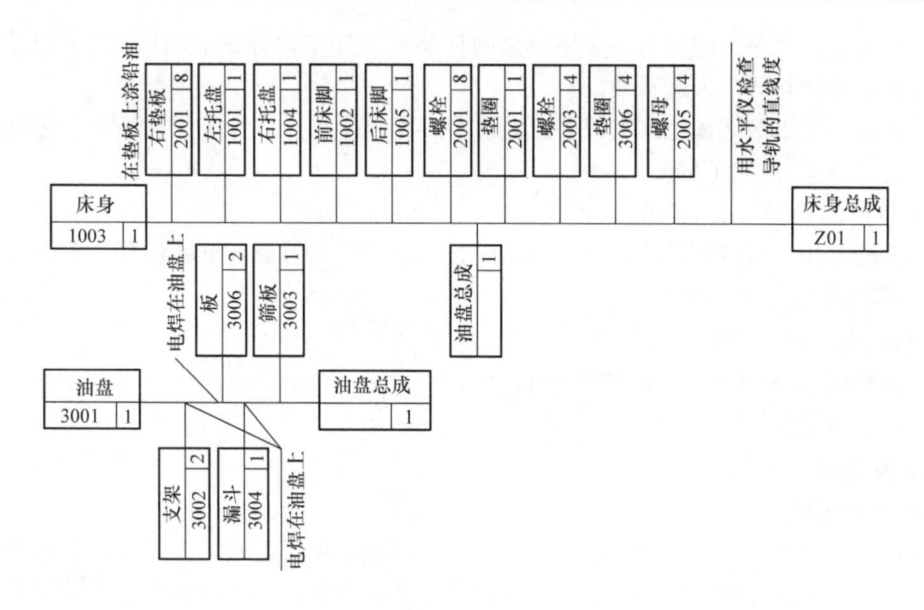

图 3-56　床身部件装配工艺系统图

2）划分装配工序，确定工序内容。

3）确定各工序所需的设备和工具。

4）制订各工序装配操作规范，如过盈配合的人力、变温装配的装配温度等。

5）确定各工序装配质量要求与检测方法。

6）确定工序时间定额，平衡各工序节拍。

装配工艺过程是个别的站、工序、工步和操作所组成的。站是装配工艺过程的一部分，是指在一个装配地点，由一个（或一组）工人所完成的那部分装配工作。每一个站可以包括一个工序，也可以包括多个工序。工序是站的一部分，它包括在产品任何一部分上所完成组装的一切连续工作。工步是工序的一部分，在每个工步中，所使用的工具及组合件不变。根据生产规模的不同，每个工步还可以按技术条件分得更加详细一些。操作是指在工步进行过程中（或工步的准备工作中）所做的各个简单的动作。

在安排工序时，必须注意下面几个问题：

1）前一工序不能影响后一工序的进行。

2）在完成某些重要的工序或易出废品的工序之后，均应安排检查工序。

3）在采用流水式装配时，每一工序所需要的时间应该等于装配节拍（或为装配节拍的整数倍）。

划分装配工序应按装配单元系统图来进行，首先由合件和组件装配开始，然后是部件以至产品的总装配。装配工艺流程图可以在该过程中一并拟制，与此同时还应考虑到该期间的运输、停放、储存等问题。

6. 制订装配工艺卡

在单件小批生产时，通常不制订装配工艺卡。工人按装配图和装配工艺系统图进行装配。成批生产时，应根据装配工艺系统图分别制订总装和部装的装配工艺卡。卡片的每一工序内应简单地说明工序的工作内容、所需设备和夹具的名称及编号、工人技术等级、时间定额等。大批大量生产时，应为每一工序单独制订装配工序卡，详细说明该工序的工艺内容。装配工序卡能直接指导工人进行装配。

除了装配工艺卡及装配工序卡以外，还应有装配检验卡及试验卡，有些产品还应附有测试报告、修正（校正）曲线等。

7. 制订产品检测与试验规范

产品装配完毕，应按产品技术性能和验收技术条件制订检测与试验规范。它包括：

1）检测和试验的项目及检验质量指标。

2）检测和试验的方法、条件与环境要求。

3）检测和试验所需工装的选择与设计。

4）质量问题的分析方法及处理措施。

【任务实施】

1. 基面的选择

基面选择是加工工艺设计中的重要工作之一。基面选择得正确与合理可以使加工质量得到保证，生产率得以提高。否则，加工工艺过程中会问题百出，甚至还会造成零件的大批报废，生产无法正常进行。

（1）粗基准的选择　对于零件而言，尽可能选择非加工表面为粗基准。对有若干个非加工表面的工件，应以与加工表面要求相对位置精度较高的非加工表面作粗基准。根据这个基准选择原则，以外形及下端面作为粗基准。

（2）精基准的选择　选择精基准时主要应该考虑基准重合的问题。当设计基准与工序基准不重合时，应该进行尺寸换算。

2. 制订工艺路线

制订工艺路线的出发点，应当是使零件的几何精度、尺寸精度及技术要求能得到合理的保证。在生产纲领已确定的情况下，可以考虑采用万能机床配以专用工具、夹具，并尽量使工序集中来提高生产率。除此之外，还应当考虑经济效果，以便使生产成本尽量下降。

3. 确定加工设备、工装、量具和刀具或辅助工具

机床：CA6140、X6132、Z5132A。

刀具：W18Cr4V 硬质合金钢面铣刀，硬质合金锥柄机用铰刀，高速钢麻花钻钻头。

量具：千分尺，游标卡尺。

4. 确定拨叉的加工工艺过程（表 3-9）

表 3-9　拨叉的加工工艺过程

工序号	工序名称	工 序 内 容	工艺装备
1	铸	精密铸造，两件合铸（工艺需要）	
2	热处理	退火	
3	划线	划各端面线及三个孔的线	
4	车	以外形及下端面定位，按线找正，单动卡盘（或专用工装）装夹工件。车 $R20^{+0.6}_{+0.3}$mm（ϕ40mm）孔至图样尺寸，并车孔的两侧面，保证尺寸$10^{+0.3}_{+0.1}$mm	CA6140 专用工装
5	铣	以 $R20^{+0.6}_{+0.3}$mm 内孔及上端面定位，装夹工件，铣 ϕ25mm 下端面，保证尺寸（16±0.1）mm	X5030A 组合夹具

（续）

工序号	工序名称	工 序 内 容	工艺装备
6	铣	以 $R20^{+0.6}_{+0.3}$mm 内孔及下端面定位，装夹工件，铣 ϕ25mm 另一端端面，保证尺寸 28mm	X5030A 组合夹具
7	钻	以 $R20^{+0.6}_{+0.3}$mm 内孔及上端面定位，装夹工件，钻、扩、铰 $\phi14^{+0.11}_{0}$mm 孔，孔口倒角 $C1$	Z5132A 组合夹具
8	划线	划 $R20^{+0.6}_{+0.3}$mm 孔中心线及切开线	
9	铣	以 $R20^{+0.6}_{+0.3}$mm 内孔及上端面定位，装夹工件，切工件成单件，切口 2mm	X6132 组合夹具
10	铣	以 $R20^{+0.6}_{+0.3}$mm 孔及上端面定位，$\phi14^{+0.11}_{0}$mm 定向，装夹工件，精铣 $R20^{+0.6}_{+0.3}$mm 端面，距中心偏移 2mm	X6132 组合夹具
11	钻	以 $\phi14^{+0.11}_{0}$mm 内孔下端面定位，另一端孔口倒角 $C1$	Z5132A 组合夹具
12	检验	按图样要求检查各部尺寸及精度	
13	入库	入库	

【复习与思考】

1. 什么是铣削加工？它一般可完成哪些工作？
2. 常用铣床附件有哪些？各适合于什么场合？
3. 铣床主要有哪些类型？各用于什么场合？
4. 试述卧式万能升降台铣床的主要部件及功用。
5. 铣一齿数为 18 的齿轮，求每铣一齿后分度手柄应转过的转数。
6. 简述牛头刨床和龙门刨床的主运动及进给运动分别由哪些部件完成。
7. 与铣削加工相比，刨削加工有何特点？
8. 刨床和插床有何区别和联系？加工时工件是如何安装的？
9. 拉床的主运动、进给运动由哪些部件完成？
10. 拉刀由哪几部分组成？拉削前对工件有哪些要求？
11. 简述拉削加工的特点及适用范围？
12. 要拉削 ϕ30H8 圆孔，材料为 45 钢。试确定其拉削前钻孔尺寸及拉削加工的切削用量。
13. 加工如图 3-57 所示零件时，图样要求保证尺寸（6±0.1）mm，但这一尺寸不便测量，只好通过度量 L 来间接保证。试求工序尺寸 L 及其极限偏差。
14. 加工如图 3-58 所示轴颈时，设计要求分别为 $\phi28^{+0.024}_{+0.008}$mm 和 $4^{+0.16}_{0}$mm，有关工艺过程如下：

1）车外圆至 $\phi28.5^{0}_{-0.1}$mm。

2）在铣床上铣键槽，键深尺寸为 H。

3）淬火热处理。

4）磨外圆至尺寸 $\phi28^{+0.024}_{+0.008}$mm。

若磨后外圆和车后外圆的同轴度公差为 ϕ0.04mm，试计算铣键槽的工序尺寸 H 及其极限偏差。

15. 加工套类零件，其轴向尺寸及有关工序简图如图 3-59 所示，试求工序尺寸 A_1、A_2、A_3 及其极限偏差。

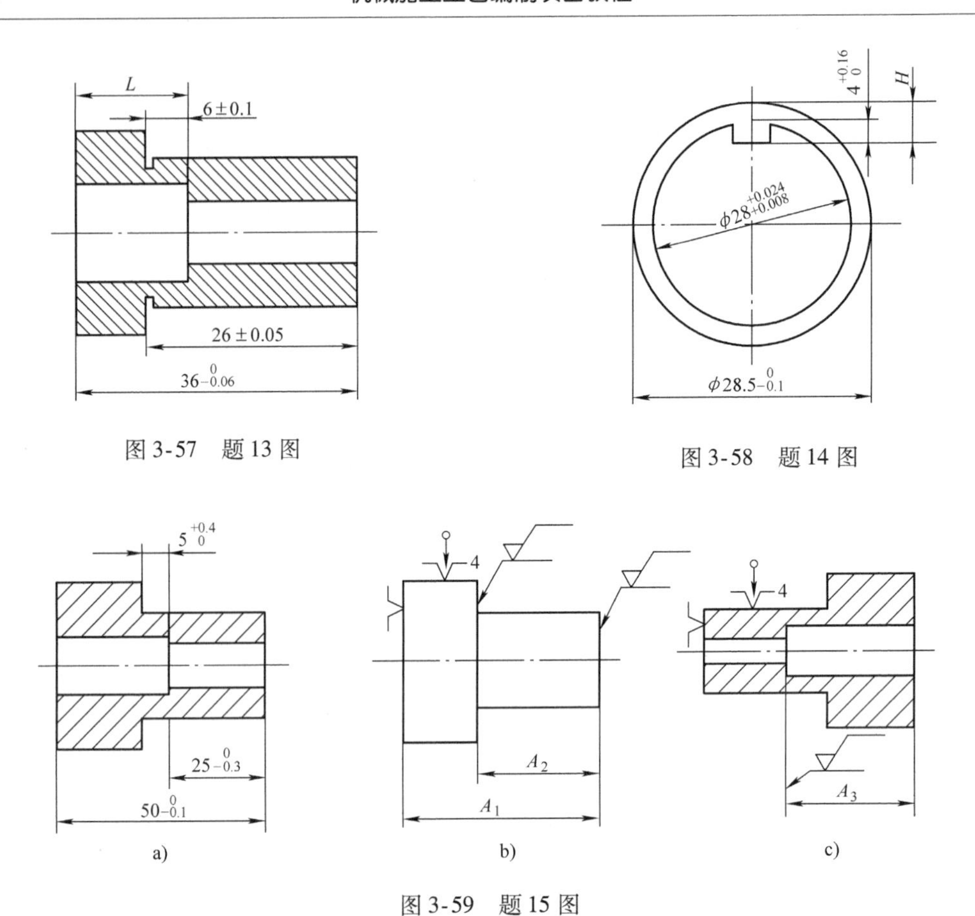

图 3-57　题 13 图

图 3-58　题 14 图

图 3-59　题 15 图

16. 加工如图 3-60 所示某轴零件，有关工序如下：

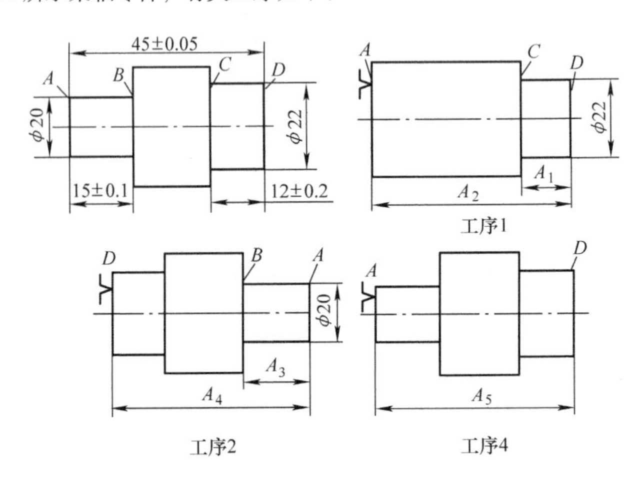

图 3-60　题 16 图

1）车端面 D、ϕ22mm 外圆及台肩 C。端面 D 留磨量 0.2mm；端面 A 留车削余量 1mm 得工序尺寸 A_1 和 A_2。

2）车端面 A、ϕ20mm 外圆及台肩 B 得工序尺寸 A_3 和 A_4。

3）热处理。

4）磨端面 D 得工序尺寸 A_5。

试求各工序尺寸 A_1、A_2、A_3、A_4、A_5 及其极限偏差。

17. 如图 3-61 所示主轴部件，为保证弹性挡圈能顺利装入，要求保证轴向间隙 A_0 为 0.05～0.42mm。已知 $A_1=32.5\text{mm}$，$A_2=35\text{mm}$，$A_3=2.5\text{mm}$。试计算并确定各组成零件尺寸的上、下极限偏差。

18. 图 3-62 所示为车床溜板与床身装配图。为保证溜板在床身上准确移动，压板与床身下导轨面间配合间隙为 0.1～0.3mm。试用修配装配法确定各零件有关尺寸及公差和极限偏差。

19. 图 3-63 所示为传动装置，要求轴承端面与端盖之间留有 $A_0=0.3\sim0.5\text{mm}$ 的间隙。已知 $A_1=42_{-0.25}^{\ 0}\text{mm}$（标准件），$A_2=158_{-0.08}^{\ 0}\text{mm}$，$A_3=40_{-0.25}^{\ 0}\text{mm}$（标准件），$A_4=23_{\ 0}^{+0.045}\text{mm}$，$A_5=250_{\ 0}^{+0.09}\text{mm}$，$A_6=38_{\ 0}^{+0.05}\text{mm}$，$B=5_{-0.1}^{\ 0}\text{mm}$。若采用固定调整装配法装配，试确定固定调整环 B 的分组数和调整环 B 的尺寸系列。

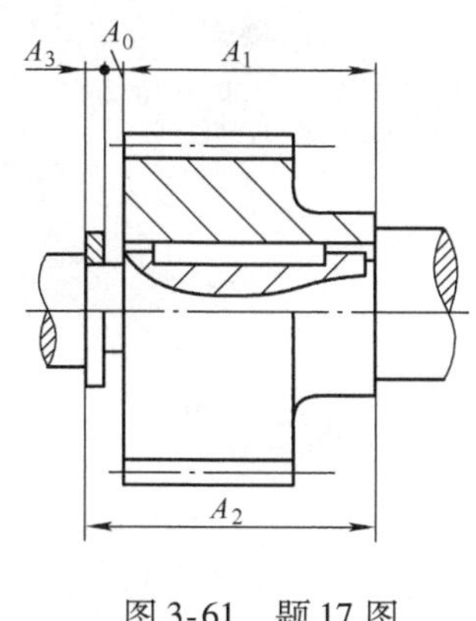

图 3-61　题 17 图

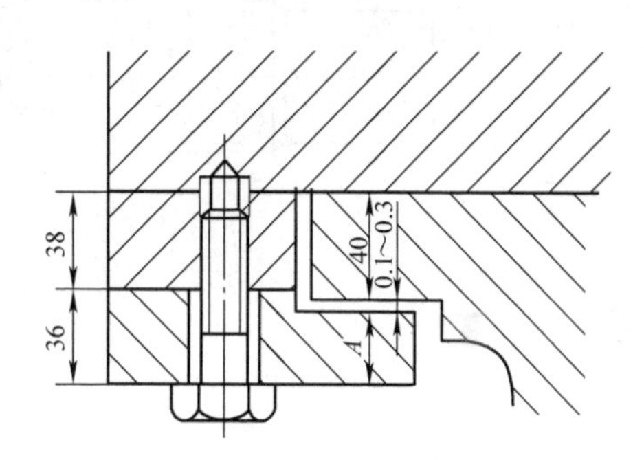

图 3-62　题 18 图

20. 装配精度一般包括哪些内容？装配精度与零件的加工精度有何区别？它们之间又有何关系？试举例说明。

21. 装配尺寸链是如何构成的？装配尺寸链封闭环是如何确定的？它与工艺尺寸链的封闭环有何区别？

22. 保证装配精度的装配方法有哪几种？它们各适用于什么装配场合？

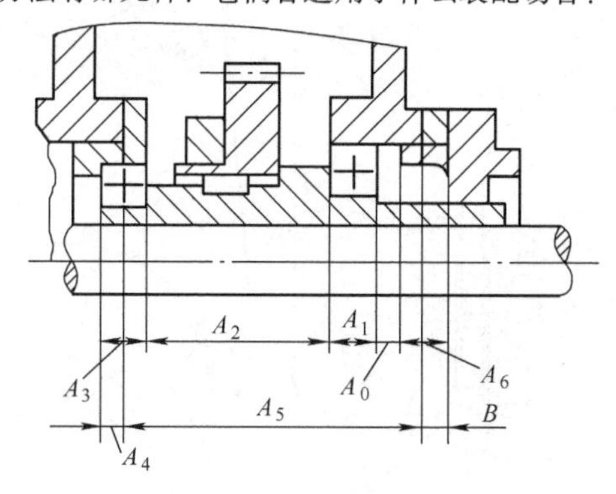

图 3-63　题 19 图

【技能训练】

在使用通用设备加工时，编制下面各个零件的机械加工工艺，并对工艺路线进行分析。

1）连接叉零件（图 3-64），材料为 Q235，生产类型：小批生产。

2）汽车拨叉零件（图 3-65），材料为 20 钢，生产类型：大量生产。

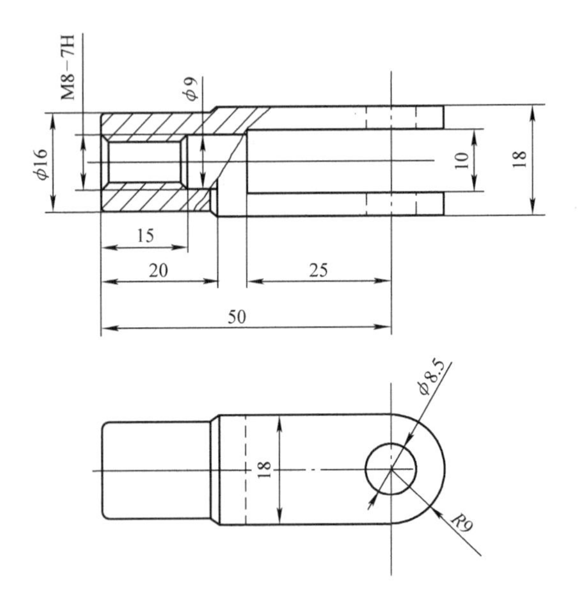

Ra 12.5

技术要求

1.未注圆角为 R1,未注倒角为C1.5。

2.M8 螺孔允许攻螺纹到底。

图 3-64 连接叉零件图

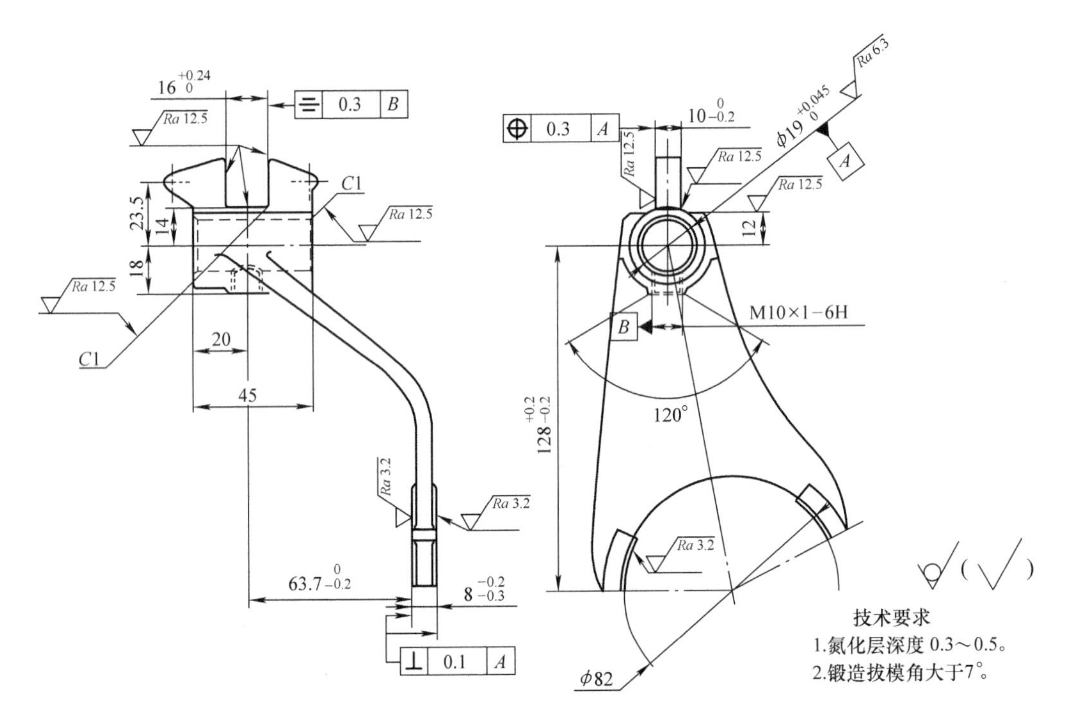

技术要求

1.氮化层深度 0.3～0.5。

2.锻造拔模角大于7°。

图 3-65 汽车拨叉零件图

3）方刀架零件（图 3-66），材料为 45 钢，生产类型：小批生产。

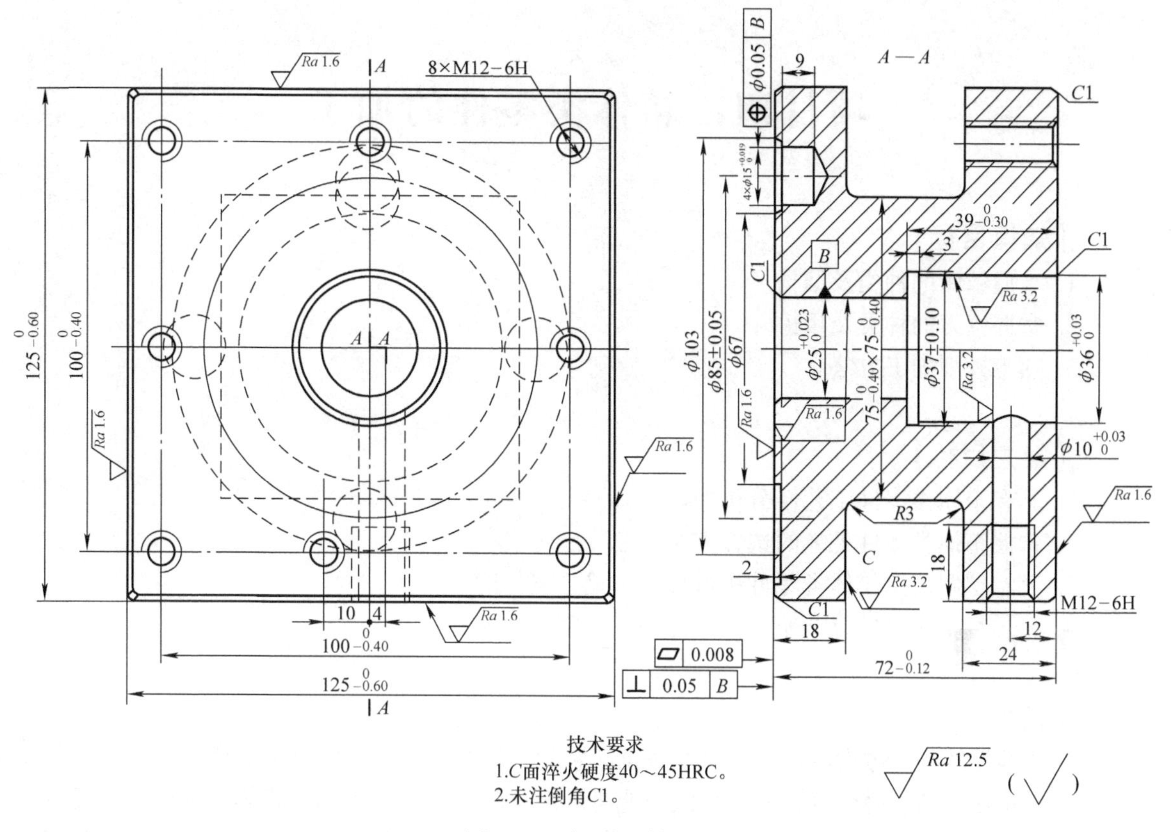
A—A
8×M12-6H
Ra 1.6
Ra 3.2
φ0.05 B
C1
B
C
R3
M12-6H
φ103
φ85±0.05
φ67
φ37±0.10
0.008
0.05 B
技术要求
1.C面淬火硬度40～45HRC。
2.未注倒角C1。
Ra 12.5
(√)

图 3-66　方刀架零件图

项目四　箱体类零件的加工

【知识目标】

1. 掌握镗床的种类及结构。
2. 掌握镗刀的种类及用途。
3. 熟悉镗削加工方法。

【能力目标】

1. 具有箱体类零件工艺性分析的能力。
2. 掌握箱体类零件毛坯的选择方法。
3. 具有编制简单箱体类零件机械加工工艺方案的能力。
4. 初步具备制订较复杂箱体类零件的工艺路线的能力。

【任务引入】

箱体类零件是箱体内零部件装配的基础，它的功用是容纳和支承其内的所有零部件，并保证它们相互间的正确位置，使彼此之间能协调地运转和工作。因而，箱体类零件的精度对箱体内零部件的装配精度有决定性影响。它的质量直接影响着整机的使用性能、工作精度和寿命。图 4-1 所示为主轴箱零件图，材料为 HT200，试根据零件图给出的相关信息，在使用通用设备加工的条件下，编制该零件的机械加工工艺。

【任务分析】

1. 主轴箱的结构和技术要求

常见的箱体类零件有：机床主轴箱、机床进给箱、变速箱、减速箱、发动机缸和机座等。根据箱体零件的结构形式不同，可分为整体式箱体，分离式箱体两大类。前者是整体铸造、整体加工，加工较困难，但装配精度高；后者可分别制造，便于加工和装配，但增加了装配工作量。从工艺上分析这两类箱体零件有许多共同之处，其结构特点是：

1）外形基本上是由六个或五个平面组成的封闭式多面体。

2）结构形状比较复杂，内部常为空腔，某些部位有“隔墙”，箱体壁薄且厚薄不均。

3）箱壁上通常都布置有平行孔系或垂直孔系。

4）箱体上的加工面，主要是大量的平面，此外还有许多精度要求较高的轴承支承孔和精度要求较低的紧固用孔。

箱体零件的技术要求有：

1）轴承支承孔的尺寸精度、形状精度和表面粗糙度要求。

2）位置精度，包括孔系轴线之间的距离尺寸精度和平行度，同一轴线上各孔的同轴度，以及孔端面对孔轴线的垂直度等。

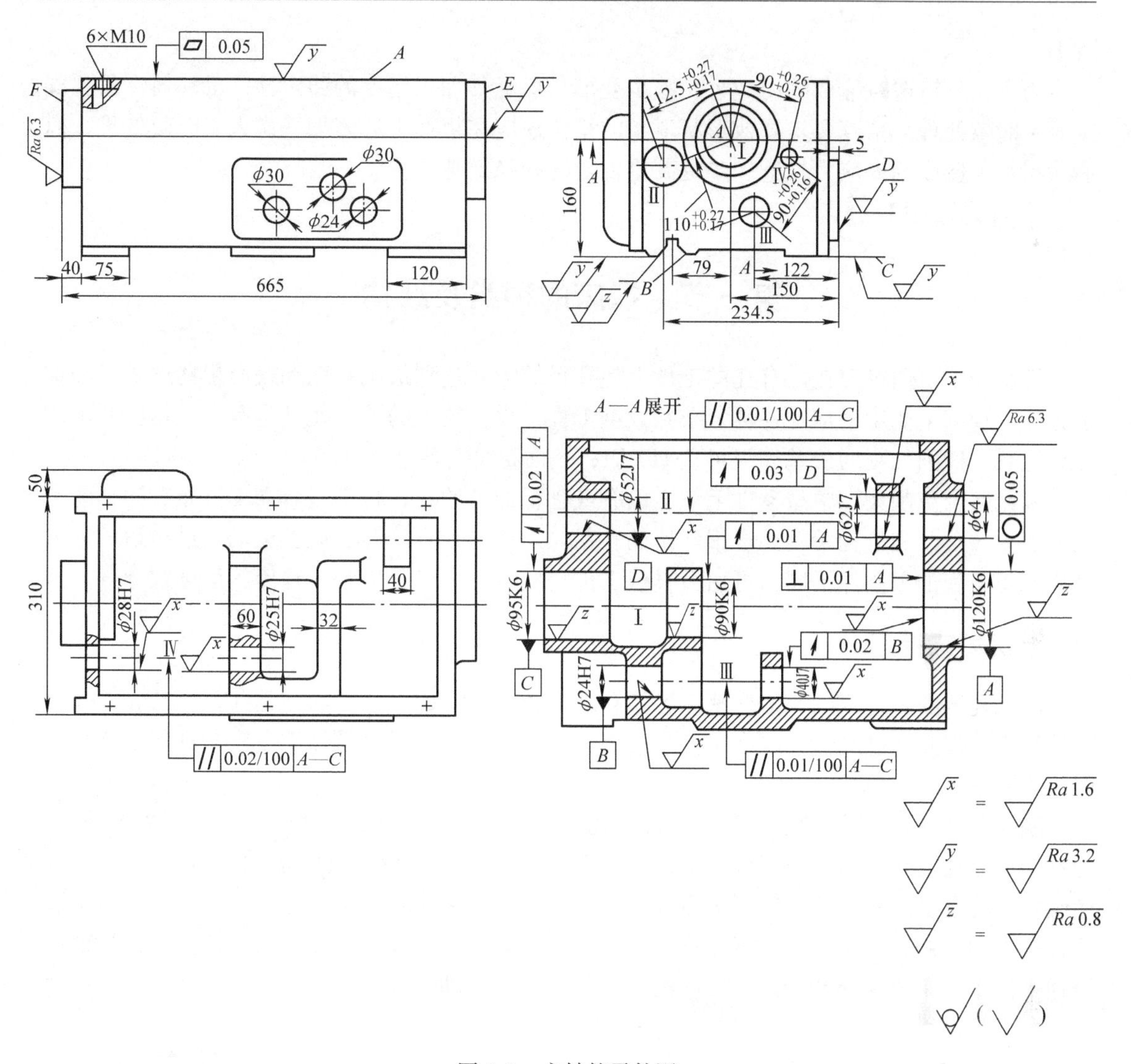

图 4-1　主轴箱零件图

3）箱体的主要平面是装配基准，并且往往是加工时的定位基准，所以，应有较高的平面度和较小的表面粗糙度值，否则，直接影响箱体加工时的定位精度，影响箱体与机座总装时的接触刚度和相互位置精度。

4）一般箱体主要平面的平面度公差为 0.1～0.03mm，表面粗糙度 *Ra*1.6～0.4μm，各主要平面对装配基准面垂直度为 0.1/300mm。

2. 毛坯选择

箱体类零件的材料一般用灰铸铁，常用的牌号有 HT100～HT400，最常用的为 HT200。灰铸铁不仅成本低，而且具有较好的耐磨性、可铸性、可加工性和阻尼特性。在单件生产或某些简易机床的箱体，为了缩短生产周期和降低成本，可采用钢材焊接结构。另外，精度要求较高的坐标镗床主轴箱则选用耐磨铸铁。负荷大的主轴箱也可采用铸钢件，其铸造方法视铸件精度和生产批量而定。单件小批生产多用木模手工造型，毛坯精度低，加工余量大，有时也采用钢板焊接方式。大批生产常用金属模机器造型，毛坯精度较高，加工余量可适当减小。

为了消除铸造时形成的内应力，减少变形，保证其加工精度的稳定性，毛坯铸造后要安排人工时效处理。精度要求高或形状复杂的箱体还应在粗加工后多加一次人工时效处理，以消除粗加工造成的内应力，进一步提高零件精度的稳定性。

【相关知识】

第一节 镗床的种类及结构

镗削加工是用镗刀在已有孔的工件上使孔径扩大并达到加工精度和表面粗糙度要求的加工方法。镗床主要用于加工各种复杂和大型工件上直径较大的孔，尤其是有位置精度要求的孔和孔系。镗削加工的公差等级可达 IT7 级，表面粗糙度值在 $Ra1.6 \sim 0.8\mu m$ 之间。

镗床适合镗削大、中型零件毛坯上已有或已粗加工的孔，特别适合加工分布在同一或不同表面上、孔距和位置精度要求很严格的孔系。加工时刀具旋转形成主运动，进给运动则根据机床类型和加工条件不同，可由刀具或工件完成。镗床可分为卧式镗床、坐标镗床等。

一、卧式镗床

卧式镗床的工艺范围非常广泛，除镗孔外，还可车端面、铣平面、钻孔、扩孔、铰孔及车螺纹等。因此，卧式镗床能在工件一次装夹中完成大部分或全部加工工序，其加工方法如图 4-2 所示。

图 4-2a 所示为用镗轴上的悬伸刀杆镗孔，由镗轴移动完成纵向进给运动。图 4-2b 所示为利用后立柱支承长刀杆镗削同一轴线上的孔，工作台完成纵向进给运动。图 4-2c 所示为用装在平旋盘上的悬伸刀杆镗削大直径孔，工作台完成纵向进给运动。图 4-2d 所示为用装在镗轴上的面铣刀铣平面，主轴箱完成垂直进给运动。图 4-2e、f 所示为用装在平旋盘径向滑块上的车刀车内沟槽和端面，径向滑块作径向进给运动。

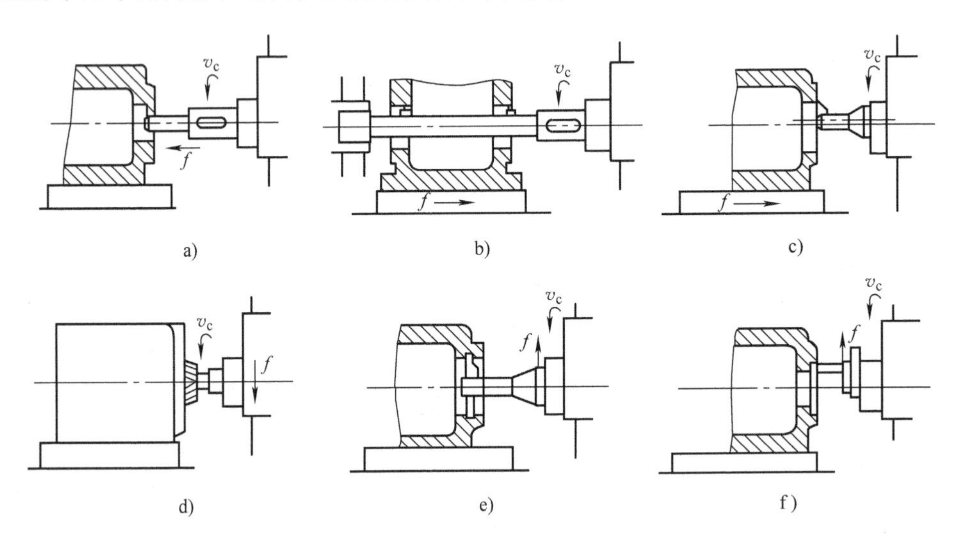

图 4-2 卧式镗床的典型加工方法

卧式镗床由床身、主轴箱、工作台、平旋盘和前、后立柱等组成（图4-3）。主轴箱安装在前立柱垂直导轨上，可沿导轨上下移动。主轴箱装有主轴部件、平旋盘、主运动和进给运动的变速机构及操纵机构等。机床的主运动为主轴或平旋盘的旋转运动。根据加工要求，镗轴可作轴向进给运动或平旋盘上径向滑块在随平旋盘旋转的同时，作径向进给运动。工作台由下滑座、上滑座和上工作台组成。工作台可随下滑座沿床身导轨作纵向移动，也可随上滑座沿下滑座顶部导轨作横向移动。上工作台还可沿上滑座的环行导轨绕垂直轴线转位，以便加工分布在不同面上的孔。后立柱垂直导轨上有支承架用以支承较长的镗杆，以增加镗杆的刚性。支承架可沿后立柱导轨上下移动，以保持与镗轴同轴；后立柱可根据镗杆长度作纵向位置调整。

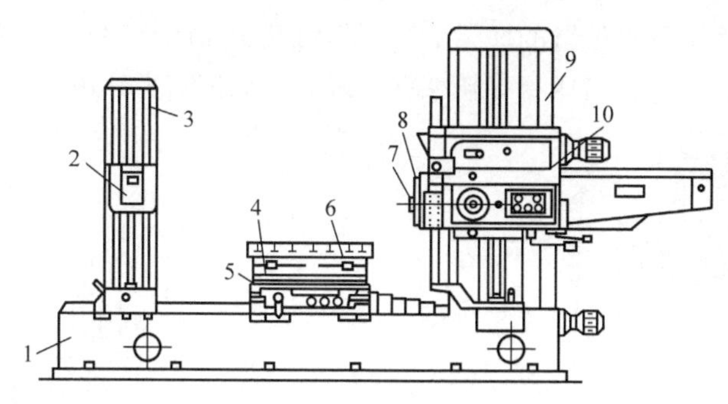

图4-3　卧式镗床

1—床身　2—支承架　3—后立柱　4—上滑座

5—下滑座　6—上工作台　7—主轴　7—平旋盘　9—前立柱　10—主轴箱

卧式镗床可根据加工情况，作以下运动：

1）镗轴或平旋盘的旋转主运动。

2）镗轴的轴向进给运动。

3）平旋盘径向滑块的径向进给运动。

4）主轴箱的垂直进给运动。

5）工作台的纵、横向进给运动。

镗床还可以作以下辅助运动：工作台纵、横向及主轴箱垂直方向的调位移动，工作台转位，后立柱的纵向及后支承架的垂直方向的调位移动。目前卧式镗床已在很大程度上被卧式加工中心取代。

二、坐标镗床

坐标镗床是一种高精度机床，主要用于单件小批生产的条件下对夹具的精密孔、孔系和模具零件的加工，也可用于成批生产时对各类箱体、缸体和机体的精密孔系加工。这类机床的零部件制造和装配精度很高，并有良好的刚性和抗振性，还具有工作台、主轴箱等运动部件的精密坐标测量装置，能实现工件和刀具的精密定位。所以，坐标镗床加工的尺寸精度和几何精度都很高。坐标镗床按其结构分单柱、双柱和卧式坐标镗床三种形式。

1. 单柱坐标镗床

单柱坐标镗床结构形式如图4-4所示。主轴箱装在立柱的垂直导轨上，可上下调整位置，以适应加工不同高度的工件。主轴由精密轴承支承在主轴套筒中（其结构形式与钻床主轴相同，但旋转精度和刚度要高得多)，由主传动机构带动其旋转，实现主运动。当进行孔加工时，主轴由套筒带动，在垂直方向作机动或手动进给运动。镗孔的坐标位置由工作台沿床鞍导轨的纵向移动和床鞍沿床身导轨的横向移动来确定。当进行铣削时，则由工作台纵向或横向移动来完成进给运动。

这种机床的工作台三面敞开，操作方便，但主轴箱悬臂安装在立柱上，工作台尺寸越大，主轴中心线离立柱也就越远，影响机床刚度和加工精度。所以，这种机床一般属中、小型机床（工作台面宽度小于630mm）。

2. 双柱坐标镗床

这类坐标镗床具有由两个立柱、顶梁和床身构成的龙门框架，其结构如图4-5所示。主轴箱装在可沿立柱导轨上下调整位置的横梁上，工作台支承在床身导轨上。镗孔的坐标位置由主轴箱沿横梁导轨移动和工作台沿床身导轨移动来确定。双柱式坐标镗床一般属大、中型机床。

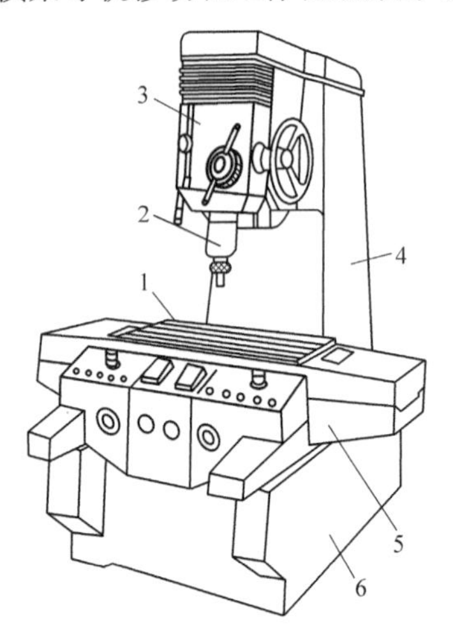

图4-4 单柱坐标镗床
1—工作台 2—主轴 3—主轴箱
4—立柱 5—床鞍 6—床身

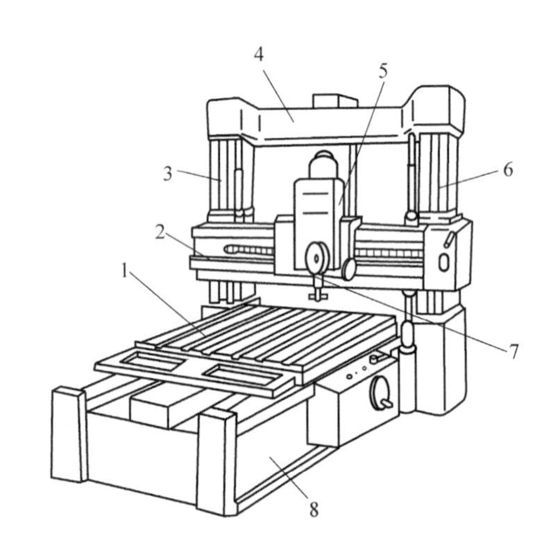

图4-5 双柱坐标镗床
1—工作台 2—横梁 3、6—立柱
4—顶梁 5—主轴箱 7—主轴 8—床身

3. 卧式坐标镗床

这类镗床的结构特点是主轴水平布置，如图4-6所示。装夹工件的工作台由下滑座、上滑座及可作精密分度的回转工作台组成。镗孔坐标由下滑座沿床身导轨的纵向移动和主轴箱沿立柱导轨的垂直方向移动来确定。进行孔加工时，可由主轴轴向移动完成进给运动，也可由上滑座移动完成。卧式坐标镗床具有较好的工艺性能，工件高度一般不受限制，且装夹方便，利用工作台的分度运动，可在工件一次装夹中完成多方向的孔和平面的加工。所以，近年来这类坐标镗床应用越来越广泛。

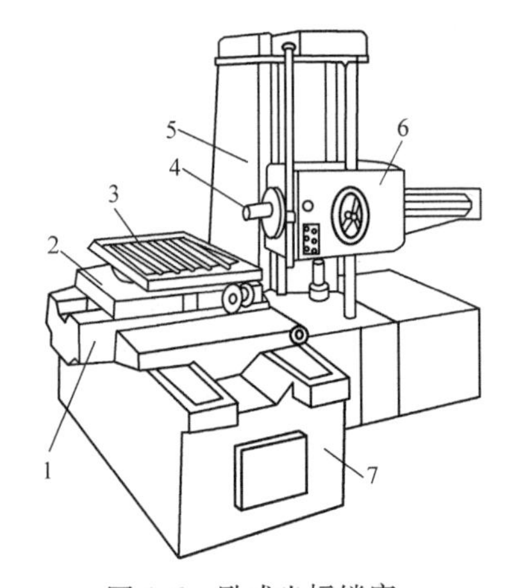

图4-6 卧式坐标镗床
1—下滑座 2—上滑座 3—回转工作台
4—主轴 5—立柱 6—主轴箱 7—床身

第二节　镗刀的选用

镗刀是指在镗床、车床、铣床、组合机床以及加工中心上用以镗孔的刀具。就其切削部分而言，镗刀与外圆车刀没有本质的区别，但由于其工作条件较差，为保证镗孔时的加工质量，在选择和设计镗刀时，应满足下列要求：

1）镗刀和镗杆要有足够的刚度。

2）镗刀在镗杆上既夹持牢固，又装卸方便、便于调整。

3）要有可靠的断屑和排屑措施，确保切屑顺利折断和排出。

一、常用镗刀的类型、结构和特点

为了适应不同结构孔的需要，以及从刀具制造和使用时的不同条件出发，镗刀有多种类型：

1）按镗刀的切削刃数量区分，可分为单刃、双刃和多刃三类。

2）按工件的加工表面区分，可分为用于加工内孔（其中又分为通孔、阶梯孔和不通孔）和加工端面的镗刀。

3）按刀具的结构区分，可分为整体式、装配式和可调式镗刀。

1. 单刃镗刀

图4-7a所示的内孔镗刀为单刃镗刀中最简单的一种，它把镗刀和刀杆制成一体。大多数单刃镗刀制成可调结构。图4-7b、c和d分别为用于镗通孔和镗阶梯孔、不通孔的单刃镗刀，螺钉1用于调整尺寸，螺钉2起锁紧作用。镗杆的截面（圆形或方形）尺寸和长度，取决于孔的直径和长度，可从有关工具书或技术标准中选取。

上述结构只能使镗刀单向移动，如调整时镗刀伸出量过大，则需用手使其退回，有时可能要反复多交才能调至所要求的尺寸，因而效率较低，只能用于单件小批生产。图4-8所示为针对上述镗刀的缺点作了改进的一种调整装置。它可以进行双向调整，但是还无法解决微调的问题。

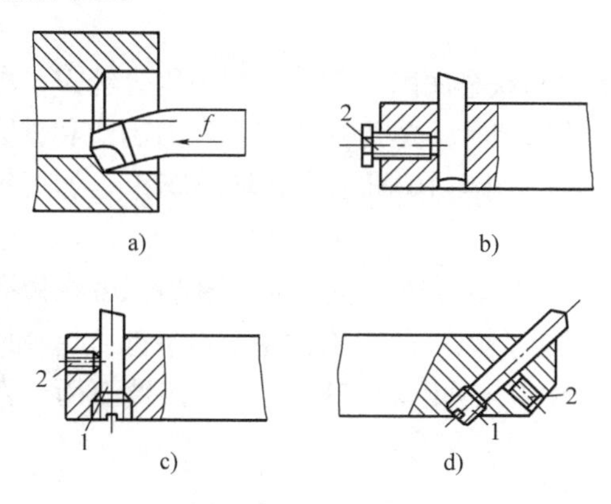

图4-7　单刃镗刀

1、2—螺钉

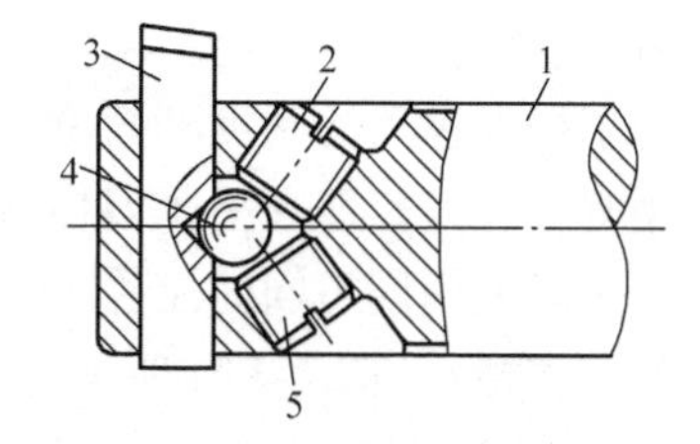

图4-8　双螺钉钢球调整镗刀

1—刀杆　2、5—调整螺钉　3—镗刀　4—钢球

2. 双刃镗刀

简单的双刃镗刀就是镗刀的两端有一对对称的切削刃同时参与切削，其优点是可以消除

背向力对镗杆的影响，工件孔径的尺寸精度由镗刀保证。其缺点是刃磨次数有限，刀具材料无法充分利用。

目前双刃镗刀大多采用浮动结构，图 4-9 所示即为一常用的装配式浮动镗刀及使用情况。该镗刀以间隙配合装入镗杆的方孔中，无需夹紧，而是靠切削时作用于两侧切削刃上的背向力来自动平衡定位，因而能自动补偿由刀具安装误差和镗杆径向圆跳动所产生的加工误差。用该镗刀加工出的孔公差等级可达 IT6 ~ IT7，表面粗糙度 Ra 为 1.6 ~ 0.4μm。镗刀在镗杆中浮动所带来的缺点是无法纠正孔的直线度误差和相互位置误差。

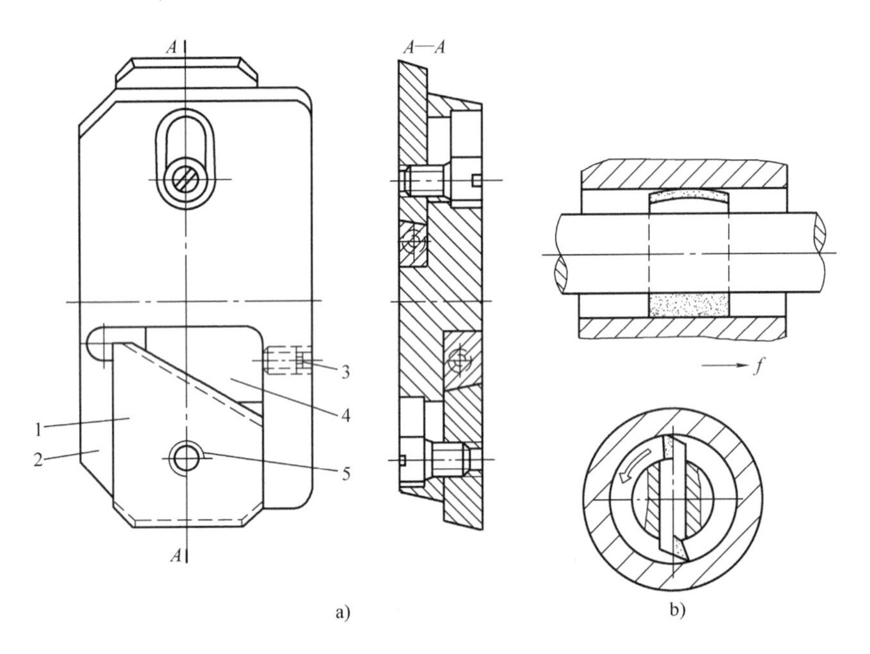

图 4-9　装配式浮动镗刀及使用情况

a）浮动镗刀　b）使用情况

1—刀片　2—刀体　3—调节螺钉　4—斜面垫板　5—刀片夹紧螺钉

3. 多刃镗刀

在大批量生产中，尤其是加工刀具磨耗量较小的非铁金属时，常采用多刃组合镗刀，即在一个镗杆和一个刀头上安排多个径向和轴向加工的镗刀片。尽管这种组合镗刀制造和重磨比较麻烦，但从总的加工效益来说，还是有优越性的。图 4-10 所示为在转塔车床上加工钢件用多刃组合镗刀。

为了提高镗孔的精度和效率，又要避免图 4-10 所示多刃镗刀重磨时的麻烦，可在镗孔时采用复合镗刀，即在一个刀体或刀杆上设置两个及两个以上的刀头，每个刀头都可单独调整。两个以上切削刃同时工作的镗刀即为多刃复合镗刀（如图 4-11b 所示，该镗刀用于双孔的粗、精镗）。图 4-11a 所示为用于镗通孔和止口的双刃复合镗刀。

4. 微调镗刀

为了提高镗刀的调整精度，在数控机床和精密镗床上常使用微调镗刀，其读数值可达 0.01mm。图 4-12 所示的微调镗刀在调整时，先松开拉紧螺钉，然后转动带刻度盘的调整螺母，待刀头调至所需尺寸，再拧紧螺钉。此种结构比较简单，刚性较好，但调整不便。

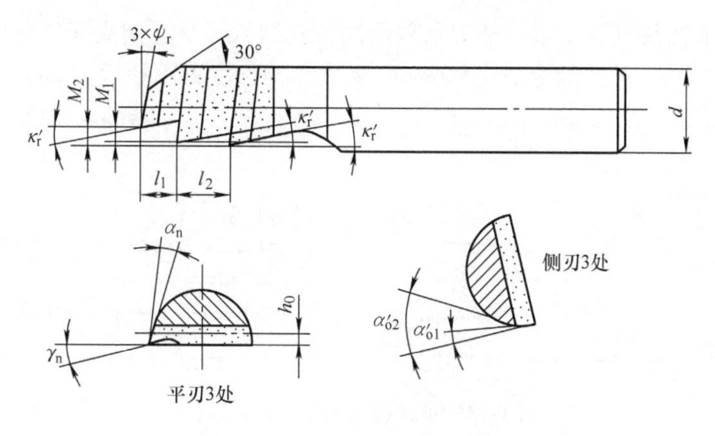

图 4-10　转塔车床用多刃镗刀

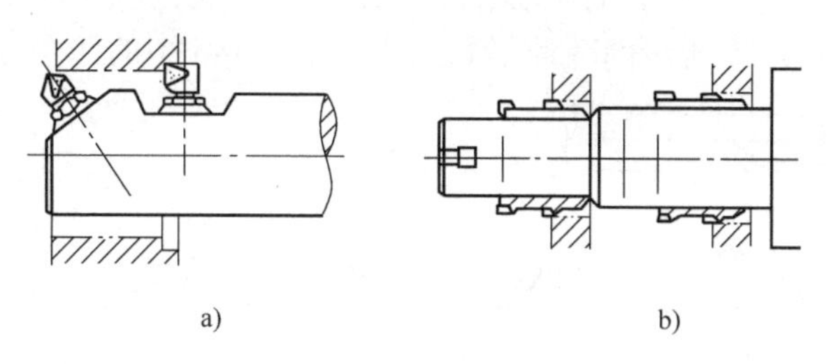

图 4-11　复合镗刀

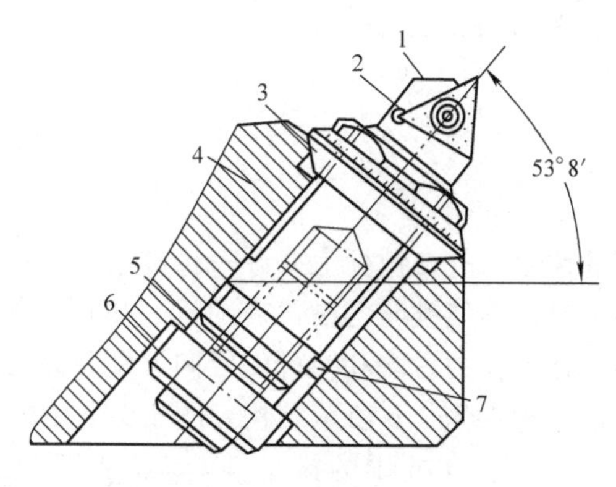

图 4-12　微调镗刀

1—镗刀头　2—刀片　3—调整螺母　4—镗刀杆

5—拉紧螺钉　6—垫圈　7—导向键

二、镗床辅具

用以连接刀具与机床的工具称为辅具。镗床上用的辅具主要是刀杆和镗杆，只有熟悉其结构、特点和应用，才能全面地掌握镗削加工方法，合理地制订有关加工工艺和分析镗削的加工质量。

刀杆一般与镗床主轴刚性连接，用于进行悬伸镗削；镗杆一般较长，需要用导套（镗套）支承，柄部采用浮动或刚性连接。

卧式镗床使用的普通刀杆如图 4-13 所示。A 型：镗刀从径向的方孔装入，从轴向夹紧，不能加工不通孔和阶梯孔；B 型：镗刀从斜向的方孔装入，从径向夹紧，可以加工不通孔和阶梯孔。两种刀杆的直径范围为 20 ~ 90mm，最大悬伸长度 L 不超过 260mm。

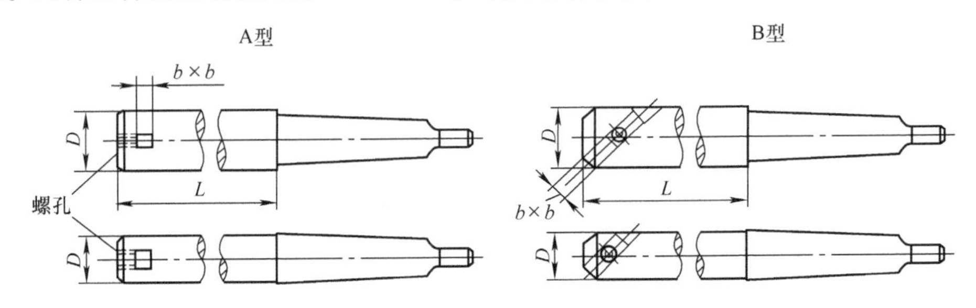

图 4-13 卧式镗床使用的普通刀杆

镗杆是与镗模（镗床夹具的简称）配合使用的，故一般为专用辅具。按与其配套的镗刀形式不同，它有如图 4-14 所示的两种不同结构。图 4-14a 中的两个方孔用来装单刃镗刀。

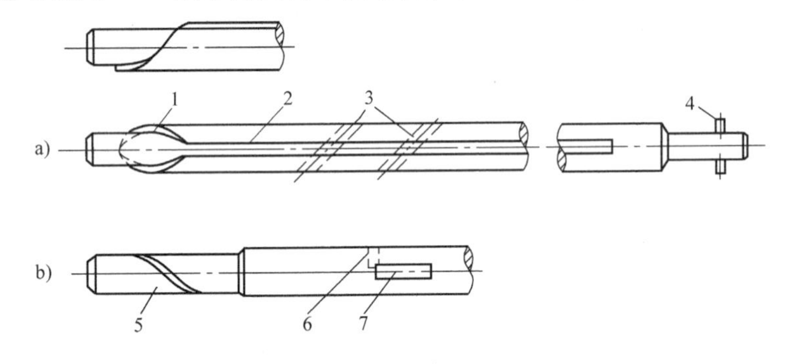

图 4-14 卧式镗床的镗杆

1—螺旋导向 2—键槽 3—刀孔 4—拔销 5—导向部分 6—螺孔 7—矩形槽

由于刀头往往要通过带键的镗套，故在镗杆上要开一长键槽，并且将前端部制成图示的螺旋导向结构。当镗杆轴向引进时，即使键与键槽没有对准，也可利用其螺旋面迫使镗套回转，从而使键顺利进入键槽内。在刀孔的后端和镗杆的径向分别开有两个螺孔，用以安装调整螺钉和紧固螺钉，其作用类似于图 4-7c、d 所示结构。图 4-14b 中的镗杆上开有矩形槽，用来安装图 4-9 所示一类镗刀块。图 4-14a 中的拔销与带锥柄的浮动卡头连接（图 4-15）。卡头装在镗轴的锥孔内，由镗轴带动它和镗杆一起回转。以上所示的镗杆及其前端部的形式和浮动卡头，仅为常见的一种，在实际设计和选用时，可根据具体情况参考有关资料从多种形式加以选择。

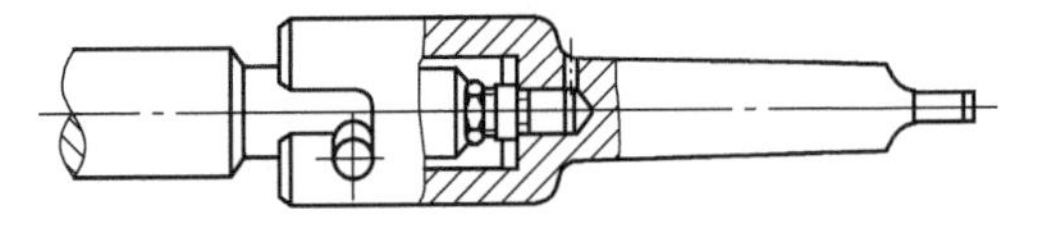

图 4-15 镗杆柄部的连接

第三节 镗削的加工方法

一、单一表面的加工

1. 镗直径不大的孔

将镗刀安装在镗轴上旋转，工作台不移动，让镗轴兼作轴向进给运动，如图 4-16a 所示。每完成一次进给，让主轴退回起点位置，然后再调节切削深度继续加工，直至加工完毕。镗削深度是靠调节镗刀伸出长度来确定的。

2. 镗不深的大孔

在平旋盘径向滑块上装上刀架与镗刀，让平旋盘转动。在径向滑块带动镗刀切入所需深度后，再让工作台带动工件作纵向进给运动，如图 4-16b 所示。

3. 加工孔边的端面

把刀具装在平旋盘的刀架上，由平旋盘带动刀具旋转，同时刀架在径向滑块的带动下沿平旋盘径向进给，如图 4-16c 所示。

4. 钻孔、扩孔

对于小孔，可在主轴上逐次装上钻头、扩孔钻及铰刀，让主轴旋转并在轴向作进给运动。即可完成小孔的钻、扩、铰等切削加工，如图 4-16d 所示。

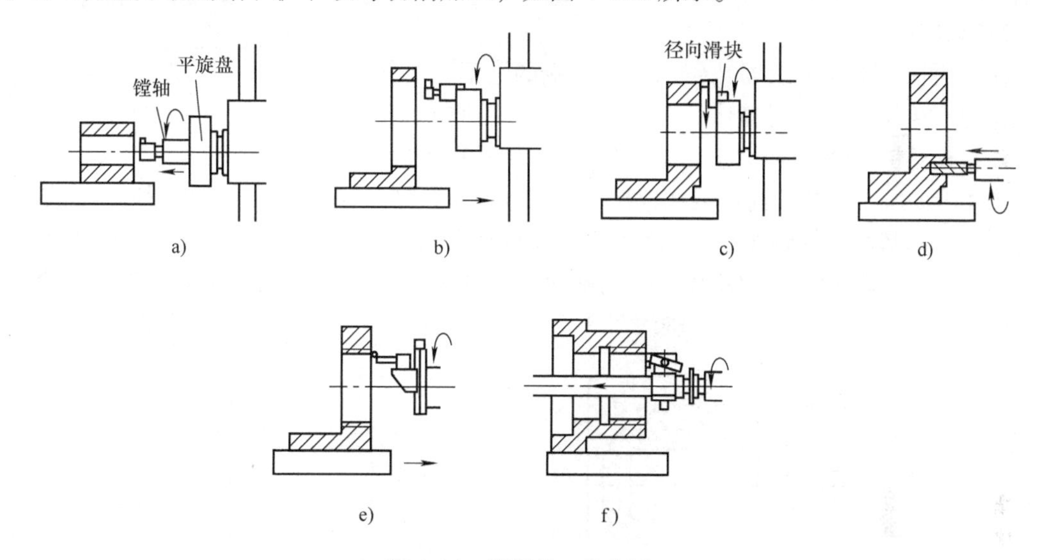

图 4-16　镗削的工艺范围

5. 镗螺纹

将螺纹镗刀安装在特制的刀架上，由镗轴带动旋转，工作台沿床身按刀具每旋转一转移动一个导程的规律作进给运动，便可镗出螺纹。控制每一行程的切削深度时，可在每一行程结束时，将特制刀架沿径向方向按需要移动一定距离即可，如图 4-16e 所示。用这种方法还可以加工不长的外螺纹。镗内螺纹也以将另一特制刀夹装在镗杆上，镗杆既转动，又按要求作轴向进给。如图 4-16f 所示。

二、孔系加工

孔系是指在空间具有一定相对位置精度要求的两个或两个以上的孔。孔系分为同轴孔系、垂直孔系和平行孔系。

(一) 镗同轴孔系

同轴孔系的主要技术要求为同轴线上各孔的同轴度，生产中常采用以下几种方法加工。

1. 导向法

单件小批生产时，箱体孔系一般在通用机床上加工，镗杆的受力变形会影响孔的同轴度，可采用导向套导向加工同轴孔。具体方法如下。

（1）用镗床后立柱上的导向套作支承导向　将镗杆插入镗轴锥孔中，另一端由尾立柱支承，装上镗刀，调好尺寸，镗轴旋转，工作台带动工件作纵向进给运动，即可镗出两孔径相同的同轴孔。若两孔径不同，可在镗杆不同位置上装两把镗刀将两孔先后或同时镗出。此法的缺点是后立柱导套的位置调整麻烦费时，需用心轴量块找正，一般适用于大型箱体的加工。

（2）用已加工孔作支承导向　当箱体前壁上的孔加工完毕，可在孔内装一导向套，以支承和引导镗杆加工后面的孔，来保证两孔的同轴度。此法适用于箱壁相距较近的同轴孔加工，如图4-17所示。

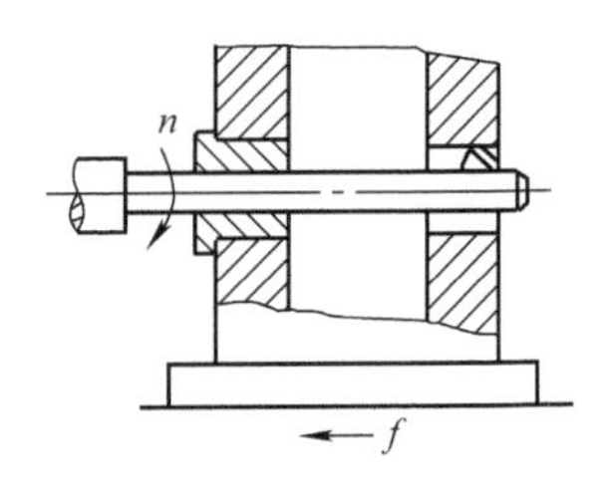

图4-17　用已加工孔作支承导向

2. 找正法

找正法是在工件一次安装镗出箱体一端的孔后，将镗床工作台回转180°，再对箱体另一端同轴线的孔进行找正加工。找正后保证镗杆轴线与已加工孔轴线位置精确重合。

图4-18a所示为镗孔前用装在镗杆上的百分表对箱体上与所镗孔轴线平行的工艺基准面进行校正，使其与镗杆轴线平行，然后调整主轴位置加工箱体*A*壁上的孔。图4-18b所示为镗孔后工作台回转180°，重新校正工艺基面对镗杆轴线的平行度，再以工艺基面为统一测量基准，调整主轴位置，使镗杆轴线与*A*壁上孔轴线重合，即可加工箱体*B*壁上的孔。

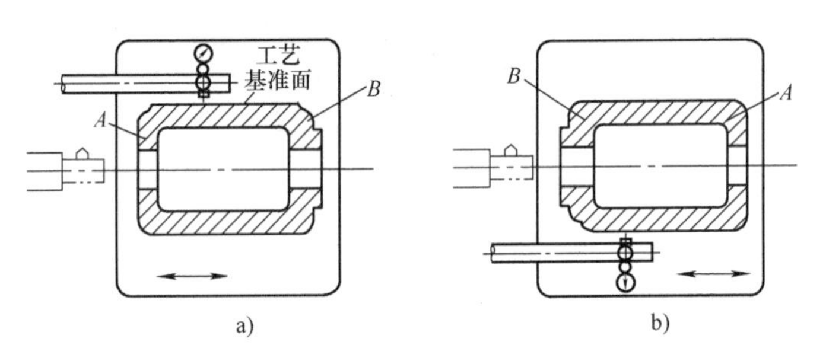

图4-18　找正法加工同轴孔系

3. 镗模法

在成批大量生产中，一般采用镗模加工，其同轴度由镗模保证。如图4-19所示，工件装夹在镗模上，镗杆支承在镗套的前后导向孔中，由导向套引导镗杆在工件的正确位置上镗孔。

用镗模镗孔时，镗杆与机床主轴通过浮动夹头连接，保证孔系的加工精度不受机床精度的影响。图4-19中孔的同轴度主要取决于镗模的精度，因而可以在精度较低的机床上加工精度较高的孔系。同时有利于多刀同时切削，且定位夹紧迅速，生产率高。但是，镗模的精度要求高，制造周期长，生产成本高。因此，镗模法加工孔系主要应用于成批大量生产。对一些精度要求较高，结构复杂的箱体孔系，单件小批生产往往也采用镗模法加工。用镗模法加工孔系，既可在通用机床上加工，也可在专用机床或组合机床上加工。

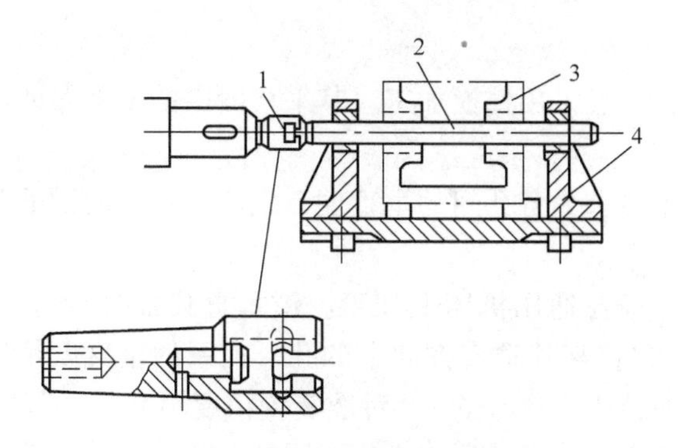

图 4-19　用镗模加工同轴孔系

1—浮动夹头　2—镗杆　3—工件　4—镗模

（二）镗平行孔系

平行孔系的主要技术要求是各平行孔中心线之间及孔中心线与基准面之间的距离尺寸精度和相互位置精度。生产中常采用以下几种方法。

1. 坐标法

坐标法镗孔是将被加工孔系间的孔距尺寸换算成两个相互垂直的坐标尺寸，然后按此坐标尺寸精确地调整机床主轴与工件在水平或垂直方向的相对位置，通过控制机床的坐标位移尺寸和公差来保证孔距尺寸精度。

2. 找正法

找正法加工是在通用机床上镗孔时，借助一些辅助装置去找正每一个被加工孔的正确位置。常用的找正方法有：

（1）划线找正法　加工前按图样要求在毛坯上划出各孔的位置轮廓线，加工时按划线找正，同时结合试切法进行加工。划线需手工操作，难度较大，加工精度受工人技术水平影响较大，加工孔距精度低，生产率低，因此，一般适用于孔距精度要求不高，生产批量较小的孔系加工。

（2）量块心轴找正法　如图 4-20 所示，将精密心轴分别插入镗床主轴孔和已加工孔中，然后组合一定尺寸的量块来找正主轴的位置。找正时，在量块与心轴间要用塞尺测定间隙，以免量块与心轴直接接触而产生变形。此法可达到较高的孔距精度，但生产率低，适用于单件小批生产。

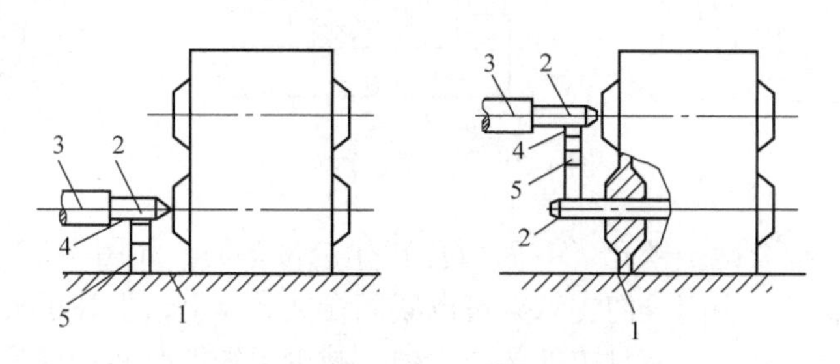

图 4-20　量块心轴找正法

1—工作台　2—心轴　3—镗床主轴　4—塞尺　5—量块

3. 镗模法

在成批大量生产中，一般采用镗模加工，其平行度由镗模来保证。

(三) 镗垂直孔系

垂直孔系的主要技术要求为各孔间的垂直度，生产中常采用以下两种方法加工。

1. 找正法

单件小批生产中，一般在通用机床上加工。镗垂直孔系时，当一个方向的孔加工完毕后，将工作台调转90°，再镗与其垂直方向上的孔。孔系的垂直度精度靠镗床工作台的90°对准装置来保证。当普通镗床工作台的90°对准装置精度不高时，可用心棒与百分表进行找正，即在加工好的孔中插入心棒，然后将工作台回转，摇动工作台用百分表找正。

2. 镗模法

在成批以上生产中，一般采用镗模法加工，其垂直度由镗模保证。

【任务实施】

1. 定位基准的选择

(1) 精基准的选择　箱体加工精基准的选择也与生产批量的大小有关。

对于单件小批生产，用装配基准作定位基准。车床主轴箱单件小批加工孔系时，选择箱体底面导轨 B、C 面作为定位基准。B、C 面既是主轴箱的装配基准，又是主轴孔的设计基准，并与箱体的两端面、侧面以及各主要纵向轴承孔在位置上有直接联系，故选择 B、C 面作定位基准，符合基准重合原则，装夹误差小。另外，加工各孔时，由于箱口朝上，更换导向套、安装调整刀具、测量孔径尺寸、观察加工情况等都很方便。

但这种定位方式也有其不足之处。加工箱体中间壁上的孔时，为了提高刀具系统的刚性，应当在箱体内部相应部位设置刀杆的中间导向支承。由于箱体底部是封闭的，中间导向支承只能用如图4-21所示的吊架从箱体顶面的开口处伸入箱体内，每加工一次需装卸一次，吊架与镗模之间虽有定位销定位，但吊架刚性差，经常装卸也容易产生误差，且使加工的辅助时间增加。因此，这种定位方式只适用于单件小批生产。

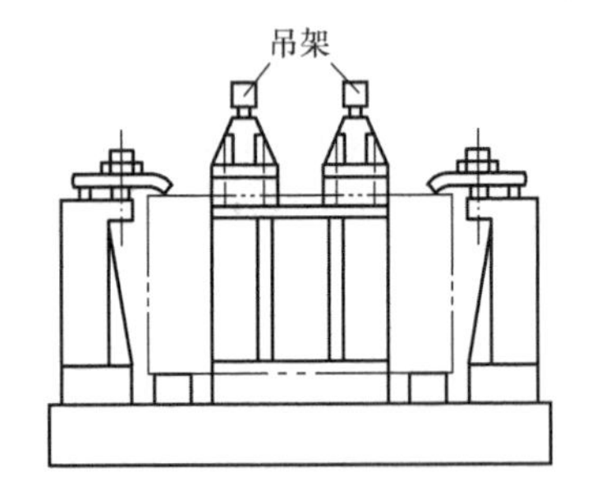

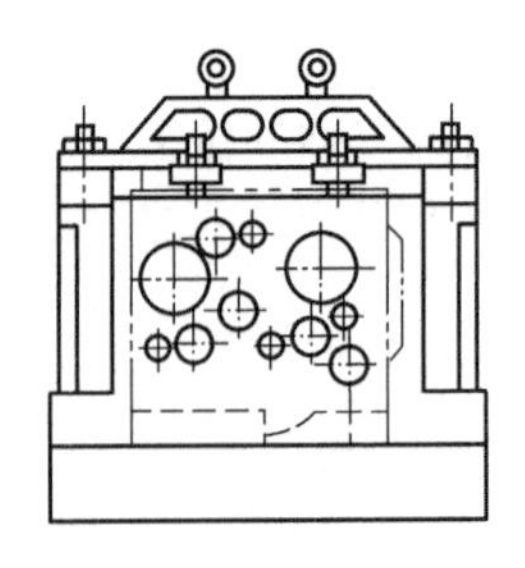
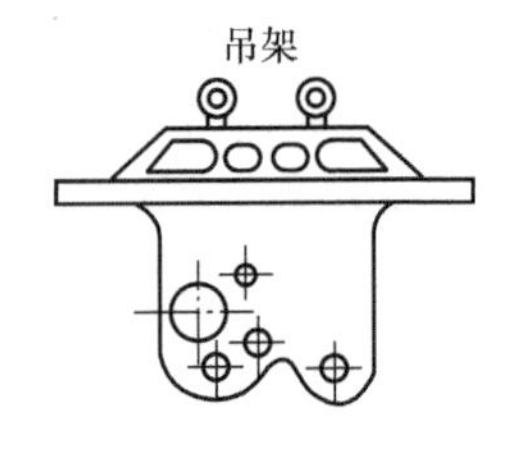

图4-21　吊架式镗模夹具

批量大时采用顶面及两个销孔（一面两孔）作定位基面，如图4-22所示。这种定位方式，加工时箱体口朝下，中间导向支承架可以紧固在夹具体上，提高了夹具刚性，有利于保证各支承孔加工的位置精度，而且工件装卸方便，减少了辅助时间，提高了生产率。

但这种定位方式由于主轴箱顶面不是设计基准，故定位基准与设计基准不重合，出现基准不重合误差。为了保证加工要求，应进行工艺尺寸的换算。另外，由于箱体口朝下，加工时不便于观察各表面加工的情况，不能及时发现毛坯是否有砂眼、气孔等缺陷，而且加工中不便于测量和调刀。因此，用箱体顶面及两定位销孔作精基准加工时，必须采用定径刀具（如扩孔钻和铰刀等）。

（2）粗基准的选择　虽然箱体零件一般都选择重要孔（如主轴孔）为粗基准，但随着生产类型的不同，实现以主轴孔为粗基准的工件装夹方式是不同的。

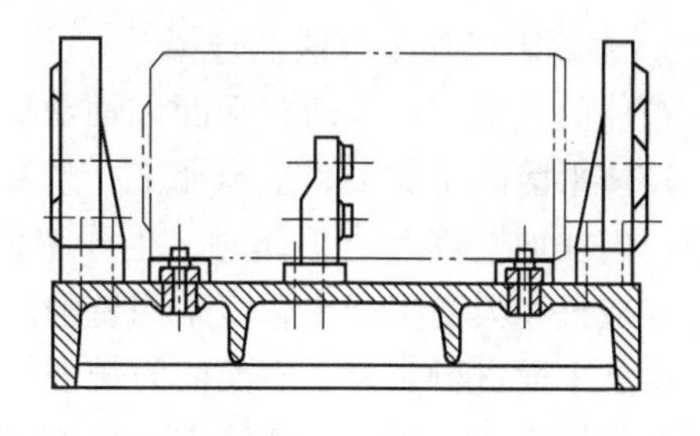

图 4-22　用箱体顶面及两销定位的镗模

中小批量生产时，由于毛坯精度较低，一般采用划线找正。

大批量生产时，毛坯精度较高，可直接以主轴孔在夹具上定位，采用专用夹具装夹，此类专用夹具可参阅机床夹具图册。

2. 加工顺序的安排和设备的选择

（1）加工顺序为先面后孔　箱体类零件的加工顺序为先加工面，以加工好的平面定位再来加工孔。因为箱体孔的精度要求较高，加工难度大，先以孔为粗基准加工好平面，再以平面为精基准加工孔，这样既能为孔的加工提供稳定可靠的精基准，同时可以使孔的加工余量较为均匀。由于箱体上的孔均布在箱体各平面上，先加工好平面，钻孔时钻头不易引偏，扩孔或铰孔时刀具不易崩刃。

（2）加工阶段粗、精分开　箱体的结构复杂、壁厚不均匀、刚性不好，而加工精度要求又高，因此，箱体重要的加工表面都要划分粗、精两个加工阶段。

对于单件小批生产的箱体或大型箱体的加工，如果从工序上也安排粗、精加工分开，则机床、夹具数量要增加，工件转运也费时费力，所以实际生产中并不这样做，而是将粗、精加工在一道工序内完成。但是从工步上讲，粗、精加工还是可以分开的。采取的方法是粗加工后将工件松开一点，然后再用较小的力夹紧工件，使工件因夹紧力而产生的弹性变形在精加工之前得以回复。导轨磨床磨大的主轴箱导轨时，粗磨后不马上进行精磨，而是等工件充分冷却，残余应力释放后再进行精磨。

（3）工序间安排时效处理　通常箱体类零件结构复杂，壁厚不均匀，铸造残余应力较大。为了消除残余应力，减少加工后的变形，保证精度的稳定，铸造之后要安排人工时效处理。人工时效的规范为：加热到 500～550℃，保温 4～6h，冷却速度小于或等于 30℃/h，出炉温度低于 200℃。

对于普通精度的箱体，一般在铸造之后安排一次人工时效处理；对一些高精度的箱体或形状特别复杂的箱体，在粗加工之后还要安排一次人工时效处理，以消除粗加工所造成的残余应力。对精度要求不高的箱体毛坯，有时不安排时效处理，而是利用粗、精加工工序间的停放和运输时间，使之自然完成时效处理。

箱体人工时效，除用加温方法外，也可采用振动时效来消除残余应力。

（4）所用设备依批量不同而异　单件小批生产一般都在通用机床上进行，除个别必须用专用夹具才能保证质量的工序（如孔系加工）外，一般不用专用夹具。大批量箱体的加工则广泛采用专用机床，如多轴龙门铣床、组合磨床等，各主要孔的加工采用多工位组合机床、专用镗床等，专用夹具用得也很多，这就大大地提高了生产率。

3. 主要表面加工方法的选择

箱体的主要加工表面有平面和轴承支承孔。

箱体平面的粗加工和半精加工，主要采用刨削和铣削。刨削的刀具结构简单，机床调整方便，但在加工较大的平面时，生产率低，适于单件小批生产。铣削的生产率一般比刨削高，在成批和大量生产中，多采用铣削。当生产批量较大时，还可采用各种专用的组合铣床对箱体各平面进行多刀、多面同时铣削。尺寸较大的箱体，也可在多轴龙门铣床上进行组合铣削，如图 4-23a 所示，这种方法可有效地提高箱体平面加工的生产率。箱体平面的精加工，单件小批生产时，除一些高精度的箱体仍需采用手工刮研外，一般多以精刨代替传统的手工刮研；当生产批量大而精度又较高时，多采用磨削。为了提高生产率和平面间的相互位置精度，可采用专用磨床进行组合磨削，如图 4-23b 所示。

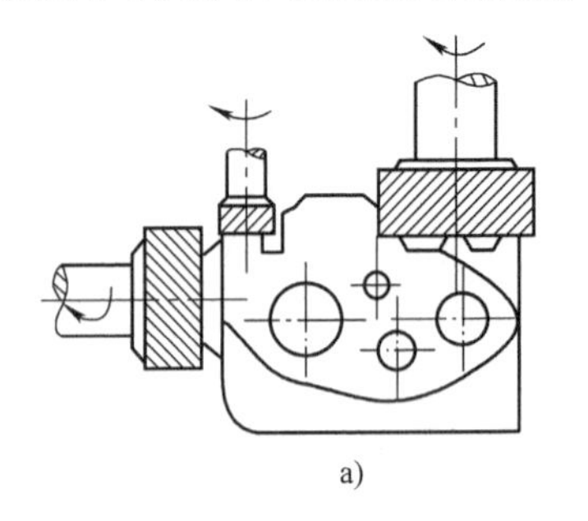
a)

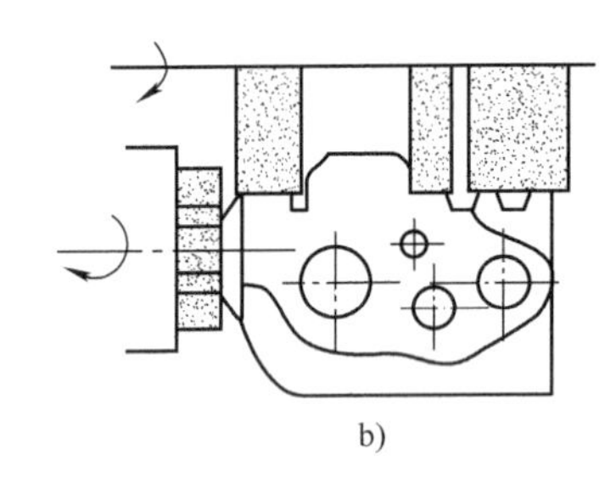
b)

图 4-23　箱体平面的组合铣削与磨削

箱体上公差等级 IT7 的轴承支承孔，一般需要经过 3 ~ 4 次加工。可采用镗（扩）—粗铰—精铰或镗（扩）—半精镗—精镗的工艺方案进行加工（若未铸出预孔应先钻孔）。以上两种工艺方案都能使孔的公差等级达到 IT7，表面粗糙度为 $Ra1.6 \sim 0.4\mu m$。前者用于加工直径较小的孔，后者用于加工直径较大的孔。当孔的公差等级超过 IT6、表面粗糙度 Ra 值小于 $0.4\mu m$ 时，还应增加一道最后的精加工或精密加工工序，常用的方法有精细镗、滚压、珩磨等。单件小批生产时，也可采用浮动铰孔。

4. 填写工艺过程卡

箱体零件的结构复杂，要加工的部位多，依批量大小和各厂家的实际条件，其加工方法是不同的。表 4-1 为车床主轴箱小批生产的工艺过程卡，表 4-2 为该车床主轴箱大批生产的工艺过程卡。

表 4-1　主轴箱小批生产工艺过程卡

序号	工序内容	定位基准
1	铸造	
2	时效	
3	涂底漆	
4	划线：考虑主轴孔有加工余量，并尽量均匀。划 *C*、*A* 及 *E*、*D* 面加工线	
5	粗、精加工顶面 *A*	按线找正
6	粗、精加工 *B*、*C* 面及侧面 *D*	顶面 *A* 并校正主轴线
7	粗、精加工两端面 *E*、*F*	*B*、*C* 面
8	粗、半精加工各纵向孔	*B*、*C* 面
9	精加工各纵向孔	*B*、*C* 面
10	粗、精加工横向孔	*B*、*C* 面
11	加工螺孔及各次要孔	
12	清洗、去毛刺	
13	检验	

表 4-2　主轴箱大批生产工艺过程卡

序号	工序内容	定位基准
1	铸造	
2	时效	
3	涂底漆	
4	铣顶面 A	Ⅰ孔与Ⅱ孔
5	钻、扩、铰 2×ϕ8H7 工艺孔（将 6×M10 先钻至 ϕ7.8mm，铰 2×ϕ8H7）	顶面 A 及外形
6	铣两端面 E、F 及前面 D	顶面 A 及两工艺孔
7	铣导轨面 B、C	顶面 A 及两工艺孔
8	磨顶面 A	导轨面 B、C
9	粗镗各纵向孔	顶面 A 及两工艺孔
10	精镗各纵向孔	顶面 A 及两工艺孔
11	精镗主轴孔Ⅰ	顶面 A 及两工艺孔
12	加工横向孔及各面上的次要孔	
13	磨 B、C 导轨面及前面 D	顶面 A 及两工艺孔
14	将 2×ϕ8H7 及 4×ϕ7.8mm 均扩钻至 ϕ8.5mm，攻 6×M10 螺纹	
15	清洗、去毛刺、倒角	
16	检验	

【复习与思考】

1. 箱体加工顺序安排中应遵循哪些基本原则？为什么？
2. 保证箱体平行孔系孔距精度的方法有哪些？各适用于哪些场合？
3. 箱体加工的粗基准选择主要考虑哪些问题？生产批量不同时，工件的安装方式有何不同？
4. 箱体类零件常用什么材料？箱体类零件加工工艺要点如何？
5. 箱体的结构特点和主要的技术要求有哪些？为什么要规定这些要求？
6. 何谓孔系？孔系加工方法有哪几种？试举例说明各种加工方法的特点和适用范围。
7. 镗削加工的工艺特点有哪些？
8. 卧式镗床有哪些成形运动？说明它能完成哪些加工工作。
9. 简述坐标镗床的特点和用途。
10. 单刃镗刀和浮动镗刀镗孔时各有何特点？这种刀具工作时要考虑什么问题？
11. 镗床如何保证箱体零件上孔系的加工精度？
12. 试根据孔系加工的基本方法，推想在镗床上怎样加工在同一倾斜平面内的两平行孔？

【技能训练】

在使用通用设备加工时，编制下面各个零件的机械加工工艺，并对工艺路线进行分析（生产类型：单件或小批生产）。

1）C6150 车床主轴箱箱体零件（图 4-24 和图 4-25），材料为 HT200。

2）小型蜗轮减速器箱体零件（图 4-26），材料为 HT200。

3）减速器箱零件（图 4-27～图 4-29），材料为 HT200。

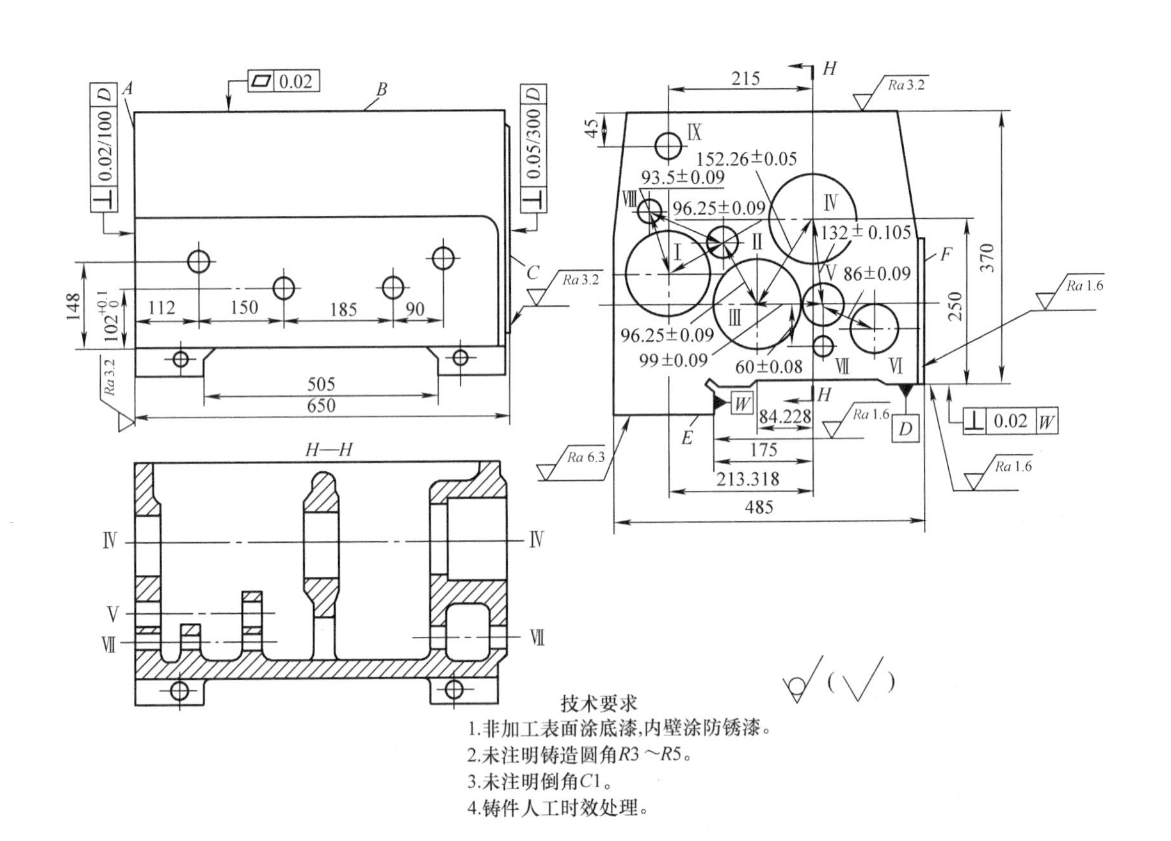

图 4-24　C6150 车床主轴箱箱体

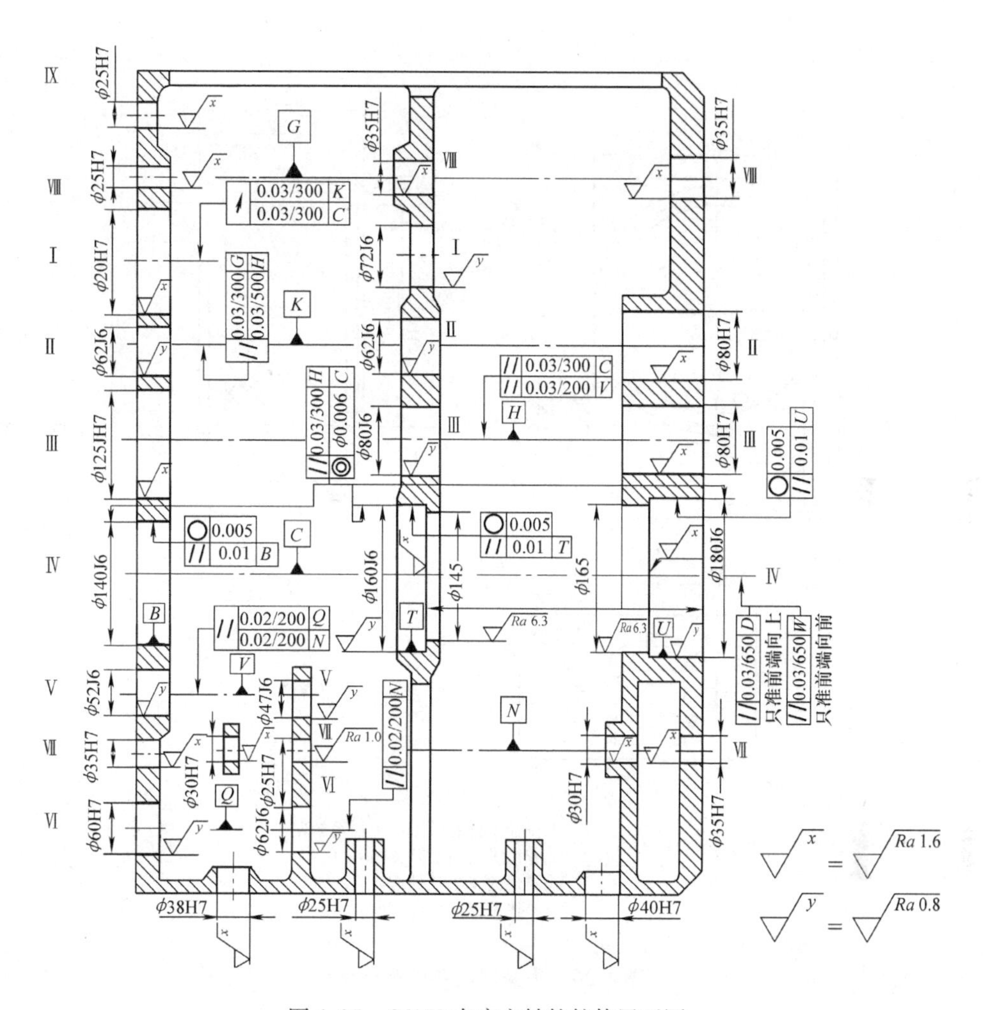

图 4-25 C6150 车床主轴箱箱体展开图

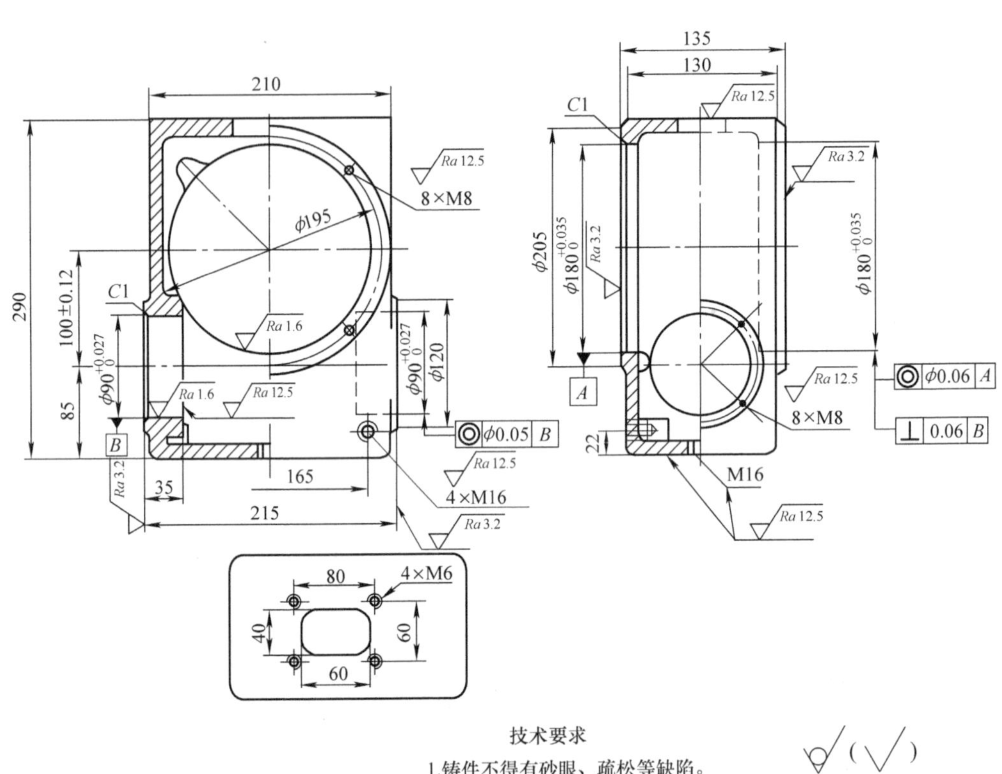

技术要求

1.铸件不得有砂眼、疏松等缺陷。
2.非加工表面涂防锈漆。
3.铸件人工时效处理。
4.箱体做煤油渗漏试验。

图 4-26 小型蜗轮减速器箱体

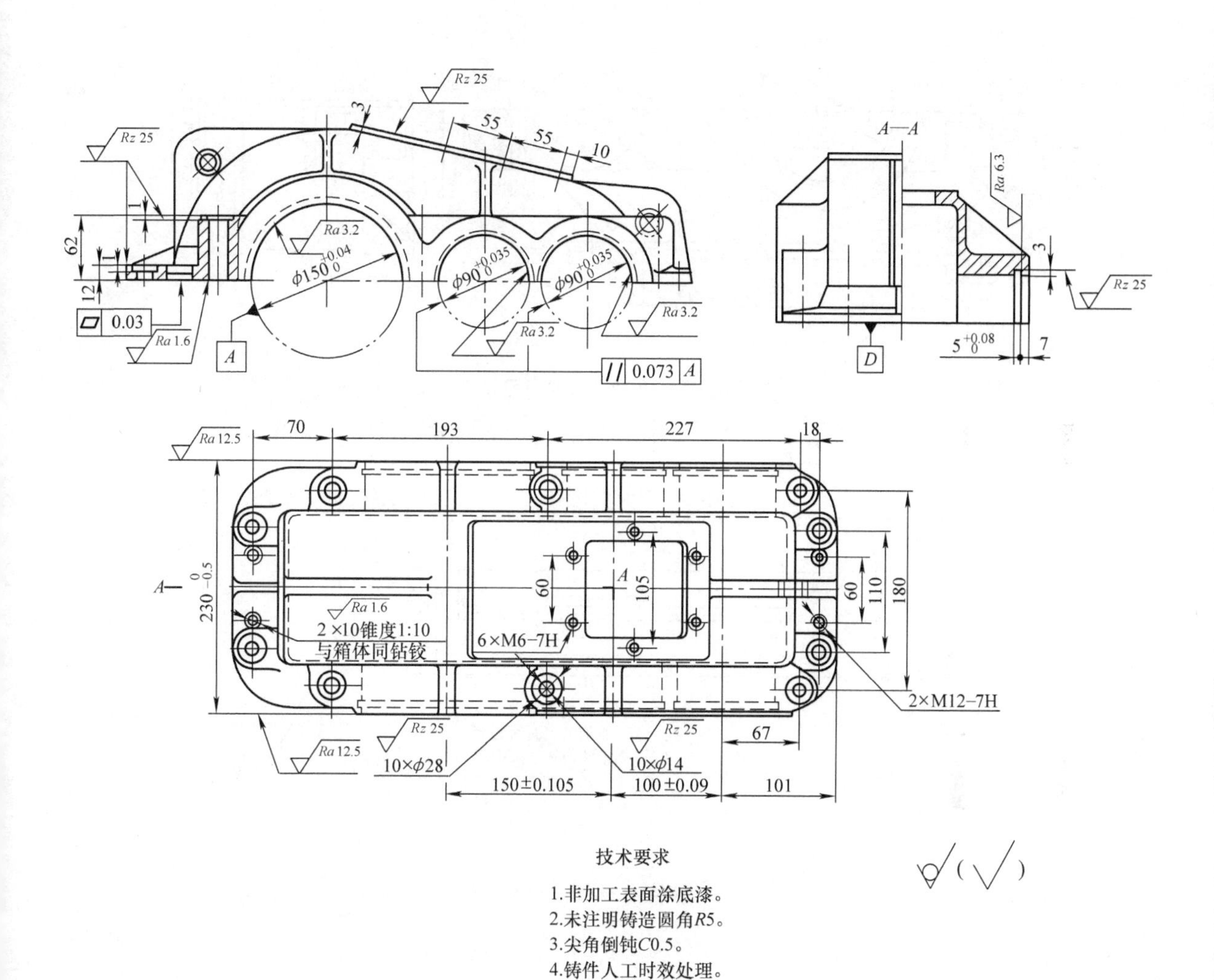
A—A
φ150$^{+0.04}_{0}$
φ90$^{+0.035}_{0}$
φ90$^{+0.035}_{0}$
0.03
0.073 A
5$^{+0.08}_{0}$
230$^{0}_{-0.5}$
2×10锥度1:10
与箱体同钻铰
6×M6-7H
2×M12-7H
10×φ28
10×φ14
150±0.105
100±0.09
技术要求
1.非加工表面涂底漆。
2.未注明铸造圆角R5。
3.尖角倒钝C0.5。
4.铸件人工时效处理。

图 4-27　减速器箱盖

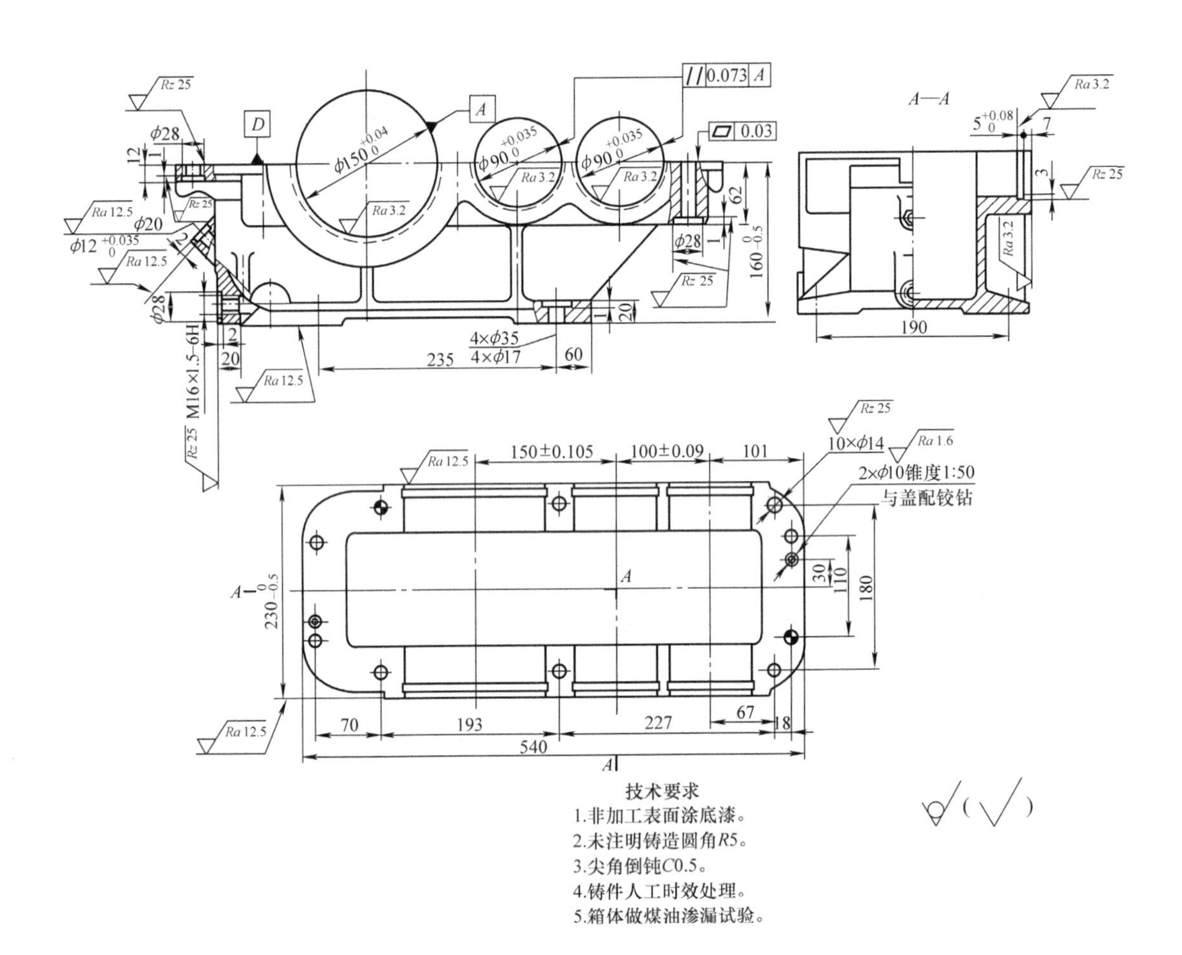
A—A
技术要求
1.非加工表面涂底漆。
2.未注明铸造圆角R5。
3.尖角倒钝C0.5。
4.铸件人工时效处理。
5.箱体做煤油渗漏试验。
10×ϕ14
2×ϕ10锥度1:50
与盖配铰钻
4×ϕ35
4×ϕ17
M16×1.5-6H
150±0.105
100±0.09
540
190

图 4-28 减速器箱体

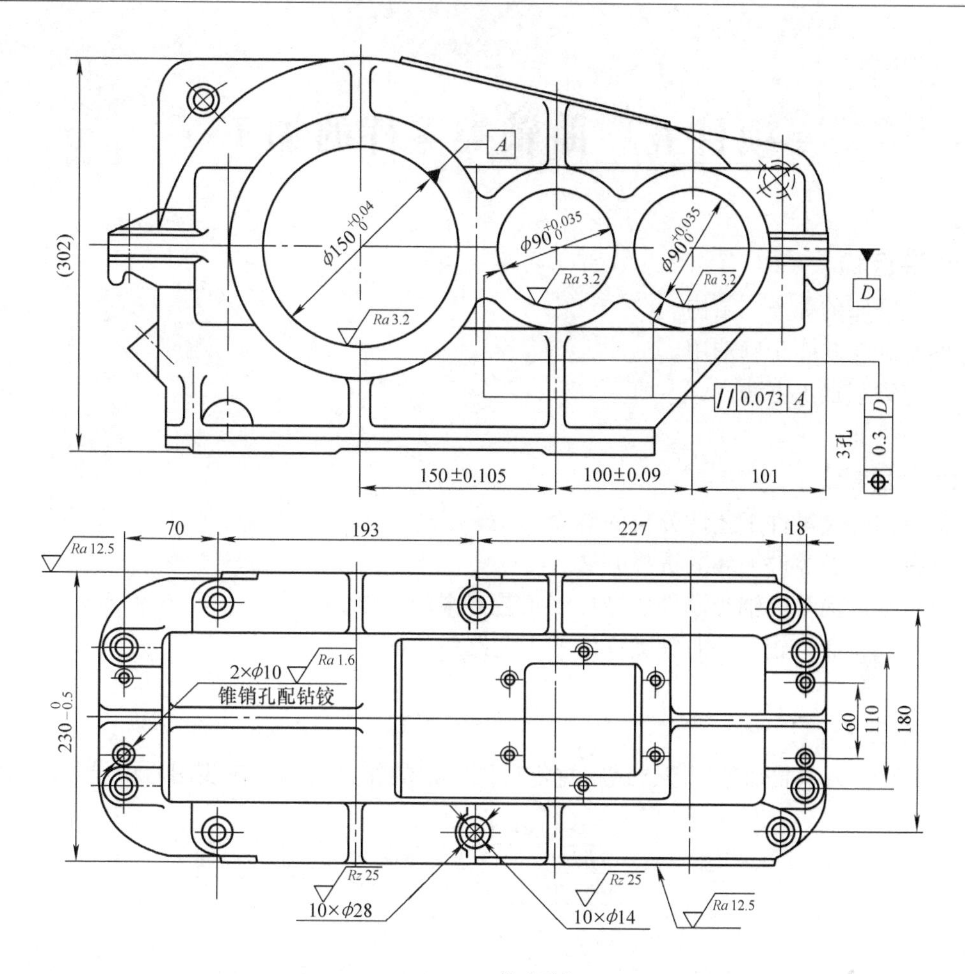

技术要求

1.合箱后结合面不能有间隙，防止渗油。

2.合箱后必须打定位销。

图 4-29　减速器箱

项目五　曲轴类零件的加工

【知识目标】

1. 掌握磨床的种类、结构。
2. 熟悉砂轮并能正确选用。
3. 熟悉磨削加工方法。

【能力目标】

1. 具有曲轴类零件工艺性分析的能力。
2. 掌握曲轴类零件毛坯的选择方法。
3. 具有编制简单曲轴类零件机械加工工艺方案的能力。
4. 初步具备制订较复杂曲轴类零件的工艺路线的能力。

【任务引入】

图5-1所示为一曲轴零件图，试根据零件图给出的相关信息，在使用通用设备加工的条

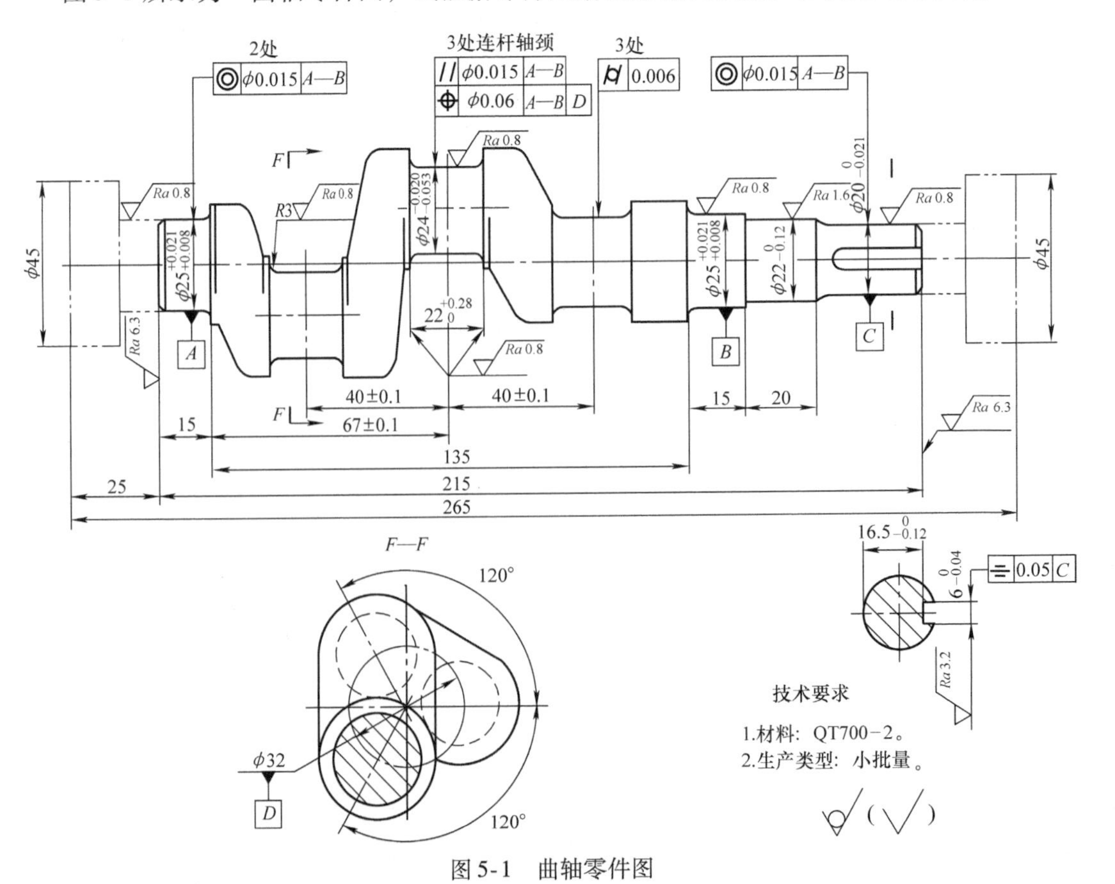

图5-1　曲轴零件图

件下，编制该零件的机械加工工艺。

【任务分析】

1. 曲轴的结构和技术要求

曲轴是将直线运动变成旋转运动，或将旋转运动变成直线运动的零件。曲轴的结构与一般轴不同，它由主轴颈、连杆轴颈、主轴颈与连杆轴颈之间的连接板组成，其结构细长多曲拐，刚性差。

曲轴的主要技术要求为主轴颈、连杆轴颈尺寸公差等级为 IT6，表面粗糙度 *Ra*0.8 ~ 0.4μm。轴颈长度公差等级为 IT9 ~ IT10。轴颈的圆度、圆柱度公差控制在尺寸公差之半。主轴颈与连杆轴颈的平行度公差为 0.015mm，曲轴各主轴颈的同轴度公差为 ϕ0.015mm，各连杆轴颈的位置度不大于 ±20′。

2. 毛坯选择

曲轴工作时要承受很大的转矩及交变的弯曲应力，容易产生扭曲、折断及轴颈磨损，因此要求用材应有较高的强度、冲击韧性、疲劳强度和耐磨性。常用材料有：一般曲轴为 35 钢、40 钢、45 钢或球墨铸铁 QT600－3 等；对于高速、重载曲轴，可采用 40Cr、38CrMoAl 等材料锻造成形。该曲轴为小批量生产，采用球墨铸铁 QT700－2 铸造毛坯。

【相关知识】

磨削是以砂轮作刀具进行切削加工的，主要用于工件的精加工。特别是对各种高硬度材料（如淬火钢、硬质合金等），磨削是最常用的加工方法。磨削加工公差等级可达 IT5、IT6，表面粗糙度 *Ra*0.8 ~ 0.025μm。

第一节　磨 削 原 理

磨削的加工余量可以很小，在毛坯预加工工序如模锻、冲压、精密铸造的精确度日益提高的情况下，磨削是直接提高工件精度的一个重要的加工方法。根据工件和磨具在相对运动关系上的不同组合，可以有各种不同的磨削方式。由于各种各样的机械产品越来越多地采用成形表面，使成形磨削和仿形磨削得到了越来越广泛的应用。磨削时，由于所采用的“刀具”（磨具）与一般金属切削所采用的刀具不同，且切削速度很高，因而磨削机理和一般金属切削机理就有很大的不同。

一、砂轮的特性

砂轮是磨削加工中最主要的一类磨具。砂轮是在磨料中加入结合剂，经压坯、干燥和焙烧而制成的多孔体。由于磨料、结合剂及制造工艺不同，砂轮的特性差别很大，因此对磨削的加工质量、生产率和经济性有着重要影响。砂轮的特性主要由磨料、粒度、结合剂、硬度、组织、形状和尺寸等因素决定。

1. 磨料

磨料是砂轮的主要组成部分，它具有很高的硬度、耐磨性、耐热性和一定的韧性，以承受磨削时的切削热和切削力，同时还应具备锋利的尖角，以利磨削金属。常用的磨料有氧化物系、碳化物系和高硬磨料系三类。氧化物系磨料主要成分是三氧化二铝；碳化物系磨料通常以碳化硅、碳化硼等为机体；高硬磨料系中主要有人造金刚石和立方氮化硼（CBN）。常用磨料的代号、特性及适用范围见表 5-1。

表 5-1　常用磨料的代号、特性及适用范围

系别	名称	代号	主要成分	显微硬度(HV)	颜色	特性	适用范围
氧化物系	棕刚玉	A	Al_2O_3 91～96%	2200～2288	棕褐色	硬度高，韧性好，价格便宜	磨削碳钢、合金钢、可锻铸铁、硬青铜
	白钢玉	WA	Al_2O_3 97～99%	2200～2300	白色	硬度高于棕刚玉，磨粒锋利，韧性差	磨削淬硬的碳钢、高速钢
碳化物系	黑碳化硅	C	SiC >95%	2840～3320	黑色带光泽	硬度高于钢玉，性脆而锋利，有良好的导热性和导电性	磨削铸铁、黄铜、铝及非金属
	绿碳化硅	GC	SiC >99%	3280～3400	绿色带光泽	硬度和脆性高于黑碳化硅，有良好的导电性和导热性	磨削硬质合金、宝石、陶瓷、光学玻璃、不锈钢
高硬磨料	立方氮化硼	CBN	立方氮化硼	8000～9000	黑色	硬度仅次于金刚石，耐磨性和导电性好，发热量小	磨削硬质合金、不锈钢、高合金钢等难加工材料
	人造金刚石	MBD	碳结晶体	10000	乳白色	硬度极高，韧性很差，价格昂贵	磨削硬质合金、宝石、陶瓷等高硬度材料

2. 粒度

粒度是指磨料颗粒尺寸的大小。粒度分为粗磨粒和微粉两类，在粒度号前用字母 F 表示。常用砂轮粒度见表 5-2。

砂轮的粒度对磨削表面的表面粗糙度和磨削效率影响很大。磨粒粗，磨削深度大，生产率高，但表面粗糙度值大。反之，则磨削深度小，表面粗糙度值小。所以粗磨时，一般选粗粒度，精磨时选细粒度。磨软金属时，多选用粗磨粒，磨削脆而硬的材料时，则选用较细的磨粒。

表 5-2　砂轮粒度

粗磨粒 F4～220			微粉 F230～1200
粗粒度	中粒度	细粒度	极细粒度
4	30	70	230
5	36	80	240
6	40	90	280
7	46	100	320
8	54	120	360
10	60	150	400
12	—	180	500
14	—	220	600
16	—	—	800
20	—	—	1000
22	—	—	1200
24	—	—	—

3. 结合剂

结合剂的作用是将磨粒粘合在一起，使砂轮具有一定的强度、气孔、硬度和耐腐蚀、耐潮湿等性能。因此，砂轮的强度、抗冲击性、耐热性及耐腐蚀性，主要取决于结合剂的种类和性质。常用结合剂的种类、性能及适用范围见表5-3。

表5-3　常用结合剂的种类、性能及适用范围

种类	代号	性　能	适用范围
陶瓷	V	耐热性、耐腐蚀性好，气孔率大，易保持轮廓，弹性差	应用广泛，适用于 $v < 35$m/s 的各种成形磨削，如磨齿轮、磨螺纹等
树脂	B	强度高，弹性大，耐冲击，坚固性和耐热性差，气孔率小	适用于 $v > 50$m/s 的高速磨削，可制成薄片砂轮，用于磨槽、切割等
橡胶	R	强度和弹性更高，气孔率小，耐热性差，磨粒易脱落	适用于无心磨的砂轮和导轮、开槽和切割的薄片砂轮、抛光砂轮等
金属	M	韧性和成形性好，强度高，但自锐性差	可用于制造各种金刚石磨具

4. 硬度

砂轮硬度反映磨粒与结合剂的粘结强度。砂轮硬，磨粒不易脱落；砂轮软，磨粒易于脱落。砂轮的硬度与磨料的硬度是完全不同的两个概念。硬度相同的磨料可以制成硬度不同的砂轮，砂轮的硬度主要决定于结合剂性质、数量和砂轮的制造工艺。结合剂与磨粒粘结强度越高，砂轮硬度越高。

（1）工件硬度　工件材料较硬，砂轮硬度应选用软一些，以便砂轮磨钝磨粒及时脱落，露出锋利的新磨粒继续正常磨削；工件材料软，因易于磨削，磨粒不易磨钝，砂轮应选硬一些。但对于非铁金属、橡胶、树脂等软材料，磨削时由于切屑容易堵塞砂轮，应选用较软砂轮。

（2）加工接触面　砂轮与工件磨削接触面大时，砂轮硬度应选软些，使磨粒容易脱落，以防止砂轮堵塞。

（3）砂轮粒度　砂轮粒度号大，砂轮硬度应选软些，以防止砂轮堵塞。

（4）精磨和成形磨　粗磨时，应选用较软砂轮；而精磨、成形磨削时，应选用硬一些的砂轮，以保持砂轮的必要形状精度，以利于保持砂轮的廓形。

砂轮的硬度等级及代号见表5-4。机械加工中常用砂轮硬度等级为H～N（软2～中2）。

表5-4　砂轮的硬度等级及代号

硬度等级	等级代号			
极软	A	B	C	D
很软	E	F	G	—
软	H	—	J	K
中级	L	M	N	—
硬	P	Q	R	S
很硬	T	—	—	—
极硬	—	Y	—	—

注：硬度等级用英文字母标记，从“A”到“Y”代表由软至硬。

5. 组织

砂轮的组织是指组成砂轮的磨粒、结合剂、气孔三部分体积的比例关系，通常以磨粒所占砂轮体积的百分比来分级。砂轮有三种组织状态（图 5-2）：紧密、中等、疏松。相应的砂轮组织号可细分为 0 ~ 14 号，共 15 级（表 5-5）。组织号越小，磨粒所占比例越大，砂轮越紧密；反之，组织号越大，磨粒比例越小，砂轮越疏松。

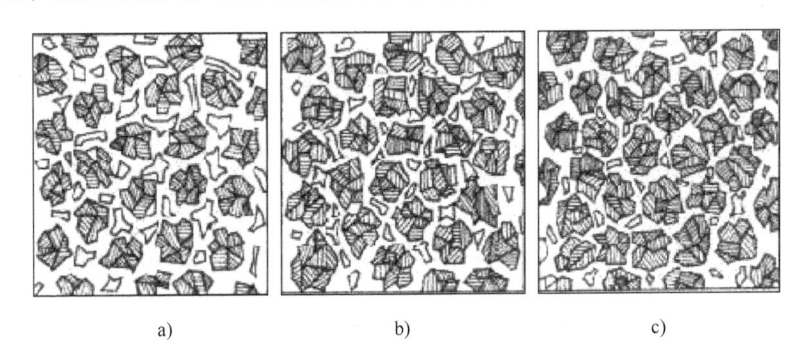

图 5-2　砂轮组织对比

a）疏松　b）中等　c）紧密

砂轮三种组织状态适用范围：

1）紧密组织砂轮适于重压下的磨削。

2）中等组织砂轮适于一般磨削。

3）疏松组织砂轮不易堵塞，适于平面磨、内圆磨等磨削接触面大的工序，以及磨削热敏性强的材料或薄壁工件。

表 5-5　砂轮组织分类

组织号	0	1	2	3	4	5	6	7	8	9	10	11	12	13	14
磨粒率（%）	62	60	58	56	54	52	50	48	46	44	42	40	38	36	34
类别	紧密				中等				疏松						
应用	精磨、成形磨				淬火工件、刀具				韧性大和硬度低的金属						

6. 形状和尺寸

砂轮的形状和尺寸是根据磨床类型、加工方法及工件的加工要求来确定的。常用砂轮名称、形状简图、代号和主要用途见表 5-6。

表 5-6　常用砂轮名称、形状简图、代号和主要用途

砂轮名称	代号	形状简图	主要用途
平形砂轮	1		磨外圆、磨内圆、磨平面、无心磨、工具磨
薄片砂轮	41		切断、切槽

（续）

砂轮名称	代号	形状简图	主要用途
筒形砂轮	2		端磨平面
碗形砂轮	11		刃磨刀具、磨导轨
碟形一号砂轮	12a		磨铣刀、铰刀、拉刀、磨齿轮
双斜边砂轮	4		磨齿轮、磨螺纹
杯形砂轮	6		磨平面、磨内圆、刃磨刀具

砂轮的标记在砂轮的侧面上，其顺序是：对应标准号、形状代号、尺寸、磨料牌号（可选项）、磨料种类粒度、硬度等级、组织、结合剂种类、生产厂自定的结合剂牌号（可选项）、最高工作速度。例如，外径300mm，厚度50mm，孔径76.2mm，磨料牌号51，棕刚玉，粒度F36，硬度L，5号组织，陶瓷结合剂，结合剂牌号23，最高工作线速度50m/s的平形砂轮，其标记为：砂轮GB/T 4127 1N－300×50×76.2－51A/F 36 L5V23～50m/s。

二、磨屑形成过程

磨粒在磨具上排列的间距和高低都是随机分布的。磨粒是一个多面体，其每个棱角都可看作是一个切削刃，顶尖角为90°～120°，尖端是半径为几微米至几十微米的圆弧。经精细修整的磨具，其磨粒表面会形成一些微小的切削刃，称为微刃。磨粒在磨削时有较大的负前角，其平均值为－60°左右。

磨粒的切削过程可分三个阶段（图5-3）。

（1）滑擦阶段　磨粒开始挤入工件，滑擦而过，工件表面产生弹性变形而无磨屑。

（2）耕犁阶段　磨粒挤入深度加大，工件产生塑性变形，耕犁成沟槽，磨粒两侧和前端堆高隆起。

（3）切削阶段　切入深度继续增大，温度达到或超过工件材料的临界温度，部分工件材料明显地沿剪切面滑移而形成磨屑。根据条件不同，磨粒的切削过程的三个阶段可以全部存在，也可以部分存在。磨屑的形状有带状、挤裂状和熔融的球状等，可据此分析各主要工

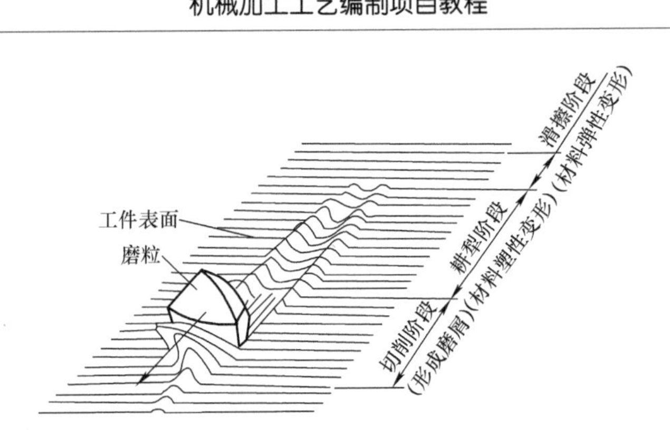

图 5-3 磨粒的切削过程

艺参数、砂轮特性、冷却润滑条件和磨料的性能等对磨削过程的影响，从而采取提高磨削表面质量和磨削效率的措施。

磨粒的切削过程也是形成磨屑的过程，图 5-3 所示为单个磨粒磨削时磨屑形成的三个阶段。

（1）第Ⅰ阶段（弹性变形阶段） 由于磨削深度小，磨粒以大负前角切削，由于砂轮结合剂及工件、磨床系统的弹性变形，当磨粒开始接触工件时会产生退让，磨粒仅在工件表面上滑擦而过，不能切入工件，仅在工件表面产生热应力。

（2）第Ⅱ阶段（塑性变形阶段） 随着磨粒磨削深度的增加，磨粒已能逐渐进入工件，工件表面由弹性变形逐步过渡到塑性变形，使部分材料向磨粒两旁隆起，工件表面出现刻痕（耕犁现象），但磨粒前刀面上没有磨屑流出。此时除磨粒与工件的相互摩擦外，更主要是材料内部发生摩擦。磨削表层不仅有热应力，而且有因弹、塑性变形所产生的应力。

（3）第Ⅲ阶段（形成磨屑阶段） 随着磨粒继续向工件切入，切削厚度不断增大，当其达到临界值时，被磨粒挤压的金属材料产生滑移而形成磨屑。

由于磨粒在砂轮表面上排列的随机性，磨削时每个磨粒与工件在整个接触过程中的作用情况可分如下三种：

1）只有弹性变形阶段。

2）弹性变形阶段→塑性变形阶段→弹性变形阶段。

3）弹性变形阶段→塑性变形阶段→切屑形成阶段→塑性变形阶段→弹性变形阶段。

三、砂轮的磨损与寿命

1. 砂轮磨损的形态

磨削过程中，由于机械、物理和化学作用造成砂轮磨损，切削能力下降。同时由于砂轮表面上的磨粒形状和分布是随机的，因此可分为三种磨损类型，如图 5-4 所示。

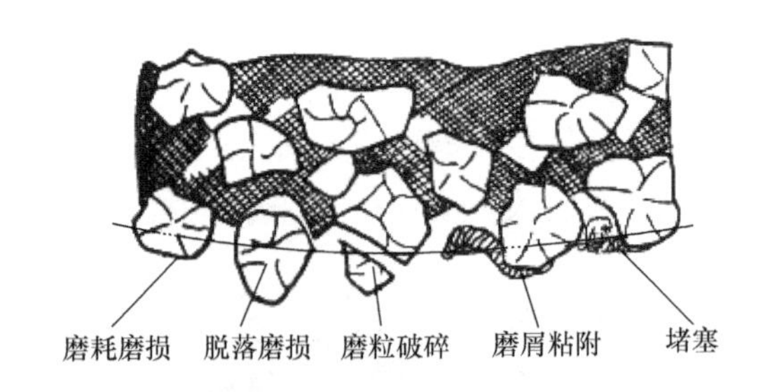

图 5-4 砂轮磨损类型

（1）磨耗磨损 磨削过程中，由于磨粒与工件表面的滑擦作用，磨粒与磨削区的化学反应以及磨粒的塑性变形作用，使磨粒逐渐变钝，在磨粒上形成磨损小平面。磨耗磨损一般发生在磨粒与工件的接触处。开始时，在磨粒刃尖上出现一磨损的微小平面，当微小平面逐步增大时，磨刃就无法顺利切入工件，而只是在工件表面产生挤压作用，从而使磨削热增加，磨削过程恶化。

造成砂轮磨耗磨损的主要原因是机械磨损和化学磨损。因而造成：①摩擦热使磨粒表面剥落极微小碎片；②弱化磨粒；③磨粒与被磨材料熔焊，因塑性流动或滞流而加剧磨粒磨损；④摩擦热加速化学反应；⑤摩擦剪切而使磨粒损耗。

（2）磨粒破碎　在磨削过程中，若作用在磨粒上的应力超过了磨粒本身的强度时，磨粒上的一部分就会以微小碎片的形式从砂轮上脱落。磨粒破碎发生在一个磨粒的内部。磨粒的导热系数越小，热膨胀系数越大，则越容易破碎。

（3）脱落磨损　在磨削过程中，若磨粒与结合剂之间发生断裂，则磨粒将从砂轮上脱落下来，而在原位置留下空穴。因此，脱落磨损的程度主要取决于结合剂的粘结强度。磨削时，随着磨削温度的上升，结合剂的粘结强度下降，当磨削力超过结合剂的粘结强度时，整个磨粒从砂轮上脱落，形成脱落磨损。

另外，磨削时砂轮会发生堵塞粘附现象，即磨粒通过磨削区时，在磨削高温和很大的接触压力作用下，被磨材料会粘附在磨粒上。粘附严重时，粘附物糊在砂轮上，使砂轮失去切削作用。如磨削碳钢时，磨削产生的高温使切屑软化，嵌塞在砂轮的孔隙处，造成砂轮堵塞；磨削钛合金时，切屑与磨粒的亲和力强，从而造成粘附或堵塞。砂轮堵塞后即失去切削能力，磨削力及磨削温度剧增，使工件表面质量显著下降。

2. 砂轮寿命

砂轮寿命用砂轮在两次修整之间的实际磨削时间表示。它是砂轮磨削性能的重要指标之一，同时还是影响磨削效率和磨削成本的重要因素。砂轮磨损量是最主要的寿命判据。当磨损量大至一定程度时，工件将发生颤振，表面粗糙度值突然增大，或出现表面烧伤现象，但准确判断比较困难，在实际生产中，砂轮寿命的常用合理数值可参见表5-7。

表5-7　砂轮寿命的常用合理数值

磨削种类	外圆磨	内圆磨	平面磨	成形磨
寿命 T/s	1200～2400	600	1500	600

3. 砂轮磨损阶段

按照磨损机理的不同将砂轮磨损过程分为三个阶段。

1）初期阶段的磨损主要是磨粒的破碎。这是由于修整过程中，在修整力的作用下，有些磨粒内部产生内应力及微裂纹，因而使这些受损的磨粒在磨削力的作用下迅速破碎，造成初期磨损加重。

2）第二阶段的磨损主要是磨耗磨损，有效磨削刃较稳定地进行磨削。

3）第三阶段的磨损主要是结合剂破碎，造成磨粒大量脱落。

四、磨削加工的特点

磨削是一种常用的半精加工和精加工方法，砂轮是磨削的切削工具，磨削的基本特点如下：

1）可以加工多种材料。磨削除可以加工铸铁、碳钢、合金钢等一般结构材料外，还能加工一般刀具难以切削的高硬度材料，如淬火钢、硬质合金、陶瓷和玻璃等，但不宜精加工塑性较大的非铁金属工件。

2）加工精度高，表面粗糙度值小。磨削公差等级可达IT5、IT6，表面粗糙度$Ra0.8 \sim 0.012\mu m$，镜面磨削时Ra为$0.05 \sim 0.012\mu m$。其主要原因是：

① 砂轮表面有极多的切削刃，并且刃口圆弧半径r_{ε}小，例如粒度为F46的白刚玉磨粒，$r_{\varepsilon}=0.006 \sim 0.012mm$（一般车刀、铣刀的$r_{\varepsilon}=0.012 \sim 0.032mm$）。磨粒上锋利的切削刃，能够切下一层很薄的金属，切削厚度可以小到数微米。

② 磨床有较高的精度和刚性，并有微量进给机构，可以实现微量切削。

③ 磨削的切削速度高，普通外圆磨削时$v=35m/s$，高速磨削$v>50m/s$。因此，磨削时有很多切削刃同时参加切削，每个磨刃只切下极细薄的金属，残留面积的高度很小，有利于形成光洁的表面。

3）磨削的径向磨削力F_y大，且作用在工艺系统刚性较差的方向上。因此，在加工刚性较差的工件时（如磨削细长轴），应采取相应的措施，防止因工件变形而影响加工精度。

4）磨削温度高。如前所述，磨削产生的切削热多，且80%～90%传入工件（10%～15%传入砂轮，1%～10%由磨屑带走），加上砂轮的导热性很差，大量的磨削热在磨削区形成瞬时高温，容易造成工件表面烧伤和伪裂纹。因此，磨削时应采用大量的切削液以降低磨削温度。

5）砂轮有自锐作用。在磨削过程中，磨粒破碎后产生新的较锋利的棱角，以及由于磨粒的脱落而露出一层新的锋利磨粒，能够部分恢复砂轮的切削能力，这种现象称为砂轮的自锐作用，也是其他切削刀具所没有的。磨削加工时，常通过适当选择砂轮硬度等途径，以充分发挥砂轮的自锐作用，来提高磨削的生产率。必须指出，磨粒随机脱落的不均匀性，会使砂轮失去外形精度；破碎的磨粒和切屑也会造成砂轮堵塞。因此，砂轮磨削一定时间后，仍需进行修整以恢复其切削能力和外形精度。

6）磨削加工的工艺范围广。砂轮不仅可以加工外圆面、内圆面、平面、成形面、螺纹、齿形等各种表面，还常用于各种刀具的刃磨。

7）磨削在切削加工中的比例日益增大。

五、磨削热和磨削温度

磨削过程中所消耗的能量几乎全部转变为磨削热。磨削时每颗磨粒对工件的切削都可以看作是一个瞬时热源，在热源周围形成温度场。磨削区的瞬时接触点的最高温度可达工件材料熔点温度。磨粒经过磨削区的时间极短，一般在0.01～0.1ms以内，在这期间以极大的加热速度使工件表面局部温度迅速上升，形成的瞬时热聚集现象会影响工件表层材料的性能和砂轮的磨损。

1. 磨削温度概念

（1）工件平均温度　是指磨削热传入工件而引起的工件温升，它影响工件的形状和尺寸精度。在精密磨削时，为获得高的尺寸精度，要尽可能降低工件的平均温度并防止局部温度不均。

（2）磨粒磨削点温度　是指磨粒切削刃与切屑接触部分的温度，是磨削中温度最高的部位，其值可达1000℃左右，是研究磨削刃的热损伤、砂轮的磨损、破碎和粘附等现象的重要因素。

（3）磨削区温度　是砂轮与工件接触区的平均温度，一般有500～800℃，它与磨削烧伤和磨削裂纹的产生有密切关系。

磨削加工工件表面层的温度分布，是指沿工件表面层深度方向温度的变化，它与加工表面变质层的生成机理、磨削裂纹和工件的使用性能有关。

2. 影响磨削温度的因素

影响磨削温度的因素有磨削用量，砂轮参数等。磨削用量对磨削温度的影响关系如下：

1）随着砂轮径向进给量f_r的增大，即磨削深度a_p的增大，工件表面温度升高。

2）随着工件速度v_w的增大，工件表面温度可能有所减小。

3）随着砂轮速度v_s的增大，工件表面温度升高。

所以，要使磨削温度降低，应该采用较小的砂轮速度和磨削深度，并加大工件速度。而砂轮硬度对磨削温度的影响有明显规律：砂轮软，磨削温度低；砂轮硬，磨削温度高。

六、磨削液

磨削时，由于在磨削区形成高温使砂轮磨损，零件表面完整性恶化，零件加工精度不易控制等，因此必须把磨削液注入磨削区，降低磨削温度。磨削液不仅有润滑及冷却作用，而且有洗涤和防锈作用。

1. 磨削液的种类

磨削液分为油性磨削液（非水溶性磨削液）和水溶性磨削液。磨削液分类见表5-8。

表5-8　磨削液分类

种　类		成　分
油性磨削液	矿物油	低粘度及中粘度轻质矿物油＋油溶性防锈添加剂＋极性添加剂
	极压油	低粘度及中粘度轻质矿物油＋极压添加剂
水溶性磨削液	乳化液、极压乳化液	（1）水＋矿物油＋乳化液＋防锈添加剂 （2）乳化液＋极压添加剂
	化学合成剂	（1）水＋表面活性剂（非离子型、阴离子型或皂类） （2）水＋表面活性剂＋防锈添加剂＋极压添加剂
	无机盐磨削液	（1）水＋无机盐类 （2）水＋无机盐类＋表面活性剂

油性磨削液的润滑性好，冷却性较差，而水溶性磨削液的润滑性较差，冷却效果好。另外，磨削液中的添加剂包括表面活性剂、极压添加剂和无机盐类。

2. 磨削液的供给方法

通常采用的磨削液供给方法是浇注法，但由于液体流速低，压力小，并且砂轮高速回转所形成的回转气流阻碍磨削液注入磨削区内，使冷却效果较差。

为冲破环绕砂轮表面的气流障碍，提高冷却润滑效果，对供液方法作了不少改进，如采用压力冷却、砂轮内冷却、喷雾冷却、浇注法与超声波并用，以及对砂轮作浸渍处理，实现固体润滑等。

第二节 磨床的种类及结构

磨床是种类较为繁多的一种机床，在机械制造业中占有非常重要的地位。除能对淬火及其他高硬度材料进行加工外，在磨床上加工高于IT7以上的零件时，比在其他机床上加工要容易得多，而且也很经济。这是由于磨具在进行精加工时，能切下非常薄的切削余量；磨床的主轴采用动压或静压滑动轴承，有很高的旋转精度和抗振性；磨床的进给运动往往采用平稳的液压传动，并和电气相结合实现半自动化和自动化工作。随着自动测量装置在磨床上的应用，磨削加工质量的可靠性大为增加，废品减少。

外圆磨床包括万能外圆磨床、普通外圆磨床、无心外圆磨床等。内圆磨床包括普通内圆磨床、行星内圆磨床、无心内圆磨床等。平面磨床包括卧轴矩台平面磨床、立轴矩台平面磨床、卧轴圆台平面磨床、立轴圆台平面磨床等。工具磨床包括工具曲线磨床、钻头沟背磨床等。刀具刃具磨床包括万能工具磨床、车刀刃磨磨床、滚刀刃磨磨床等。专门化磨床包括花键轴磨床、曲轴磨床、齿轮磨床、螺纹磨床等。其他磨床包括珩磨机、研磨机、砂带磨床、超精加工机床等。

1. M7120A型平面磨床的组成

M7120A型平面磨床是一种卧轴矩台平面磨床。它由床身、工作台、立柱、磨头和砂轮修整器等主要部件组成，如图5-5所示。

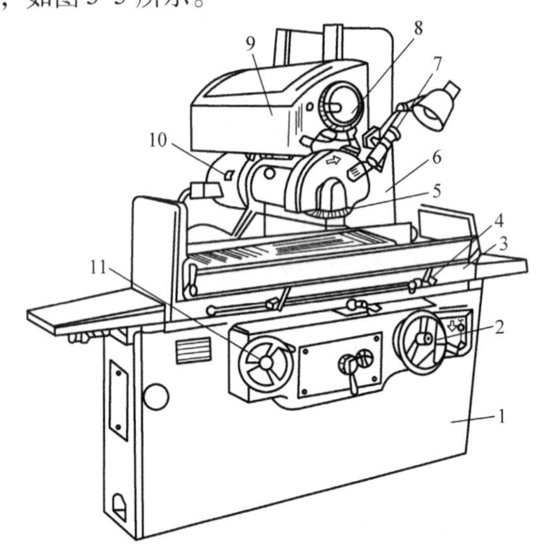

图5-5 M7120A型平面磨床

1—床身 2—升降手轮 3—工作台 4—撞块 5—砂轮 6—立柱 7—砂轮修整器
8—横向手轮 9—溜板 10—磨头 11—纵向手轮

2. M7120A型平面磨床的运动

长方形的工作台装在床身的水平纵向导轨上，由液压传动系统实现直线往复运动（由行程开关自动控制换向），也可用纵向手轮带动以进行调整。工作台上装有电磁吸盘或其他夹具以装夹工件，必要时也可以把工件直接装夹在工作台上。

装有砂轮主轴的磨头上部有燕尾形导轨与溜板上的水平燕尾导轨配合，由液压传动系统实现横向间歇进给（磨削时用）或连续移动（修整砂轮或调整位置时用）。上述运动也可用横向手轮来实现。

溜板可沿立柱的导轨垂直移动，以调整磨头的高低位置或实现垂直进给运动，这一运动靠转动升降手轮来实现。

M7120A 型平面磨床所具备的切削运动如下：

（1）主运动　它是磨头主轴上的砂轮的旋转运动，由与砂轮同一主轴的电动机（功率为2.1/2.8kW）直接带动。

（2）进给运动

1）纵向进给运动。它是工作台沿床身纵向导轨的直线往复运动。这一运动通过液压传动实现。工作台运动速度为1～18m/min。

2）横向进给运动。它是磨头沿溜板的水平导轨所作的横向间歇进给（工作台每一往复终了时进给）。

3）垂直进给运动。它是溜板沿立柱的垂直导轨所作的移动。这一运动由手动完成。

3. 电磁吸盘

电磁吸盘是最常用的夹具之一，凡是由钢、铸铁等材料制成的有平面的工件，都可用它装夹。

电磁吸盘是根据电磁效应原理制成的。在由硅钢片叠成的铁心上绕有线圈，当电流通过线圈，铁心即被磁化，成为带磁性的电磁铁，这时若把铁块引向铁心，立即会被铁心吸住。当切断电流时，铁心磁性消失，铁块就不再被吸住。

使用电磁吸盘装夹工件有以下特点：工作装卸迅速、方便，并可以同时装夹多个工件；工件的定位基准面被均匀地吸紧在台面上，能很好地保证平行平面的平行度公差；装夹稳固可靠。

使用电磁吸盘时应注意以下事项：

1）关掉电磁吸盘的电源后，有时工件不容易取下，这是因为工件和电磁吸盘上仍会保留一部分磁性（剩磁），这时需将开关转到退磁位置，多次改变线圈中的电流方向，把剩磁去掉，工件就容易取下。

2）从电磁吸盘上取底面积较大的工件时，由于剩磁以及光滑表面间粘附力较大，不容易取下，这时可根据工件形状用木棒或铜棒将工件扳松后再取下，切不可用力硬拉工件，以防工作台面与工件表面拉毛损伤。

3）装夹工件时，工件定位表面盖住绝缘磁层条数应尽可能地多，以便充分利用磁性吸力。

4）电磁吸盘的台面要经常保持平整光洁，如果台面上出现拉毛，可用三角油石或细砂纸修光，再用金相砂纸抛光。

5）工作结束后，应将电磁吸盘台面擦净。

第三节　磨削的加工方法

磨削加工的应用范围广泛，可以加工内、外圆柱面，内、外圆锥面，以及平面、成形面和组合面等，如图5-6所示。

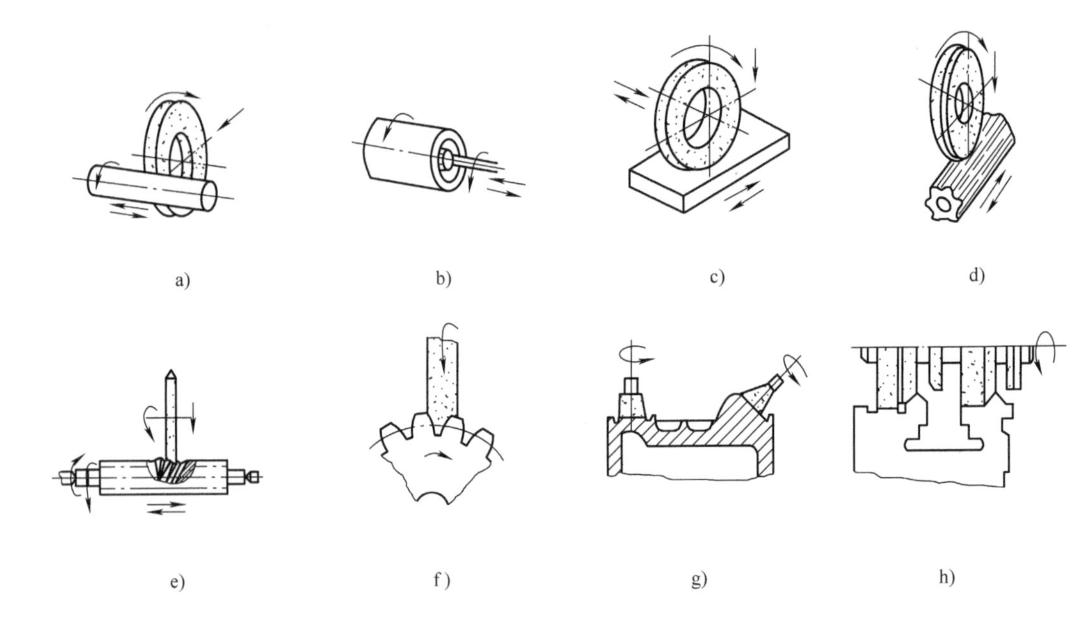

图5-6　磨削的工艺范围

a）磨外圆　b）磨内孔　c）磨平面　d）磨花键　e）磨螺纹

f）磨齿形　g）磨导轨　h）磨组合面

磨削主要用于对工件进行精加工，而经过淬火的工件及其他高硬度的特殊材料，几乎只能用磨削来进行加工。另外，磨削也可以用于粗加工，如粗磨工件表面，切除钢锭和铸件上的硬皮表面，清理锻件上的飞边，打磨铸件上的浇口、冒口，还可以用薄片砂轮切断管料以及各种高硬度的材料。

由于现代机器上高精度、淬硬零件的数量日益增多，磨削在现代机器制造业中占的比例日益增加。随着精密毛坯制造技术的发展和高生产率磨削方法的应用，使某些零件有可能不经其他切削加工，而直接由磨削加工完成，这将使磨削加工的应用更为广泛。

一、外圆磨削

外圆磨削是用砂轮外圆周面来磨削工件的外回转表面。它能加工圆柱面、端面（台阶部分）、球面和特殊形状的外表面等。外圆磨削一般在外圆磨床或无心外圆磨床上进行，也可采用砂带磨床磨削。

（一）在外圆磨床上磨削外圆

1. 工件的装夹

在外圆磨床上，工件可以用以下方法装夹。

（1）用两顶尖装夹　如图5-6a所示，工件支承在前、后顶尖上，由与带轮连接的拨盘上的拨杆拨动鸡心夹头带动工件旋转，实现圆周进给运动。这时需拧动螺杆顶紧摩擦环，使头架主轴和顶尖固定不动。这种装夹方式有助于提高工件的回转精度和主轴的刚度，被称为“死顶尖”工作方式。

这是外圆磨床上最常用的装夹方法，其特点是装夹方便，定位精度高。两顶尖固定在头架主轴和尾座套筒的锥孔中，磨削时顶尖不旋转，这样头架主轴的径向圆跳动误差和顶尖本身的同轴度误差就不再对工件的旋转运动产生影响。只要中心孔和顶尖的形状正确，装夹得当，就可以使工件的旋转轴线始终不变，获得较高的圆度和同轴度精度。

（2）用自定心卡盘或单动卡盘装夹 在外圆磨床上可用自定心卡盘装夹圆柱形工件，其他一些自动定心夹具也适于装夹圆柱形工件。单动卡盘一般用来装夹截面形状不规则工件。在万能外圆磨床上，利用卡盘在一次装夹中磨削工件的内孔和外圆，可以保证内孔和外圆之间较高的同轴度精度。如图5-6b所示，用卡盘装夹工件时应拧松螺杆并取出，使主轴可自动转动。卡盘装在法兰盘上，而法兰盘以其锥柄安装在主轴锥孔内，并通过主轴内孔的拉杆拉紧。旋转运动由拨盘上的螺钉传给法兰盘，同时主轴也随着一起转动。

（3）用心轴装夹 磨削套类工件时，可以内孔为定位基准在心轴上装夹。

（4）用卡盘和顶尖装夹 若工件较长，一端能钻中心孔，另一端不能钻中心孔，可一端用卡盘，另一端用顶尖装夹工件。

2. 外圆磨削方法

（1）纵磨法 如图5-7a所示，磨削时，工件一方面作圆周进给运动，同时随工作台作纵向进给运动，横向进给运动为周期性间歇进给，当每次纵向进给或往复行程结束后，砂轮作一次横向进给，磨削余量经多次进给后被磨去。纵磨法磨削效率低，但能获得较高的精度和较小的表面粗糙度值。

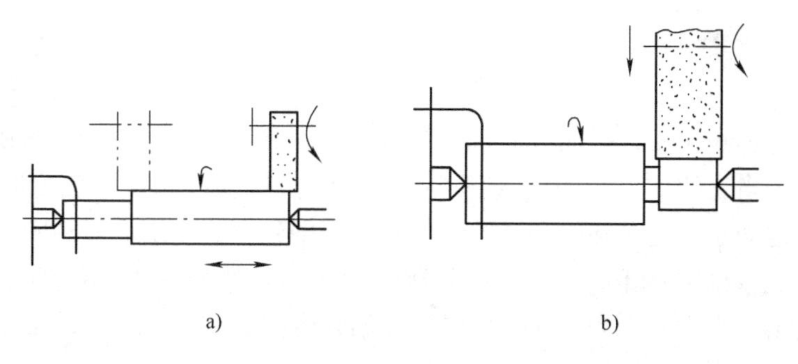

图5-7 常用外圆磨削方法

a）纵磨法 b）横磨法

（2）横磨法 又称切入磨法，如图5-7b所示。磨削时，工件作圆周进给运动，工作台不作纵向进给运动，横向进给运动为连续进给。砂轮的宽度大于磨削表面，并作慢速横向进给，直至磨到要求的尺寸。横磨法磨削效率高，但磨削力大，磨削温度高，必须供给充足的切削液。

（3）复合磨削法 是纵磨法和横磨法的综合运用，即先用横磨法将工件分段粗磨，各段留精磨余量，相邻两段有一定量的重叠，最后再用纵磨法进行精磨。复合磨削法兼有横磨法效率高、纵磨法质量好的优点。

（4）深磨法 其特点是在一次纵向进给中磨去全部磨削余量。磨削时，砂轮修整成一端有锥面或阶梯面（图5-8），工件的圆周进给速度与纵向进给速度都很慢。此方法生产率较高，但砂轮修整复杂，并且要求工件的结构必须保证砂轮有足够的切入和切出长度。

（二）在无心外圆磨床上磨削外圆

在无心外圆磨床上磨削外圆 如图5-9所示。工件置于砂轮和导轮之间的托板上，以待

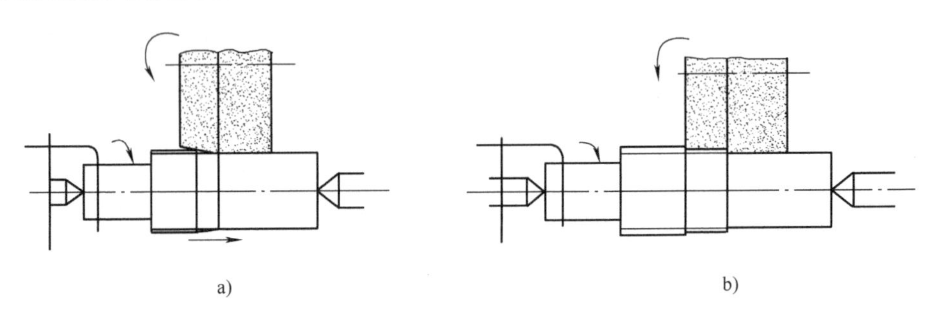

图 5-8 深磨法

a）锥形轮磨削 b）阶梯砂轮磨削

加工表面为定位基准，不需要定位中心孔。工件由转速低的导轮（没有切削能力、摩擦系数较大的树脂或橡胶结合剂砂轮）推向砂轮，靠导轮与工件间的摩擦力使工件旋转。改变导轮的转速，便可调节工件的圆周进给速度。砂轮有很高的转速，与工件间有很大的相对速度，故可对工件进行磨削。无心磨削的方式有贯穿法（纵磨法）和切入法（横磨法）两种。

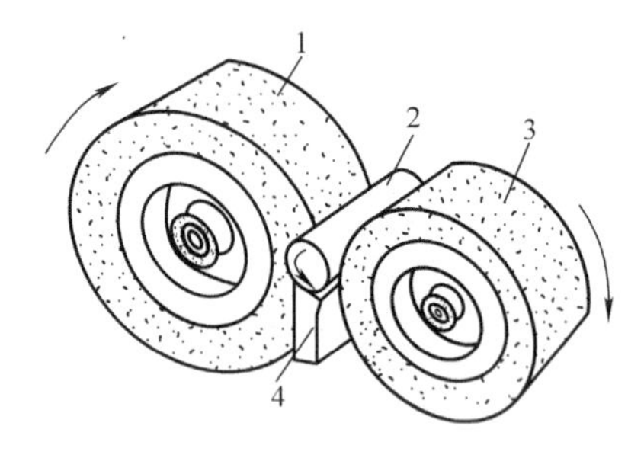

图 5-9 无心磨削示意图

1—砂轮 2—工件 3—导轮 4—托板

1. 贯穿法

磨削时把导轮轴线在垂直平面内倾斜一个角度 α（图 5-10a），并将导轮轴向截面轮廓修整成双曲线形。当工件从机床前面（图 5-14a 左侧）推入砂轮与导轮之间时，工件一边旋转作圆周进给运动，一边在导轮和工件间的水平摩擦分力的作用下沿轴向作纵向进给。当工件穿过磨削区，从机床后部（图 5-14a 右侧）离去后，便完成了一次加工。工件的磨削余量需经多次进给逐步切除。为了使工件进入和离开磨削区时保持正确的运动方向，在工件支座上装有前、后导板，导板位于托板的两端。

工件的纵向进给速度由导轮偏转角 α 的大小决定。α 越大，纵向进给速度也越大，磨削效率高，但表面粗糙度值变大。一般粗磨时取 $\alpha = 2° \sim 6°$，精磨时取 $\alpha = 1° \sim 2°$。

贯穿法适于磨削无台阶的圆柱形工件，磨削时工件可一个接一个地依次通过，磨削连续进行，易实现自动化，生产率较高。

2. 切入法

磨削时工件不穿过砂轮与导轮之间的磨削区域，而是从上面放下，搁在托板上，一端紧靠定程挡销（图 5-10b）。磨削时，导轮带动工件旋转，同时向砂轮作横向连续进给，直到磨去工件的全部余量为止。然后导轮快速退回原位，即可取出工件。为了使工件靠紧挡销，通常也把导轮轴线在垂直平面内倾斜一个很小的角度（约 30′），使工件在磨削时受到一个轻微的轴向推力，保证工件与挡销始终接触。切入法适于磨削带凸台的圆柱体和阶梯轴以及外圆锥表面和成形旋转体。

采用无心外圆磨削，工件装卸简便迅速，生产率高，容易实现自动化。公差等级可达 IT6，表面粗糙度 $Ra0.8 \sim 0.2\mu m$。但是，无心磨削不易保证工件有关表面之间的相互位置精度，也不能用于磨削带有键槽或缺口的轴类零件。

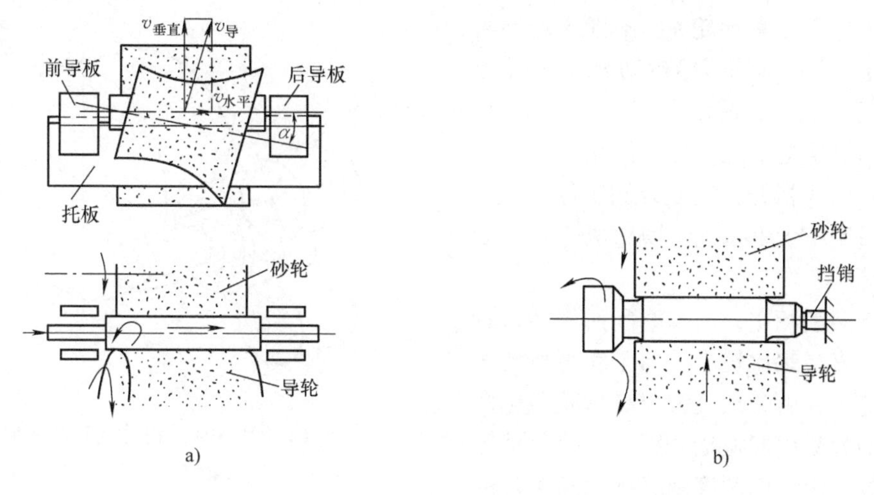

图 5-10　无心磨削的方式
a）贯穿法　b）切入法

此外，还可用砂带磨床磨削外圆。砂带磨削是一种新型的磨削方法，用高速移动的砂带作为切削工具进行磨削。砂带由基体、粘结剂和磨粒组成。常用的基体材料是牛皮纸、布（斜纹布、尼龙纤维、涤纶纤维等）及纸—布组合体。纸基砂带平整，磨出的工件表面粗糙度值小；布基砂带承载能力大；纸—布基砂带介于两者之间。结合剂（一般为树脂）有两层，经过静电植砂使磨粒锋刃向外粘在底胶上，将其烘干，再涂上一定厚度的顶胶，以固定磨粒间的位置，就制成了砂带。砂带上只有一层经过筛选的粒度均匀的磨粒，使切削刃具有良好的等高性，加工质量较好。

二、内圆磨削

内圆磨削可以在专用的内圆磨床上进行，也能够在具备内圆磨头的万能外圆磨床上实现。内圆磨削方式分为普通内圆磨削、无心内圆磨削和行星内圆磨削。

在普通内圆磨床上的磨削加工如图 5-11 所示，砂轮高速旋转作主运动 n_o，工件旋转作圆周进给运动 n_w，砂轮还作径向进给运动 f_p。采用纵磨法磨长孔时，砂轮或工件还要沿轴向往复移动作纵向进给运动 f_a。

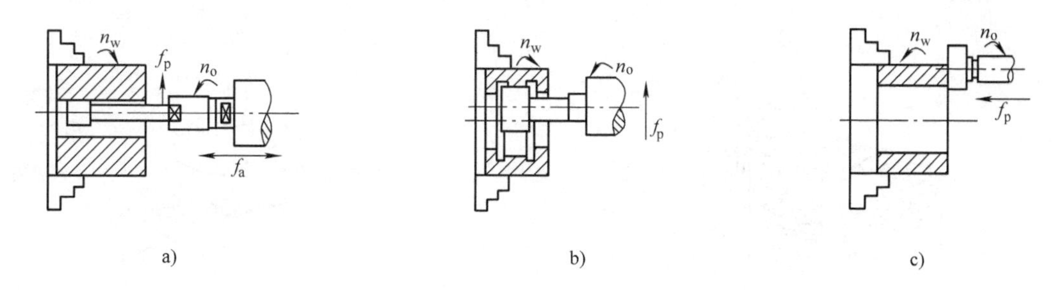

图 5-11　普通内圆磨床的磨削方法
a）纵磨法磨内孔　b）切入法磨内孔　c）磨端面

无心内圆磨削的工作原理如图 5-12 所示。磨削时，工件支承在滚轮 1 和导轮 4 上，压紧轮 2 使工件 3 靠紧导轮 4，工件 3 由导轮 4 带动旋转，实现圆周进给运动 n_w。砂轮除了完成主运动 n_o外，还作纵向进给运动f_a和周期性横向进给运动f_p。加工结束时，压紧轮沿箭头方向 A 摆开，以便装卸工件。无心内圆磨削适用于大批量加工薄壁类零件，如轴承套圈等。

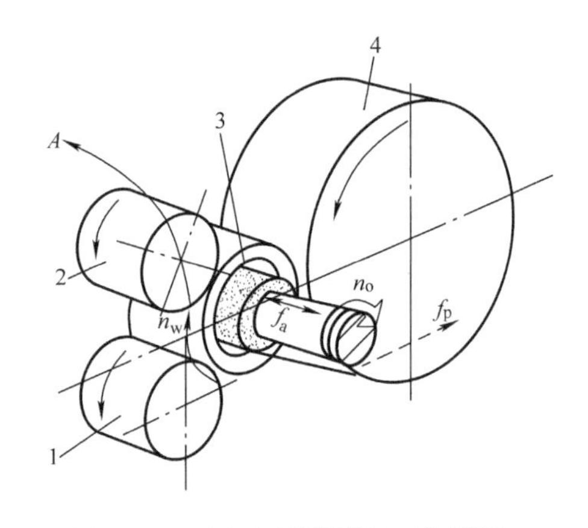

图 5-12 无心内圆磨削的工作原理

1—滚轮 2—压紧轮 3—工件 4—导轮

与外圆磨削相比，内圆磨削所用的砂轮和砂轮轴的直径都比较小。为了获得所要求的砂轮线速度，就必须大大提高砂轮主轴的转速，从而容易引起振动，影响工件的加工质量。此外，由于内圆磨削时砂轮与工件的接触面积大，发热量集中，冷却条件差以及工件热变形大，特别是砂轮主轴刚性差，易弯曲变形，所以内圆磨削不如外圆磨削的加工精度高。在实际生产中，常采用减少横向进给量，增加光磨次数等措施来提高内孔的加工质量。

三、平面磨削

常见的平面磨削方式有四种，如图 5-13 所示。工件安装在具有电磁吸盘的矩形或圆形工作台上作纵向往复直线运动f_v或圆周进给运动 n_w。砂轮除作旋转主运动 n_o外，还要沿轴线方向作横向进给运动f_a。为了逐步地切除全部余量，砂轮还需周期性地沿垂直于工件被磨削表面的方向作进给运动f_p。

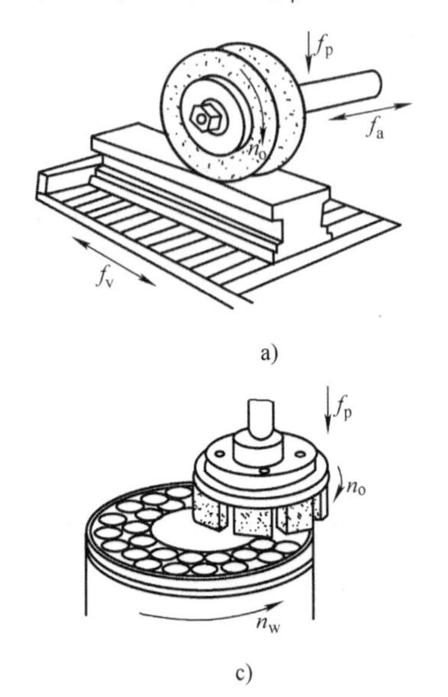

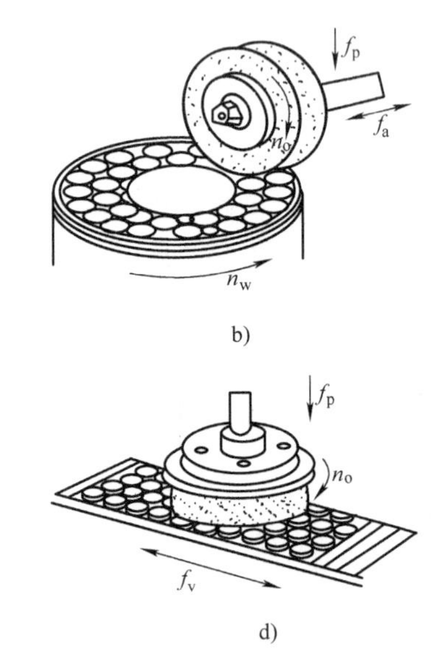

图 5-13 平面磨削方式

a）卧轴矩台平面磨床磨削 b）卧轴圆台平面磨床磨削

c）立轴圆台平面磨床磨削 d）立轴矩台平面磨床磨削

图5-13a、b所示为圆周磨削。这时砂轮与工件的接触面积小，磨削力小，排屑及冷却条件好，工件受热变形小，且砂轮磨损均匀，所以加工精度较高。然而，砂轮主轴呈悬臂状态，刚性差，不能采用较大的磨削用量，生产率较低。

图5-13c、d所示为端面磨削，砂轮与工件的接触面积大，同时参加磨削的磨粒多，另外磨削时主轴受轴向压力，刚性较好，允许采用较大的磨削用量，故生产率高。但是，在磨削过程中，磨削力大，发热量大，冷却条件差，排屑不畅，造成工件的热变形较大，且砂轮端面沿径向各点的线速度不等，使砂轮磨损不均匀，所以这种磨削方法的加工精度不高。

【任务实施】

1. 拟定曲轴的工艺路线

曲轴加工的工艺特点分析如下：

1）该曲轴生产批量不大，选用中心孔定位，它是辅助基准，装夹方便，节省找正时间，又能保证三处连杆轴颈的位置精度。由于轴的结构原因，不能直接在轴端面上钻四对中心孔。因此在曲轴毛坯制造时，预先铸造两端 ϕ45mm 的工艺凸台，在工艺凸台上钻出四对中心孔，达到中心孔定位的目的。再以两主轴颈为粗基准，钻好主轴颈的一对中心孔。然后以这对中心孔定位，以连杆轴颈为粗基准划线，加工 ϕ32mm、圆周120°均布的三个连杆轴颈的中心孔，这样就保证了它们之间的位置精度。

2）该零件刚性较差，应按先粗后精的原则安排加工顺序，逐步提高加工精度。主轴颈与连杆轴颈的加工顺序是：先加工三个连杆轴颈，然后再加工主轴颈及其他各处的外圆，这样可以避免一开始就降低工件刚度，可减少受力变形，有利于提高曲轴加工精度。

3）由于使用了工艺凸台，铣键槽工序安排在切除中心孔后进行，故磨外圆工序必须提前在还保留工艺凸台中心孔时进行，要注意防止已磨好的表面被碰伤。

工艺路线为：铸造及毛坯热处理→铣削端面→加工工艺凸台端面及外圆→打中心孔→粗车各外圆面→精车各外圆面→精磨各外圆面→车除工艺凸台及轴长→铣键槽→检验。

2. 确定工序尺寸

1）粗铣总长至265mm。

2）粗车各外圆面留余量2mm。

3）精车各外圆面留磨削余量0.5mm。

4）磨削各外圆面至图样尺寸。

5）车削总长至图样尺寸。

3. 选择加工装备

车床：卧式车床CA6140

磨削加工设备：万能外圆磨床M1432A

铣削加工设备：铣床X52

4. 确定曲轴的加工工艺过程（表5-9）

表5-9　曲轴的加工工艺过程

工序号	工序名称	工序内容	设备
1	铸	铸造与清理	
2	热处理	正火	

（续）

工序号	工序名称	工序内容	设备
3	铣	铣两端面总长至265mm（留两端工艺凸台）	X52
4	车	车两端工艺凸台外圆至ϕ45mm，钻两端主轴中心孔	CA6140
5	钻	以主轴颈中心孔为基准，在两端工艺凸台上钻三对连杆轴颈中心孔	CA6140
6	检验		
7	车	车工艺凸台端面，以对应的三对中心孔为基准粗、精车$\phi24^{+0.02}_{-0.053}$mm三个连杆轴颈，留磨削余量0.5mm	CA6140
8	车	以主轴颈中心孔为基准粗车各处外圆，留余量2mm	CA6140
9	车	以主轴颈中心孔为基准精车各处外圆，留余量0.5mm	CA6140
10	检验		
11	磨	以对应的三对中心孔为基准，精磨三个连杆轴颈外圆至图样要求	M1432A
12	磨	以主轴颈中心孔为基准精磨$\phi25^{+0.021}_{+0.008}$mm至图样要求	M1432A
13	磨	以主轴颈中心孔为基准，精磨外圆$\phi22^{\ 0}_{-0.12}$mm和$\phi20^{\ 0}_{-0.021}$mm至图样要求	M1432A
14	检验		
15	车	切除两端工艺凸台	CA6140
16	车	车两端面，至总长为215mm，倒角	CA6140
17	铣	铣键槽至图样要求	X52
18	钳	去毛刺	
19	检验		

【复习与思考】

1. 砂轮特性主要由哪些因素决定？砂轮硬度是否由磨料硬度决定？
2. 磨料作为砂轮的主要组成部分有几类？各类的主要成分是什么？
3. 试说明常用砂轮的名称、代号和主要用途。
4. 分析磨粒的切削过程及磨屑的形成过程。
5. 砂轮磨损的形态有几种？砂轮寿命如何定义？
6. 为什么磨床上多用“死顶尖”？工件的中心孔为什么要修磨？
7. 为什么内圆磨削不如外圆磨削的加工精度高？
8. 磨削平面时，工件和砂轮各有哪些运动？

【技能训练】

在使用通用设备加工时，编制下面各个零件的机械加工工艺，并对工艺路线进行分析（生产类型：单件或小批生产）。

1）单拐曲轴零件（图5-14），材料为QT600－3。

2）三拐曲轴零件（图5-15），材料为QT600－3。

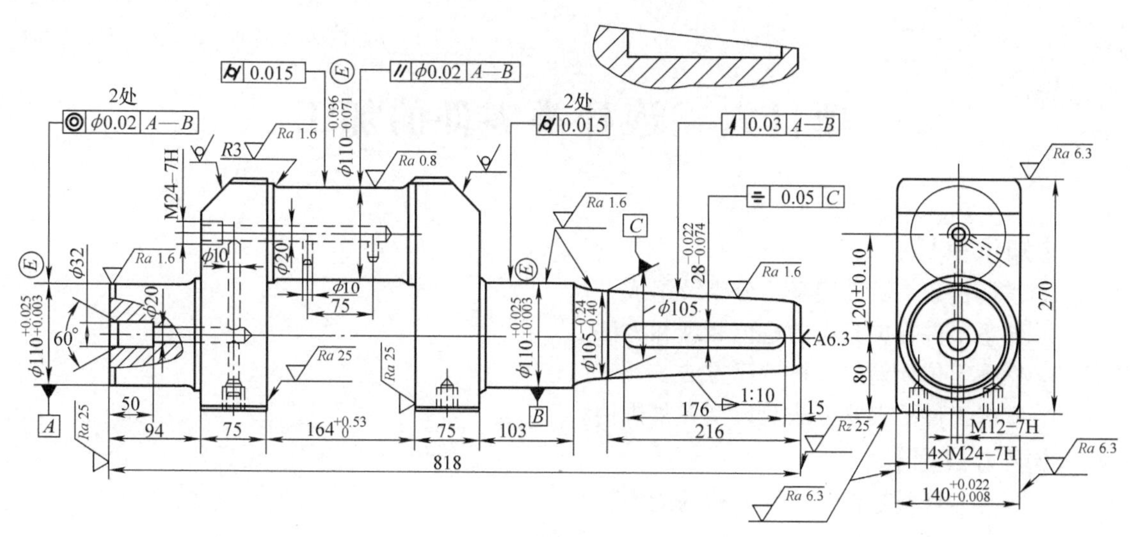

技术要求

1. 1∶10圆锥面用标准量规涂色检查，接触面不少于80%。
2.其余倒角C1。
3.清除干净油孔中的切屑。

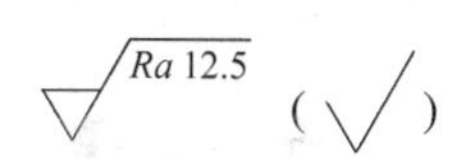

图 5-14　单拐曲轴

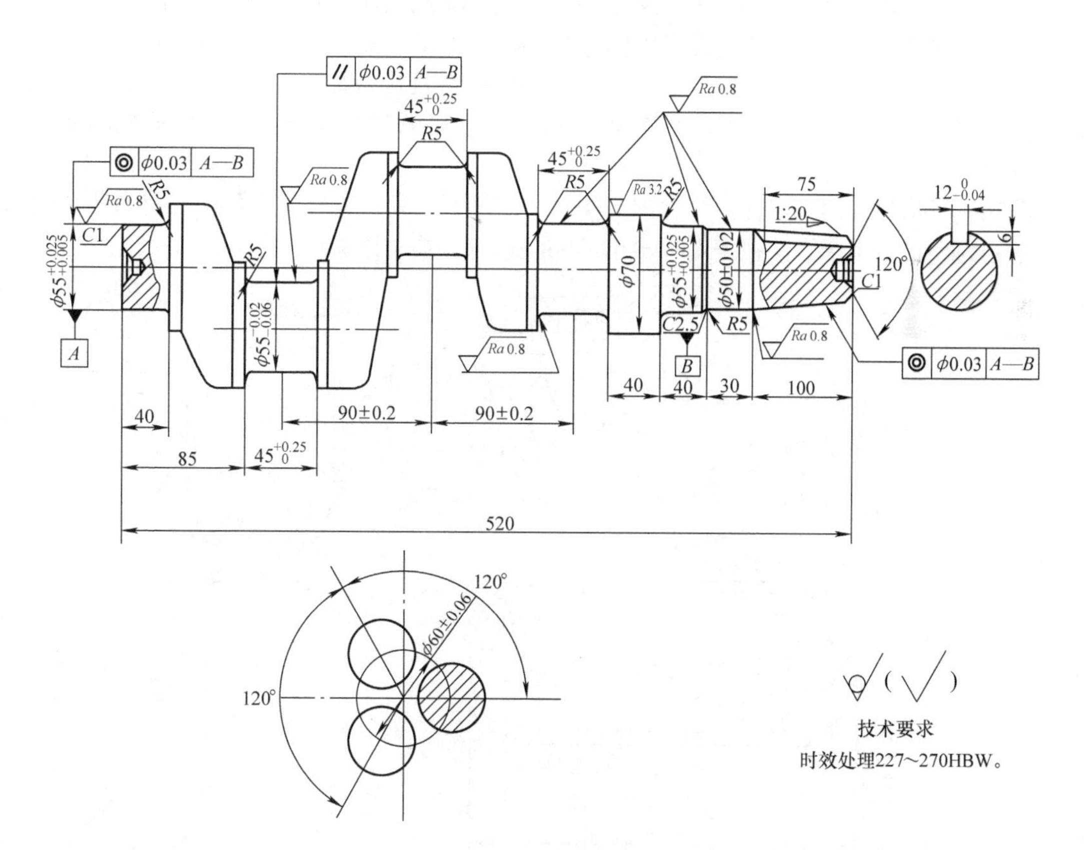

技术要求

时效处理227～270HBW。

图 5-15　三拐曲轴

项目六　连杆类零件的加工

【知识目标】

1. 掌握机床夹具的定义、分类及组成。
2. 熟悉工件在夹具中的定位原理和方法。
3. 熟悉定位误差的分析计算方法。
4. 掌握工件的夹紧方法及典型夹紧机构。

【能力目标】

1. 具有连杆类零件工艺性分析的能力。
2. 掌握连杆类零件毛坯的选择方法。
3. 具有编制简单连杆类零件机械加工工艺方案的能力。
4. 初步具备制订较复杂连杆类零件的工艺路线的能力。

【任务引入】

连杆是柴油机主要的传动构件之一，它主要把作用于活塞顶部的膨胀气体压力传给曲轴，使活塞的往复直线运动变为曲轴的回转运动，以输出功率。在工作过程中连杆要承受交变载荷和冲击性载荷，因而对连杆的材料、毛坯的锻造及机械加工的精度要求都十分严格。强度高、韧性好、精度等级高的连杆有助于提高柴油机的安全性能，增强柴油机的使用寿命，有助于降低柴油机的能耗和噪声。

图 6-1 所示为柴油机连杆盖零件图，图 6-2 所示为柴油机连杆体零件图，材料为 45 钢，生产纲领为大批量生产。试根据图样给出的相关信息，编制该零件的机械加工工艺。

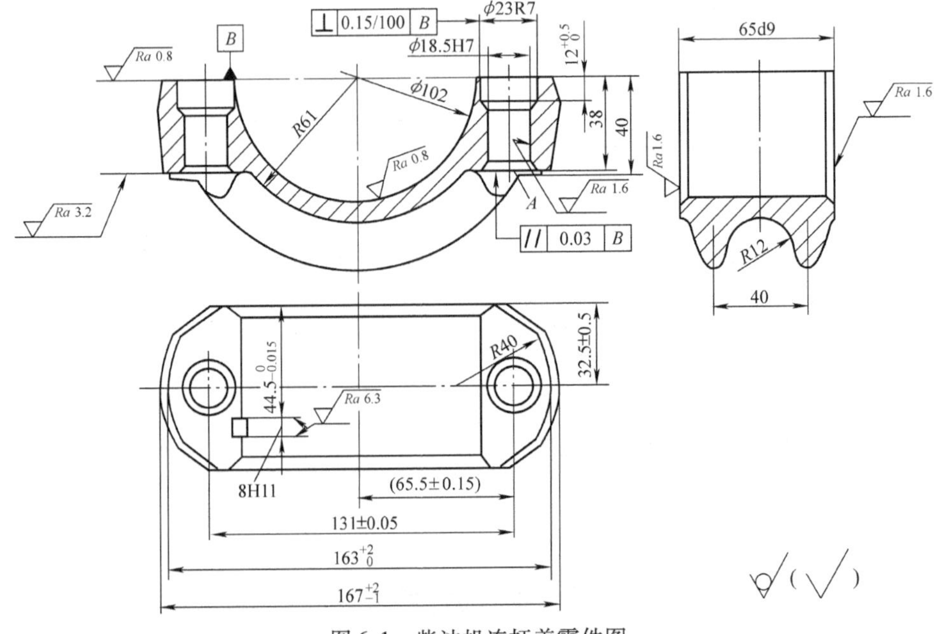

图 6-1　柴油机连杆盖零件图

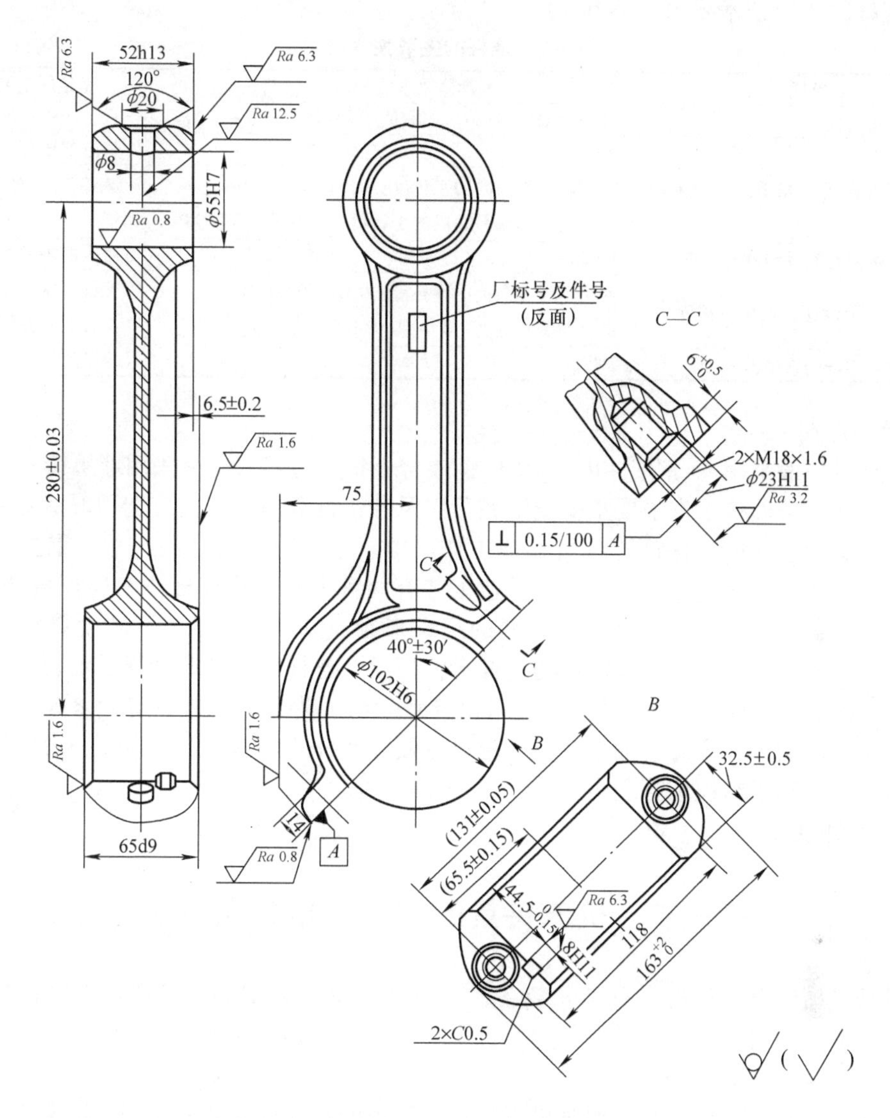

图 6-2　柴油机连杆体零件图

【任务分析】

连杆的外形比较复杂、刚性比较差、容易变形，尺寸精度、位置精度以及表面质量等要求较高，在加工工艺上具有一定的难度。

1. 连杆的结构

柴油机连杆是组合式结构，由连杆体、连杆盖两部分组成。连杆大头是分开的，一半为连杆体，一半为连杆盖。连杆盖用螺栓和螺母与曲轴主轴颈装配在一起；连杆体属非圆形杆件，截面成一个工字形，以适应在工作中承受的急剧变化的动载荷。活塞的气体压力在杆身内产生很大的压缩应力和纵向弯曲应力，由活塞和连杆重量引起的惯性力，使连杆承受拉伸应力。连杆承受的是冲击性质的动载荷，因此要求连杆重量轻且有足够的刚度和强度。

2. 连杆的主要技术要求（表6-1）

表6-1 连杆的主要技术要求 （单位：mm）

技术要求项目	具体要求或数值	满足的主要性能
大、小头孔精度	尺寸公差IT7～IT6级，圆度、圆柱度0.004～0.006	保证与轴瓦的良好配合
两孔中心距	±0.03～±0.05	气缸的压缩比
两孔轴线在两个互相垂直方向上的平行度	在连杆轴线平面内的平行度：0.02～0.04∶100 在垂直连杆轴线平面内的平行度：0.04～0.06∶100	减少气缸壁和曲轴颈磨损
大头孔两端面对其轴线的垂直度	0.1∶100	减少曲轴颈边缘磨损
两螺纹孔（定位孔）的位置精度	在两个垂直方向上的平行度：0.02～0.04∶100 对结合面的垂直度：0.1～0.3∶100	保证正常承载能力和轴颈与轴瓦的良好配合
连杆组内各连杆的重量差	±2%	保证运转平稳

3. 毛坯选择

连杆材料一般采用45钢或40Cr等优质钢或合金钢，近年来也有采用球墨铸铁的。

由于连杆在柴油机工作中要承受交变载荷以及冲击性载荷，因此应选用锻造毛坯，以使金属纤维尽量不被切断，保证连杆可靠地工作。由于连杆对于毛坯的尺寸、重量有较严要求，故选择模锻制造毛坯。连杆毛坯的锻造工艺有两种方案：将连杆体和连杆盖分开锻造；连杆体和连杆盖整体锻造。从锻造后材料的组织来看，分开锻造的连杆盖金属纤维是连续的，因此具有较高的强度；整体锻造的连杆，铣切后，连杆盖的金属纤维是断裂的，因而削弱了强度。图6-1、图6-2所示连杆毛坯采用分开锻造工艺。但整体锻造可以提高材料利用率，减少结合面的加工余量，加工时装夹也较方便。此外，整体锻造只需要一套锻模，一次便可锻造成，有利于组织和管理生产。

【相关知识】

第一节 机床夹具的作用、组成及分类

夹具是机械制造厂里的一种工艺装备，有机床夹具、装配夹具、焊接夹具、检验夹具等。各种金属切削机床上使用的夹具称为机床夹具（以下简称夹具），如自定心卡盘、机用平口钳等，都是机床夹具。

在现代生产中，工件安装是通过机床夹具来实现的。工件安装的正确、迅速、方便和可靠与否，将直接影响工件的加工质量、生产率、制造成本和操作安全。因此，根据具体的生产条件和工件加工要求，正确而合理地选择工件的安装方法，是机械制造工艺与工装研究的重要问题之一。

一、机床夹具的作用

在机械加工过程中，使用机床夹具的目的主要有以下五个方面，但在不同的生产条件下，应该有不同的侧重点。

(1) 保证加工精度 用夹具安装工件后，工件在加工中的正确位置就由夹具来保证，不会受工人操作习惯和技术差别等因素的影响，每一批零件基本上都能达到相同的精度，使产品质量稳定。

(2) 提高生产率 采用机床夹具后，能使工件迅速定位和夹紧，既可以提高工件加工时的刚性，有利于选用较大的切削用量，又可以省去划线找正等辅助工作，因而提高了劳动

生产率。

（3）改善劳动条件　用夹具装夹工件方便、省力、安全，降低了对工人的技术要求。当采用气动或液动等夹紧装置后，可以减轻工人的劳动强度，保证生产安全。

（4）降低生产成本　在成批生产中使用夹具时，由于生产率的提高和对工人技术要求的降低，可明显地降低生产成本。批量越大，生产成本降低越显著。

（5）扩大工艺范围　在单件小批量生产时，零件品种多而数量少，又不可能为了满足所有的加工要求而购置相应的机床，采用夹具就可以扩大机床的加工范围。如在车床上安装镗孔夹具后，就可以进行箱体的孔系加工；安装磨头后，就可以进行磨削加工等。采用夹具是在生产条件有限的企业中常用的一种技术改造措施。

二、机床夹具的组成

机床夹具虽有不同的类型和结构，但它们的工作原理基本上是相同的。为此，可以把各类夹具中的元件或机构，按其功能相同的原则归类，从而得出组成夹具的几个主要部分。

1. 定位元件

定位元件用于确定工件在夹具中的正确位置。如支承钉、支承板、V 形块、定位销等。当工件定位基准面的形状确定后，定位元件的结构也就基本确定了。

2. 夹紧装置

夹紧装置用于夹紧工件，使工件在受到外力作用时，仍能保持其正确的位置。夹紧装置的结构会影响到夹具的性能和复杂程度。它通常是一种机构，包括夹紧元件（如夹爪、压板等），增力和传动装置（如杠杆、螺纹传动副、凸轮等）以及动力装置（如气缸、液压缸）等。

3. 夹具体

夹具体用于连接夹具上的各种元件和装置，使之成为一个整体，并与机床的有关部位连接，以确定夹具相对机床的正确位置。

4. 对刀元件和引导元件

对刀元件或引导元件用于确定或引导刀具使其与夹具有一个正确的相对位置，如对刀块、钻套、镗套等。

5. 其他元件及装置

其他元件和装置有定向件、操作件以及根据夹具特殊功能需要而设置的一些装置，如分度装置、工件顶出装置、上下料装置等。

机床夹具的组成并非上述每一个部分都缺一不可，但其中的定位元件、夹紧装置和夹具体，则是构成机床夹具最主要的组成部分。

三、机床夹具的分类

机床夹具的种类繁多，可以从不同的角度对机床夹具进行分类。常用的分类方法有以下几种。

1. 按夹具的使用特点分类

（1）通用夹具　已经标准化的，可加工一定范围内不同工件的夹具，称为通用夹具，如自定心卡盘、机用平口钳、万能分度头、磁力工作台等。这些夹具已作为机床附件由专门工厂制造供应，只需选购即可。

（2）专用夹具　专为某一工件的某道工序设计制造的夹具，称为专用夹具。专用夹具一般在批量生产中使用。

(3) 可调夹具　夹具的某些元件可调整或可更换，以适应多种工件加工的夹具，称为可调夹具。它还分为通用可调夹具和成组夹具两类。

(4) 组合夹具　采用标准的组合夹具元件、部件，专为某一工件的某道工序组装的夹具，称为组合夹具。

(5) 拼装夹具　用专门的标准化、系列化的拼装夹具零部件拼装而成的夹具，称为拼装夹具。它具有组合夹具的优点，但比组合夹具精度高、效能高、结构紧凑。它的基础板和夹紧部件中常带有小型液压缸。此类夹具更适合在数控机床上使用。

2. 按使用机床分类

夹具按使用机床可分为车床夹具、铣床夹具、钻床夹具、镗床夹具、齿轮机床夹具、数控机床夹具、自动机床夹具、自动线随行夹具以及其他机床夹具等。

3. 按夹紧的动力源分类

夹具按夹紧的动力源可分为手动夹具、气动夹具、液压夹具、气液增力夹具、电磁夹具以及真空夹具等。

第二节　定位方法与定位元件

工件在夹具中的定位，对保证加工精度起着决定性的作用。工件在加工之前，必须首先使它相对于机床和刀具占有正确的加工位置，这就是工件的定位。在使用夹具的情况下，就要使机床、刀具、夹具和工件之间保持正确的加工位置。显然，工件的定位是其中极为重要的一个环节。

工件在夹具中定位的目的就是使同一批工件在夹具中占有一致的正确的加工位置。为此，必须选择和设计合理的定位方法及相应的定位元件或定位装置，同时，要保证有一定的定位精度。

一、基准及定位副

基准种类很多，这里只讨论夹具设计中直接涉及的几种基准。

在工件加工的工序图中，用来确定本工序加工表面位置的基准，称为工序基准。可通过工序图上标注的加工尺寸与几何公差来确定工序基准。

关于定位基准，有几种不同看法。本书采用下述观点：当工件以回转面（圆柱面、圆锥面、球面等）与定位元件接触（或配合）时，工件上的回转面称为定位基面，其轴线称为定位基准 。如图 6-3a 所示，工件以圆孔在心轴上定位，工件的内孔面称为定位基面，它的轴线称为定位基准。与此对应，心轴的圆柱面称为限位基面，心轴的轴线称为限位基准 。工件以平面与定位元件接触时，如图 6-3b 所示，工件上那个实际存在的面是定位基面，它的理想状态（平面度误差为零）是定位基准。如果工件上的这个平面是精加工过的，形状误差很小，可认为定位基面就是定位基准。同样，定位元件以平面限位时，如果这个面的形状误差很小，也可认为限位基面就是限位基准。

工件在夹具上定位时，理论上，定位基准与限位基准应该重合，定位基面与限位基面应该接触。

当工件有几个定位基面时，限制自由度最多的定位基面称为主要定位面，相应的限位基面称为主要限位基面。

为了简便，将工件上的定位基面和与之相接触（或配合）的定位元件的限位基面合称为定位副。图6-3a中，工件的内孔表面与定位元件心轴的圆柱表面就合称为一对定位副。

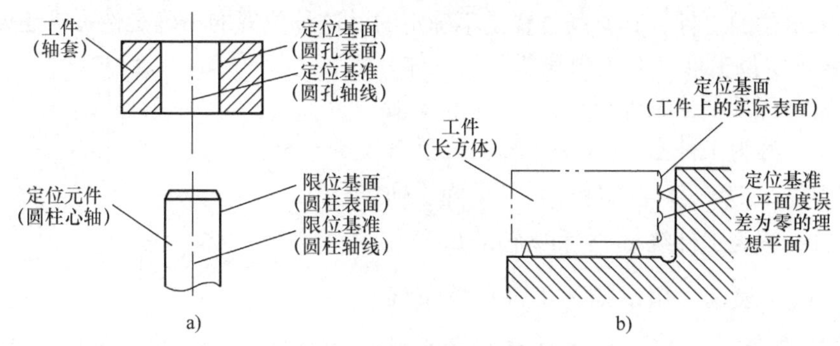

图6-3　定位基准与限位基准

在选定定位基准及确定了夹紧力的方向和作用点后，应在工序图上标注定位符号和夹紧符号。图6-4所示为典型零件定位、夹紧符号的标注。

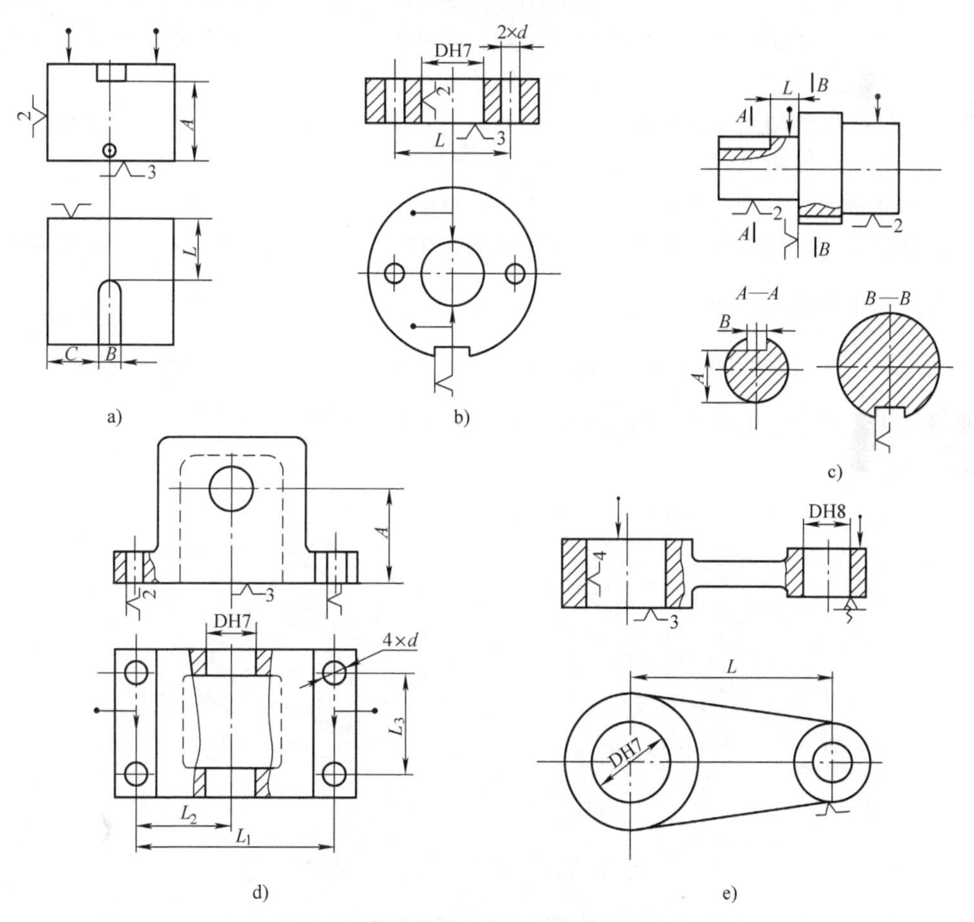

图6-4　典型零件定位、夹紧符号的标注

a）长方体上铣不通槽　b）盘类零件上加工两个直径为2d的孔　c）轴类零件上铣小端键槽
d）箱体类零件镗直径为DH7的孔　e）杠杆类零件钻小端直径为DH8的孔

二、工件定位基本原理

一个尚未定位的工件，其空间位置是不确定的，这种位置的不确定性可描述如下。如图6-5所示，将未定位工件（双点画线所示长方体）放在空间直角坐标系中，工件可以沿 x、y 和 z 轴有不同的位置，称为工件沿 x、y 和 z 轴的位置自由度，用 $\vec{x}$、$\vec{y}$、$\vec{z}$ 表示；也可以绕 x、y 和 z 轴有不同的位置，称为工件绕 x、y 和 z 轴的角度自由度，用 $\widehat{x}$、$\widehat{y}$、$\widehat{z}$ 表示。用以描述工件位置不确定性的 $\vec{x}$、$\vec{y}$、$\vec{z}$ 和 $\widehat{x}$、$\widehat{y}$、$\widehat{z}$，称为工件的六个自由度。

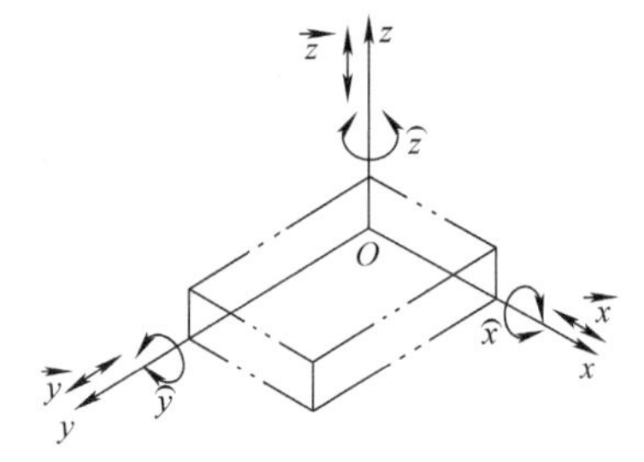

图6-5　未定位工件的六个自由度

工件定位的实质就是要限制对加工有不良影响的自由度。设空间有一固定点，工件的底面与该点保持接触，那么工件沿 z 轴的位置自由度便被限制了。如果按图6-6所示设置六个固定点，工件的三个面分别与这些点保持接触，工件的六个自由度便都被限制了。这些用来限制工件自由度的固定点称为定位支承点，简称支承点。

无论工件的形状和结构怎么不同，它们的六个自由度都可以用六个支承点限制，只是六个支承点的分布不同罢了。

用合理分布的六个支承点限制工件六个自由度的方法，称为六点定位原理。

支承点的分布必须合理，否则六个支承点限制不了工件的六个自由度，或不能有效地限制工件的六个自由度。例如，图6-6中工件底面上的三个支承点，限制了 $\vec{z}$、$\widehat{x}$、$\widehat{y}$，它们应放置成三角形，三角形的面积越大，定位越稳。工件侧面上的两个支承点限制 $\vec{x}$、$\widehat{z}$，它们不能垂直放置，否则，工件绕 z 轴的角度自由度 $\widehat{z}$ 便不能限制。

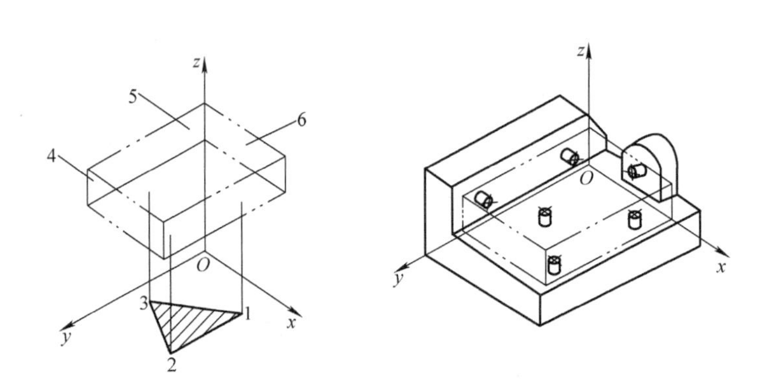

图6-6　长方体工件定位时支承点的分布

六点定位原理是工件定位的基本原理，用于实际生产时，起支承点作用的是一定形状的几何体，这些用来限制工件自由度的几何体就是定位元件。

表6-2为常用定位元件及其所能限制的工件自由度。

表 6-2　常用定位元件及其所能限制的工件自由度

工件定位基面	定位元件	定位简图	定位元件特点	限制的自由度
平面 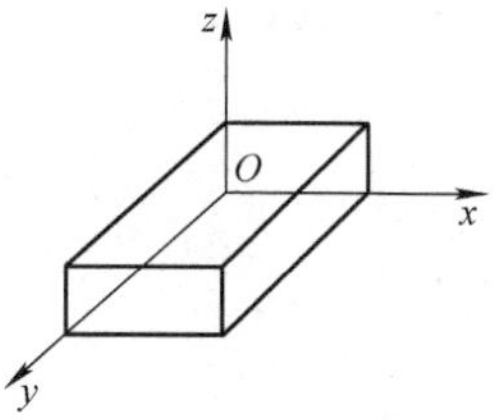	支承钉	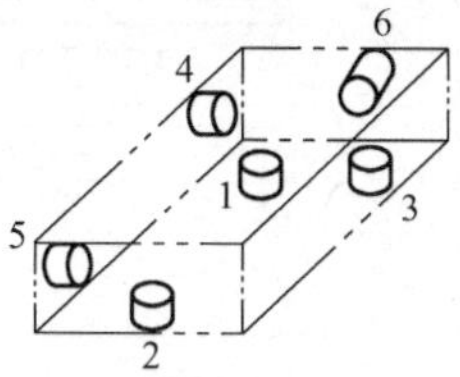		1、2、3—$\vec{z}$、$\hat{x}$、$\hat{y}$ 4、5—$\vec{x}$、$\hat{z}$ 6—$\hat{y}$
	支承板	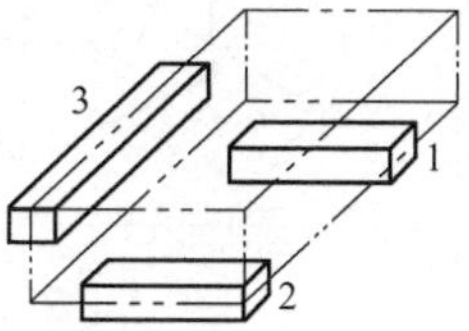		1、2—$\vec{z}$、$\hat{x}$、$\hat{y}$ 3—$\vec{x}$、$\hat{z}$
圆柱孔 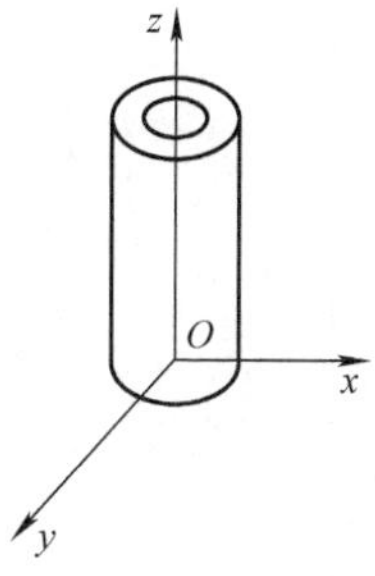	定位销（心轴）	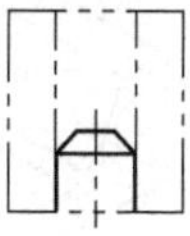	短销（短心轴）	$\vec{x}$、$\vec{y}$
		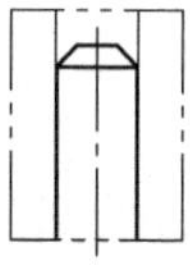	长销（长心轴）	$\vec{x}$、$\vec{y}$ $\hat{x}$、$\hat{y}$
	菱形销	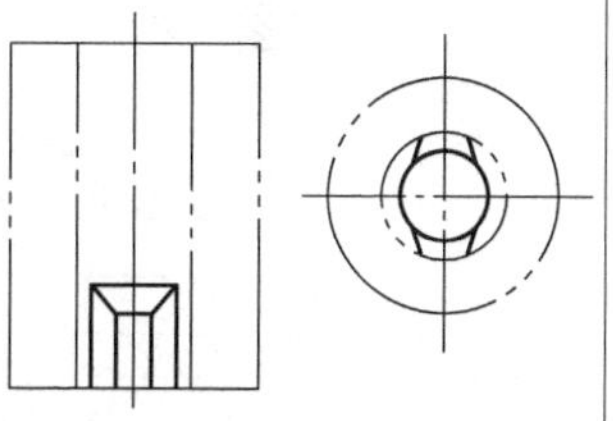	短菱形销	$\vec{y}$
		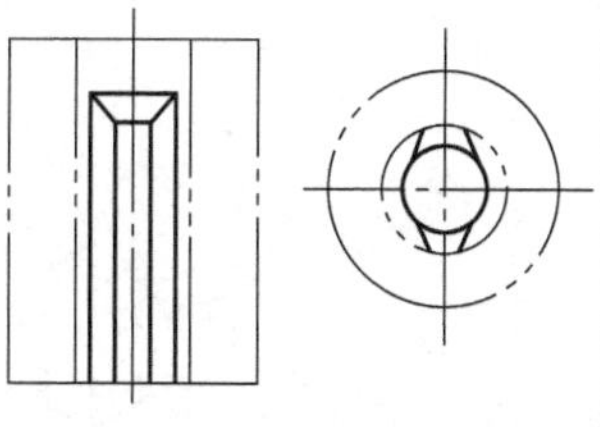	长菱形销	$\vec{y}$、$\hat{x}$
	锥销	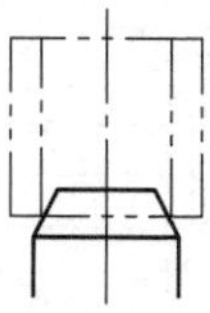		$\vec{x}$、$\vec{y}$、$\vec{z}$
		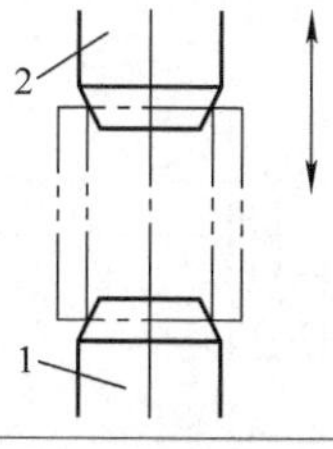	1—固定锥销 2—活动锥销	$\vec{x}$、$\vec{y}$、$\vec{z}$ $\hat{x}$、$\hat{y}$

（续）

工件定位基面	定位元件	定位简图	定位元件特点	限制的自由度
外圆柱面 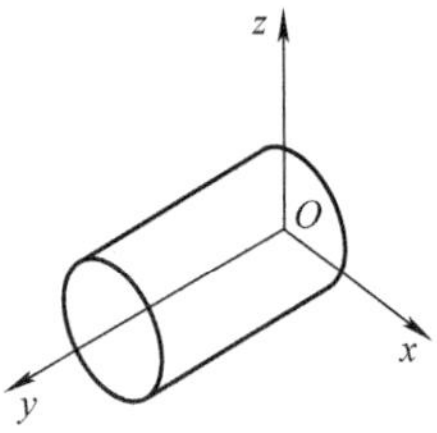	支承板或支承钉	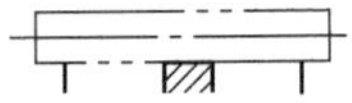	短支承板或支承钉	$\vec{z}$
		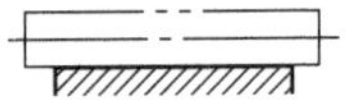	长支承板或两个支承钉	$\vec{z}$、$\hat{x}$
	V 形块	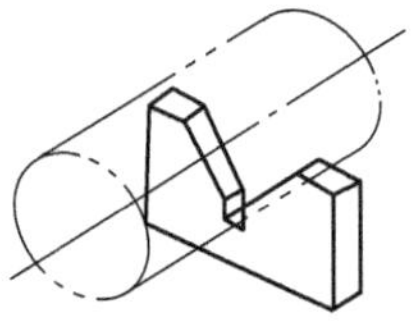	窄 V 形块	$\vec{x}$、$\vec{z}$
		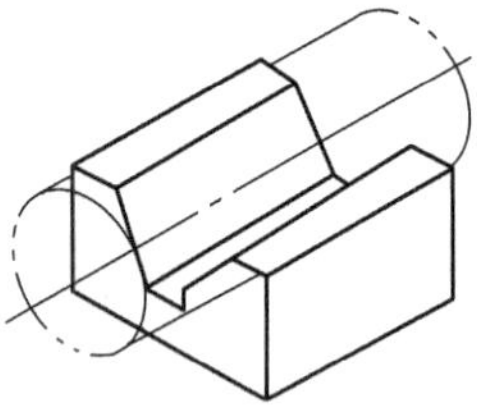	宽 V 形块	$\vec{x}$、$\vec{z}$ $\hat{x}$、$\hat{z}$
	定位套	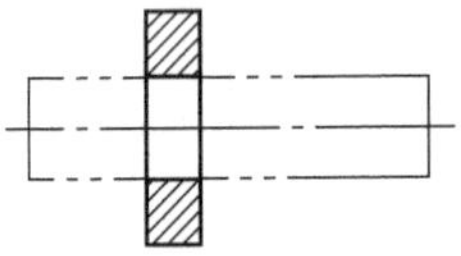	短套	$\vec{x}$、$\vec{z}$
		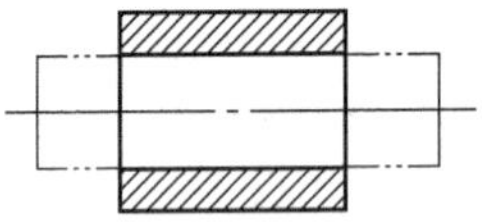	长套	$\vec{x}$、$\vec{z}$ $\hat{x}$、$\hat{z}$
	半圆套	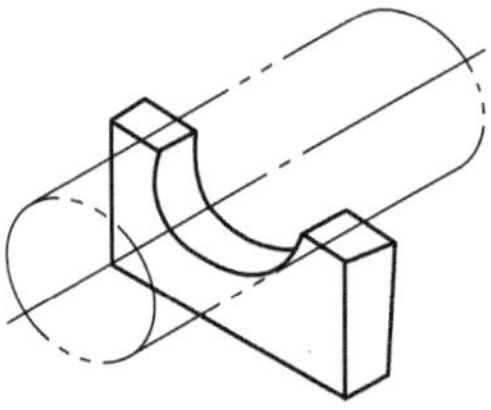	短半圆套	$\vec{x}$、$\vec{z}$
			长半圆套	$\vec{x}$、$\vec{z}$ $\hat{x}$、$\hat{z}$
	锥套	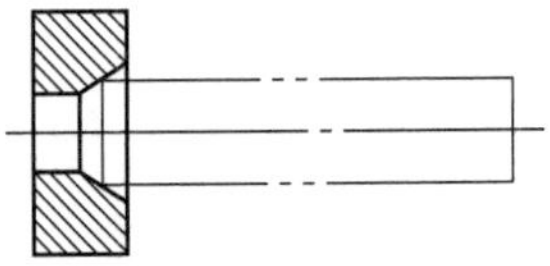		$\vec{x}$、$\vec{y}$、$\vec{z}$
		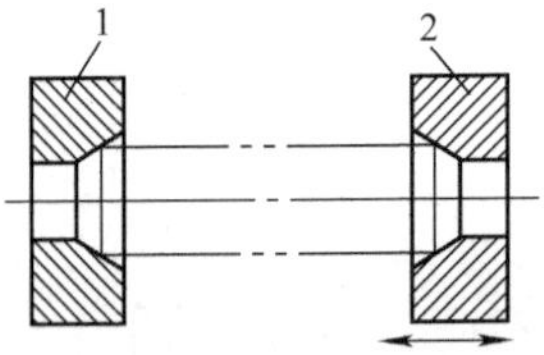	1—固定锥套 2—活动锥套	$\vec{x}$、$\vec{y}$、$\vec{z}$ $\hat{x}$、$\hat{z}$

三、应用六点定位原理应注意的问题

1. 正确的定位形式

正确的定位形式就是指在满足加工要求的情况下，适当地限制工件的自由度数目。如图6-7所示，要加工压板上的导向槽，由于要求槽深方向的尺寸A_2，故要限制自由度$\vec{z}$；由于要求保证槽长度方向的尺寸A_1，故要限制自由度$\vec{x}$；由于要求槽底面与C面平行，故要限制自由度$\hat{x}$和$\hat{y}$；由于要求导向槽应在压板的中心，并与长圆孔的轴线方向一致，故要限制自由度$\vec{y}$和$\hat{z}$。可见，压板在加工导向槽时，六个自由度都被限制了，这种定位称为完全定位。如要在平面磨床上磨削压板的上表面，加工要求保证板厚尺寸B，并要求上表面与C面平行。这时，只要限制自由度$\vec{z}$、$\hat{x}$和$\hat{y}$就可以了。这种根据零件加工要求，限制部分自由度的定位，称为对应定位（也称不完全定位）。在满足加工要求的前提下，工件所要限制的自由度，必须通过各种支承来完成。一个支承究竟限制几个自由度，要具体情况具体分析。

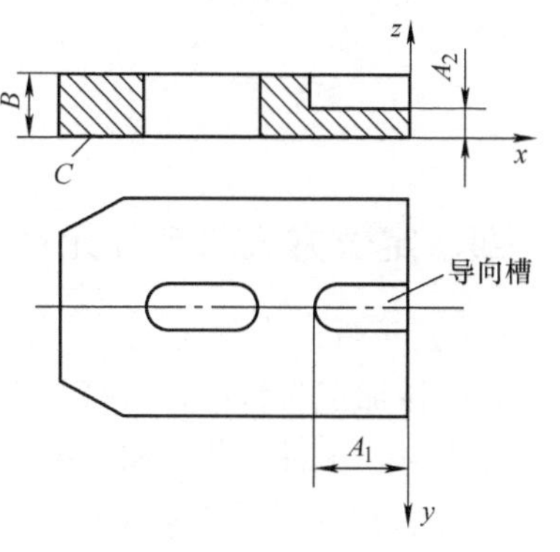

图6-7　零件定位分析

2. 防止产生欠定位

根据零件的加工要求，未能满足应该限制的自由度数目时，称为欠定位。加工如图6-7所示的压板导向槽时，减少限制任何一个自由度都是欠定位。欠定位是不允许的，因为工件在欠定位的情况下，将不可能保证加工精度的要求。

3. 正确处理过定位

如果工件的同一个自由度被多于一个的定位元件来限制，称为过定位（也称为重复定位）。图6-8所示为一个零件的$\vec{x}$自由度有左、右两个支承限制，这就产生了过定位，工件有放不下去的可能。图6-9所示为过定位情况分析，其中图6-9a是短销大平面定位，短销限制自由度$\vec{x}$和$\vec{y}$，大平面限制自由度$\vec{z}$、$\hat{x}$和$\hat{y}$，无过定位。图6-9b是长销、小平面定位，长销限制自由度$\vec{x}$、$\vec{y}$、$\hat{x}$和$\hat{y}$，小平面限制自由度$\vec{z}$，也无过定位。图6-9c是长销、大平面定位，长销限制自由度$\vec{x}$、$\vec{y}$、$\hat{x}$和$\hat{y}$，大平面限制自由度$\vec{z}$、$\hat{x}$和$\hat{y}$，这里的自由度$\hat{x}$和$\hat{y}$同时被两个定位元件限制，所以产生了过定位。

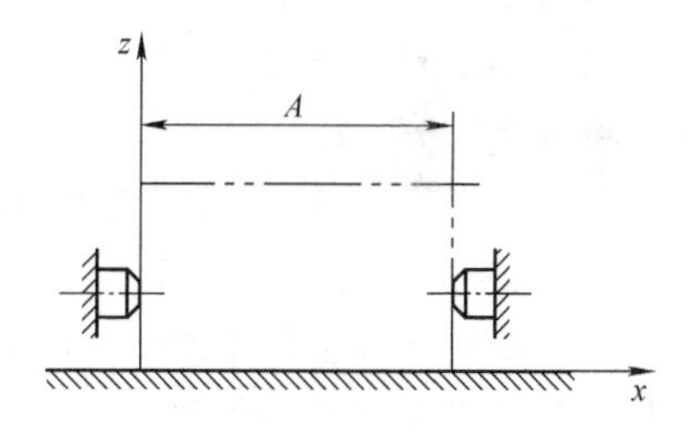

图6-8　过定位示例

过定位一般是不允许的，因为它可能产生破坏定位、工件不能装入（图6-8）、工件变形或夹具变形（图6-9d、e）等后果，导致同一批工件在夹具中位置的不一致性，影响加工精度。但如果工件与夹具定位面的精度都较高时，过定位又是允许的，因为它可以提高工件的安装刚性和加工的稳定性。

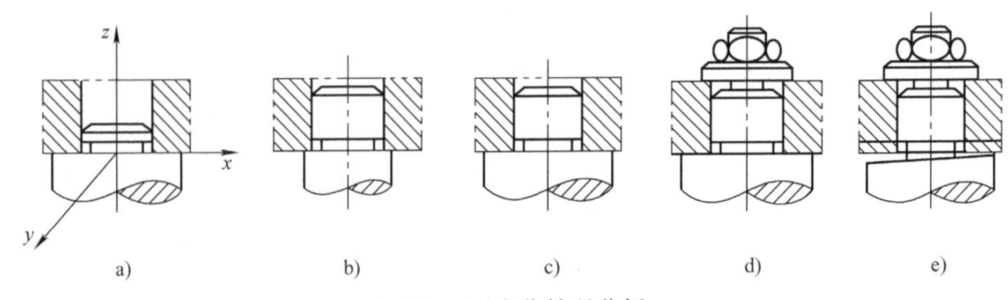

图 6-9　过定位情况分析

四、定位方式与定位元件

（一）工件以平面定位

在机械加工过程中，大多数工件都是以平面为主要定位基准，如箱体、机座、支架等。初始加工时，工件只能以粗基准平面定位，进入后续加工时，工件才能以精基准平面定位。

1. 工件以粗基准平面定位

粗基准平面通常是指经清理后的铸、锻件毛坯表面，其表面粗糙，且有较大的平面度误差。如图 6-10a 所示，当该面与定位支承面接触时，必然是随机分布的三个点接触。这三点所围的面积越小，其支承的稳定性越差。为了控制这三个点的位置，就应采用呈点接触的定位元件，以获得较稳定的定位（图 6-10b）。但这并非在任何情况下都是合理的，例如，定位基准为狭窄平面时，就很难布置呈三角形的支承，而应采用面接触定位。

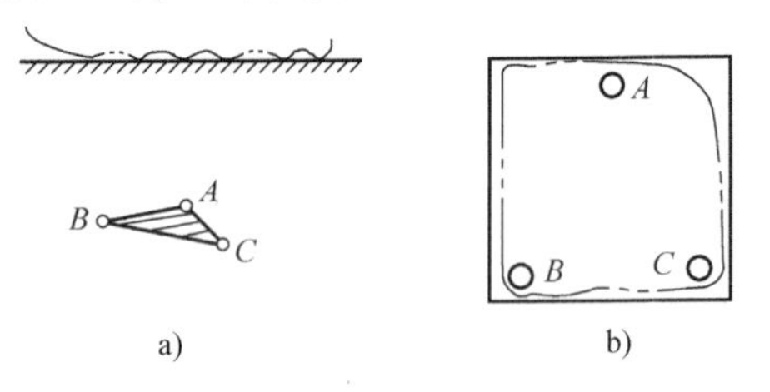

图 6-10　粗基准平面定位的特点
a）支承点的随机性分布　b）合理的方法

粗基准平面常用的定位元件有固定支承钉和可调支承钉等。

（1）固定支承钉　固定支承钉已标准化，有 A 型（平头）、B 型（球头）和 C 型（齿纹）三种。粗基准平面常用 B 型和 C 型支承钉，如图 6-11 所示。支承钉用 H7/r6 过盈配合压入夹具体中。B 型支承钉能与定位基准面保持良好的接触；C 型支承钉的齿纹能增大摩擦系数，可防止工件在加工时滑动，常用于较大型工件的定位。这类定位元件磨损后不易更换。

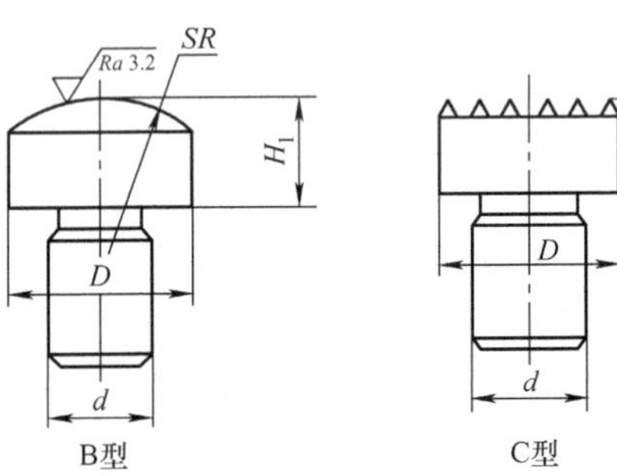

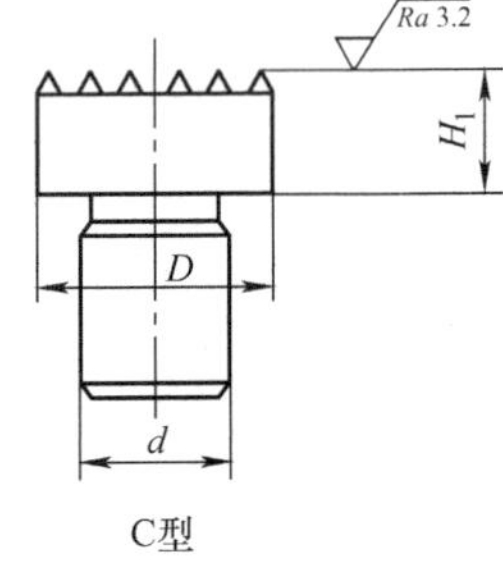

图 6-11　固定支承钉

（2）可调支承钉　可调支承钉的高度可以根据需要进行调节，其螺钉的高度调整后用螺母锁紧，如图 6-12 所示。它已标准化。可调支承钉主要用于毛坯质量不高，特别是用于不同批次的毛坯差别较大时。往往在加工每批毛坯的最初几件时，需要按划线来找正工件的位置，或者在产品系列化的情况下，可用同一夹具装夹结构相同而尺寸规格不同的工件。图 6-13 所示为可调支承钉定位的应用示例。工件以箱体的底面为粗基准定位，铣削顶面。由于毛坯的误差，将使后续镗孔工序的余量偏向一边（如 H_1 或 H_2），甚至出现余量不足的现象。为此，定位时应按划线找正工件的位置，以保证同一批次的毛坯有足够而均匀的加工余量。

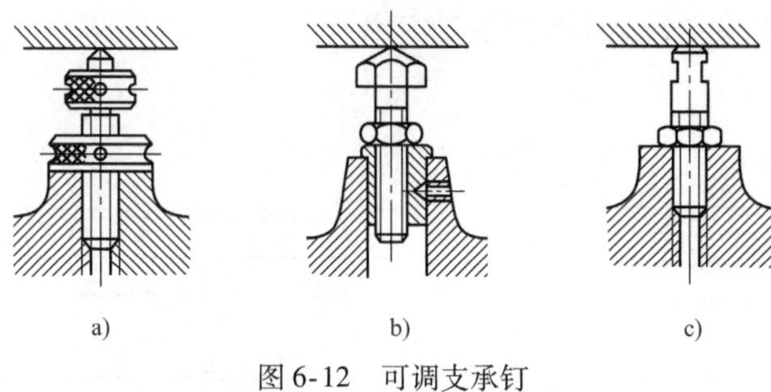

图 6-12　可调支承钉

（3）可换支承钉　可换支承钉的两端面都可作为支承面，但一端为齿面，另一端为球面或平面。它主要用于批量较大的生产中，以降低夹具的制造成本。支承钉为图 6-14 所示位置时，用于粗基准的定位；若松开紧定螺钉，将支承钉掉头，即可作为精基准的定位。

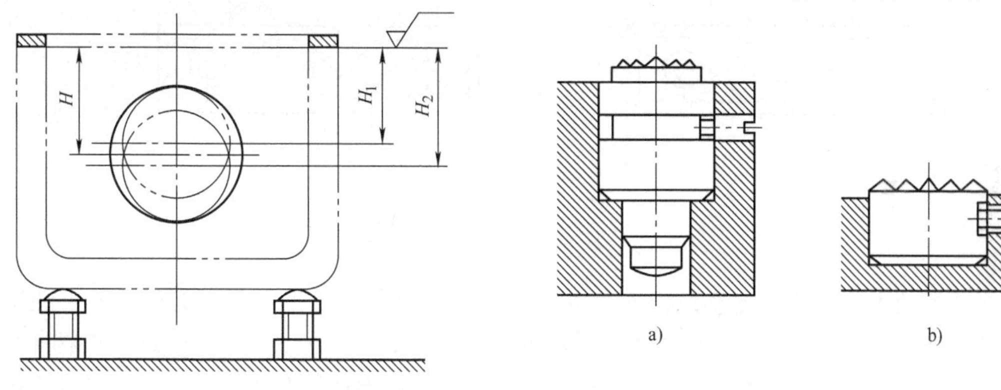

图 6-13　可调支承钉定位的应用示例　　图 6-14　可换支承钉

2. 工件以精基准平面定位

工件经切削加工后的平面可作为精基准平面，定位时可直接放在已加工的平面上。此时的精基准平面具有较小的表面粗糙度值和平面度误差，可获得较高的定位精度。常用的定位元件有平头支承钉和支承板等。

（1）平头支承钉　平头支承钉如图 6-15 所示。它用于工件接触面较小的情况，多件使用时，必须使高度尺寸 H 相等，故允许产生过定位，以提高安装刚性和稳定性。

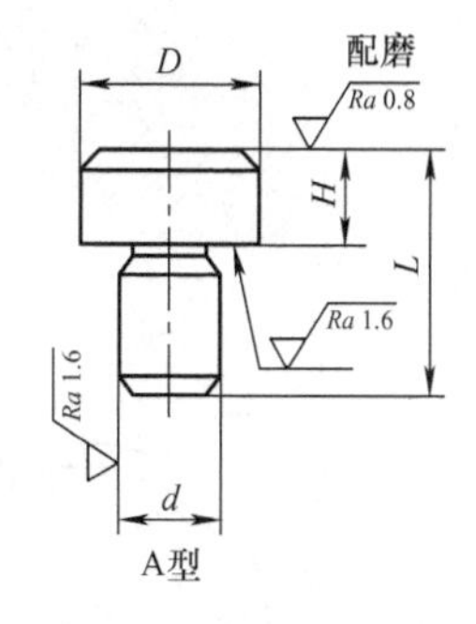

图 6-15　平头支承钉

（2）支承板　支承板如图 6-16 所示，它们都已标准化。A 型为光面支承板，用于垂直方向布置的场合；B 型为带斜槽的支承板，用于水平方向布置的场合，其上斜槽可防止细小切屑停留在定位面上。

工件以精基准平面定位时，所用的平头支承钉或支承板在安装到夹具体上后，其支承面需进行磨削，以使位于同一平面内的各支承钉或支承板等高，且与夹具底面保持必要的位置精度（如平行度或垂直度）。

（3）提高平面支承刚性的方法　在加工大型机体或箱体零件时，为了避免因支承面的刚性不足而引起工件的振动和变形，通常需要考虑提高平面的支承刚性。对刚性较低的薄板状零件进行加工时，也需考虑这一问题。常用的方法是采用浮动支承或辅助支承，这既可减小工件加工时的振动和变形，又不致产生过定位。

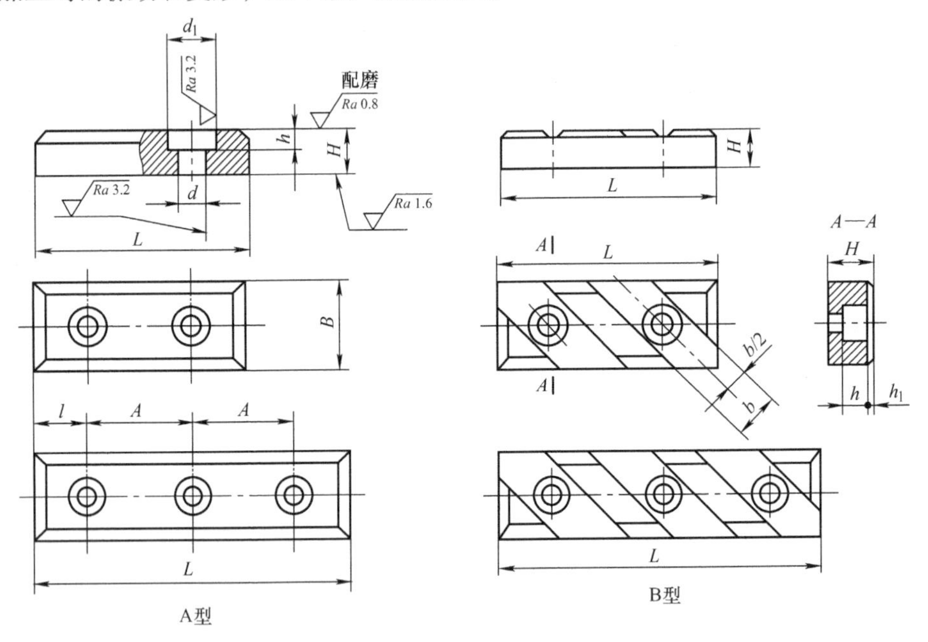

图 6-16　支承板

（4）浮动支承　浮动支承是指支承本身在对工件的定位过程中所处的位置，可随工件定位基准面位置的变化而自动与之适应，如图 6-17 所示。浮动支承是活动的，一般具有两个以上的支承点，其上放置工件后，若压下其中一点，就迫使其余各点上升，直至各点全部与工件接触为止，其定位作用只限制一个自由度，相当于一个固定支承钉。由于浮动支承与工件接触点数的增加，有利于提高工件的定位稳定性和支承刚性，通常用于粗基准平面、断续平面和阶台平面的定位。

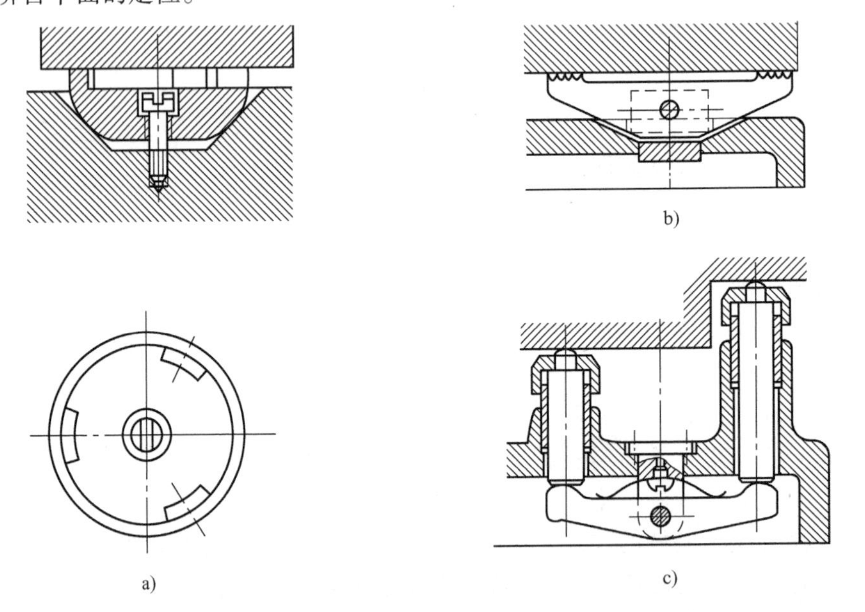

图 6-17　浮动支承

采用浮动支承时，夹紧力和切削力不要正好作用在某一支承点上，应尽可能位于支承点的几何中心。

（5）辅助支承　辅助支承是在夹具中对工件不起限制自由度作用的支承。它主要用于提高工件的支承刚性，防止工件因受力而产生振动或变形。图6-18a 所示为自动调节支承，支承由弹簧的作用与工件保持良好的接触，锁紧顶销即可起支承作用。图6-18b 所示为平面用辅助支承的支承作用，可见其与定位的区别。

辅助支承不能确定工件在夹具中的位置，因此，只有当工件按定位元件定好位以后，再调节辅助支承的位置，使其与工件接触。这样每装卸一次工件，必须重新调节辅助支承。凡可调节的支承都可用作辅助支承。

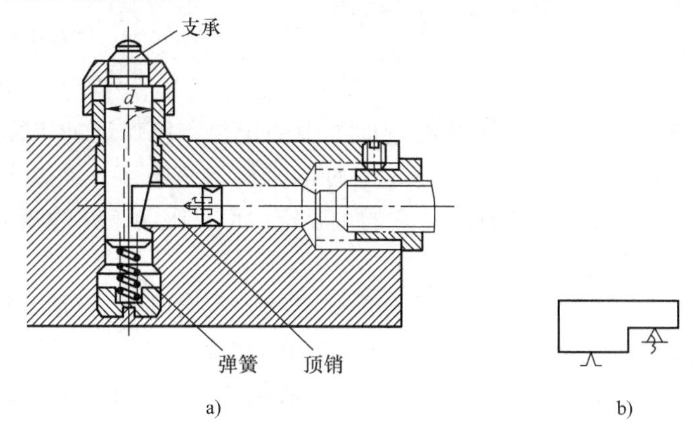

图6-18　自动调节支承

（二）工件以圆柱孔定位

工件以圆孔内表面作为定位表面时，常用以下定位元件。

1. 圆柱销（定位销）

图6-19 所示为常用定位销的结构，其中图6-19a ~ c 所示为固定式定位销，可直接用过盈配合装配在夹具体上。当定位销直径 D 为 3 ~ 10mm 时，为增加刚性避免使用中折断或热处理时淬裂，通常把根部倒成圆角 R。夹具体上应设有沉孔，使定位销的圆角部分沉入孔内而不影响定位。大批大量生产时，为了便于定位销的更换，可采用如图6-19d 所示的带衬套的结构形式。为便于工件装入，定位销的头部有15°倒角。定位销的有关参数可查阅有关国家标准。

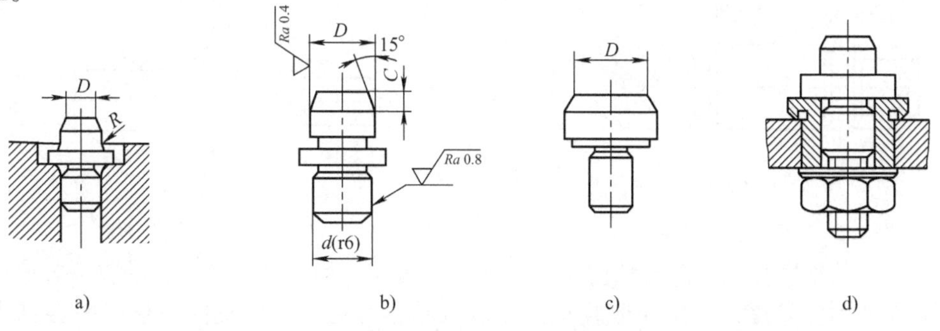

图6-19　常用定位销的结构

a）$D=3\sim10$mm　b）$D=10\sim18$mm　c）$D>18$mm　d）可换式

2. 圆锥销

为了保证后续孔加工余量的均匀，圆孔常用圆锥销定位的方式，如图6-20所示。这种定位方式是圆柱面与圆锥面的接触，所以，两者的接触迹线是在某一高度上的圆。可见，这种定位方式较之用短圆柱销定位，多限制了一个高度方向的移动自由度，即共限制了工件的三个自由度 $\vec{x}$、$\vec{y}$ 和 $\vec{z}$。圆锥销定位常和其他定位元件组合使用，这是由于圆柱孔与圆锥销只能在圆周上作线接触，定位时工件容易倾斜。

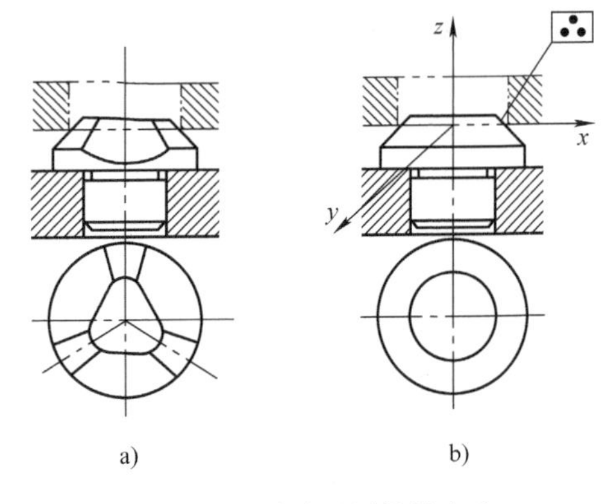

图6-20 圆孔用圆锥销定位
a）粗基准用 b）精基准用

3. 定位心轴

定位心轴常用于盘类、套类零件及齿轮加工中的定位，以保证加工面（外圆柱面、圆锥面或齿轮分度圆）对内孔的同轴度。定位心轴的结构形式很多，除以下要介绍的刚性心轴外，还有胀套心轴、液性塑料心轴等。它的主要定位面可限制工件的四个自由度，若再设置防转支承等，即可实现组合定位。

（1）圆柱心轴 圆柱心轴与工件的配合形式有间隙配合和过盈配合两种。间隙配合心轴装卸工件方便，但定心精度不高。为了减小因配合间隙造成的工件倾斜，工件常以孔和端面组合定位，故要求工件定位孔与定位端面之间、心轴的圆柱工作表面与其端面之间有较高的垂直度。

图6-21所示为过盈配合圆柱心轴，它由引导部分、工作部分和传动部分组成。这种心轴制造简单，定心精度较高，不用另外设置夹紧装置，但装卸工件比较费时，且容易损伤工件定位孔，故多用于定心精度要求较高的精加工中。

（2）锥度心轴 锥度心轴（图6-22）的锥度一般都很小，通常锥度 $K=1:1000\sim1:8000$。装夹时以轴向力将工件均衡推入，依靠孔与心轴接触表面的均匀弹性变形，使工件楔紧在心轴的锥面上。加工时靠摩擦力带动工件旋转，故传递的转矩较小，装卸工件不方便，且不能加工工件的端面。这种定位方式的定心精度高，同轴度公差值为 $\phi0.02\sim\phi0.01$mm，但工件轴向位移误差较大，一般只用于工件定位孔的公差等级高于IT7级的精车和磨削加工。

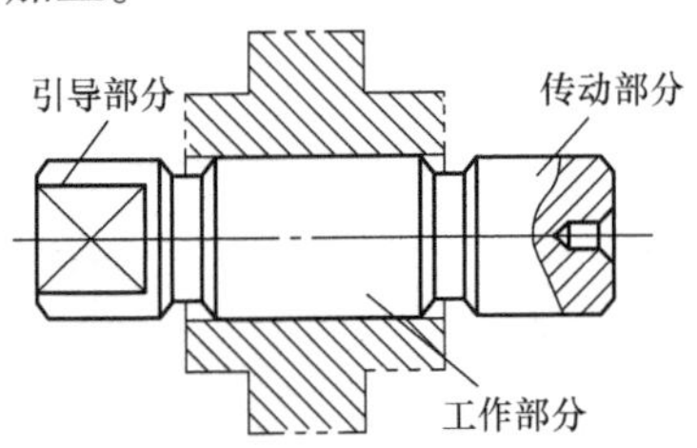

图6-21 过盈配合圆柱心轴

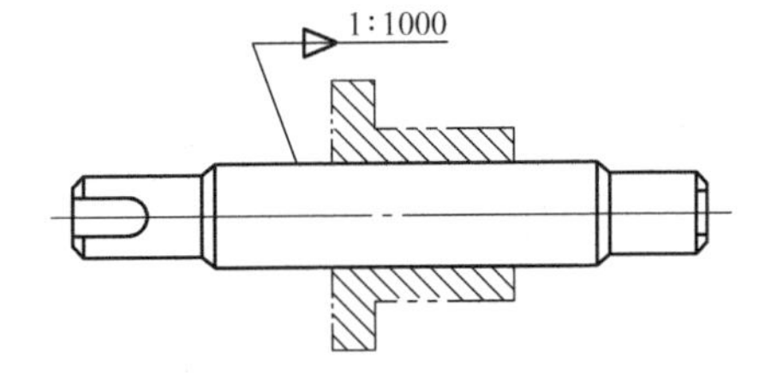

图6-22 锥度心轴

锥度心轴的锥度越小，定心精度越高，夹紧越可靠。当工件长径比较小时，为避免因工件倾斜而降低加工精度，锥度应取较小值，但减小锥度后，工件轴向位移误差会增大。同时，心轴增长，刚性下降，为保证心轴有足够的刚性，当心轴长径比 $L/d>8$ 时，应将工件定位孔的公差范围分成2～3组，每组设计一根心轴。

（三）工件以外圆柱面定位

工件以外圆柱面作为定位基准，是生产中常见的定位方法之一。盘类、套类、轴类等工件就常以外圆柱面作为定位基准。根据工件外圆柱面的完整程度、加工要求等，可以采用 V 形块、半圆套、定位套等定位元件。

1. V 形块

图 6-23 所示为已标准化的 V 形块，它的两半角（$\alpha/2$）对称布置，定位精度较高，当工件用长圆柱面定位时，可以限制四个自由度；若是以短圆柱面定位时，则只能限制工件的两个自由度。V 形块的结构形式较多，如图 6-24 所示。图 6-24a 用于较短的精基准定位；图 6-24b 用于较长的粗基准（或阶梯轴）定位；图 6-24c 用于较长的精基准或两个相距较远的定位基准面的定位；图 6-24d 所示为在铸铁底座上镶淬硬支承板或硬质合金板的 V 形块，以节省钢材。

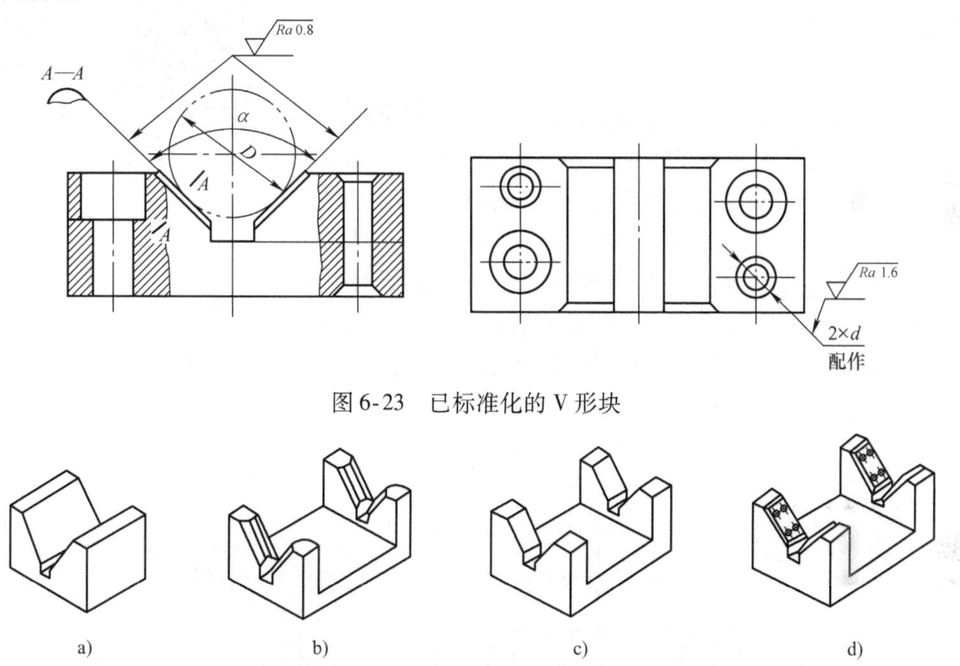

图 6-23　已标准化的 V 形块

图 6-24　V 形块的结构形式

V 形块有活动式与固定式之分。图 6-25a 所示为加工轴承座孔时的定位方式，此时活动 V 形块除限制工件的一个自由度以外，还兼有夹紧的作用。图 6-25b 所示的活动 V 形块只起定位作用，限制工件的一个自由度。

不论定位基面是否经过加工，也不论外圆柱面是否完整，都可用 V 形块定位。V 形块的特点是对中性好，即能使工件定位基准的轴线对中在 V 形块两斜面的对称平面上，而不受定位基准直径误差的影响，并且安装方便，生产中应用很广泛。

2. 半圆套

图 6-26 所示为半圆套，下半部分半圆套装在夹具体上，其定位面 A 置于工件的下方，上半部分半圆套起夹紧作用。这种定位方式类似于 V 形块，常用于不便轴向安装的大型轴套类零件的精基准定位中，其稳定性比 V 形块更好。半圆套与定位基准面的接触面积较大，夹紧力均匀，可减小工件基准面的接触变形，特别是空心圆柱定位基准面的变形。工件定位

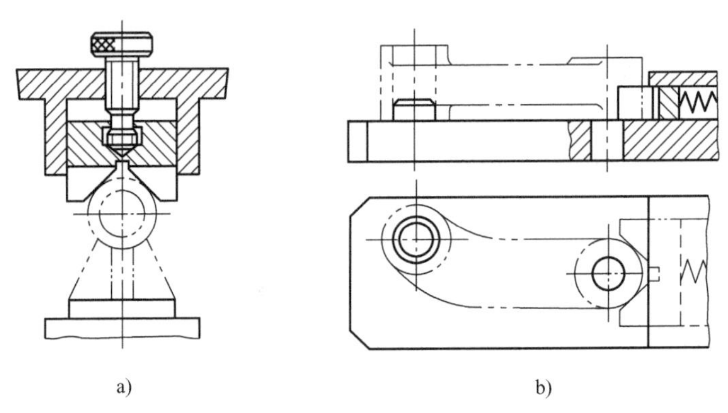

图 6-25　活动 V 形块的应用

基准面的公差等级不应低于 IT9 级，半圆套的最小内径应取工件定位基准面的最大直径。

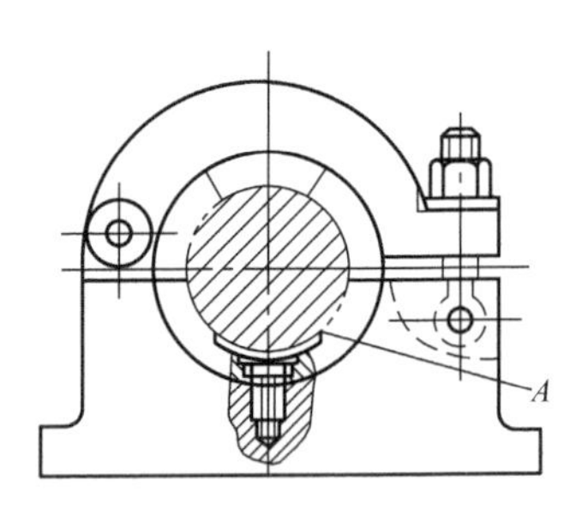

图 6-26　半圆套

3. 定位套

工件以外圆柱面作为定位基准面在定位套中定位时，其定位元件常做成钢套装在夹具体中，如图 6-27 所示。图6-27a 用于工件以端面为主要定位基准时，短定位套只限制工件的两个移动自由度；图 6-27b 用于工件以外圆柱面为主要定位基准时，应考虑垂直度误差与配合间隙的影响，必要时应采取工艺措施，以避免重复定位引起的不良后果。长定位套可限制工件的四个自由度。这种定位方式为间隙配合的中心定位，故对定位基准面的精度要求较高（不应低于 IT8 级）。定位套应用较少，主要用于小型的形状简单的轴类零件的定位。

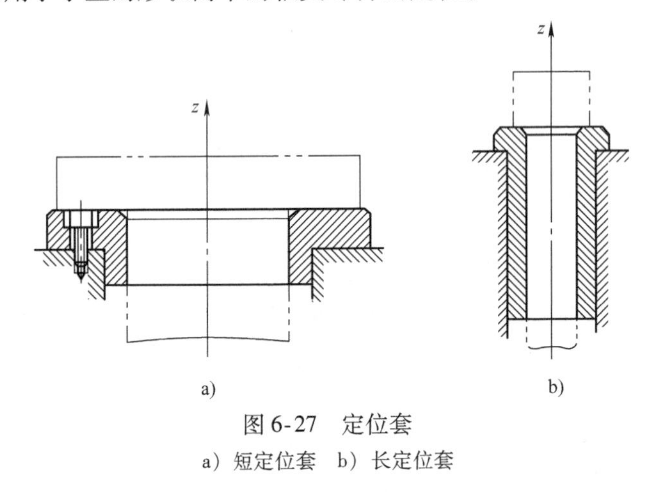

图 6-27　定位套

a）短定位套　b）长定位套

第三节　定位误差的分析

一、定位误差的概念

工件在夹具中的位置是以其定位基面与定位元件相接触（配合）来确定的。然而，由于定位基面、定位元件的工作表面的制造误差，会使一批工件在夹具中的实际位置不一致。

加工后，各工件的加工尺寸必然大小不一，形成误差。这种由于工件在夹具上定位不准而造成的加工误差称为定位误差，用Δ_D表示。它包括基准位移误差和基准不重合误差。在采用调整法加工一批工件时，定位误差的实质是工序基准在加工尺寸方向上的最大变动量。采用试切法加工，不存在定位误差。

定位误差产生的原因是工件的制造误差和定位元件的制造误差，两者的配合间隙及工序基准与定位基准不重合等。

1. 基准不重合误差

当定位基准与设计基准不重合时便产生基准不重合误差。因此选择定位基准时应尽量与设计基准相重合。当被加工工件的工艺过程确定以后，各工序的工序尺寸也就随之而定，此时在工艺文件上，设计基准便转化为工序基准。

设计夹具时，应当使定位基准与工序基准相重合。当定位基准与工序基准不重合时，也将产生基准不重合误差，其大小等于定位基准与工序基准之间尺寸的公差，用Δ_B表示。

2. 基准位移误差

工件在夹具中定位时，由于工件定位基面与夹具上定位元件限位基面的制造误差和最小配合间隙的影响，导致定位基准与限位基准不能重合，从而使各个工件的位置不一致，给加工尺寸造成误差，这个误差称为基准位移误差，用Δ_Y表示。图6-28a所示为圆套铣键槽的工序简图，工序尺寸为A和B。图6-28b所示为加工示意图，工件以内孔D在圆柱心轴上定位，O是心轴轴心，C是对刀尺寸。尺寸A的工序基准是内孔轴线，定位基准也是内孔轴线，两者重合，$\Delta_B=0$。但是，由于工件内孔面与心轴圆柱面有制造误差和最小配合间隙，使得定位基准（工件内孔轴线）与限位基准（心轴轴线）不能重合，定位基准相对于限位基准下移了一段距离。由于刀具调整好位置后在加工一批工件过程中位置不再变动（与限位基准的位置不变），所以，定位基准的位置变动影响到尺寸A的大小，给尺寸A造成了误差，这个误差就是基准位移误差。

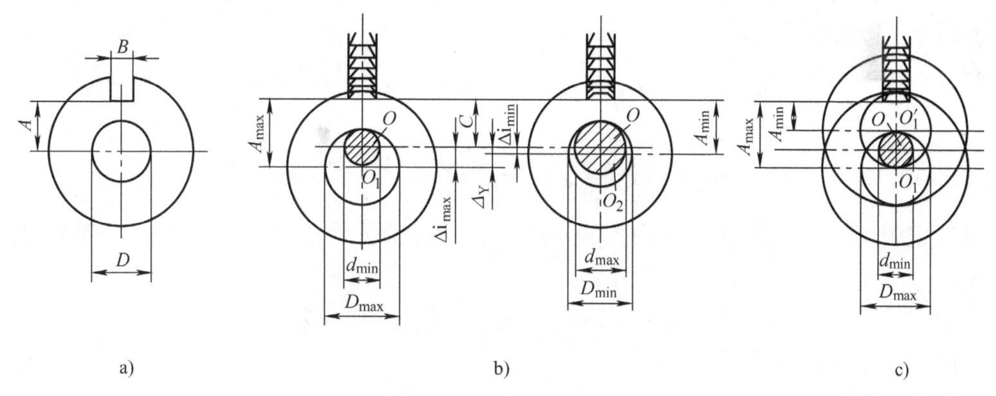

图6-28　基准位移误差

基准位移误差的大小应等于因定位基准与限位基准不重合造成工序尺寸的最大变动量。由图6-28b可知，一批工件定位基准的最大变动量应为

$$\Delta_i = A_{max} - A_{min}$$

式中　Δ_i——一批工件定位基准的最大变动量；

A_{max}——最大工序尺寸；

A_{min}——最小工序尺寸。

当定位基准的变动方向与工序尺寸的方向相同时，基准位移误差等于定位基准的变动范围，即

$$\Delta_Y = \Delta_i \tag{6-1}$$

当定位基准的变动方向与工序尺寸的方向不同时，基准位移误差等于定位基准的变动范围在加工尺寸方向上的投影，即

$$\Delta_Y = \Delta_i \cos\alpha \tag{6-2}$$

式中 α——定位基准的变动方向与工序尺寸方向之间的夹角。

二、定位误差的计算

一般情况下，定位误差由基准位移误差和基准不重合误差组成，但并不是在任何情况下两种误差都存在。当定位基准与工序基准重合时，$\Delta_B = 0$，当定位基准无变动时，$\Delta_Y = 0$。

定位误差由基准位移误差与基准不重合误差两项组合而成。计算时，先分别算出 Δ_Y 和 Δ_B，然后将两者组合而成 Δ_D。组合方法为

如果工序基准不在定位基面上，则 $\Delta_D = \Delta_Y + \Delta_B$

如果工序基准在定位基面上，则 $\Delta_D = \Delta_Y \pm \Delta_B$

式中“+”“-”号的确定方法如下：

1）分析定位基面直径由小变大（或由大变小）时，定位基准的变动方向。

2）定位基面直径同样变化时，假设定位基准的位置不变动，分析工序基准的变动方向。

3）两者的变动方向相同时，取“+”号；两者的变动方向相反时，取“-”号。

1. 工件以圆柱配合面定位

（1）定位副固定单边接触 如图 6-28b 所示，当心轴水平放置时，工件在自重作用下与心轴固定单边接触，此时

$$\Delta_Y = \Delta_i = OO_1 - OO_2 = \frac{D_{max} - d_{min}}{2} - \frac{D_{min} - d_{max}}{2}$$

$$= \frac{D_{max} - D_{min} + d_{max} - d_{min}}{2} = \frac{T_D + T_d}{2}$$

（2）定位副任意边接触 如图 6-28c 所示，当心轴垂直放置时，工件与心轴任意边接触，此时

$$\Delta_Y = \Delta_i = OO_1 + OO'_1 = D_{max} - d_{min} = T_D + T_d + X_{min} \tag{6-3}$$

式中 T_D——工件孔的公差（mm）；

T_d——心轴的公差（mm）；

X_{min}——工件孔与心轴的最小间隙（mm）。

【例 6-1】 在图 6-28 中，设 $A = 40\text{mm} \pm 0.1\text{mm}$，$D = 50^{+0.03}_{0}\text{mm}$，$d = 50^{-0.01}_{-0.04}\text{mm}$。求加工尺寸 A 的定位误差。

解：

1）定位基准与工序基准重合，$\Delta_B = 0$。

2）定位基准与限位基准不重合，定位基准单方向移动，其最大变动量为

$$\Delta_i = \frac{T_D + T_d}{2}$$

$$\Delta_Y = \Delta_i = \frac{0.03 + 0.03}{2}\text{mm} = 0.03\text{mm}$$

3）$\Delta_D = \Delta_Y = 0.03\text{mm}$。

【例 6-2】 钻铰如图 6-29a 所示凸轮上的 2 × ϕ16mm 孔，定位方式如图 6-29b 所示。定位销直径为 $\phi22^{\ 0}_{-0.021}$mm，求加工尺寸 100mm ± 0.1mm 的定位误差。

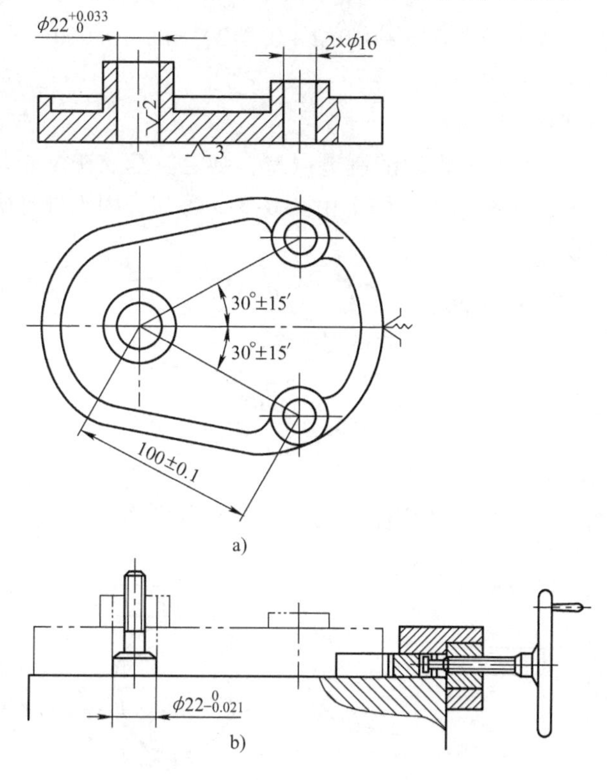

图 6-29　凸轮工序图及定位简图

解：

1）定位基准与工序基准重合，$\Delta_B = 0$。

2）定位基准与限位基准不重合，定位基准单方向移动，移动方向与加工尺寸方向之间的夹角为 30° ± 15′。

因
$$\Delta_i = \frac{T_D + T_d}{2}$$

根据式（6-2）知

$$\Delta_Y = \Delta_i\cos\alpha = \left(\frac{0.033 + 0.021}{2}\cos30°\right)\text{mm} = 0.02\text{mm}$$

3）$\Delta_D = \Delta_Y = 0.02\text{mm}$。

【例 6-3】 如图 6-30 所示为镗活塞销孔示意图。活塞销孔轴线对活塞裙部内孔轴线的对称度要求为 0.2mm，活塞以裙部内孔及端面定位，内孔与限位销的配合为 $\phi95\,\frac{H7}{g6}$，求对称度的定位误差。

解：查表得 $\phi 95H7=\phi 95^{+0.035}_{0}$mm、$\phi 95g6=\phi 95^{-0.012}_{-0.034}$mm

1）对称度的工序基准是裙部内孔轴线，定位基准也是裙部内孔轴线，两者重合，$\Delta_B=0$。

2）定位基准与限位基准不重合，定位基准可任意方向移动。

根据式（6-3）知

$$\Delta_i=T_D+T_d+X_{min}$$

$$\Delta_Y=\Delta_i=(0.035+0.022+0.012)\text{ mm}=0.069\text{mm}$$

3）$\Delta_D=\Delta_Y=0.069$mm

2. 工件以外圆在V形块上定位

如图6-31所示，如不考虑V形块的制造误差，则定位基准在V形块对称平面上。它在水平方向的定位误差为零，但在垂直方向上由图6-31a可知，因工件外圆柱面直径有制造误差，由此产生基准位移误差为

$$\Delta_Y=OO_1=\frac{d}{2\sin\frac{\alpha}{2}}-\frac{d-T_d}{2\sin\frac{\alpha}{2}}=\frac{T_d}{2\sin\frac{\alpha}{2}}$$

$$\Delta_Y=\Delta_i=\frac{T_d}{2\sin\frac{\alpha}{2}}$$

对于图6-31b中的三种工序尺寸标注，其定位误差分别为

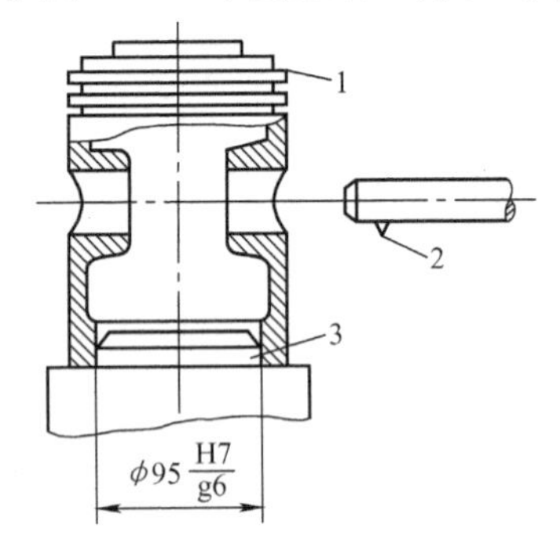

图6-30　镗活塞销孔示意图

1—工件　2—镗刀　3—定位销

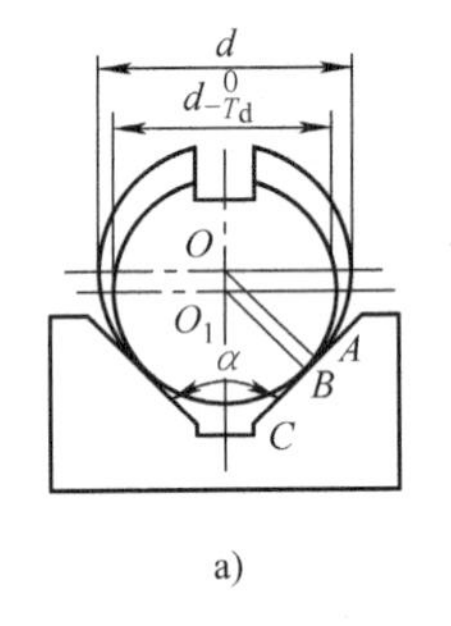

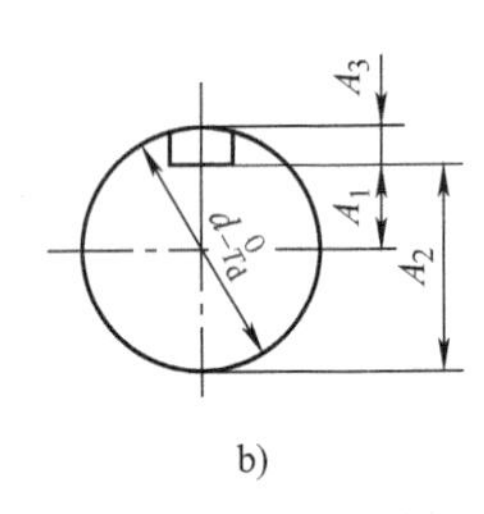

图6-31　工件以圆柱面在V形块上定位

1）当工序尺寸标为A_1时，因基准重合，即

$$\Delta_D=\Delta_Y=\frac{T_d}{2\sin\frac{\alpha}{2}}$$

2）当工序尺寸标为A_2和A_3时，工序基准是圆柱母线，存在基准不重合误差，又因工序基准在定位基面上，因此

$$\Delta_D=\Delta_Y\pm\Delta_B$$

对于尺寸A_2，当定位基面直径由大变小时，定位基准向下变动；当定位基面直径由大变小、假设定位基准位置不动，工序基准朝上变动。两者的变动方向相反，取“－”

号，即

$$\Delta_D = \Delta_Y - \Delta_B = \frac{T_d}{2\sin\frac{\alpha}{2}} - \frac{T_d}{2} = \frac{T_d}{2}\left(\frac{1}{\sin\frac{\alpha}{2}} - 1\right)$$

对于尺寸 A_3，当定位基面直径由大变小时，定位基准向下变动；当定位基面直径由大变小、假设定位基准位置不动，工序基准也朝下变动。两者的变动方向相同，取“+”号，即

$$\Delta_D = \Delta_Y + \Delta_B = \frac{T_d}{2\sin\frac{\alpha}{2}} + \frac{T_d}{2} = \frac{T_d}{2}\left(\frac{1}{\sin\frac{\alpha}{2}} + 1\right)$$

当 $\alpha = 90°$时，上述三种情况下，Δ_D可以计算为：

当工序尺寸为 A_1时

$$\Delta_D = \Delta_Y = \frac{T_d}{2\sin 45°} = 0.707T_d$$

当工序尺寸为 A_2时

$$\Delta_D = \Delta_Y - \Delta_B = \left(\frac{1}{2\sin 45°} - \frac{1}{2}\right)T_d = 0.207T_d$$

当工序尺寸为 A_3时

$$\Delta_D = \Delta_Y + \Delta_B = \left(\frac{1}{2\sin 45°} + \frac{1}{2}\right)T_d = 1.207T_d$$

三、加工精度实现的条件

1. 影响加工精度的因素

用夹具装夹工件进行机械加工时，其工艺系统中影响工件加工精度的因素很多。与夹具有关的因素有定位误差 Δ_D、对刀误差 Δ_T、夹具在机床上的安装误差 Δ_A 和夹具误差 Δ_J。在机械加工工艺系统中，影响加工精度的其他因素综合称为加工方法误差 Δ_G。上述各项误差均导致刀具相对工件的位置不精确，从而形成总的加工误差 $\sum\Delta$。

2. 保证加工精度的条件

工件在夹具中加工时，总加工误差 $\sum\Delta$ 为上述各项误差之和。由于上述误差均为独立随机变量，应用概率法叠加，因此保证工件加工精度的条件是

$$\sum\Delta = \sqrt{\Delta_D^2 + \Delta_T^2 + \Delta_A^2 + \Delta_J^2 + \Delta_G^2} \leqslant \delta_K \tag{6-4}$$

即工件的总加工误差 $\sum\Delta$ 应不大于工件的尺寸公差 δ_K。

为保证夹具有一定的使用寿命，防止夹具因磨损而过早报废，在分析计算工件加工精度时，需留出一定的精度储备量 J_C，因此将上式改写为

$$\sum\Delta \leqslant \delta_K - J_C$$

或

$$J_C \leqslant \delta_K - \sum\Delta \geqslant 0 \tag{6-5}$$

当 $J_C \geqslant 0$ 时，夹具能满足工件的加工要求。J_C 值的大小还表示了夹具使用寿命的长短和夹具总图上各项公差值 δ_J 确定得是否合理，δ_J 为夹具总图中的尺寸公差或位置公差。

第四节　选择夹紧机构

夹紧是工件装夹过程的重要组成部分。工件定位后，必须通过一定的机构产生夹紧力，把它固定，使工件保持准确的定位位置，以保证在加工过程中，在切削力等外力作用下不产生位移或振动。这种产生夹紧力的机械称为夹紧装置。

一、夹紧装置的组成和基本要求

1. 夹紧装置的组成

夹紧装置的结构形式虽然很多，但其组成主要包括以下三部分（图6-32）。

（1）力源装置　是产生夹紧原始作用力的装置。对机动夹紧机构来说，有气动、液压、电力等动力装置。

（2）中间传动机构　是把力源装置产生的力传给夹紧元件的中间机构，其作用是能改变力的作用方向和大小，当手动夹紧时能可靠地自锁。

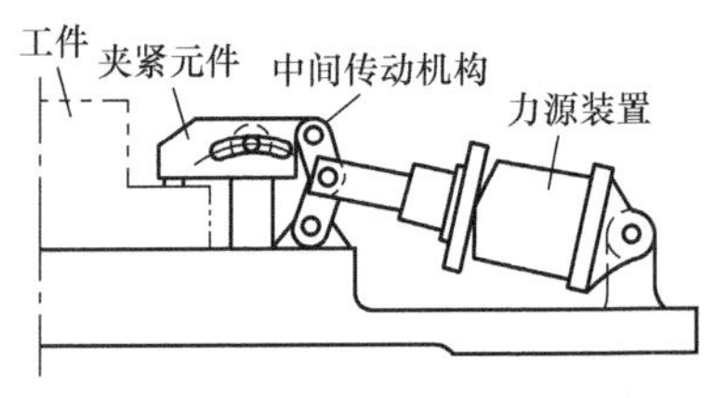

图6-32　夹紧装置组成示意图

（3）夹紧元件　是夹紧装置的最终执行元件，直接和工件接触，把工件夹紧。

中间传动机构和夹紧元件合称为夹紧机构。

2. 夹紧装置的基本要求

（1）夹紧过程可靠　夹紧过程中不破坏工件在夹具中的正确位置。

（2）夹紧力大小适当　夹紧后的工件变形和表面压伤程度必须在加工精度允许的范围内。

（3）结构性好　结构力求简单、紧凑，便于制造和维修。

（4）使用性好　夹紧动作迅速，操作方便，安全省力。

二、夹紧力的确定

确定夹紧力包括确定其大小、方向和作用点。

1. 夹紧力作用点的选择

1）夹紧力作用点必须选在定位元件的支承表面上或作用在几个定位元件所形成的稳定受力区域内，如图6-33所示。

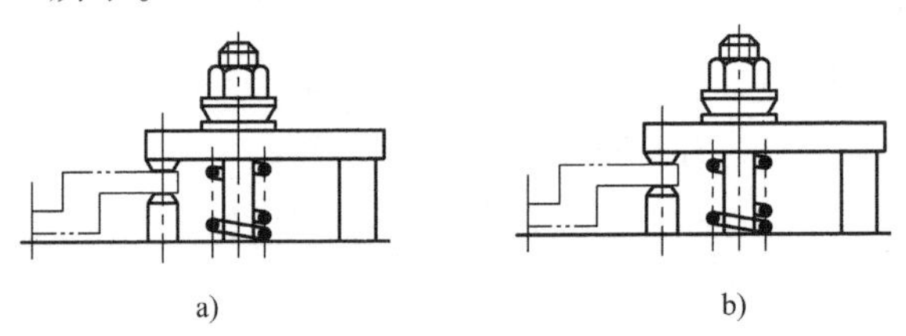

图6-33　夹紧力作用点与工件稳定的关系

a）错误　b）正确

2）夹紧力作用点应选在工件刚性较好的部位。图6-34所示为箱体的夹紧，图6-34a所示为夹紧薄壁箱体时，夹紧力不应作用在箱体的顶面，而应作用在刚性好的凸边上。箱体没有凸边时，如图 6-34b 所示，将单点夹紧改为三点夹紧，从而改变了着力点的位置，减少了工件的变形。

3）夹紧力的作用点应适当靠近加工表面。图 6-35 所示为在拨叉上铣槽，由于主要夹紧力的作用点距加工表面较远，故在靠近加工表面的部位设置了一个辅助支承，增加了夹紧力 F_J。这样，提高了工件的装夹刚性，减少了加工时的工件振动。

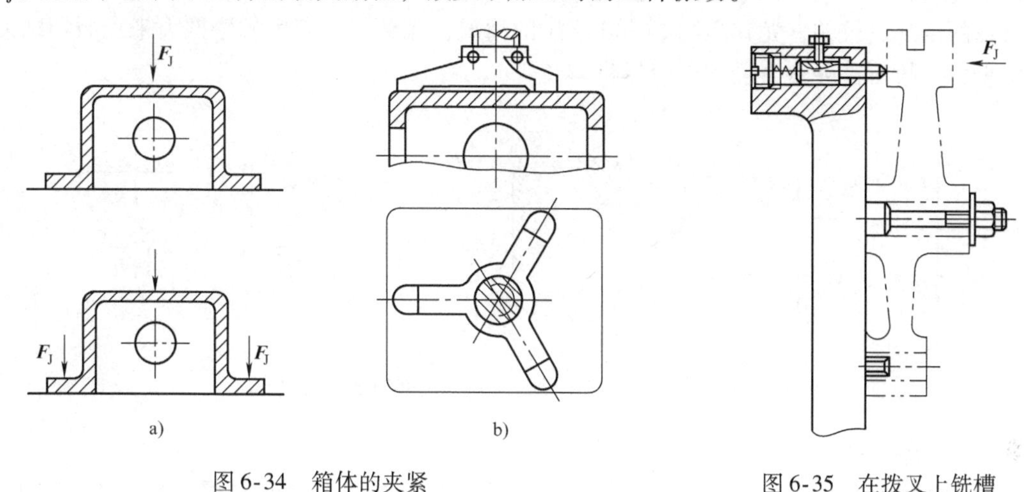

图 6-34　箱体的夹紧　　图 6-35　在拨叉上铣槽

2. 夹紧力方向的选择

1）夹紧力的作用方向不应破坏工件的定位。工件在夹紧力的作用下要确保其定位基面紧贴在定位元件的工作表面上。为此要求主夹紧力的方向应指向主要定位基准面。如图6-36 所示，工件上要镗的孔与 A 面有垂直度要求，A 面为主要定位基面，应使夹紧力垂直于 A 面（图 6-36a），才能保证镗出的孔与 A 面垂直。如果夹紧力垂直于 B 面（图 6-36b），则镗出的孔与 A 面的垂直度不能保证。

2）夹紧力作用方向应与工件刚度最大的方向一致，使工件的夹紧变形小。如图 6-37 所示，加工薄壁套筒时，由于工件的径向刚度很差，若用卡爪径向夹紧，工件变形大，改为沿轴向施加夹紧力，变形就会小得多。

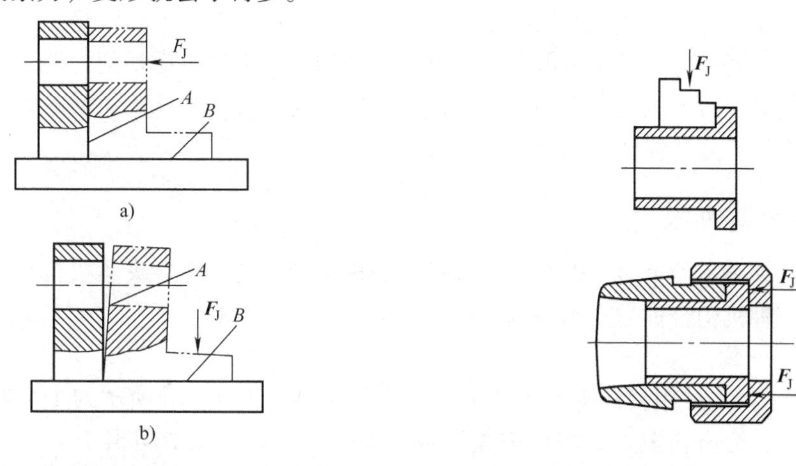

图 6-36　夹紧力方向垂直指向主要定位支承表面　　图 6-37　夹紧力的作用方向对工件变形的影响

3）夹紧力的作用方向应尽量与切削力、工件的重力等方向一致，有利于减小夹紧力。图6-38所示为工件在夹具中夹紧时几种典型的受力情况。图中F为切削力，F_W为夹紧力，F_G为工件重力。从装夹方便和减小夹紧力的角度考虑，应使主要定位支承表面处于水平朝上位置，如图6-38a、b所示，工件装夹既方便又稳定，特别是图6-38a所示的情况，其切削力F和工件重力F_G都朝向主要定位支承表面，因而所需夹紧力F_W最小。图6-38c、d、e、f所示的情况就较差，尤其是图6-38d所示的情况，靠夹紧力产生的摩擦力来克服切削力和工件重力，故所需夹紧力最大，应尽量避免。

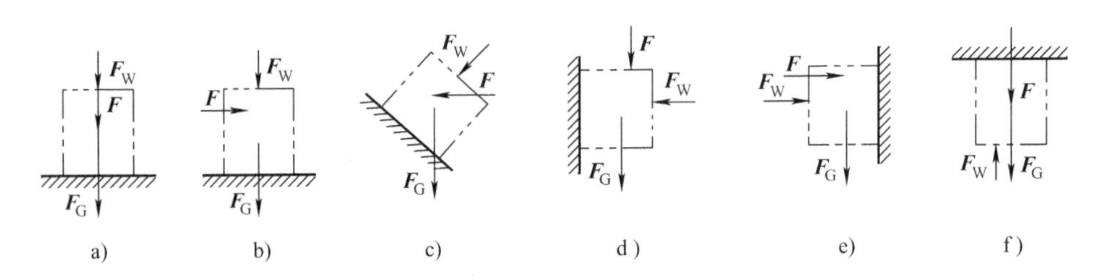

图6-38　工件在夹具中夹紧时几种典型的受力情况

3. 夹紧力大小的确定

夹紧力的大小从理论上讲，应该与作用在工件上的其他力（力矩）相平衡。而实际上，夹紧力的大小还与工艺系统的刚性、夹紧机构的传力效率等因素有关，计算是很困难的。因此，在实际工作中常用估算法、类比法或经验法来确定所需夹紧力的大小。

用估算法确定夹紧力的大小时，首先根据加工情况，确定工件在加工过程中对夹紧最不利的瞬时状态，分析作用在工件上的各种力，再根据静力平衡条件计算出理论夹紧力，最后再乘以安全系数，即可得到实际所需夹紧力，即

$$F_{WK}=KF_W$$

式中　F_{WK}——实际所需夹紧力（N）；

F_W——由静力平衡计算出的理论夹紧力（N）；

K——安全系数，通常取1.5～2.5，精加工和连续切削时取较小值，粗加工或断续切削时取较大值，当夹紧力与切削力方向相反时，取2.5～3。

计算和确定夹紧力时，对于一般中、小型工件的加工，主要考虑切削力的影响；对于大型工件的加工，必须考虑重力的影响；对于高速回转的偏心工件和往复运动的大型工件的加工，还必须考虑离心力和惯性力的影响。

三、基本夹紧机构

夹紧机构的种类虽然很多，但其结构大都以斜楔夹紧机构、螺旋夹紧机构和偏心夹紧机构为基础，这三种机构合称为基本夹紧机构。

1. 斜楔夹紧机构

图6-39所示为几种用斜楔夹紧机构夹紧工件的实例。图6-39a所示为手动斜楔夹紧机构。工件装入后，锤击斜楔大头即可夹紧工件。加工完毕后，锤击斜楔小头，即可松开工件。由于是用斜楔直接夹紧工件的，夹紧力较小，且操作费时，所以实际生产中应用不多。多数情况下是将斜楔与其他机构组合起来使用。图6-39b所示为将斜楔与滑柱组合成一种夹

紧机构，一般用气动或液压做动力源。图 6-39c 所示为由端面斜楔与压板组合而成的夹紧机构。

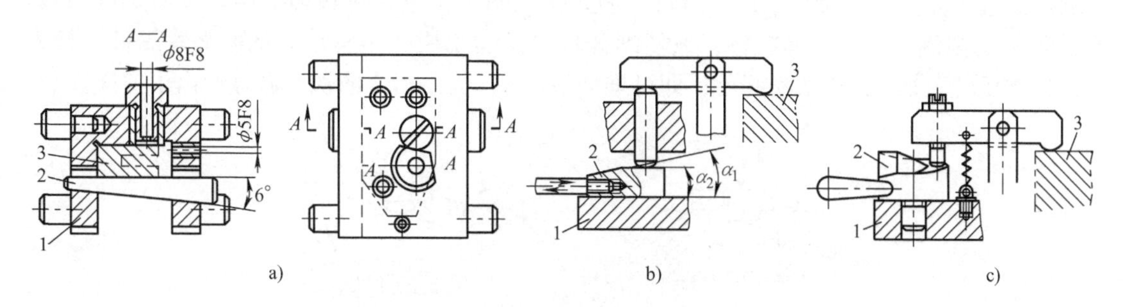

图 6-39　斜楔夹紧机构

1—夹具体　2—斜楔　3—工件

斜楔的自锁条件是：斜楔的升角小于斜楔与工件、斜楔与夹具体之间的摩擦角之和。为保证自锁可靠，手动夹紧机构一般取 $\alpha=6°\sim8°$。用气动或液压装置驱动的斜楔不需要自锁，可取 $\alpha=15°\sim30°$。

2. 螺旋夹紧机构

由螺钉、螺母、垫圈、压板等元件组成的夹紧机构，称为螺旋夹紧机构。图 6-40 所示为应用这种机构来夹紧的实例。

螺旋夹紧机构的实质是绕在圆柱体上的斜楔，因此它不仅结构简单、容易制造，而且由于其升角很小，所以螺旋夹紧机构的自锁性能好，夹紧行程较大，是手动夹紧中用得最多的一种夹紧机构，只是夹紧动作较慢。

（1）单个螺旋夹紧机构　图 6-40 所示是直接用螺钉或螺母夹紧工件的机构，称为单个螺旋夹紧机构。螺钉头直接与工件表面接触，螺钉转动时，可能损伤工件表面，或带动工件旋转。克服这一缺点的方法是在螺钉头部装上摆动压块。当摆动压块与工件接触后，由于压块与工件间的摩擦力矩大于压块与螺钉间的摩擦力矩，压块不会随螺钉一起转动。摆动压块如图 6-41 所示，其中图 6-41a 的端面是光滑的，用于夹紧已加工表面；图 6-41b 的端面有齿纹，用于夹紧毛坯面。

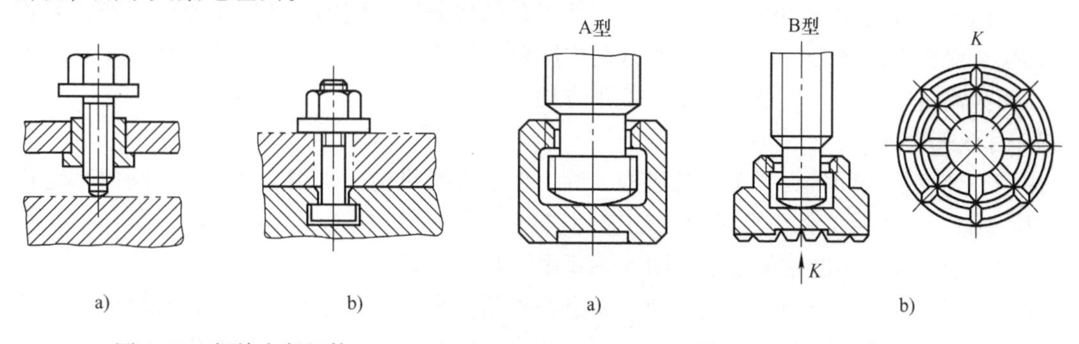

图 6-40　螺旋夹紧机构　　　图 6-41　摆动压块

为克服单个螺旋夹紧机构夹紧动作慢、工件装卸费时的缺点，常用各种快速接近、退离工件的方法。图 6-42 所示为常见的几种快速螺旋夹紧机构。图 6-42a 使用了开口垫圈；图

6-42b 采用了快卸螺母；图 6-42c 中，夹紧轴 1 上的直槽连着螺旋槽，先推动手柄 2，使摆动压块迅速靠近工件，继而转动手柄，用螺旋槽段夹紧工件并自锁；图 6-42d 中的手柄 2 推动螺杆沿直槽方向快速接近工件，后将手柄 3 拉上图示位置，再转动手柄 2 带动螺母旋转，因手柄 3 的限制，螺母不能右移，致使螺杆带着摆动压块往左移动，从而夹紧工件。松夹时，只要反转手柄 2，稍微松开后，即可推动手柄 3，为手柄 2 的快速右移让出了空间。

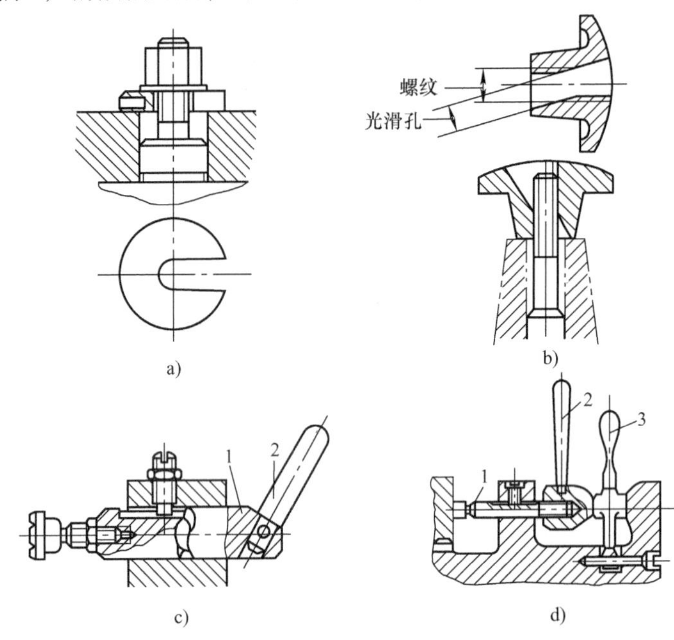

图 6-42　快速螺旋夹紧结构

1—夹紧轴　2、3—手柄

（2）螺旋压板机构　夹紧机构中，结构形式变化最多的是螺旋压板机构。图 6-43 所示为螺旋压板机构的 5 种典型结构。图 6-43a、b 两种机构的施力螺钉位置不同，图 6-43a 夹紧力 F_J小于作用力 F_Q，主要用于夹紧行程较大的场合；图 6-43b 可通过调整压板的杠杆比 l/L，实现增大夹紧力和夹紧行程的目的。图 6-43c 是铰链压板机构，主要用于增大夹紧力的场合。图 6-43d 是螺旋钩形压板机构，其特点是结构紧凑，使用方便，主要用于安装夹紧机构的位置受限制的场合。图 6-43e 为自调式压板，它能适应工件高度由 0～100mm 范围内变化，而无需进行调节，其结构简单、使用方便。

3. 偏心夹紧机构

用偏心件直接或间接夹紧工件的机构，称为偏心夹紧机构。常用的偏心件是圆偏心轮和偏心轴。图 6-44 所示为偏心夹紧机构的应用实例。图 6-44a 用的是圆偏心轮，图 6-44b 用的是凸轮，图 6-44c 用的是偏心轴，图 6-44d 用的是偏心叉。

偏心夹紧机构操作方便、夹紧迅速，缺点是夹紧力和夹紧行程都较小，且自锁可靠性较差，一般用于切削力不大、振动小、夹压面公差小、没有离心力影响的加工中。为避免夹紧时带动工件而破坏定位，一般不直接用偏心件夹工件。偏心轮相当于绕在原盘上的斜楔，故其自锁条件与斜楔的自锁条件相同。

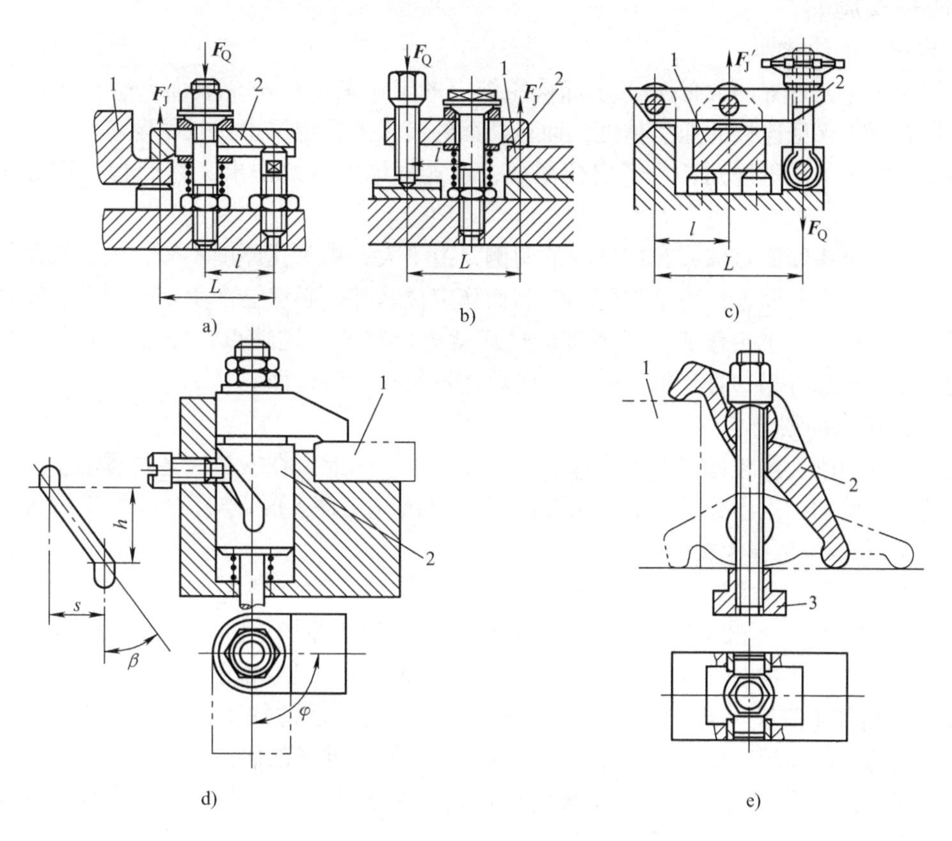

图 6-43　螺旋压板机构

1—工件　2—压板　3—T 形槽用螺母

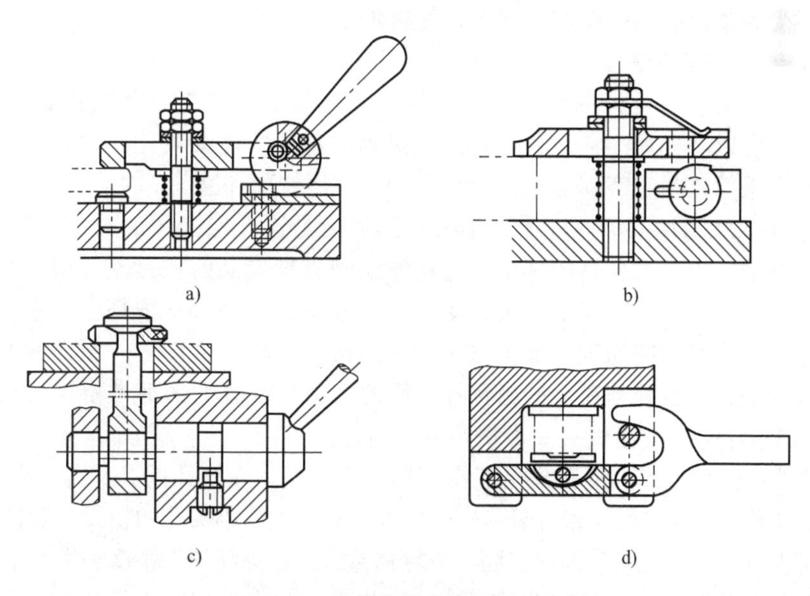

图 6-44　偏心夹紧机构的应用实例

a）圆偏心轮　b）凸轮　c）偏心轴　d）偏心叉

【任务实施】

1. 定位基准的选择

连杆加工工艺过程的大部分工序都采用统一的定位基准：一个端面、小头孔及工艺凸台。这样有利于保证连杆的加工精度，而且端面的面积大，定位也比较稳定。

由于连杆的外形不规则，为了定位需要，在连杆体大头处作出工艺凸台，作为辅助基准面。

连杆大、小头端面对称分布在杆身的两侧，由于大、小头孔厚度不等，大头端面与同侧小头端面不在一个平面上，用这样的不等高面作定位基准，必然会产生定位误差。制订工艺方案时，可先把大、小头作成一样厚度，这样就可以避免上述缺点，而且由于定位面积加大，使得定位更加可靠，直到加工的最后阶段才铣出这个阶梯面。

2. 加工阶段的划分

连杆本身的刚性比较低，在外力作用下容易变形，因此，在安排工艺过程时，应把各主要表面的粗、精加工工序分开。如大头孔先进行粗镗（工序8），连杆合件加工后再半精镗大头孔（工序3），精镗大头孔（工序4）。

连杆工艺过程可分为以下三个阶段：

（1）粗加工阶段　粗加工阶段也是连杆体和盖合并前的加工阶段，如基准面（包括辅助基准面）加工，为准备连杆体及盖合并所进行的加工（如结合面的铣、磨）等。

（2）半精加工阶段　半精加工阶段是连杆体和盖合并后的加工，如精磨两平面，半精镗大头孔及孔口倒角等。总之，是为精加工大、小头孔作准备的阶段。

（3）精加工阶段　精加工阶段是最终保证连杆主要表面——大、小头孔全部达到图样要求的阶段，如珩磨大头孔、精镗小头孔等。

3. 确定合理的夹紧方法

连杆是一个刚性较差的工件，应十分注意夹紧力的大小、作用力的方向及着力点位置的选择，以免因受夹紧力的作用而产生变形，使得加工精度降低。

4. 主要表面的加工方法

（1）两端面的加工　连杆的两端面是连杆加工过程中最主要的定位基准面，而且在许多工序中使用，所以应先加工它，且随着工艺过程的进行要逐渐精化，以提高其定位精度。大批大量生产多采用拉削和磨削加工，成批生产多采用铣削和磨削。

（2）大、小头孔的加工　连杆大、小头孔的加工是连杆加工中的关键工序，尤其大头孔的加工是连杆加工中要求最高的部位，直接影响到连杆成品的质量。一般先加工小头孔，后加工大头孔，合装后再同时精加工大、小头孔。小头孔直径小，锻坯上一般不锻出预孔，所以小头孔首道工序为钻削加工。加工方案多为：钻——扩（拉）——镗（铰）。无论采用整体锻还是分开锻，大头孔都是会锻出预孔，因此大头孔首道工序都是粗镗（或扩）。大头孔的加工方案多为：（扩）粗镗——半精镗——精镗。

在大、小头孔的加工中，镗孔是保证精度的主要方法。连杆孔的孔深与孔径比皆在1左右，这个范围镗孔工艺性最好，镗杆悬伸短，刚性也好。大、小头孔的精镗一般都在专用的双轴镗床上同时进行，有条件的厂采用双面、双轴精镗床，对提高加工精度和生产率效果更好。

大、小头孔的光整加工是保证孔的尺寸、形状精度和表面粗糙度不可缺少的加工工序。一般有以下三种方案：1）珩磨；2）精镗；3）脉冲式滚压。

（3）工艺方案多为工序分散　连杆加工多属大批量生产，其工艺方案多按工序分散原则制订。一部分工序用高生产率的组合机床和专用机床，并广泛地使用气动、液压夹具以提高生产率，满足大批量生产的需要。

5. 确定连杆和连杆合件的加工工艺过程（表6-3和表6-4）。

表6-3　连杆的加工工艺过程

连杆体			连杆盖			
工序号	工序内容	定位基准	工序号	工序内容	定位基准	机床设备
1	模锻		1	模锻		
2	调质		2	调质		
3	磁性探伤		3	磁性探伤		
4	粗、精铣两平面	大头孔壁，小头外廓端面	4	粗、精铣两平面	端结合面	立式双头回转铣床
5	磨两平面	端面	5	磨两平面	端面	立轴圆台平面磨床
6	钻、扩、铰小头孔、孔口倒角	大、小头端面，小头外廓工艺凸台				立式五工位机床
7	粗、精铣工艺凸台及结合面	大、小头端面，小头孔、大头孔	6	粗、精铣结合面	端肩胛面	立式双头回转铣床
8	连杆体两件粗镗大头孔，倒角	大、小头端面，小头孔、工艺凸台	7	连杆盖两件粗镗孔，倒角	肩角面螺钉孔外侧	卧式三工位机床
9	磨结合面	大、小头端面，小头孔、工艺凸台	8	磨结合面	肩胛面	立轴矩台平面磨床
10	钻、攻螺纹孔，钻、铰定位孔	小头孔及端面工艺凸台	9	钻、扩沉头孔，钻、铰定位孔	端面，大头孔壁	卧式五工位机床
11	精镗定位孔	定位孔结合面	10	精镗定位孔	定位孔结合面	
12	清洗		11	清洗		

表6-4　连杆合件的加工工艺过程

工序号	工序内容	定位基准	机床设备
1	杆与盖对号，清洗，装配		
2	磨两平面	大、小头端面	立轴圆台平面磨床
3	半精镗大头孔及孔口倒角	大、小头端面，小头孔工艺凸台	
4	精镗大、小头孔	大头端面，小头孔工艺凸台	精镗床
5	钻小头油孔及孔口倒角		
6	珩磨大头孔		珩磨机
7	小头孔内压入活塞销轴承		
8	铣小头两端面	大、小头端面	
9	精镗小头孔	大、小头孔	精镗床
10	拆开连杆盖		
11	铣杆与盖大头轴瓦定位槽		
12	对号，装配		
13	退磁		
14	检验		

【复习与思考】

1. 机床夹具由哪几部分组成？各部分起什么作用？

2. 工件在夹具中定位、夹紧的目的是什么？

3. 什么是六点定位原理？

4. 试分析图 6-45 中的各定位方案中定位元件所限制的自由度。判断有无欠定位或过定位，是否合理，如何改进。

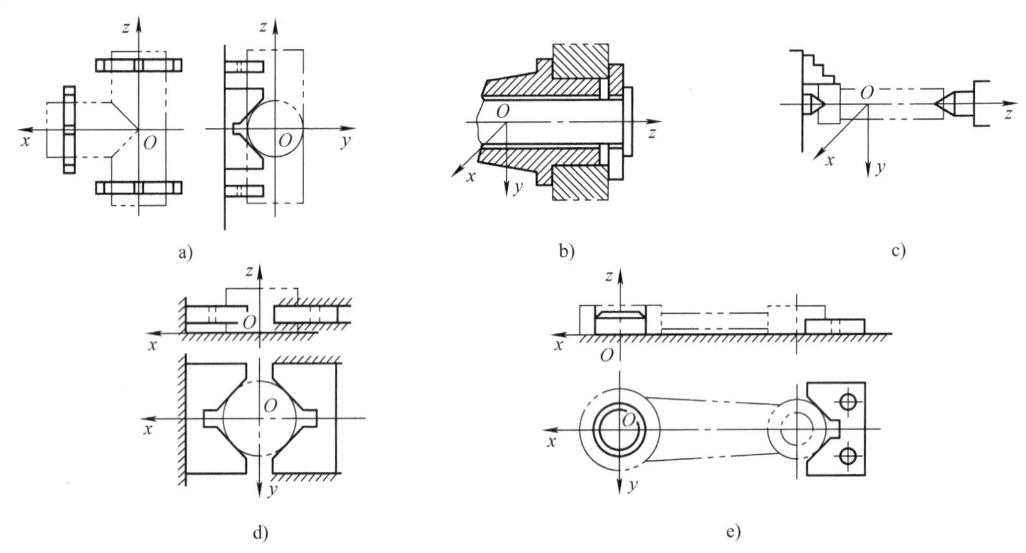

图 6-45 题 4 图

5. 工件的装夹方式有哪几种？试说明它们的特点和应用场合。

6. 工件以平面定位时，常用的定位元件有哪些？各适用于什么场合？

7. 辅助支承有何作用？说明自动调节支承的结构和工作原理。

8. 试举例说明浮动支承的特点。

9. 造成定位误差的原因是什么？

10. 用如图 6-46 所示的定位方式铣削连杆的两个侧面，计算加工尺寸 $12^{+0.3}_{0}$mm 的定位误差。

11. 用如图 6-47 所示定位方式在阶梯轴上铣槽，V 形块的 V 形角 $\alpha=90°$，试计算加工尺寸 74mm ± 0.1mm 的定位误差。

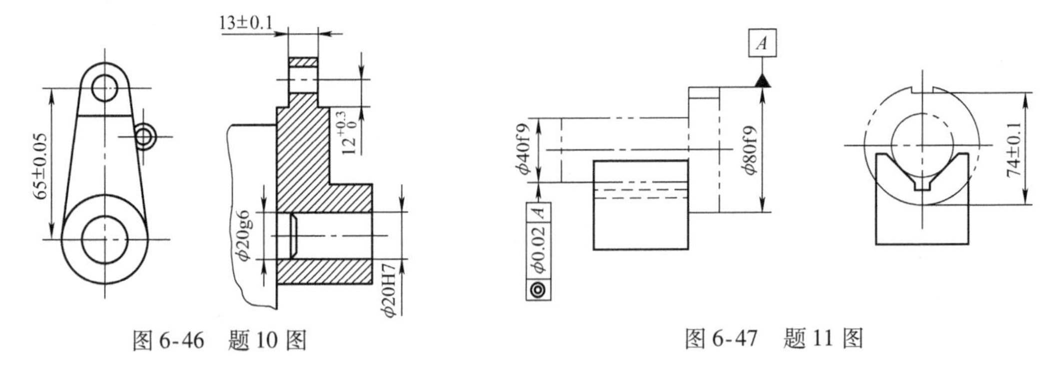

图 6-46 题 10 图　　图 6-47 题 11 图

12. 影响加工精度的因素有哪些？保证加工精度的条件是什么？

13. 对夹紧装置的基本要求有哪些？

14. 试分析如图 6-48 所示的夹紧力的作用点与方向是否合理，为什么？如何改进？

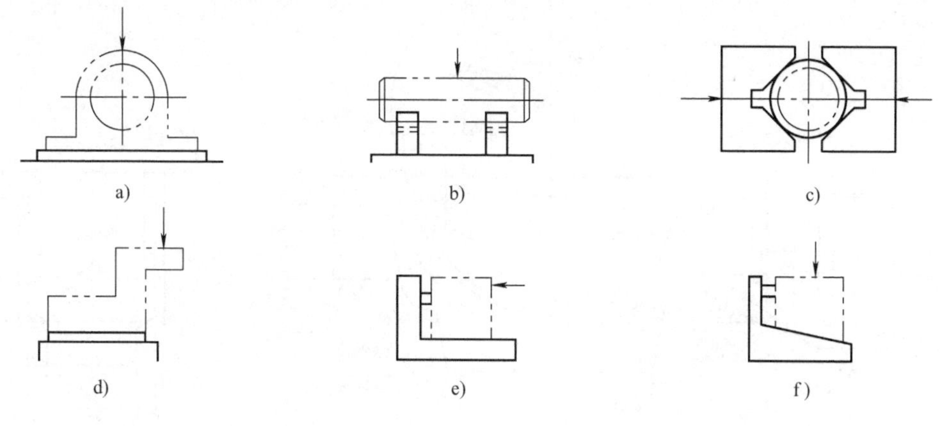

图 6-48　题 14 图

15. 分析三种基本夹紧机构的优缺点。

16. 确定夹紧力的方向和作用点应遵循哪些原则？

【技能训练】

在使用通用设备加工时，编制下面各个零件的机械加工工艺，并对工艺路线进行分析（生产类型：小批生产）。

1）连杆零件（图 6-49 ~ 图 6-51），材料为 45 钢。

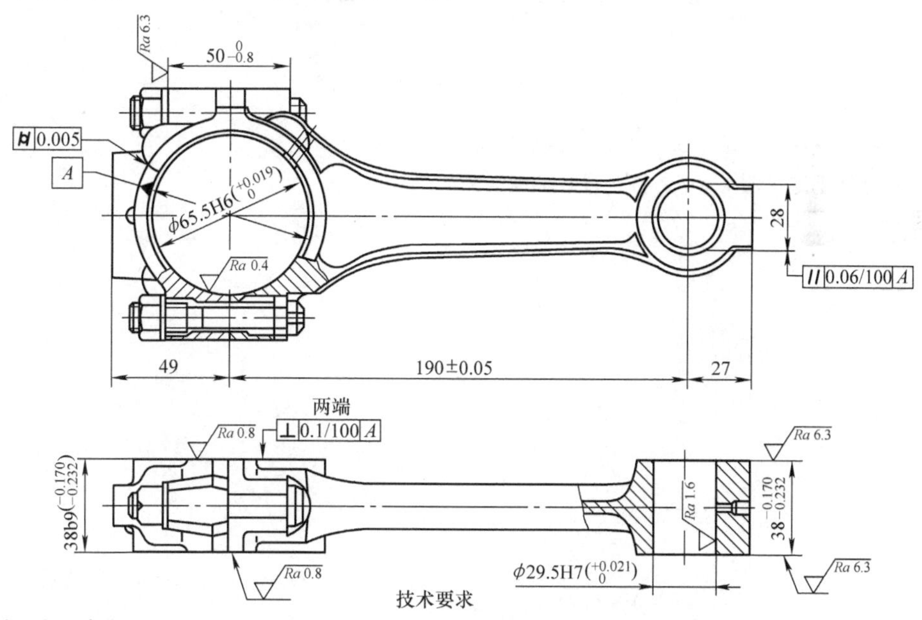

技术要求

1. 锻造拔模斜度不大于7°。
2. 在连杆的全部表面上不得有裂纹、发裂、夹层、结疤、凹痕、毛刺、氧化皮及锈蚀等现象。
3. 连杆上不得有因金属未充满锻模而产生的缺陷、连杆上不得焊补修整。
4. 在指定处检验硬度，硬度为226～278HBW。
5. 连杆纵向剖面上宏观组织的纤维方向应沿着连杆中心线并与连杆外廓相符，无弯曲及断裂现象。
6. 连杆成品的金相显微组织应为均匀的细晶粒结构，不允许有片状铁素体。
7. 锻件须经喷丸处理。
8. $\phi 65.5H(^{+0.019}_{0})$在检测圆柱度时，连杆体与连杆上盖接缝处10区域内不需检验。

图 6-49　连杆组件图

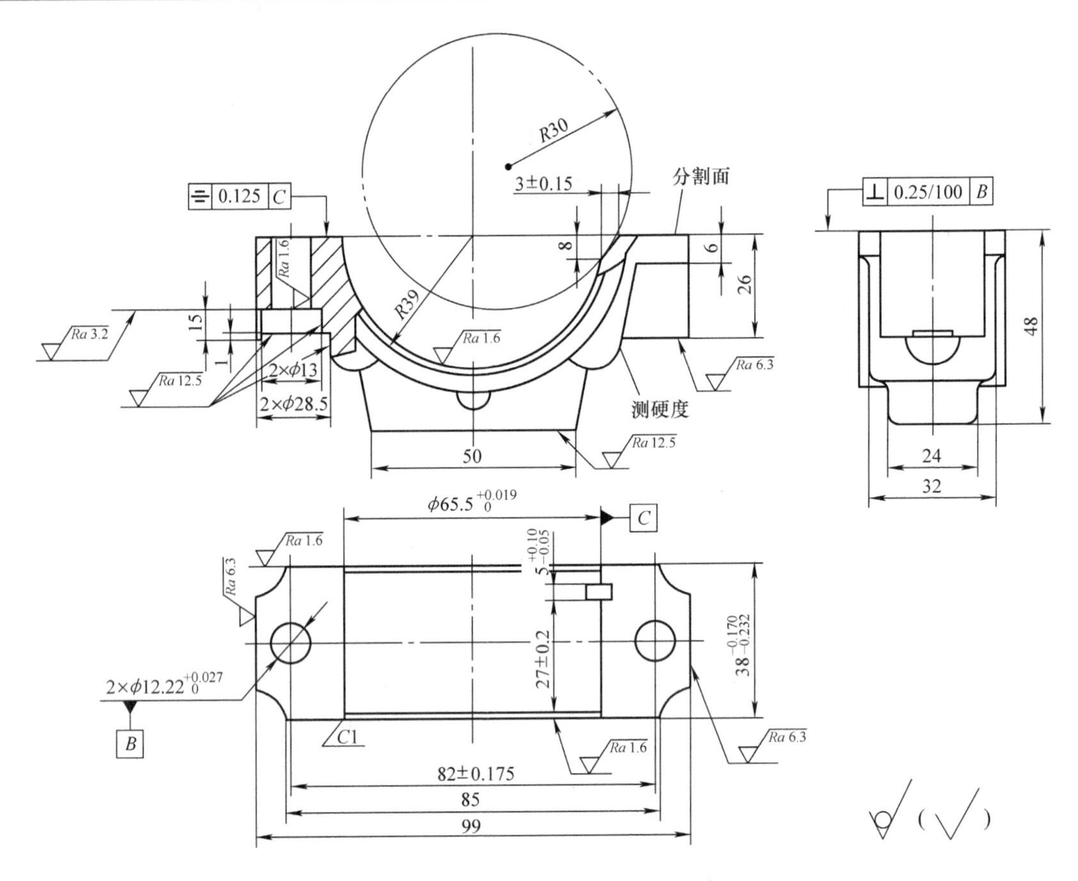

图 6-50　连杆上盖零件图

2）三孔连杆零件（图 6-52），材料为 45 钢。

3）小连杆零件（图 6-53），材料为 HT200。

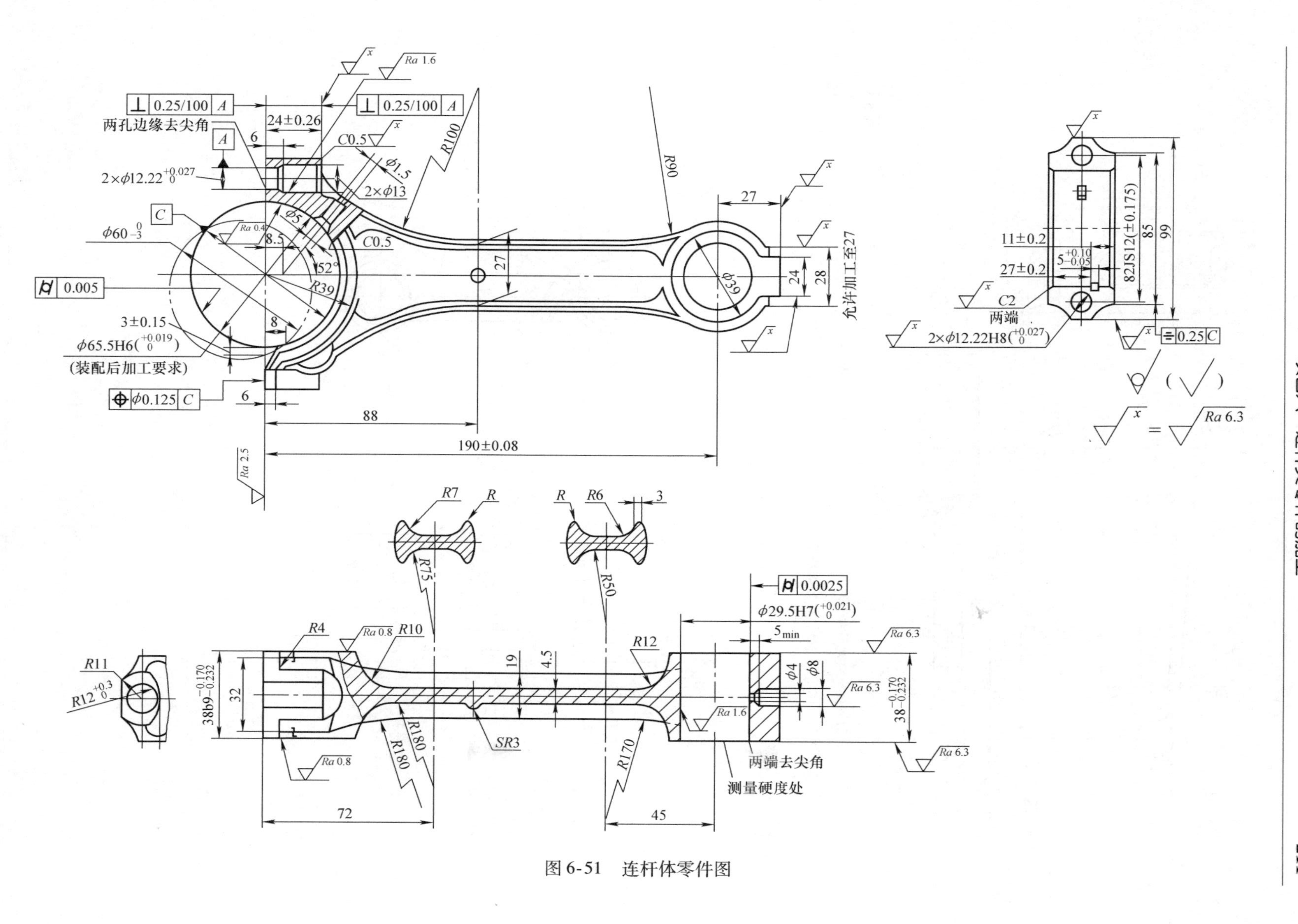
两孔边缘去尖角
24±0.26
2×φ12.22$^{+0.027}_{0}$
φ60$^{0}_{-3}$
0.005
3±0.15
φ65.5H6($^{+0.019}_{0}$)
(装配后加工要求)
φ0.125 C
88
190±0.08
允许加工至27
11±0.2
27±0.2
C2
两端
2×φ12.22H8($^{+0.027}_{0}$)
82JS12(±0.175)
85
99
0.25 C
Ra 6.3
0.0025
φ29.5H7($^{+0.021}_{0}$)
38b9$^{-0.170}_{-0.232}$
38$^{-0.170}_{-0.232}$
两端去尖角
测量硬度处
72
45

图 6-51 连杆体零件图

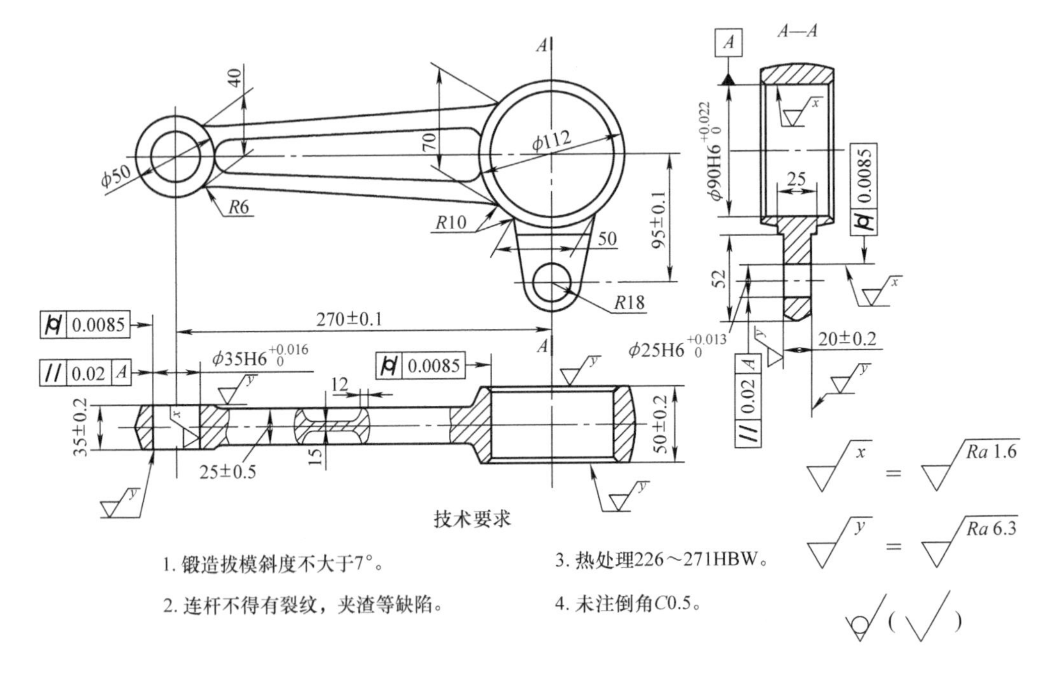

图 6-52 三孔连杆

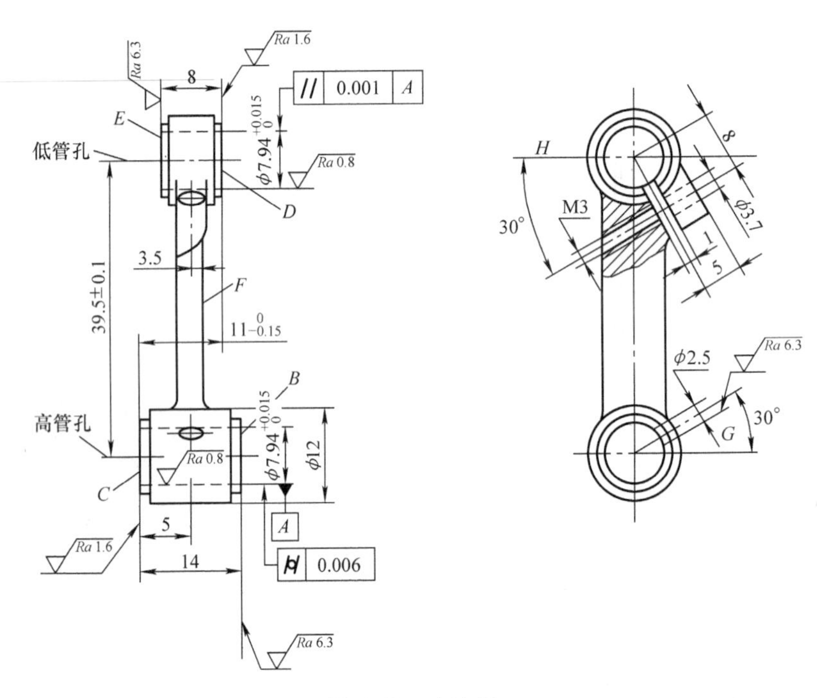

图 6-53 小连杆

项目七　综合训练

【项目目标】

本项目要求学生全面综合运用本课程及其他课程的理论与实践知识，进行零件加工工艺的设计和机床夹具的设计。目的在于培养学生：运用本课程及有关课程知识，独立分析和解决工艺设计中一般问题的能力；编制一般复杂程度零件的工艺和设计专用夹具的能力；熟悉并运用有关手册、图册、规范、标准等一系列技术资料的能力；识图、绘图、运算和编写技术文件等基本技能。

【设计实例】

“气门摇臂轴支座”零件的机械加工工艺编制及工艺装备设计（年产量为10000件）。

一、零件的分析及生产类型的确定

1. 零件的作用

题目给定的零件是某柴油机中摇臂结合部的气门摇臂轴支座（图7-1），它是柴油机上气门控制系统的一个重要零件。直径为ϕ18mm的孔用来装配摇臂轴，轴的两端各安装一进、排气气门摇臂。直径为ϕ16mm的孔内装一个减压轴，用于降低气缸内压力，便于起动柴油机。两孔间距56mm，可以保证减压轴在摇臂上打开气门，实现减压。两孔要求的表面粗糙度和位置精度较高，工作时会和轴相配合工作，起到支承的作用。直径ϕ11mm的孔用M10的螺杆与气缸盖相联，直径ϕ3mm的孔用来排油。各部分尺寸在零件图中详细标注。

2. 零件的工艺分析

通过对气门摇臂轴支座零件图的重新绘制，原图样的视图正确、完整，尺寸、公差以及技术要求齐全。通过对零件图的详细审阅，该零件的基本工艺状况已经大致掌握。主要工艺状况如下。

零件的材料为HT200，灰铸铁的生产工艺简单，铸造性能优良，但是塑性较差、脆性较高、不适合磨削，而且加工面主要集中在平面和孔的。根据对零件图的分析，该零件需要加工的表面以及加工表面之间的位置要求如下。

1）ϕ22mm的上端面以及与此孔相通的ϕ11mm通孔，表面粗糙度均为Ra12.5μm。

2）36mm下端面，根据零件的总体加工特性，为整个机械加工过程中主要的基准面，表面粗糙度为Ra6.3μm，因此在制订加工方案的时候应当首先将此面加工出来。

3）ϕ28mm的前、后端面，表面粗糙度为Ra3.2μm；前、后端面倒角C1，表面粗糙度为Ra12.5μm。由于ϕ18mm通孔所要求的精度较高，因此该孔的加工是一个难点，其表面粗糙度为Ra1.6μm，且该孔的轴线与36mm下端面的平行度公差为0.05mm，该孔的轴线圆跳动公差为0.1mm，需要选择适当的加工方法来达到此孔加工的技术要求。

4）ϕ26mm的前、后端面，表面粗糙度为Ra12.5μm；前、后端面倒角C1，表面粗糙度为Ra12.5μm。ϕ16mm通孔同样也是本零件加工比较重要的部分，其表面粗糙度为1.6μm，孔的轴线与36mm的平行度公差为0.05mm；

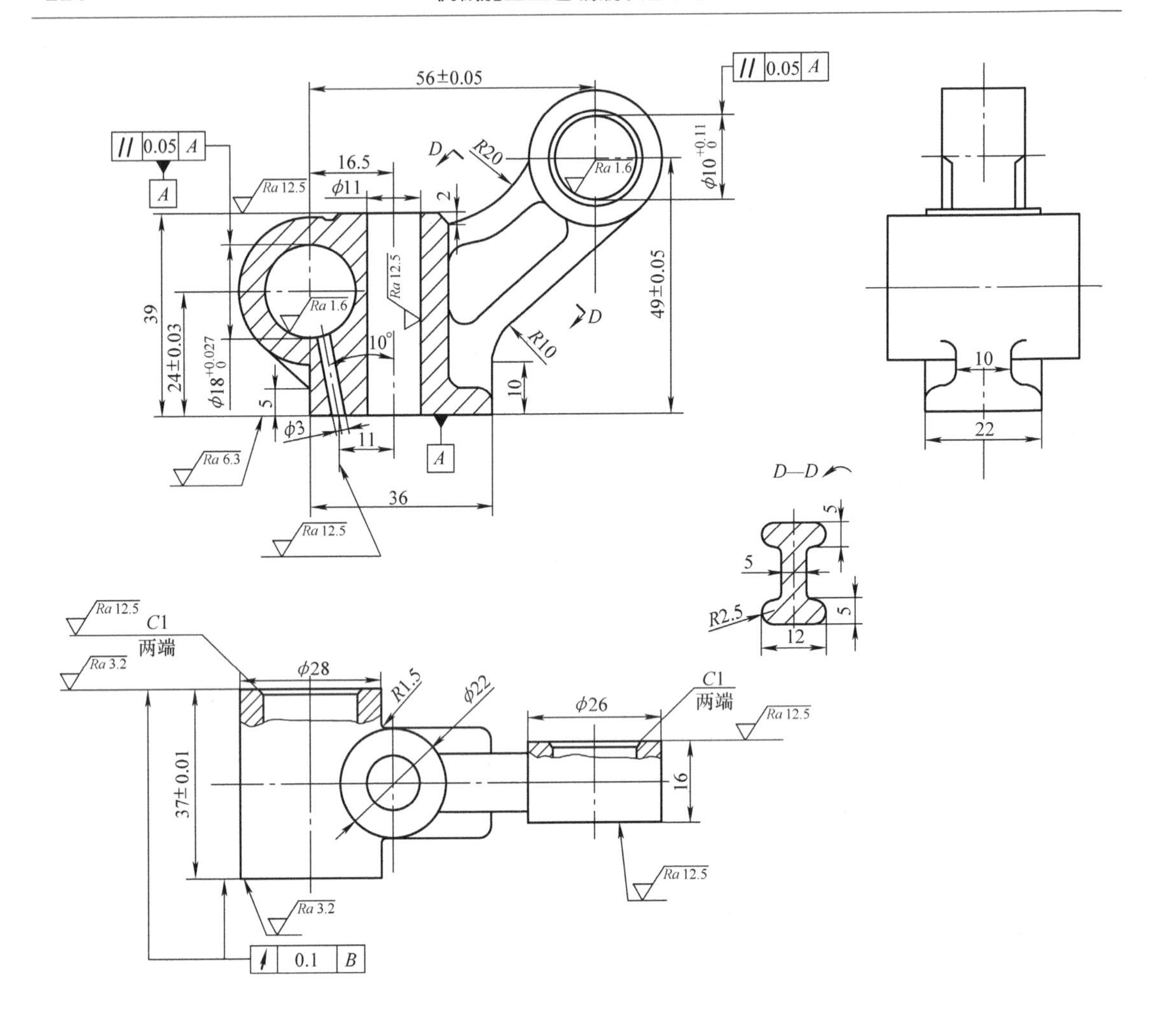

技术要求

1. 未注圆角均为$R3$。

2. 去锐边毛刺。

3. 时效处理187～200HBW。

4. 材料为HT200。

图 7-1　气门摇臂轴支座零件图

通过上面对零件的分析可知，36mm 下端面和 ϕ22mm 上端面的表面粗糙度要求都不是很高，因此都不需要精加工来达到要求。这两个面也是整个加工过程中主要的定位基准面，因此可以粗加工或半精加工出这两个面而达到精度要求，再以此作为基准采用专用夹具来对其他表面进行加工，能够更好的保证其他表面的位置精度要求。总的看来，该零件并没有复杂的加工曲面，属于较为简单的零件，所以根据各加工表面的技术要求采用常规的加工工艺均可保证。简单的工艺路线安排：将零件定位夹紧，加工出 36mm 下端面以及 ϕ22mm 上端面，并钻出 ϕ11mm 通孔，然后再以这几个先加工出来的几个表面为基准定位，加工出 ϕ28mm 和 ϕ26mm 的外圆端面，并钻出 ϕ18mm 和 ϕ16mm 这两个精度要求比较高的孔，最后翻转零件，深孔加工出 ϕ3mm 的卸油孔。

3. 确定零件的生产类型

零件的生产类型是指企业（或车间、工段、班组、工作地等）生产专业化程度的分类，它对工艺规程的制订具有决定性的影响。生产类型一般可分为大量生产、成批生产和单件生产三种类型，不同的生产类型有完全不同的工艺特征。零件的生产类型是按零件的年生产纲领和产品特征来确定的。生产纲领是指企业在计划期内应当生产的产品产量和进度计划。年生产纲领是包括备品和废品在内的某产品年产量。零件的生产纲领 N 可按下式计算

$$N = Qm\ (1 + a\%)\ (1 + b\%)$$

式中 N——零件的生产纲领；

Q——产品的年产量（台、辆/年）；

m——每台（辆）产品中该零件的数量（件/台、辆）；

$a\%$——备品率，一般取 2% ~4%；

$b\%$——废品率，一般取 0.3% ~0.7%。

根据上式就可以计算出零件的年生产纲领，再通过查表，就能确定该零件的生产类型。

根据本零件的设计要求，$Q = 10000$ 台，$m = 1$ 件/台，分别取备品率和废品率为 3% 和 0.5%，将数据代入生产纲领计算公式得出 $N = 10351$ 件/年。零件重量为 0.27kg。

根据《机械制造技术基础课程设计指导教程》[4] 表 1-3，表 1-4 可知该零件为轻型零件，本设计零件气门摇臂轴支座的生产类型为大批量生产。

二、选择毛坯种类，绘制毛坯图

1. 选择毛坯种类

机械加工中毛坯的种类有很多种，如铸件、锻件、型材、挤压件、冲压件、焊接组合件等，同一种毛坯又可能有不同的制造方法。提高毛坯的制造质量，可以减少机械加工劳动量，降低机械加工成本，但往往会增加毛坯的制造成本。选择毛坯的制造方法一般应当考虑以下几个因素。

（1）材料的工艺性能 材料的工艺性能在很大程度上决定毛坯的种类和制造方法。例如，铸铁，铸造青铜等脆性材料不能锻造和冲压，由于焊接性能差，也不宜用焊接方法制造组合毛坯，而只能用铸造。低碳钢的铸造性能差，很少用于铸造，但由于可锻性、可焊接性好，低碳钢广泛用于制造锻件、型材、冲压件等。

（2）毛坯的尺寸、形状和精度要求 毛坯的尺寸大小和形状复杂程度也是选择毛坯的重要依据。直径相差不大的阶梯轴宜采用棒料；直径相差较大的宜采用锻件。尺寸很大的毛坯，通常不采用模锻或压铸、特种铸造方法制造，而适宜采用自由锻造或是砂型铸造。形状复杂的毛坯，不宜采用型材或自由锻件，可采用铸件、模锻件、冲压件或组合毛坯。

（3）零件的生产纲领 选择毛坯的制造方法，只有与零件的生产纲领相适应，才能获得最佳的经济效益。生产纲领大时宜采用高精度和高生产率的毛坯制造方法，如模锻及熔模铸造等；生产纲领小时，宜采用设备投资少的毛坯制造方法，如木模砂型铸造及自由锻造。

根据上述的几个方面来分析本零件：零件材料为 HT200 灰铸铁是一种脆性较高、硬度较低的材料，因此其铸造性能好，切削加工性能优越，故本零件毛坯可选择铸造的方法；其次，由零件图知，本零件尺寸并不大，而且其形状也不复杂，属于简单零件，除了几个需要

加工的表面以外，零件的其他表面粗糙度都是以不去除材料的方法获得，若要使其他不进行加工的表面达到较为理想的表面精度，可选择砂型铸造方法；再者，前面已经确定零件的生产类型为大批量生产，可选择砂型铸造机器造型的铸造方法，较大的生产批量可以分散单件的铸造费用。因此，综上所述，本零件的毛坯以砂型铸造机器造型的方法获得。

2. 确定毛坯尺寸及机械加工总余量

根据零件图计算零件的轮廓尺寸为长 83mm，宽 37mm，高 62mm。

查阅《机械制造技术基础课程设计指导教程》[4] 表 2-1，按铸造方法为砂型铸造机器造型，零件材料为灰铸铁，查得铸件公差等级为 CT8 ~ CT12，取铸件公差等级为 CT10。

再根据毛坯铸件公称尺寸查阅《机械制造技术基础课程设计指导教程》[4] 表 2-3，按前面已经确定的铸件公差等级 CT10 查得相应的铸件尺寸公差。

查阅《机械制造技术基础课程设计指导教程》[4] 表 2-5 按铸造方法为砂型铸造机器造型，材料为灰铸铁，查得铸件所要求的机械加工余量等级为 E ~ G，将要求的机械加工余量等级确定为 G，再根据铸件的最大轮廓尺寸查阅《机械制造工艺设计简明手册》[27] 表 2. 2-4 要求的铸件机械加工余量。

由于所查得的机械加工余量适用于表面粗糙度值 $Ra \geqslant 1.6\mu m$ 的情况，$Ra < 1.6\mu m$ 的加工表面，机械加工余量要适当放大。分析本零件，除了 ϕ18mm 和 ϕ16mm 的表面粗糙度值为 1. 6μm 外，没有一个加工表面的表面粗糙度值是小于 1. 6μm 的，也就是所有的加工表面 $Ra \geqslant 1.6\mu m$。因此这些表面的毛坯尺寸只需将零件尺寸加上所查得的余量值即可，但是由于大部分表面加工都需经过粗加工和半精加工，因此余量将要放大。这里为了机械加工过程的方便，除了孔以外的加工表面，将总的加工余量统一为一个值（表 7-1）。

表 7-1　毛坯尺寸及机械加工总余量表　　（单位：mm）

加工表面	公称尺寸	铸件尺寸公差	机械加工总余量	铸件尺寸
ϕ22 上端面	39	2. 6	4	47 ± 1. 3
36 下端面	39	2. 6	4	47 ± 1. 3
ϕ28 前端面	37	2. 6	4	45 ± 1. 3
ϕ28 后端面	37	2. 6	4	45 ± 1. 3
ϕ26 前端面	16	2. 2	4	24 ± 1. 1
ϕ26 后端面	16	2. 2	4	24 ± 1. 1

3. 设计毛坯图

（1）确定铸造起模斜度　根据《机械制造工艺设计简明手册》[27] 表 2. 2-6，本零件毛坯砂型铸造起模斜度为 3° ~ 5°。

（2）确定分型面　由于毛坯形状对称，且最大截面在中间截面，为了起模以及便于发现上、下模在铸造过程中的错移，所以选择前、后对称中截面为分型面。

（3）毛坯的热处理方式　为了去除内应力，改善切削性能，在铸件取出后进行机械加工前应当作时效处理。

4. 绘制毛坯图（图 7-2）

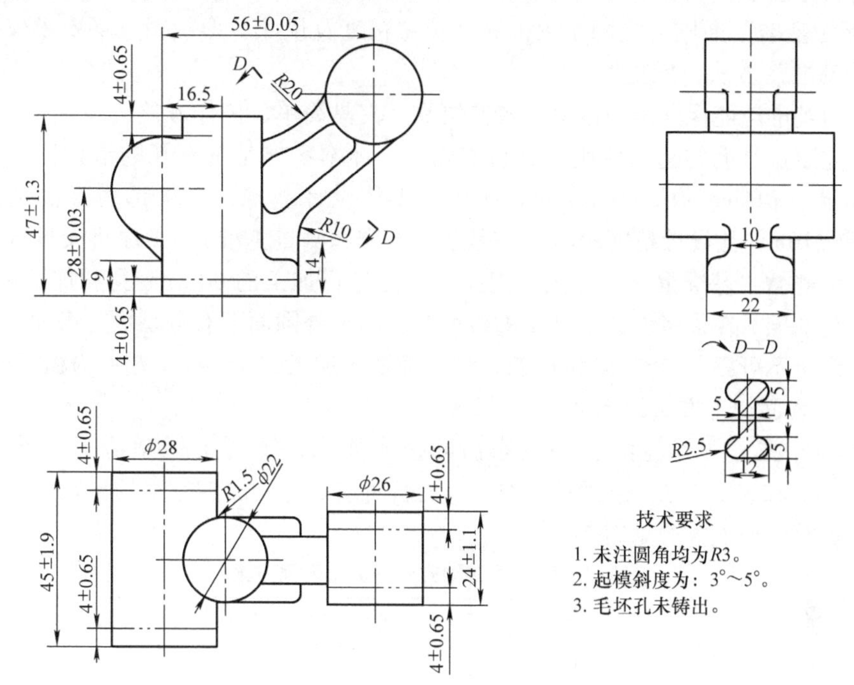

图 7-2　气门摇臂轴支座毛坯图

三、工艺设计

1. 定位基准的选择

定位基准的选择直接影响到工序数目、各表面加工顺序、夹具结构及零件的精度。

定位基准分为粗基准和精基准：用毛坯上未经加工的表面作为定位基准称为粗基准；使用经过加工的表面作为定位基准称为精基准。在制订工艺方案时，先进行精基准的选择，保证各加工表面按图样加工出来，再考虑用什么样的粗基准来加工精基准。

（1）粗基准的选择原则

1）为保证加工表面与非加工表面之间的位置精度，应以非加工表面为粗基准。若工件上有很多非加工表面，应选其中与加工表面位置精度要求较高的表面为粗基准。

2）为保证工件某重要表面的余量均匀，应选重要表面为粗基准。

3）应尽量选光滑平整，无毛刺、浇口、冒口或其他缺陷的表面为粗基准，以便定位准确，夹紧可靠。

粗基准一般只在头道工序中使用一次，应尽量避免重复使用。

（2）精基准的选择原则

1）“基准重合”原则，应尽量选择加工表面的设计基准为定位基准，避免基准不重合引起的定位误差。

2）“基准统一”原则，尽可能在多数工序中采用同一组精基准定位，以保证各表面的位置精度，避免因基准变换产生的误差，简化夹具设计与制造。

3）“自为基准”原则，某些精加工和光整加工工序要求加工余量小而均匀，应选该加工表面本身为精基准，该表面与其他表面之间的位置精度由先行工序保证。

4）“互为基准”原则，当两个表面相互位置精度及尺寸、形状精度都要求较高时，可采用“互为基准”方法，反复加工。

所选的精基准应能保证定位准确、夹紧可靠、夹具简单、操作方便。

根据上述定位基准的选择原则，分析本零件，即本零件是带有孔的形状比较简单的零件，ϕ18mm 孔、ϕ16mm 孔以及 ϕ11mm 孔均为零件设计基准，均可选为定位基准，而且 ϕ18mm 孔和 ϕ16mm 孔设计精度较高（亦是装配基准和测量基准），工序将安排这两个孔在最后进行，为遵循“基准重合”原则，因此选择先进行加工的 ϕ11mm 孔和加工后的 36mm 下端面作为精基准。在该零件需要加工的表面中，由于外圆面上有分型面，表面不平整有毛刺等缺陷，定位不可靠，应选 ϕ28mm 前、后端面及未加工的 36mm 下端面为粗基准。

2. 零件的表面加工方法的选择

根据本零件图上所标注的各加工表面的技术要求，查《机械制造工艺设计简明手册》[27]表 1.4-7 和表 1.4-8，通过对各加工表面所对应的各个加工方案的比较，最后确定本零件各加工表面的加工方法见表 7-2。

表 7-2 气门摇臂轴支座各加工表面方案

待加工表面	公差等级	表面粗糙度 Ra/μm	加工方案
ϕ22mm 上端面	IT14	12.5	粗铣
36mm 下端面	IT12	6.3	粗铣→半精铣
ϕ28mm 前端面	IT11	3.2	粗铣→半精铣
ϕ28mm 后端面	IT11	3.2	粗铣→半精铣
ϕ26mm 前端面	IT14	12.5	粗铣
ϕ26mm 后端面	IT14	12.5	粗铣
ϕ11mm 通孔	IT14	12.5	钻
ϕ3mm 偏 10°内孔	IT14	12.5	钻
$\phi18^{+0.027}_{0}$mm 通孔	IT8	1.6	钻→扩→粗铰→精铰
$\phi16^{+0.11}_{0}$mm 通孔	IT8	1.6	钻→扩→粗铰→精铰

3. 加工阶段的划分

本零件的加工质量要求较高，可将加工阶段分为粗加工、半精加工几个阶段。

在粗加工阶段，首先加工精基准，也就是先将 36mm 下端面和 ϕ11mm 通孔加工出来，使后续的工序都可以采用精基准定位加工，保证其他加工表面的精度要求；然后粗铣粗基准 ϕ22mm 上端面、ϕ28mm 前、后端面、ϕ26mm 前、后端面。在半精加工阶段，完成对 ϕ28mm 前、后端面的半精铣，钻→扩→粗铰→精铰出 $\phi18^{+0.027}_{0}$mm 通孔和 $\phi16^{+0.11}_{0}$mm 通孔，并钻出 ϕ3mm 偏 10°内孔。

4. 工序的集中与分散

本零件采用工序集中原则安排零件的加工工序。本零件的生产类型为大批量生产，可以采用各种机床配以专用工具、夹具，以提高生产率。运用工序集中原则使工件的装夹次数少，不但可缩短辅助时间，而且由于在一次装夹中加工了许多表面，有利于保证各加工表面之间的相对位置精度要求。

5. 工序的安排

(1) 机械加工顺序

1) 遵循“先基准后其他”原则，首先加工精基准，即先加工36mm下端面以及ϕ11mm通孔。

2) 遵循“先粗后精”原则，先安排粗加工工序，后安排精加工工序。

3) 遵循“先主后次”原则，先加工主要表面ϕ28mm和ϕ26mm前、后端面、$\phi16^{+0.11}_{0}$mm通孔、$\phi18^{+0.027}_{0}$mm通孔，后加工次要表面ϕ3mm偏10°内孔。

4) 遵循“先面后孔”原则，先加工36mm下端面，ϕ22mm上端面，后加工ϕ11mm通孔；先加工ϕ28mm和ϕ26mm前、后端面，后加工$\phi16^{+0.11}_{0}$mm通孔，$\phi18^{+0.027}_{0}$mm通孔。

(2) 热处理工序　机械加工前对铸件毛坯进行时效处理，时效处理硬度为187～220HBW。时效处理的主要目的是消除铸件的内应力，稳定组织和尺寸，改善机械性能，这样可以提高毛坯的可加工性。

(3) 辅助工序　毛坯铸造成型后，应当对铸件毛坯安排清砂工序，并对清砂后的铸件进行一次尺寸检验，然后再进行机械加工。在对本零件的所有加工工序完成之后，安排去毛刺、清洗、终检工序。

6. 确定工艺路线

在综合考虑上述工序的安排原则基础上，确定该气门摇臂轴支座零件的工艺路线如下(图7-3)。

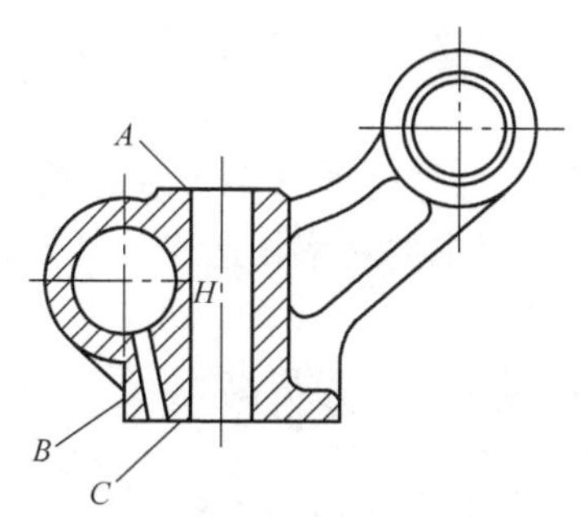

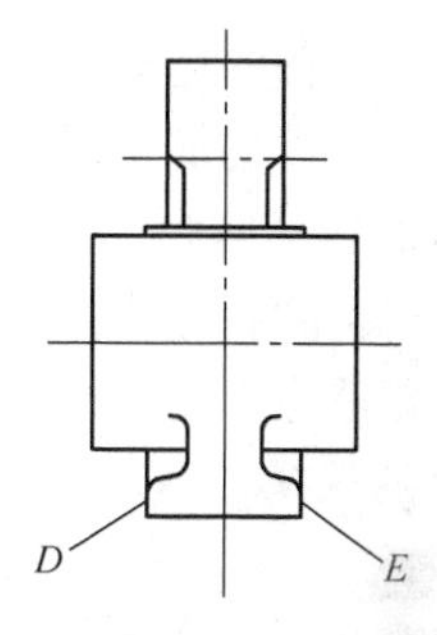

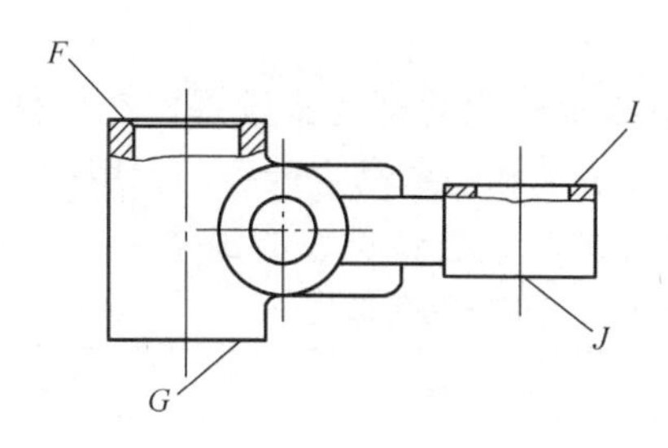

图7-3　定位面、加工面代号指示图

工序Ⅰ：铸造。

工序Ⅱ：清砂，检验。

工序Ⅲ：时效处理187～220HBW。

工序Ⅳ：以36mm下端面C以及ϕ28mm前或后端面F或G定位，粗铣ϕ22mm上端面A。

工序Ⅴ：以粗铣后的 ϕ22mm 上端面 *A* 以及 ϕ28mm 前或后端面 *F* 或 *G* 定位，粗铣→半精铣 36mm 下端面 *C*。

工序Ⅵ：以加工后的 36mm 下端面 *C*、36mm 底座左端面 *B* 以及 ϕ28mm 前或后端面 *F* 或 *G* 定位，钻 ϕ11mm 通孔。

工序Ⅶ：以加工后的 ϕ11mm 内孔表面 *H*、加工后的 36mm 下端面 *C* 以及 ϕ28mm 后端面 *G* 定位，粗铣 ϕ28mm 前端面 *F*，粗铣 ϕ26mm 前端面 *I*，半精铣 ϕ28mm 前端面 *F*。

工序Ⅷ：以加工后的 ϕ11mm 内孔表面 *H*、加工后的 36mm 下端面 *C* 以及 ϕ28mm 前端面 *F* 定位，粗铣 ϕ26mm 后端面 *J*，粗铣 ϕ28mm 后端面 *G*，半精铣 ϕ28mm 后端面 *G*。

工序Ⅸ：以加工后的 ϕ11mm 内孔表面 *H*、加工后的 36mm 下端面 *C*，ϕ28mm 前或后端面 *F* 或 *G* 定位，钻→扩→粗铰→精铰 $\phi18^{+0.027}_{0}$mm 通孔，并倒角。

工序Ⅹ：以加工后的 ϕ11mm 内孔表面 *H*、加工后的 36mm 下端面 *C*，ϕ28mm 前或后端面 *F* 或 *G* 定位，钻→扩→粗铰→精铰 $\phi16^{+0.11}_{0}$mm 通孔，并倒角。

工序Ⅺ：以 ϕ22mm 上端面 *A* 偏 10°以及 ϕ28mm 前或后端面 *F* 或 *G* 定位，钻 ϕ3mm 偏 10°内孔。

工序Ⅻ：钳工去毛刺，清洗。

工序ⅩⅢ：终检。

7. 加工设备及工艺装备选择

机床及工艺装备的选择是制订工艺规程的一项重要工作，它不但直接影响工件的加工质量，而且还影响工件的加工效率和制造成本。

（1）机床的选择原则　机床的加工尺寸范围应与零件的外廓尺寸相适应；机床的精度应与工序要求的精度相适应；机床的功率应与工序要求的功率相适应；机床的生产率应与工件的生产类型相适应；还应与现有的设备条件相适应。

（2）夹具的选择　本零件的生产类型为大批量生产，为提高生产率，所用的夹具应为专用夹具。

（3）刀具的选择　刀具的选择主要取决于工序采用的加工方法、加工表面的尺寸、工件材料、要求的精度和表面粗糙度、生产率及经济性等。在选择时应尽可能采用标准刀具，必要时可采用复合刀具和其他专用刀具。

（4）量具的选择　量具主要根据生产类型和所检验的精度来选择。在单件小批量生产中应采用通用量具，在大批量生产中则采用各种量规和一些高生产率的专用量具。

查《机械制造工艺设计简明手册》[27] 所选择的工艺装备见表 7-3。

表 7-3　气门摇臂轴支座加工工艺装备选用

工序号	机床设备	刀具	量具
工序Ⅰ　铸	—		游标卡尺
工序Ⅱ　检			游标卡尺
工序Ⅲ　热处理			游标卡尺
工序Ⅳ　铣	X6025 卧式铣床	硬质合金面铣刀	游标卡尺
工序Ⅴ　铣	X6025 卧式铣床	硬质合金面铣刀	游标卡尺
工序Ⅵ　钻	Z525 立式钻床	硬质合金直柄麻花钻	卡尺、塞规

（续）

工序号	机床设备	刀具	量具
工序Ⅶ 铣	X6025 卧式铣床	硬质合金面铣刀	游标卡尺
工序Ⅷ 铣	X6025 卧式铣床	硬质合金面铣刀	游标卡尺
工序Ⅸ 钻	TX617 卧式镗床	硬质合金直柄麻花钻、扩钻（K20 硬质合金直柄麻花钻）、硬质合金直柄机用铰刀	内径千分尺，塞规
工序Ⅹ 钻	TX617 卧式镗床	硬质合金直柄麻花钻、扩钻（K20 硬质合金直柄麻花钻）、硬质合金直柄机用铰刀	内径千分尺，塞规
工序Ⅺ 钻	Z525 立式钻床	硬质合金直柄麻花钻	塞规
工序Ⅻ 钳	—		游标卡尺
工序XIII 检			内径千分尺、游标卡尺、塞规

8. 工序间加工余量的确定

查《机械制造技术基础课程设计指导教程》[4] 表 2-28，表 2-35，并综合对毛坯尺寸以及已经确定的机械加工工艺路线的分析，确定各工序间加工余量见表 7-4。

表 7-4 机械加工工序间加工余量表

工序号	工步号	工步内容	加工余量/mm
工序Ⅳ	1	粗铣 ϕ22mm 上端面 *A*	4
工序Ⅴ	1	粗铣 36mm 下底面 *C*	3
	2	半精铣 36mm 下底面 *C*	1
工序Ⅵ	1	钻 ϕ11mm 通孔	11
工序Ⅶ	1	粗铣 ϕ28mm 前端面 *F*	3
	2	粗铣 ϕ26mm 前端面 *I*	4
	3	半精铣 ϕ28mm 前端面 *F*	1
工序Ⅷ	1	粗铣 ϕ26mm 后端面 *J*	4
	2	粗铣 ϕ28mm 后端面 *G*	3
	3	半精铣 ϕ28mm 后端面 *G*	1
工序Ⅸ	1	钻 ϕ17mm 通孔	17
	2	扩孔至 ϕ17. 85mm	0. 85
	3	粗铰孔至 ϕ17. 94mm	0. 09
	4	精铰孔至 ϕ18H9	0. 06
工序Ⅹ	1	钻 ϕ15mm 通孔	15
	2	扩孔至 ϕ15. 85mm	0. 85
	3	粗铰孔至 ϕ15. 95mm	0. 10
	4	精铰孔至 ϕ16H9	0. 05
工序Ⅺ	1	钻 ϕ3mm 偏 10°内孔	3

9. 切削用量及基本时间定额的确定

（1）工序Ⅵ　粗铣 $\phi 22mm$ 上端面 A。

1）背吃刀量 $a_p=4mm$。

2）进给量的确定。此工序选择 K10 硬质合金面铣刀，查表选择硬质合金面铣刀的具体参数：$D=80mm$，$D_1=70mm$，$d=27mm$，$L=36mm$，$L_1=30mm$，齿数 $z=10$。根据所选择的 X6025 卧式铣床功率为 4kW，查《机械制造技术基础课程设计指南》[3]表 5-146，得 $f_z=0.20\sim0.09mm/z$，取 $f_z=0.2mm/z$，则 $f=0.2\times10mm/r=2mm/r$。

3）切削速度的确定。工件材料为 HT200，硬度 187～220HBW，根据《机械加工工艺师手册》[26]表 30-23，选择切削速度 $v_c=65m/min$。

计算主轴转速 $n=\dfrac{65\times1000}{3.14\times80}r/min\approx259r/min$，查《机械制造技术基础课程设计指导教程》[4]表 4-18 得 $n=255r/min$，然后计算实际 $v_c=\dfrac{255\times3.14\times80}{1000}m/min\approx64m/min$。

4）基本时间的确定。铣削常用符号为 z：铣刀齿数；f_z：铣刀每齿的进给量（mm/z）；f_{Mz}：工作台的水平进给量（mm/min）；f_M：工作台的进给量（mm/min），$f_M=f_znz$；a_e：铣削宽度（mm）；a_p：铣削深度（mm）；d：铣刀直径（mm）。

查《机械制造技术基础课程设计指南》[3]表 2-28 得此工序机动时间计算公式为

$$T_j=\frac{l+l_1+l_2}{f_{Mz}}$$

根据铣床的数据，主轴转速 $n=255r/min$，工作台进给量 $f_M=f_zzn=0.2\times10\times255mm/min=510mm/min$。

根据机床说明书取 $f_{Mz}=480mm/min$；切削加工面 $l=22mm$。

根据《机械加工工艺师手册》[26]表 30-9 查得 $l_1+l_2=7$，则 $T_j=\dfrac{l+l_1+l_2}{f_{Mz}}=\dfrac{29}{480}min\approx0.06min$。

（2）工序Ⅴ　加工 36mm 下端面 C。

1）工步 1，粗铣 36mm 下端面 C。

① 背吃刀量 $a_p=3mm$。

② 进给量的确定。此工序选择 K10 硬质合金面铣刀，查表选择硬质合金面铣刀的具体参数：$D=80mm$，$D_1=70mm$，$d=27mm$，$L=36mm$，$L_1=30mm$，齿数 $z=10$。根据所选择的 X6025 卧式铣床功率为 4kW，查《机械制造技术基础课程设计指南》[3]表 5-146，得 $f_z=0.20\sim0.09mm/z$，取 $f_z=0.20mm/z$，则 $f=0.20\times10mm/r=2mm/r$。

③ 切削速度的确定。工件材料为 HT200，硬度 187～220HBW，根据《机械加工工艺师手册》[26]表 30-23，选择切削速度 $v_c=65m/min$。

计算主轴转速 $n=\dfrac{65\times1000}{3.14\times80}r/min\approx259r/min$，查《机械制造技术基础课程设计指导教程》[4]表 4-18 得 $n=255r/min$，然后计算实际 $v_c=\dfrac{255\times3.14\times80}{1000}m/min\approx64m/min$。

④ 基本时间的确定。根据铣床的数据，主轴转速 $n=255r/min$，工作台进给量 $f_M=f_zzn=0.2\times10\times255mm/min=510mm/min$。

根据机床说明书取$f_{Mz}=480\text{mm/min}$；切削加工面$l=36\text{mm}$。

根据《机械加工工艺师手册》[26]表 30-9 查得$l_1+l_2=7$，则$T_j=\dfrac{l+l_1+l_2}{f_{Mz}}=\dfrac{43}{480}\text{min}\approx0.09\text{min}$。

2）工步 2，半精铣 36mm 下端面 C。

① 背吃刀量$a_p=1\text{mm}$。

② 进给量的确定。此工序选择 K20 硬质合金面铣刀，查表选择硬质合金面铣刀的具体参数：$D=80\text{mm}$，$D_1=70\text{mm}$，$d=27\text{mm}$，$L=36\text{mm}$，$L_1=30\text{mm}$，齿数$z=10$。根据所选择的 X6025 卧式铣床功率为 4kW，取$f_z=0.10\text{mm/r}$，则$f=0.10\times10\text{mm/r}=1\text{mm/r}$。

③ 切削速度的确定。查《机械制造技术基础课程设计指南》[3]表 5-157，得$v_c=124\text{m/min}$，计算主轴转速$n=\dfrac{124\times1000}{3.14\times80}\text{r/min}\approx494\text{r/min}$，查《机械制造技术基础课程设计指导教程》[4]机床主轴转速表，确定$n=490\text{r/min}$，再计算实际切削速度$v_c=\dfrac{490\times3.14\times80}{1000}\text{m/min}=123\text{m/min}$。

④ 基本时间的确定。根据铣床的数据，主轴转速$n=490\text{r/min}$，工作台进给量$f_M=f_z zn=0.1\times10\times490\text{mm/min}=490\text{mm/min}$。

根据机床说明书取$f_{Mz}=480\text{mm/min}$；切削加工面$l=36\text{mm}$。

根据《机械加工工艺师手册》[26]表 30-9 查得$l_1+l_2=7$，则$T_j=\dfrac{l+l_1+l_2}{f_{Mz}}=\dfrac{43}{480}\text{min}\approx0.09\text{min}$。

（3）工序Ⅵ　钻ϕ11mm 通孔。

1）背吃刀量$a_p=11\text{mm}$。

2）进给量和切削速度的确定。选硬质合金直柄麻花钻，钻头参数：$d=11\text{mm}$，$L=142\text{mm}$，$L_1=94\text{mm}$，查《机械制造技术基础课程设计指南》[3]表 5-134，得$f=0.08\sim0.16\text{mm/r}$，取$f=0.1\text{mm/r}$；$v_c=50\sim70\text{m/min}$，取$v_c=60\text{m/min}$，根据上述数据，计算主轴转速$n=\dfrac{60\times1000}{3.14\times11}\text{r/min}\approx1737\text{r/min}$，查立式钻床 Z525 主轴转速表，取$n=1360\text{r/min}$，计算实际切削速度$v_c=\dfrac{1360\times3.14\times11}{1000}\text{m/min}\approx47\text{m/min}$。

3）基本时间的确定。首先查《机械制造技术基础课程设计指南》[3]表 2-26，得钻削机动时间计算公式

$$T_j=\frac{l+l_1+l_2}{fn},\quad l_1=\frac{D}{2}\cot\kappa_r+(1\sim2),\quad l_2=(1\sim4)\ \text{mm}$$

钻孔深度$l=39\text{mm}$，$l_1=3\text{mm}$，$l_2=5\text{mm}$，所以$T_j=\dfrac{l+l_1+l_2}{fn}=\dfrac{47}{0.1\times1360}\text{min}\approx0.35\text{min}$。

（4）工序Ⅶ　粗铣以及半精铣端面。

1）工步 1，粗铣ϕ28mm 前端面 F。

① 背吃刀量$a_p=3\text{mm}$。

② 进给量的确定。此工序选择 K10 硬质合金面铣刀，查表选择硬质合金面铣刀的具体

参数：$D=80\text{mm}$，$D_1=70\text{mm}$，$d=27\text{mm}$，$L=36\text{mm}$，$L_1=30\text{mm}$，齿数 $z=10$。根据所选择的 X6025 卧式铣床功率为 4kW，查《机械制造技术基础课程设计指南》[3] 表 5-146，得 $f_z=0.20\sim0.09\text{mm/z}$，取 $f_z=0.2\text{mm/z}$，则 $f=0.20\times10\text{mm/r}=2\text{mm/r}$。

③ 切削速度的确定。工件材料为 HT200，硬度 187～220HBW，根据《机械加工工艺师手册》[26] 表 30-23，选择切削速度 $v_c=65\text{m/min}$。

计算主轴转速 $n=\dfrac{65\times1000}{3.14\times80}\text{r/min}\approx259\text{r/min}$，查《机械制造技术基础课程设计指导教程》[4] 表 4-18 得 $n=255\text{r/min}$，然后计算实际 $v_c=\dfrac{255\times3.14\times80}{1000}\text{m/min}\approx64\text{m/min}$。

④ 基本时间的确定。查《机械制造技术基础课程设计指南》[3] 表 2-28 得此工序机动时间计算公式，根据公式和铣床的数据，主轴转速 $n=255\text{r/min}$，工作台进给量 $f_M=f_z zn=0.2\times10\times255\text{mm/min}=510\text{mm/min}$。

根据机床说明书取 $f_{Mz}=480\text{mm/min}$；切削加工面 $l=28\text{mm}$。

根据《机械加工工艺师手册》[26] 表 30-9 查得 $l_1+l_2=7$，则 $T_j=\dfrac{l+l_1+l_2}{f_{Mz}}=\dfrac{35}{480}\text{min}\approx0.07\text{min}$。

2）工步 2，粗铣 $\phi26\text{mm}$ 前端面 I。

① 背吃刀量 $a_p=4\text{mm}$。

② 进给量的确定。此工序选择 K10 硬质合金面铣刀，查表选择硬质合金面铣刀的具体参数：$D=80\text{mm}$，$D_1=70\text{mm}$，$d=27\text{mm}$，$L=36\text{mm}$，$L_1=30\text{mm}$，齿数 $z=10$。根据所选择的 X6025 卧式铣床功率为 4kW，查《机械制造技术基础课程设计指南》[3] 表 5-146，得 $f_z=0.20\sim0.09\text{mm/z}$，取 $f_z=0.20\text{mm/z}$，则 $f=0.2\times10\text{mm/r}=2\text{mm/r}$。

③ 切削速度的确定。工件材料为 HT200，硬度 187～220HBW，根据《机械加工工艺师手册》[26] 表 30-23，选择切削速度 $v_c=65\text{m/min}$。计算主轴转速 $n=\dfrac{65\times1000}{3.14\times80}\text{r/min}\approx259\text{r/min}$，查《机械制造技术基础课程设计指导教程》[4] 表 4-18 得 $n=255\text{r/min}$，然后计算实际 $v_c=\dfrac{255\times3.14\times80}{1000}\text{m/min}\approx64\text{m/min}$。

④ 基本时间的确定。查《机械制造技术基础课程设计指南》[3] 表 2-28 得此工序机动时间计算公式，根据公式和铣床的数据，主轴转速 $n=255\text{r/min}$，工作台进给量 $f_M=f_z zn=0.2\times10\times255\text{mm/min}=510\text{mm/min}$。

根据机床说明书取 $f_{Mz}=480\text{mm/min}$；切削加工面 $l=26\text{mm}$。

根据《机械加工工艺师手册》[26] 表 30-9 查得 $l_1+l_2=7$，则 $T_j=\dfrac{l+l_1+l_2}{f_{Mz}}=\dfrac{33}{480}\text{min}\approx0.07\text{min}$。

3）工步 3，半精铣 $\phi28\text{mm}$ 前端面 F。

① 背吃刀量 $a_p=1\text{mm}$。

② 进给量的确定。此工序选择 K10 硬质合金面铣刀，查表选择硬质合金面铣刀的具体参数：$D=80\text{mm}$，$D_1=70\text{mm}$，$d=27\text{mm}$，$L=36\text{mm}$，$L_1=30\text{mm}$，齿数 $z=10$，根据所选择的 X6025 卧式铣床功率为 4kW，查《机械制造技术基础课程设计指南》[3] 表 5-146，得 $f_z=$

0.20～0.09mm/z，取f_z=0.20mm/z，则f=0.20×10mm/r=2mm/r。

③ 切削速度的确定。工件材料为HT200，硬度187～220HBW，根据《机械加工工艺师手册》[26]表30-23，选择切削速度v_c=65m/min。计算主轴转速$n=\frac{65\times1000}{3.14\times80}$r/min≈259r/min，查《机械制造技术基础课程设计指导教程》[4]表4-18得n=255r/min，然后计算实际$v_c=\frac{255\times3.14\times80}{1000}$m/min≈64m/min。

④ 基本时间的确定。查《机械制造技术基础课程设计指南》[3]表2-28得此工序机动时间计算公式，根据公式和铣床的数据，主轴转速n=255r/min，工作台进给量$f_M=f_z zn$=0.2×10×255mm/min=510mm/min。

根据机床说明书取f_{Mz}=480mm/min；切削加工面l=28mm。

根据《机械加工工艺师手册》[26]表30-9查得$l_1+l_2=7$，则$T_j=\frac{l+l_1+l_2}{f_{Mz}}=\frac{35}{480}$min≈0.07min。

（5）工序Ⅷ　粗铣以及半精铣端面。

1）工步1，粗铣ϕ26mm后端面J。

① 背吃刀量a_p=4mm。

② 进给量的确定。此工序选择K10硬质合金面铣刀，查表选择硬质合金面铣刀的具体参数：D=80mm，D_1=70mm，d=27mm，L=36mm，L_1=30mm，齿数z=10。根据所选择的X6025卧式铣床功率为4kW，查《机械制造技术基础课程设计指南》[3]表5-146，得f_z=0.20～0.09mm/z，取f_z=0.20mm/z，则f=0.20×10mm/r=2mm/r。

③ 切削速度的确定。工件材料为HT200，硬度187～220HBW，根据《机械加工工艺师手册》[26]表30-23，选择切削速度v_c=65m/min。计算主轴转速$n=\frac{65\times1000}{3.14\times80}$r/min≈259r/min，查《机械制造技术基础课程设计指导教程》[4]表4-18得n=255r/min，然后计算实际$v_c=\frac{255\times3.14\times80}{1000}$m/min≈64m/min。

④ 基本时间的确定。查《机械制造技术基础课程设计指南》[3]表2-28得此工序机动时间计算公式，根据公式和铣床的数据，主轴转速n=255r/min，工作台进给量$f_M=f_z zn$=0.2×10×255mm/min=510mm/min。

根据机床说明书取f_{Mz}=480mm/min；切削加工面l=26mm。

根据《机械加工工艺师手册》[26]表30-9查得$l_1+l_2=7$，则$T_j=\frac{l+l_1+l_2}{f_{Mz}}=\frac{33}{480}$min≈0.07min。

2）工步2，粗铣ϕ28mm后端面G。

① 背吃刀量a_p=3mm。

② 进给量的确定。此工序选择K10硬质合金面铣刀，查表选择硬质合金面铣刀的具体参数：D=80mm，D_1=70mm，d=27mm，L=36mm，L_1=30mm，齿数z=10。根据所选择的X6025卧式铣床功率为4kW，查《机械制造技术基础课程设计指南》[3]表5-146，得f_z=0.20～0.09mm/z，取f_z=0.20mm/z，则f=0.20×10mm/r=2mm/r。

③ 切削速度的确定。工件材料为HT200，硬度187～220HBW，根据《机械加工工艺师手册》[26]表30-23，选择切削速度 $v_c=65\text{m/min}$。计算主轴转速 $n=\dfrac{65\times1000}{3.14\times80}\text{r/min}\approx259\text{r/min}$，查《机械制造技术基础课程设计指导教程》[4]表4-18得 $n=255\text{r/min}$，然后计算实际 $v_c=\dfrac{255\times3.14\times80}{1000}\text{m/min}\approx64\text{m/min}$。

④ 基本时间的确定。查《机械制造技术基础课程设计指南》[3]表2-28得此工序机动时间计算公式，根据公式和铣床的数据，主轴转速 $n=255\text{r/min}$，工作台进给量 $f_M=f_z zn=0.2\times10\times255\text{mm/min}=510\text{mm/min}$。

根据机床说明书取 $f_{Mz}=480\text{mm/min}$；切削加工面 $l=28\text{mm}$。

根据《机械加工工艺师手册》[26]表30-9查得 $l_1+l_2=7$，则 $T_j=\dfrac{l+l_1+l_2}{f_{Mz}}=\dfrac{35}{480}\text{min}\approx0.07\text{min}$。

3）工步3　半精铣 $\phi28\text{mm}$ 后端面 G。

① 背吃刀量 $a_p=1\text{mm}$。

② 进给量的确定。此工序选择K10硬质合金面铣刀，查表选择硬质合金面铣刀的具体参数：$D=80\text{mm}$，$D_1=70\text{mm}$，$d=27\text{mm}$，$L=36\text{mm}$，$L_1=30\text{mm}$，齿数 $z=10$。根据所选择的X6025卧式铣床功率为4kW，查《机械制造技术基础课程设计指南》[3]表5-146，得 $f_z=0.20\sim0.09\text{mm/z}$，取 $f_z=0.20\text{mm/z}$，则 $f=0.20\times10\text{mm/r}=2\text{mm/r}$。

③ 切削速度的确定。工件材料为HT200，硬度187～220HBW，根据《机械加工工艺师手册》[26]表30-23，选择切削速度 $v_c=65\text{m/min}$。计算主轴转速 $n=\dfrac{65\times1000}{3.14\times80}\text{r/min}\approx259\text{r/min}$，查《机械制造基础课程设计基础教程》[4]表4-18得 $n=255\text{r/min}$，然后计算实际 $v_c=\dfrac{255\times3.14\times80}{1000}\text{m/min}\approx64\text{m/min}$。

④ 基本时间的确定。查《机械制造技术基础课程设计指南》[3]表2-28得此工序机动时间计算公式，根据公式和铣床的数据，主轴转速 $n=255\text{r/min}$，工作台进给量 $f_M=f_z zn=0.2\times10\times255\text{mm/min}=510\text{mm/min}$。

根据机床说明书取 $f_{Mz}=480\text{mm/min}$；切削加工面 $l=28\text{mm}$。

根据《机械加工工艺师手册》[26]表30-9查得 $l_1+l_2=7$，则

$$T_j=\frac{l+l_1+l_2}{f_{Mz}}=\frac{35}{480}\text{min}\approx0.07\text{min}。$$

（6）工序Ⅸ　钻→扩→粗铰→精铰 $\phi18\text{mm}$ 的孔。

1）工步1　钻 $\phi17\text{mm}$ 的通孔。

① 背吃刀量 $a_p=17\text{mm}$。

② 进给量和切削速度的确定。根据此孔最终的表面粗糙度要求，确定钻头为硬质合金直柄麻花钻，查表选择钻头参数：$d=17\text{mm}$，$L=184\text{mm}$，$L_1=125\text{mm}$，查《机械制造技术基础课程设计指南》[3]表5-134，得 $f=0.08\sim0.16\text{mm/r}$，取 $f=0.1\text{mm/r}$；查得 $v_c=50\sim70\text{m/min}$，取 $v_c=60\text{m/min}$。根据以上数据计算主轴转速 $n=\dfrac{60\times1000}{3.14\times17}\text{r/min}\approx1124\text{r/min}$，根

据《机械加工工艺师手册》[26]表10-2，查TX617卧式镗床主轴转速表，取$n=1000\text{r/min}$，再计算实际切削速度$v_c=\frac{1000\times3.14\times17}{1000}\text{m/min}\approx53\text{m/min}$。

③ 基本时间的确定。查《机械制造技术基础课程设计指南》[3]表2-26，得钻削机动时间计算公式

$$T_j=\frac{l+l_1+l_2}{fn},\ l_1=\frac{D}{2}\cot\kappa_r+(1\sim2),\ l_2=(1\sim4)\ \text{mm}$$

钻孔深度$l=37\text{mm}$，$l_1=3\text{mm}$，$l_2=5\text{mm}$，查《机械加工工艺师手册》[26]表28-42，所以$T_j=\frac{l+l_1+l_2}{fn}=\frac{45}{1000\times0.1}=0.45\text{min}$。

2）工步2，扩孔至$\phi17.85\text{mm}$。

① 背吃刀量$a_p=0.85\text{mm}$。

② 进给量和切削速度的确定。查《机械制造技术基础课程设计指南》[3]表5-87，确定扩孔钻为K20硬质合金直柄麻花钻，选$d=17.85\text{mm}$，$L=191\text{mm}$，$L_1=130\text{mm}$，查《机械制造技术基础课程设计指南》[3]表5-128，查$f=0.9\sim1.1\text{mm/r}$，取$f=1\text{mm/r}$，再查《机械加工工艺师手册》[26]表28-33，确定$v_c=59\text{m/min}$。根据以上数据计算主轴转速，$n=\frac{59\times1000}{3.14\times17.85}\text{r/min}\approx1053\text{r/min}$。根据《机械加工工艺师手册》[26]表10-2，查TX617卧式镗床主轴转速表，取$n=1000\text{r/min}$，再计算实际切削速度$v_c=\frac{1000\times3.14\times17.85}{1000}\text{m/min}\approx56\text{m/min}$。

③ 基本时间的确定。查《机械制造技术基础课程设计指导教程》[4]表2-26，得扩孔、铰孔工序下的机动时间计算公式

$$T_j=\frac{l+l_1+l_2}{fn},\ l_1=\frac{D-d_1}{2}\cot\kappa_r+(1\sim2),\ l_2=2\sim4\text{mm}$$

扩通孔长度$l=37\text{mm}$，$l_1=4\text{mm}$，$l_2=3\text{mm}$，查《机械加工工艺师手册》[26]表28-42，得$T_j=\frac{l+l_1+l_2}{fn}=\frac{44}{1000\times1}\text{min}=0.044\text{min}$。

3）工步3 粗铰孔至$\phi17.94\text{mm}$。

① 背吃刀量$a_p=0.09\text{mm}$。

② 进给量和切削速度的确定。查《机械制造技术基础课程设计指南》[3]表5-93，确定钻头为硬质合金直柄机用铰刀，参数为$d=18\text{mm}$，$L=182\text{mm}$，$L_1=56\text{mm}$，查《机械制造技术基础课程设计指南》[3]表5-136，得$f=0.2\sim0.4\text{mm/r}$，取$f=0.2\text{mm/r}$，因为此工步为粗铰，查得$v_c=60\sim80\text{m/min}$，取$v_c=60\text{m/min}$。根据以上数据计算主轴转速$n=\frac{60\times1000}{3.14\times18}\text{r/min}\approx1062\text{r/min}$，根据《机械加工工艺师手册》[26]表10-2，查TX617卧式镗床主轴转速表，取$n=1000\text{r/min}$，再根据主轴转速计算实际的切削速度$v_c=\frac{1000\times3.14\times18}{1000}\text{m/min}\approx57\text{m/min}$。

③ 基本时间的确定。查《机械制造技术基础课程设计指导教程》[4]表2-26，得扩孔、

铰孔工序下的机动时间计算公式

$$T_j = \frac{l + l_1 + l_2}{fn},\ l_1 = \frac{D - d_1}{2}\cot\kappa_\alpha + (1 \sim 2),\ l_2 = 2 \sim 4\text{mm}$$

粗铰孔长度 $l = 37\text{mm}$，$l_1 = 3\text{mm}$，$l_2 = 3\text{mm}$，查《机械加工工艺师手册》[26] 表 28-42，得 $T_j = \frac{l + l_1 + l_2}{fn} = \frac{43}{1000 \times 0.2}\text{min} = 0.215\text{min}$。

4）工步 4　精铰孔至 $\phi18\text{H9}$。

① 背吃刀量 $a_p = 0.06\text{mm}$。

② 进给量和切削速度的确定。查《机械制造技术基础课程设计指南》[3] 表 5-93，确定钻头为硬质合金直柄机用铰刀，参数为 $d = 18\text{mm}$，$L = 182\text{mm}$，$L_1 = 56\text{mm}$，查《机械制造技术基础课程设计指南》[3] 表 5-136，得 $f = 0.2 \sim 0.4\text{mm/r}$，取 $f = 0.2\text{mm/r}$，因为此工步为精铰，查得 $v_c = 6 \sim 10\text{m/min}$，取 $v_c = 6\text{m/min}$ 。根据以上数据计算主轴转速 $n = \frac{6 \times 1000}{3.14 \times 18}\text{r/min} \approx 106.2\text{r/min}$，根据《机械加工工艺师手册》[26] 表 10-2，查 TX617 卧式镗床主轴转速表，取 $n = 80\text{r/min}$，再根据主轴转速计算实际的切削速度 $v_c = \frac{80 \times 3.14 \times 18}{1000}\text{m/min} \approx 4.5\text{m/min}$。

③ 基本时间的确定。查《机械制造技术基础课程设计指导教程》[4] 表 2-26，得扩孔、铰孔工序下的机动时间计算公式

$$T_j = \frac{l + l_1 + l_2}{fn},\ l_1 = \frac{D - d_1}{2}\cot\kappa_r + (1 \sim 2),\ l_2 = 2 \sim 4\text{mm}$$

精铰孔长度 $l = 37\text{mm}$，$l_1 = 4\text{mm}$，$l_2 = 3\text{mm}$，查《机械加工工艺师手册》[26] 表 28-42，得 $T_j = \frac{l + l_1 + l_2}{fn} = \frac{44}{80 \times 0.2} = 2.75\text{min}$。

（7）工序Ⅹ　钻→扩→粗铰→精铰 $\phi16\text{mm}$ 的孔。

1）工步 1　钻 $\phi15\text{mm}$ 的通孔。

① 背吃刀量 $a_p = 15\text{mm}$。

② 进给量和切削速度的确定。根据此孔最终的表面粗糙度要求，确定钻头为硬质合金直柄麻花钻，查表选择钻头参数：$d = 15\text{mm}$，$L = 169\text{mm}$，$L_1 = 114\text{mm}$，查《机械制造技术基础课程设计指南》[3] 表 5-134，得 $f = 0.08 \sim 0.16\text{mm/r}$，取 $f = 0.1\text{mm/r}$；查得 $v_c = 50 \sim 70\text{m/min}$，取 $v_c = 60\text{m/min}$。根据以上数据计算主轴转速 $n = \frac{60 \times 1000}{3.14 \times 15}\text{r/min} \approx 1274\text{r/min}$，根据《机械加工工艺师手册》[26] 表 10-2，查 TX617 卧式镗床主轴转速表，取 $n = 1000\text{r/min}$，再计算实际切削速度 $v_c = \frac{1000 \times 3.14 \times 15}{1000}\text{m/min} \approx 47\text{m/min}$。

③ 基本时间的确定。查《机械制造技术基础课程设计指南》[3] 表 2-26，得钻削机动时间计算公式

$$T_j = \frac{l + l_1 + l_2}{fn},\ l_1 = \frac{D}{2}\cot\kappa_r + (1 \sim 2),\ l_2 = (1 \sim 4)\ \text{mm}$$

钻孔深度 $l = 16\text{mm}$，$l_1 = 3\text{mm}$，$l_2 = 4\text{mm}$，查《机械加工工艺师手册》[26] 表 28-42，所

以 $T_j = \frac{l + l_1 + l_2}{fn} = \frac{23}{1000 \times 0.1}\text{min} = 0.23\text{min}$。

2）工步2 扩孔至 $\phi15.85\text{mm}$。

① 背吃刀量 $a_p = 0.85\text{mm}$。

② 进给量和切削速度的确定。查《机械制造技术基础课程设计指南》[3]表5-87，确定扩孔钻为K20硬质合金直柄麻花钻，选 $d = \phi15.85\text{mm}$，$L = 178\text{mm}$，$L_1 = 120\text{mm}$，查《机械制造技术基础课程设计指南》[3]表5-128，查 $f = 0.9 \sim 1.1\text{mm/r}$，取 $f = 0.9\text{mm/r}$，再查《机械加工工艺师手册》[26]表28-33，确定 $v_c = 52\text{m/min}$，根据以上数据计算主轴转速，$n = \frac{52 \times 1000}{3.14 \times 15.85}\text{r/min} \approx 1045\text{r/min}$，根据《机械加工工艺师手册》[26]表10-2，查TX617卧式镗床主轴转速表，取 $n = 1000\text{r/min}$，再计算实际切削速度 $v_c = \frac{1000 \times 3.14 \times 15.85}{1000}\text{m/min} \approx 50\text{m/min}$。

③ 基本时间的确定。查《机械制造技术基础课程设计指导教程》[4]表2-26，得扩孔、铰孔工序下的机动时间计算公式

$$T_j = \frac{l + l_1 + l_2}{fn},\ l_1 = \frac{D - d_1}{2}\cot\kappa_r + (1 \sim 2),\ l_2 = 2 \sim 4\text{mm}$$

扩通孔长度 $l = 16\text{mm}$，$l_1 = 4\text{mm}$，$l_2 = 3\text{mm}$，查《机械加工工艺师手册》[26]表28-42，得 $T_j = \frac{l + l_1 + l_2}{fn} = \frac{23}{1000 \times 0.9} \approx 0.026\text{min}$。

3）工步3 粗铰孔至 $\phi15.95\text{mm}$。

① 背吃刀量 $a_p = 0.1\text{mm}$。

② 进给量和切削速度的确定。查《机械制造技术基础课程设计指南》[3]表5-93，确定钻头为硬质合金直柄机用铰刀，参数为 $d = \phi16\text{mm}$，$L = 170\text{mm}$，$L_1 = 52\text{mm}$，查《机械制造技术基础课程设计指南》[3]表5-136，得 $f = 0.2 \sim 0.4\text{mm/r}$，取 $f = 0.2\text{mm/r}$，因为此工步为粗铰，查得 $v_c = 60 \sim 80\text{m/min}$，取 $v_c = 60\text{m/min}$。根据以上数据计算主轴转速 $n = \frac{60 \times 1000}{3.14 \times 16}\text{r/min} \approx 1194\text{r/min}$，根据《机械加工工艺师手册》[26]表10-2，查TX617卧式镗床主轴转速表，取 $n = 1000\text{r/min}$，再根据主轴转速计算实际的切削速度 $v_c = \frac{1000 \times 3.14 \times 16}{1000}\text{m/min} \approx 50\text{m/min}$。

③ 基本时间的确定。查《机械制造技术基础课程设计指导教程》[4]表2-26，得扩孔、铰孔工序下的机动时间计算公式

$$T_j = \frac{l + l_1 + l_2}{fn},\ l_1 = \frac{D - d_1}{2}\cot\kappa_r + (1 \sim 2),\ l_2 = 2 \sim 4\text{mm}$$

粗铰孔长度 $l = 16\text{mm}$，$l_1 = 3\text{mm}$，$l_2 = 3\text{mm}$，查《机械加工工艺师手册》[26]表28-42，得 $T_j = \frac{l + l_1 + l_2}{fn} = \frac{22}{1000 \times 0.2}\text{min} = 0.11\text{min}$。

4）工步4，精铰孔至 $\phi16\text{H9mm}$。

① 背吃刀量 $a_p = 0.05\text{mm}$。

② 进给量和切削速度的确定。查《机械制造技术基础课程设计指南》[3]表5-93，确定钻头为硬质合金直柄机用铰刀，参数为 $d=16\text{mm}$，$L=195\text{mm}$，$L_1=60\text{mm}$，查《机械制造技术基础课程设计指南》[3]表5-136，得 $f=0.2\sim0.4\text{mm/r}$，取 $f=0.2\text{mm/r}$，因为此工步为精铰，查得 $v_c=6\sim10\text{m/min}$，取 $v_c=6\text{m/min}$ 。根据以上数据计算主轴转速 $n=\frac{6\times1000}{3.14\times16}\text{r/min}\approx119.4\text{r/min}$，根据《机械加工工艺师手册》[26]表10-2，查TX617卧式镗床主轴转速表，取 $n=125\text{r/min}$，再根据主轴转速计算实际的切削速度 $v_c=\frac{125\times3.14\times16}{1000}\text{m/min}=6.28\text{m/min}$。

③ 基本时间的确定。查《机械制造技术基础课程设计指导教程》[4]表2-26，得扩孔、铰孔工序下的机动时间计算公式

$$T_j=\frac{l+l_1+l_2}{fn},\ l_1=\frac{D-d_1}{2}\cot\kappa_r+(1\sim2),\ l_2=2\sim4\text{mm}$$

粗铰孔长度 $l=16\text{mm}$，$l_1=4\text{mm}$，$l_2=3\text{mm}$，查《机械加工工艺师手册》[26]表28-42，得 $T_j=\frac{l+l_1+l_2}{fn}=\frac{23}{125\times0.2}\text{min}=0.92\text{min}$。

（8）工序Ⅺ　钻 $\phi3\text{mm}$ 偏10°内孔。

1）背吃刀量 $a_p=3\text{mm}$。

2）进给量和切削速度的确定。根据此孔最终的表面粗糙度要求，确定钻头为硬质合金直柄麻花钻，查表选择钻头参数：$d=3\text{mm}$，$L=61\text{mm}$，$L_1=33\text{mm}$，查表《机械制造技术基础课程设计指南》[3]表5-134，得 $f=0.04\sim0.08\text{mm/r}$，取 $f=0.05\text{mm/r}$；查得 $v_c=40\sim60\text{m/min}$，取 $v_c=40\text{m/min}$。根据以上数据计算主轴转速 $n=\frac{40\times1000}{3.14\times3}\text{r/min}\approx4246\text{r/min}$，查Z525立式钻床主轴转速表，取 $n=1360\text{r/min}$，再计算实际切削速度 $v_c=\frac{1360\times3.14\times3}{1000}\text{m/min}\approx12.8\text{m/min}$。

3）基本时间的确定。查《机械制造技术基础课程设计指南》[3]表2-26，得钻削机动时间计算公式

$$T_j=\frac{l+l_1+l_2}{fn},\ l_1=\frac{D}{2}\cot\kappa_r+(1\sim2),\ l_2=(1\sim4)\ \text{mm}$$

钻孔深度 $l=39\text{mm}$，$l_1=3\text{mm}$，$l_2=4\text{mm}$，查《机械加工工艺师手册》[26]表28-42，所以 $T_j=\frac{l+l_1+l_2}{fn}=\frac{46}{1360\times0.05}\text{min}\approx0.68\text{min}$。

10. 填写机械加工工艺过程卡和机械加工工序卡

工艺文件详见附表A。

四、夹具的设计

为了提高劳动生产率，保证加工质量，降低劳动强度，需要设计专用夹具。

经过分析，决定设计第Ⅸ、Ⅹ道工序——加工 $\phi18^{+0.027}_{0}\text{mm}$ 通孔和 $\phi16^{+0.11}_{0}\text{mm}$ 通孔专用夹具。本夹具将用于TX617卧式镗床。刀具为硬质合金直柄麻花钻，扩钻（K20硬质合

金直柄麻花钻），硬质合金直柄机用铰刀。

1. 确定夹具的结构方案

（1）确定定位方案，选择定位元件　根据选择的工序来详细分析零件图，即根据图 7-4 所示的气门摇臂轴支座主要几何公差要求，来确定夹具的结构方案。

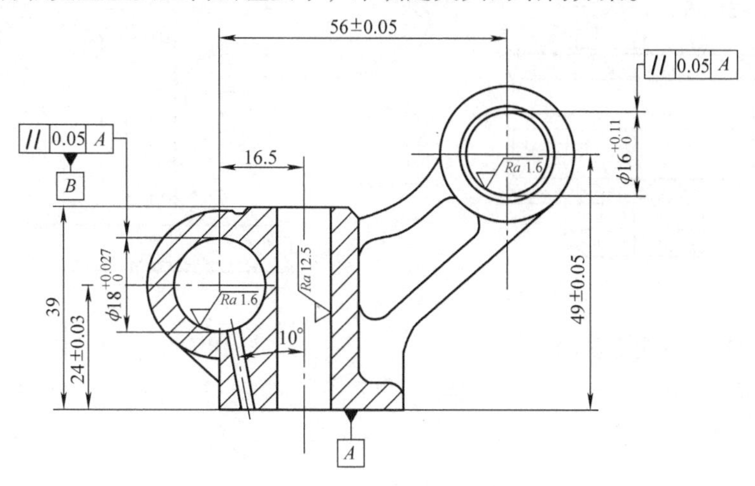

图 7-4　气门摇臂轴支座主要几何公差

本两道工序可以在同一夹具上加工完成，工序加工要求保证的位置精度主要是两加工孔中心距尺寸（56 ±0. 05） mm 及平行度公差 0. 05mm，还有 ϕ18mm 孔与下端面尺寸（24 ±0. 03） mm 以及 ϕ16mm 孔与底面尺寸（49 ± 0. 05） mm。根据基准重合原则，应选择 ϕ11mm 孔和下端面为主要定位基准，即工序简图中所规定的定位基准是恰当的。定位元件选择一个长定位心轴，定位心轴与定位孔的配合尺寸为 $\phi 11\ \dfrac{H7}{g6}$（定位孔 $\phi 11^{+0.018}_{\ 0}$mm，定位心轴$\phi 11^{-0.006}_{-0.017}$mm），定位心轴下端与夹具体底板上孔的配合尺寸为 $\phi 10\ \dfrac{H7}{r6}$（底板孔 $\phi\ 10^{+0.018}_{\ 0}$mm，定位心轴底端 $\phi\ 10^{+0.03}_{+0.019}$mm），定位心轴上端部分为螺杆，用六角螺母加紧。对于工序尺寸（56 ±0. 05） mm 而言，定位基准与工序基准重合误差 $\Delta_{jb}=0$，由于定位副制造误差引起的定位误差 Δ_{jw} = （0. 018 + 0. 017） mm = 0. 035mm，$\Delta_{dw}=\Delta_{jb}+\Delta_{jw}$ = （0 + 0. 035） mm =0. 035mm，因此定位误差小于该工序尺寸（56 ±0. 05） mm 制造公差的 1/2，因此上述方案可行。定位方案图以及定位结构图分别如图 7-5、图 7-6 所示。

（2）确定导向装置　本工序两孔加工的精度要求较高，采用一次装夹完成钻、扩、粗铰和精铰四个工步的加工，故此夹具采用与孔尺寸相对应的快换钻套作导向元件，相应的卧式镗床上采用快换夹头。

如图 7-7 所示，两衬套与快换钻套间的配合尺寸为 $\phi 26\ \dfrac{F7}{m6}$，衬套与钻模板之间的配合尺寸为 $\phi 35\ \dfrac{F7}{n6}$。

（3）确定夹紧机构　在机械加工工艺设计中，已经确定气门摇臂轴支座的生产类型为大批量生产，在此工序夹具中选择螺旋夹紧机构夹紧工件。如图 7-8 所示，在定位心轴上直接作出一段螺杆，装夹工件时，先将工件定位孔装入带有螺母的定位心轴上，实现定位，然后在工件与螺母之间插上开口垫圈，最后拧紧螺母压紧工件。

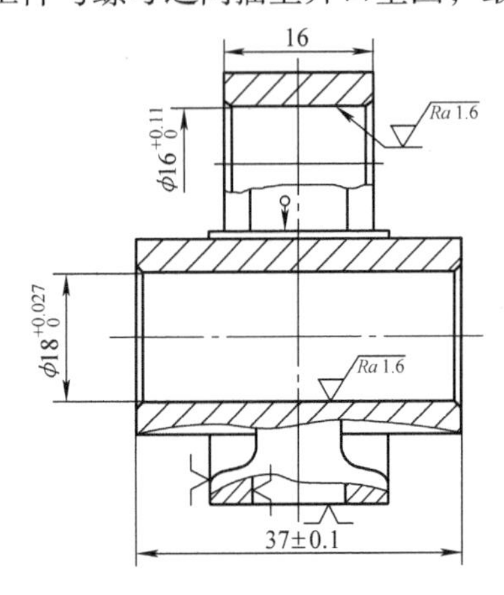

图 7-5　工序定位方案图

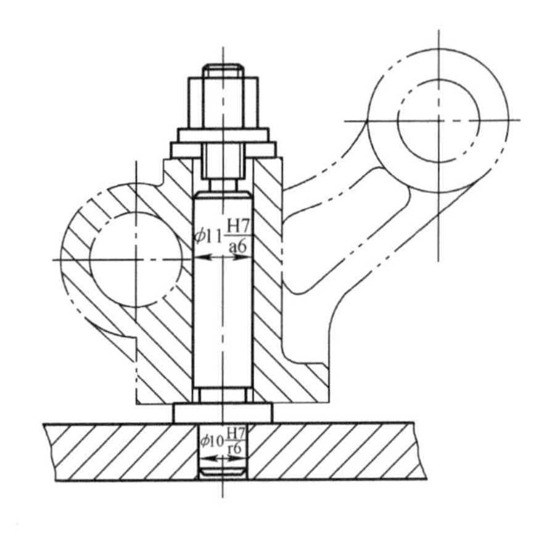

图 7-6　工序定位结构图

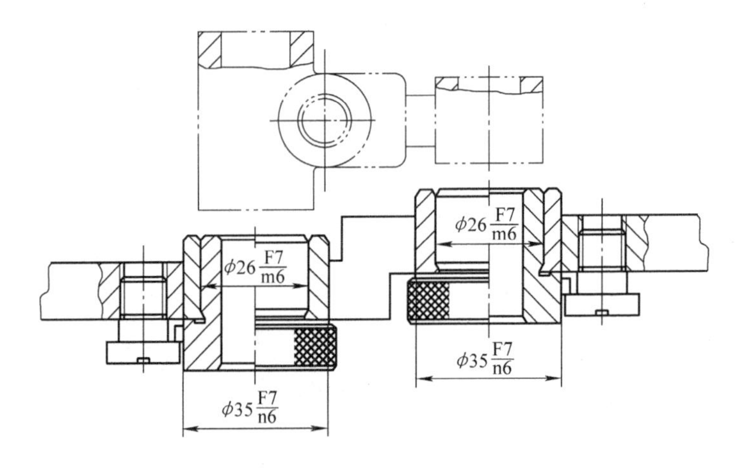

图 7-7　导向装置结构图

（4）确定辅助定位装置　为了减小加工时工件的变形，保证加工时工艺系统的刚性，φ26 后端面处增加辅助支承，具体机构如图 7-9 所示。

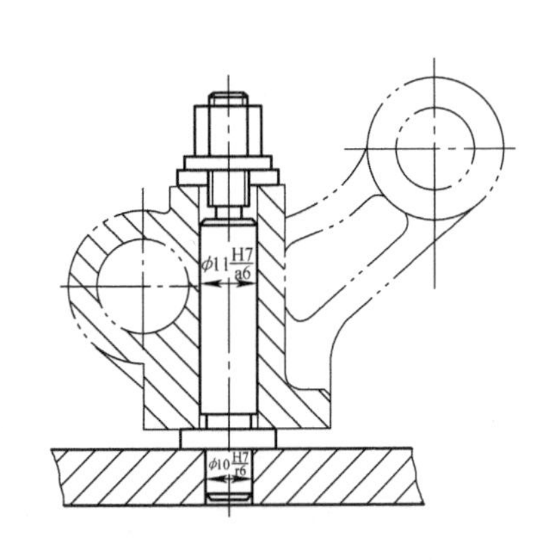

图 7-8　工序夹紧机构图

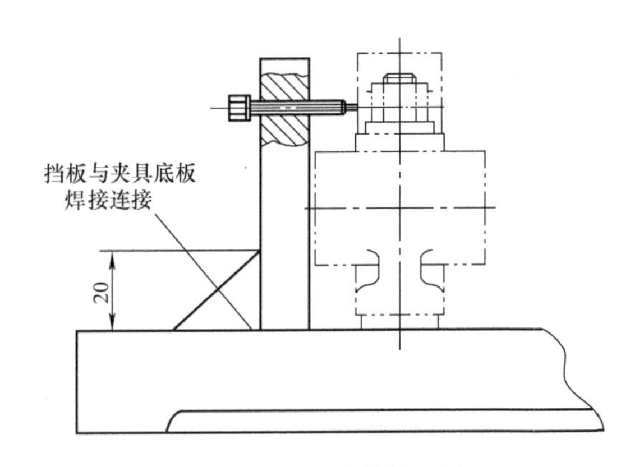

图 7-9　辅助定位装置图

2. 设计夹具体

夹具体的设计应全面考虑，使上述各部分通过夹具体能够有机地联系起来，形成一个整体。考虑夹具与机床的连接，因为是在卧式镗床上使用，夹具安装在工作台上直接用钻套找正并用压板固定，故只需在夹具体上留出压板压紧的位置即可，不需专门的夹具与机床的定位连接元件。钻模板和夹具体一起用四根螺栓固连。夹具体上表面与其他元件接触的部位均作成等高的凸台以减少加工面积，夹具体底部设计成周边接触的形式以改善接触状况，提高安装的稳定性。

3. 在夹具装配图上标注尺寸、配合及技术要求

1）根据零件图上两孔间中心距的要求，确定两钻套中心线之间的尺寸为（56 ±0.025）mm，其公差值取为零件相应尺寸（56 ±0.05）mm 的公差值的1/5 ~1/2。

2）为保证两孔与零件底面的平行度公差为0.05mm，两钻套轴线与夹具底板上端面的平行度公差取为0.05mm。

3）标注配合尺寸：$\phi35\frac{F7}{n6}$，$\phi26\frac{F7}{m6}$，$\phi11\frac{H7}{g6}$，$\phi10\frac{H7}{r6}$和$\phi16\frac{H7}{r6}$。

夹具装配图及夹具底板零件图分别如图7-10和图7-11所示。

至此完成设计工作后，要在设计报告书后附上参考文献（此处略）。

【技能训练】

设计下面零件的机械加工工艺及工艺装备（年产量为5000件）。

1）CA6140 型卧式车床后托架零件（图7-12），材料为 HT200。

2）CA6140 型卧式车床法兰盘零件（图7-13），材料为 HT200。

3）CA6140 型卧式车床杠杆零件（图7-14），材料为 HT200。

4）汽车后钢板弹簧吊耳零件（图7-15），材料为35。

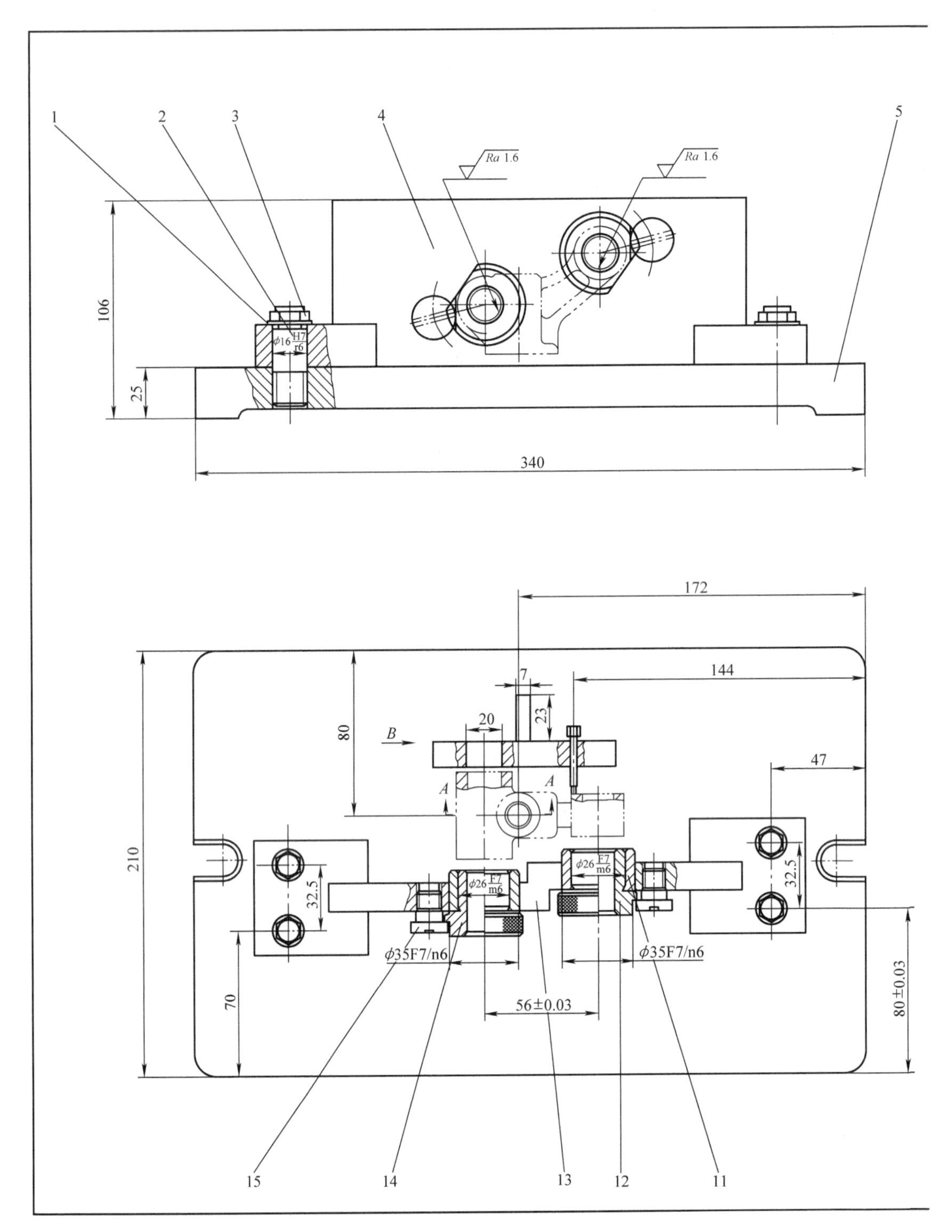
1
2
3
4
5
Ra 1.6
Ra 1.6
106
25
φ16 H7/r6
340
172
144
7
23
20
80
B
A
A
47
210
32.5
32.5
φ26 F7/m6
φ26 F7/m6
φ35F7/n6
φ35F7/n6
56±0.03
70
80±0.03
15
14
13
12
11

图 7-10 夹具

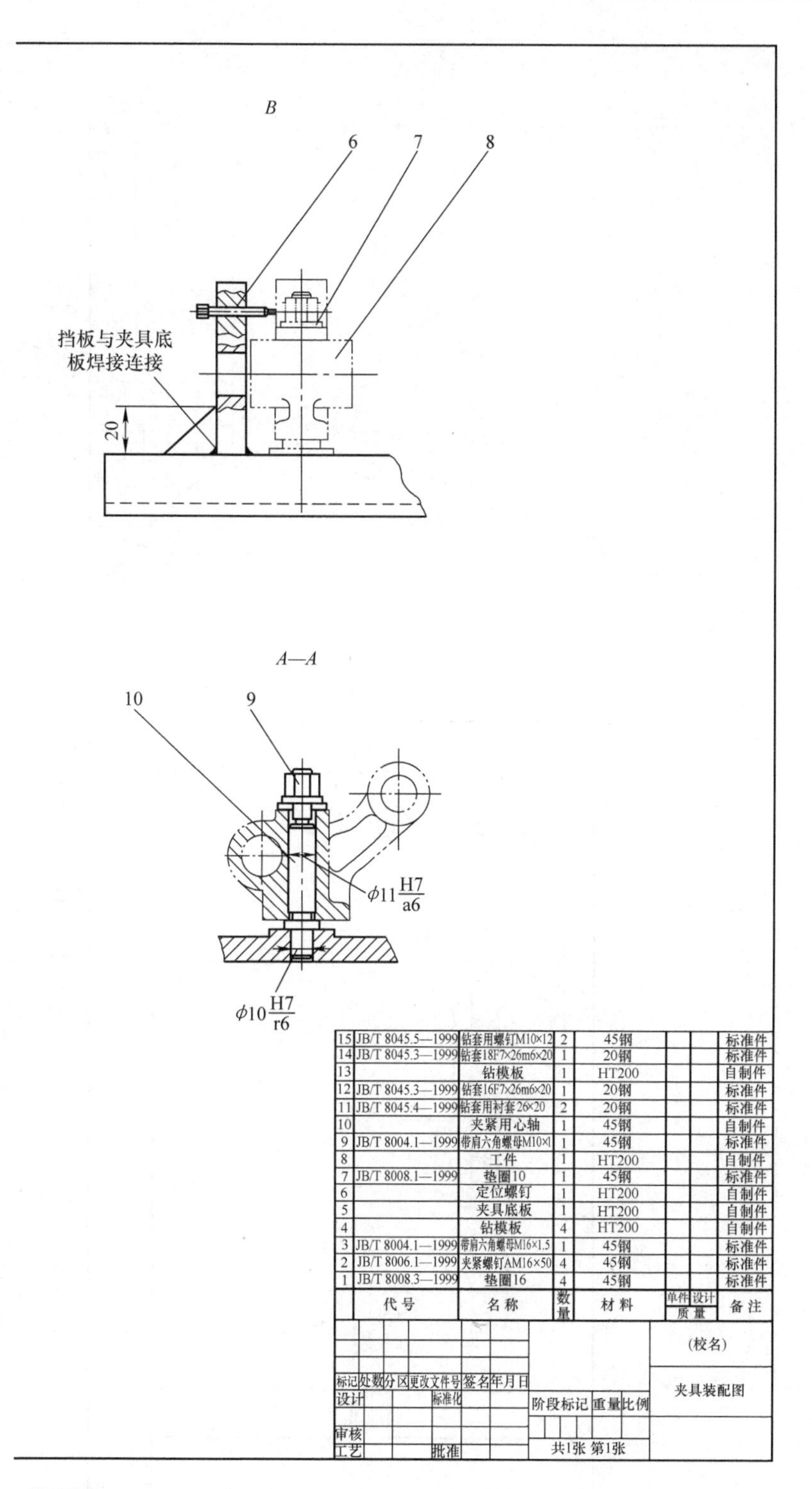

	代号	名称	数量	材料	单件质量	设计质量	备注
15	JB/T 8045.5—1999	钻套用螺钉M10×12	2	45钢			标准件
14	JB/T 8045.3—1999	钻套18F7×26m6×20	1	20钢			标准件
13		钻模板	1	HT200			自制件
12	JB/T 8045.3—1999	钻套16F7×26m6×20	1	20钢			标准件
11	JB/T 8045.4—1999	钻套用衬套26×20	2	20钢			标准件
10		夹紧用心轴	1	45钢			自制件
9	JB/T 8004.1—1999	带肩六角螺母M10×1	1	45钢			标准件
8		工件	1	HT200			自制件
7	JB/T 8008.1—1999	垫圈10	1	45钢			标准件
6		定位螺钉	1	HT200			自制件
5		夹具底板	1	HT200			自制件
4		钻模板	4	HT200			自制件
3	JB/T 8004.1—1999	带肩六角螺母M16×1.5	1	45钢			标准件
2	JB/T 8006.1—1999	夹紧螺钉AM16×50	4	45钢			标准件
1	JB/T 8008.3—1999	垫圈16	4	45钢			标准件

装配图

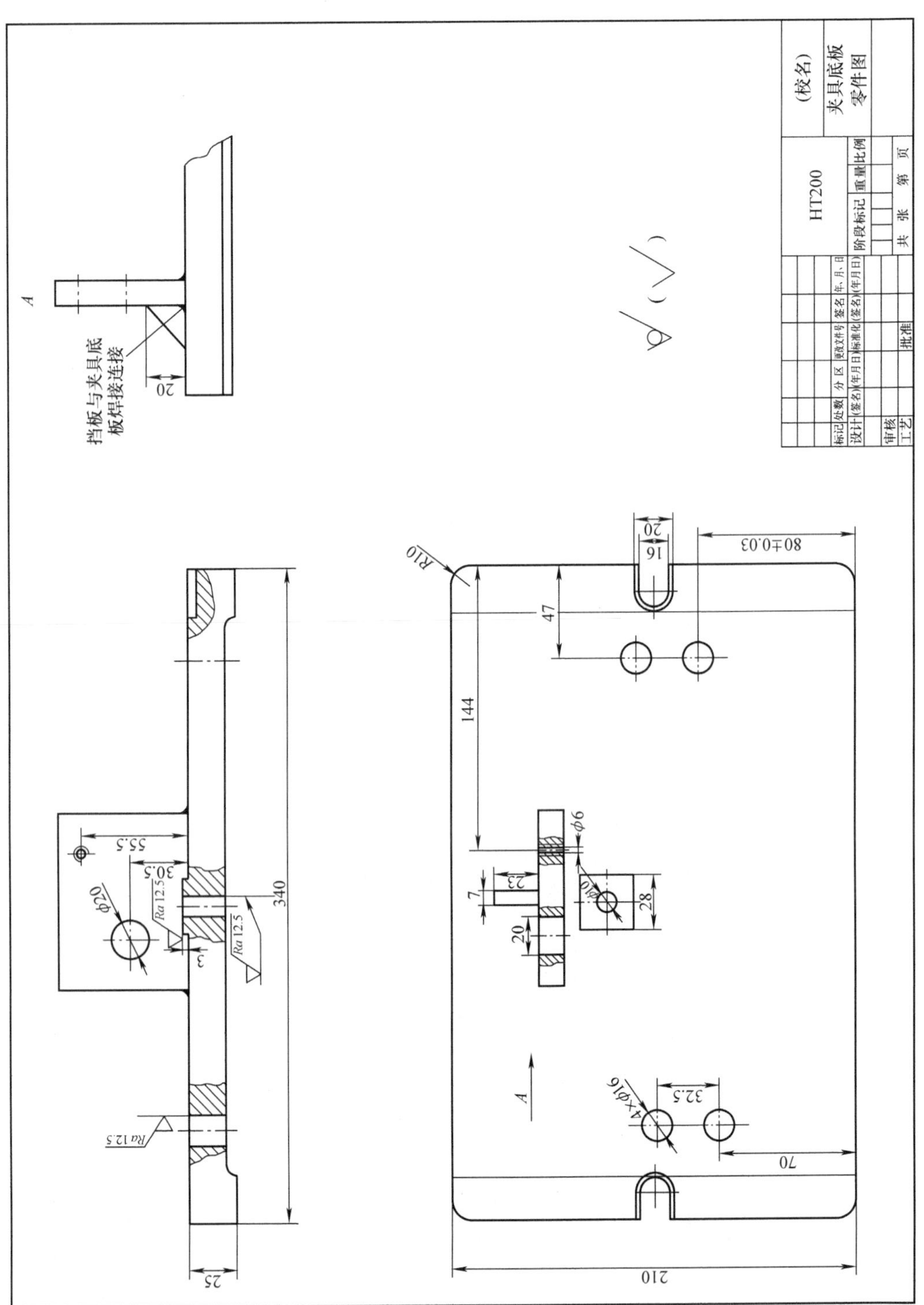

图 7-11 夹具底板零件图

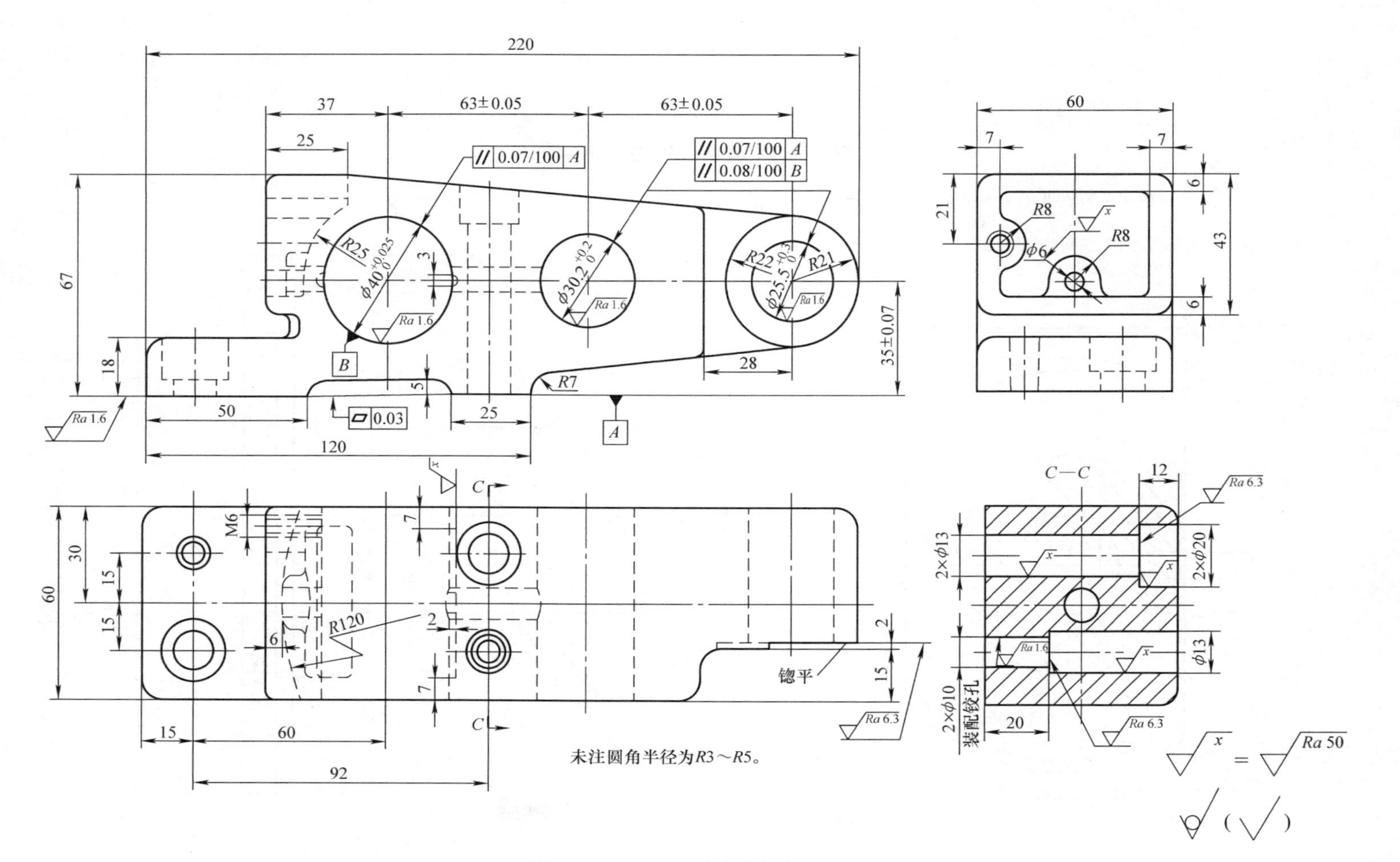

未注圆角半径为R3～R5。

图 7-12 CA6140 型卧式车床后托架

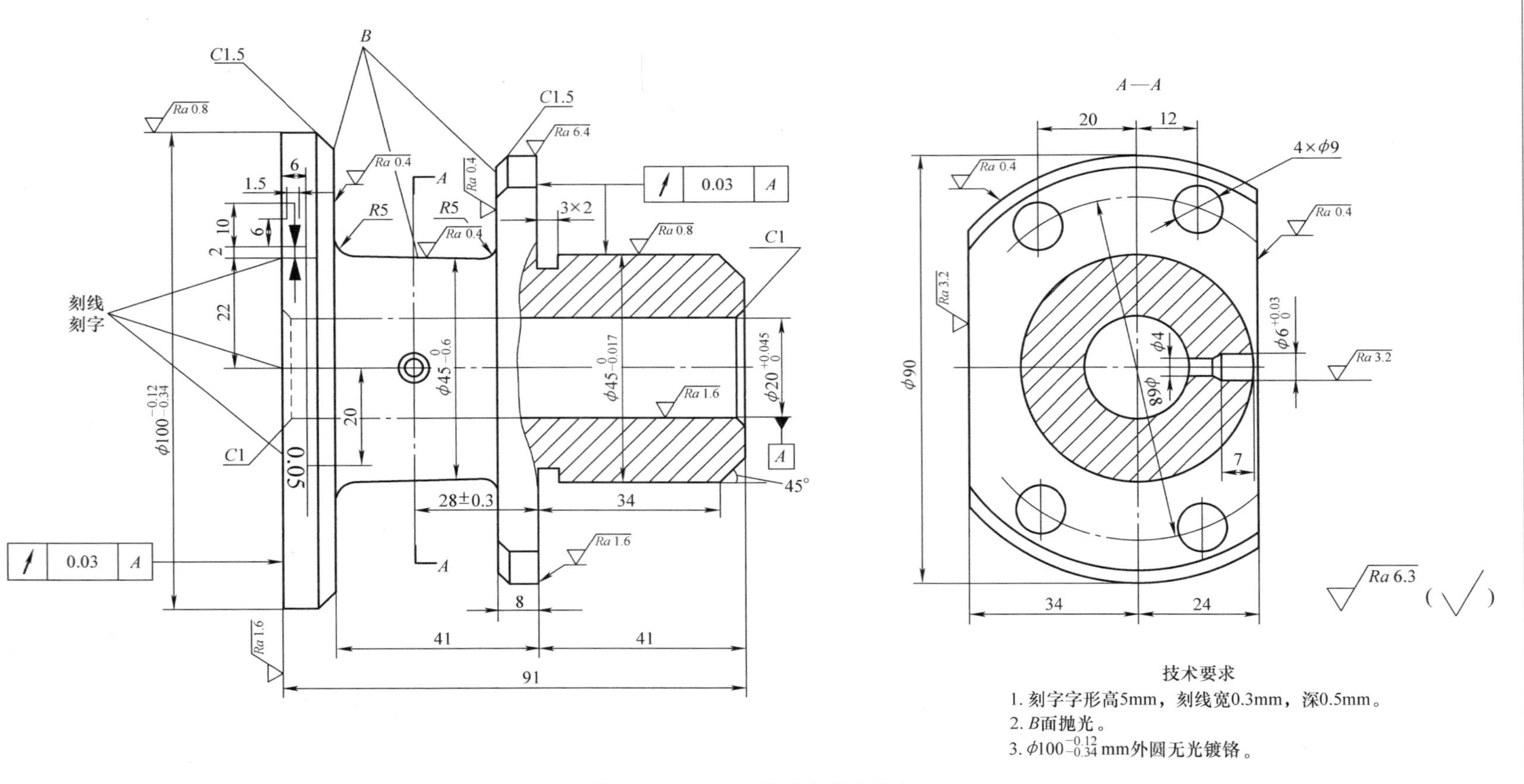

图7-13 CA6140卧式车床法兰盘

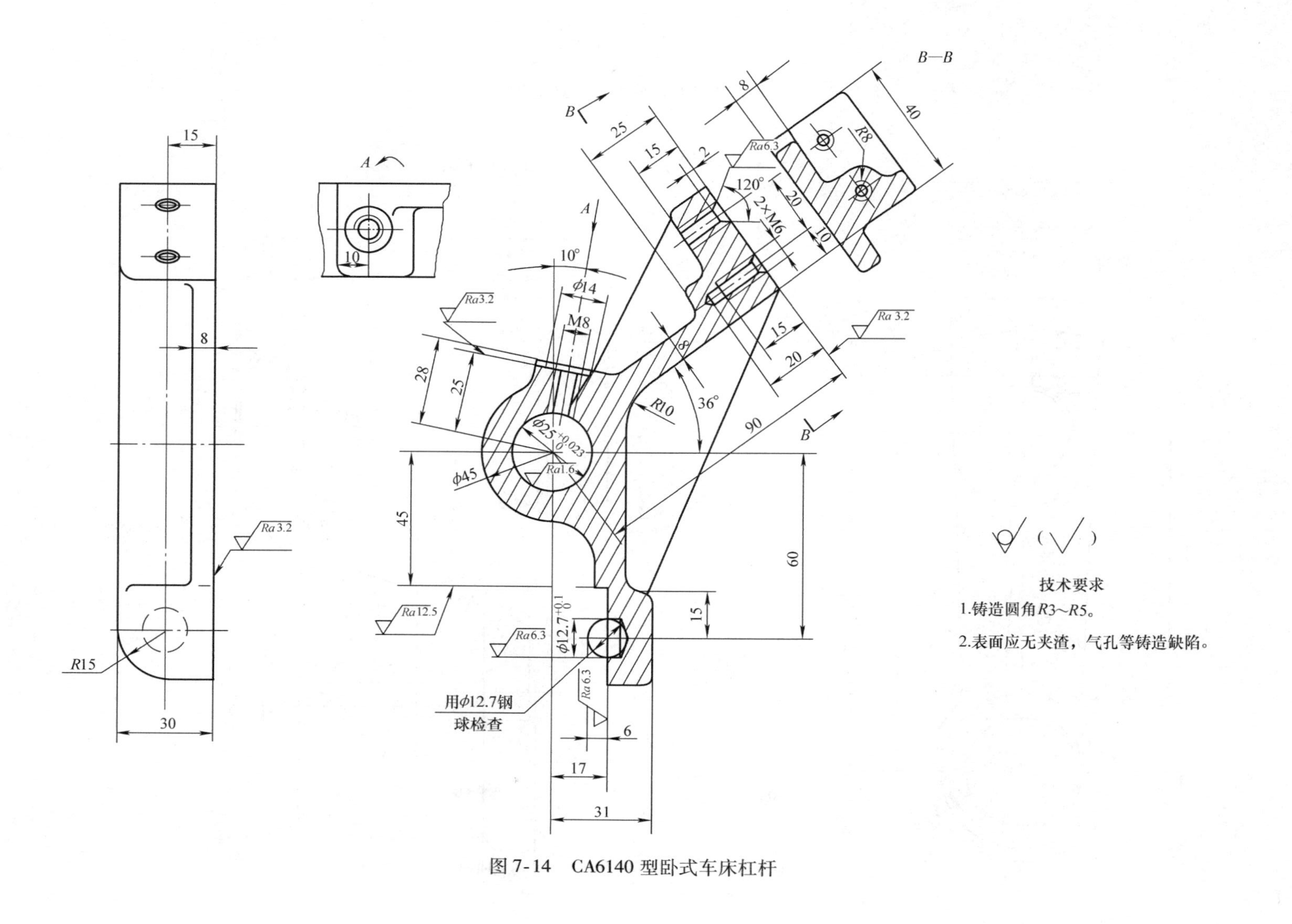

技术要求

1.铸造圆角$R3\sim R5$。

2.表面应无夹渣，气孔等铸造缺陷。

图 7-14　CA6140 型卧式车床杠杆

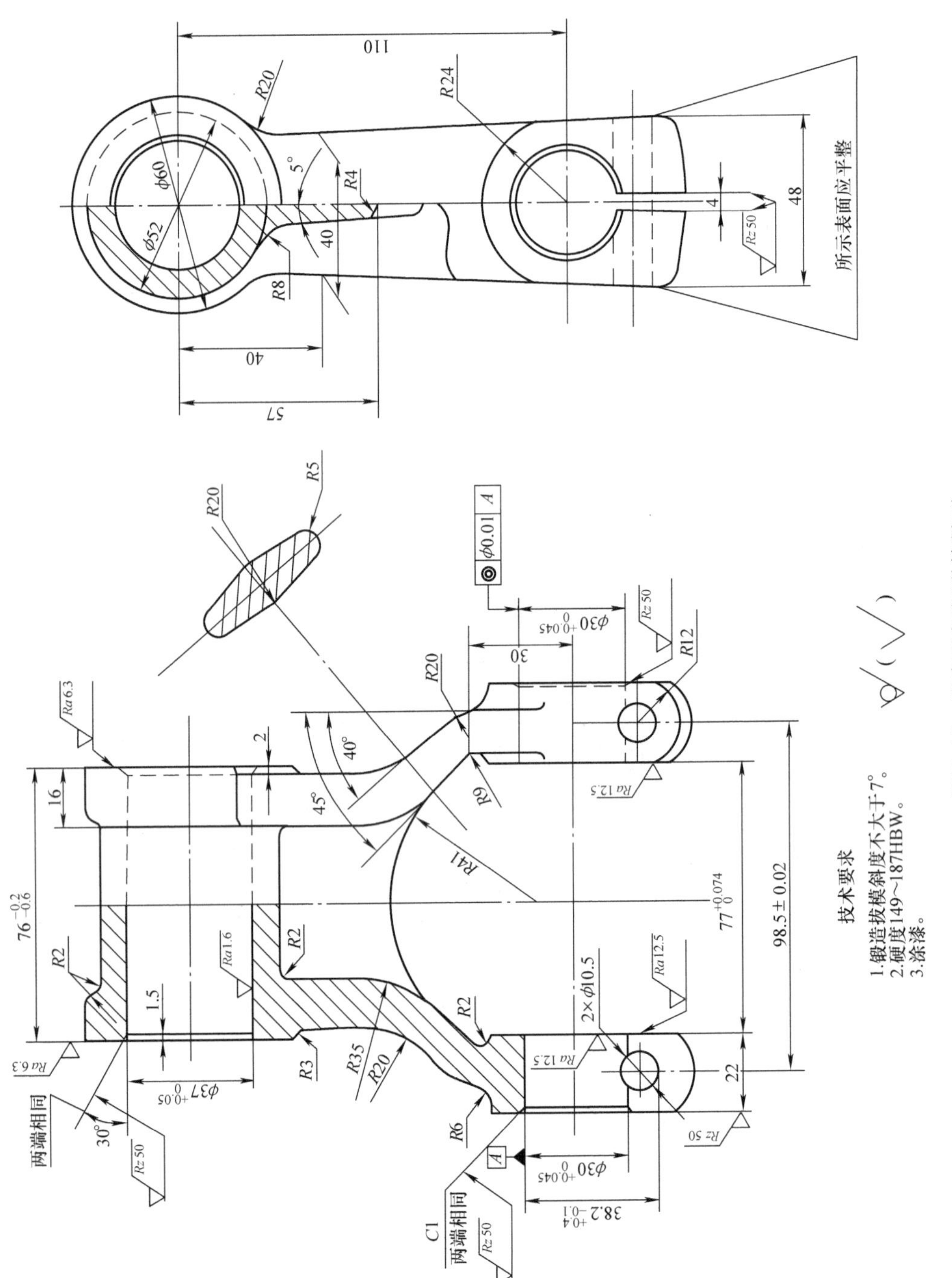

图 7-15　汽车后钢板弹簧吊耳

附　　录

附录 A　气门摇臂轴支座的工艺文件

气门摇臂轴支座工艺文件如附图 A-1 和附图 A-9。

(厂名)	机械加工工艺工程卡片	产品型号		零件图号	A3		
		产品名称		零件名称	气门摇臂轴支座	共1页	第1页

材料牌号	HT200	毛坯种类	铸件	毛坯外形尺寸	83×37×62	每毛坯可制件数	1	每台件数	1	备注	

工序号	工序名称	工序内容	车间	工段	设备	工艺装备	工时 准终	工时 单件
1	铸	用砂型铸造的方法获得毛坯	铸造					
2	检验	粗铣毛坯，并检验毛坯	检验					
3	热处	对毛坯进行时效处理，187～220HBW	热处理					
4	铣	粗铣ϕ22mm上端面	金工		X6025	专用铣夹具		
5	铣	粗铣－半精铣36mm下端面	金工		X6025	专用铣夹具		
6	钻	钻ϕ11mm通孔	金工		Z525	专用钻夹具		
7	铣	粗铣–半精铣ϕ28mm前端面和粗铣ϕ26mm前端面	金工		X6025	专用铣夹具		
8	铣	粗铣–半精铣ϕ28mm后端面和粗铣ϕ26mm后端面	金工		X6025	专用铣夹具		
9	钻	钻–扩–粗铰–精铰 ϕ18mm通孔，并保证精度	金工		TX617	专用钻夹具		
10	钻	钻–扩–粗铰–精铰 ϕ16mm通孔，并保证精度	金工		TX617	专用钻夹具		
11	钻	钻ϕ3mm与轴线偏角10°的孔	金工		Z525	专用钻夹具		
12	钳工	钳工去锐边毛刺	金工			机用虎钳		
13	检	检验成品技术尺寸及技术要求	检验			游标卡尺、内径千分尺		

										设计（日期）	审核（日期）	标准化（日期）	会签（日期）	
标记	处数	更改文件号	签字	日期	标记	处数	更改文件号	签字	日期					

附图 A-1　机械加工工艺过程卡

（厂名）	机械加工工序卡片	产品型号		零件图号		共8页
		产品名称		零件名称	气门摇臂轴支座	第1页

车间	工序号	工序名	材料牌号
金工	4	铣	HT200
毛坯种类	毛坯外形尺寸	每毛坯可制件数	每台件数
铸件	83×37×62	1	1
设备名称	设备型号	设备编号	同时加工件数
卧式铣床	X6025		1

夹具编号	夹具名称	切削液	
工位器编号	工位器名称	工序工时	
		准终	单件

工步号	工步内容	工艺装备	主轴转速	切削速度	进给量	背吃刀量	进给次数	工步工时	
			r/min	m/min	mm/r	mm		机动	辅助
1	粗铣ϕ22mm上端面	专用铣夹具	255	64	2	4	1	0.06	

										设计（日期）	审核（日期）	标准化（日期）	会签（日期）	
标记	处数	更改文件号	签字	日期	标记	处数	更改文件号	签字	日期					

附图 A-2 工序卡片 1

(厂名)	机械加工工序卡片	产品型号		零件图号		共8页
		产品名称		零件名称	气门摇臂轴支座	第2页

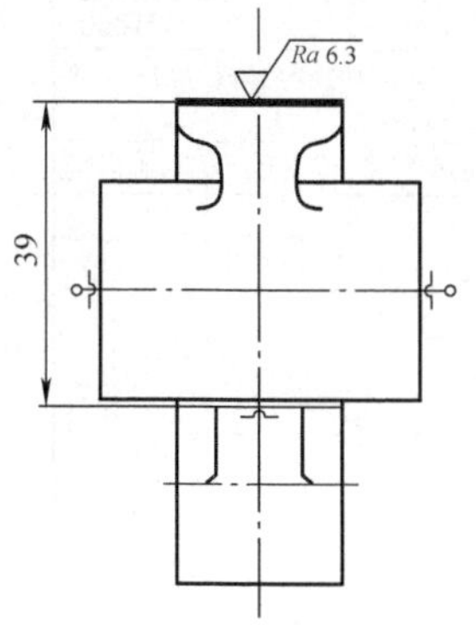

车间	工序号	工序名	材料牌号
金工	5	铣	HT200
毛坯种类	毛坯外形尺寸	每毛坯可制件数	每台件数
铸件	83×37×62	1	1
设备名称	设备型号	设备编号	同时加工件数
卧式铣床	X6025		1

夹具编号	夹具名称	切削液	
工位器编号	工位器名称	工序工时	
		准终	单件

工步号	工步内容	工艺装备	主轴转速	切削速度	进给量	背吃刀量	进给次数	工步工时	
			r/min	m/min	mm/r	mm		机动	辅助
1	粗铣36mm下端面	专用铣夹具	255	64	2	3	1	0.08	
2	半精铣36mm下端面	专用铣夹具	490	123	1	1	1	0.08	

										设计（日期）	审核（日期）	标准化（日期）	会签（日期）	
标记	处数	更改文件号	签字	日期	标记	处数	更改文件号	签字	日期					

附图 A-3 工序卡片 2

(厂名)	机械加工工序卡片	产品型号		零件图号		共8页
		产品名称		零件名称	气门摇臂轴支座	第3页

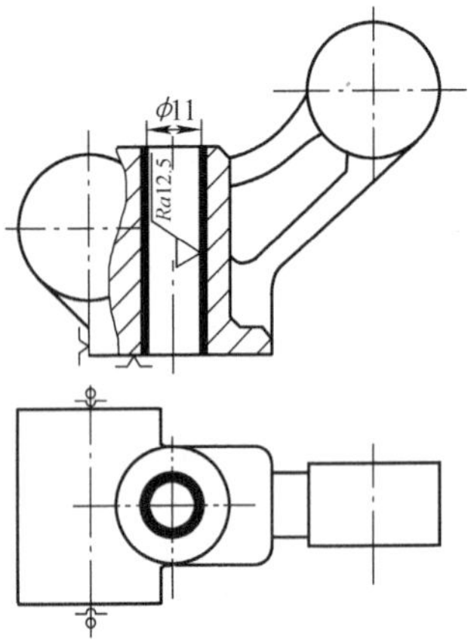

车间	工序号	工序名	材料牌号
金工	6	钻	HT200
毛坯种类	毛坯外形尺寸	每毛坯可制件数	每台件数
铸件	83×37×62	1	1
设备名称	设备型号	设备编号	同时加工件数
立式钻床	Z525		1
夹具编号	夹具名称	切削液	
工位器编号	工位器名称	工序工时	
		准终	单件

工步号	工步内容	工艺装备	主轴转速 r/min	切削速度 m/min	进给量 mm/r	背吃刀量 mm	进给次数	工步工时 机动	工步工时 辅助
1	钻ϕ11mm通孔	专用钻夹具	1360	47	0.1	11	1	0.34	

标记	处数	更改文件号	签字	日期	标记	处数	更改文件号	签字	日期	设计(日期)	审核(日期)	标准化(日期)	会签(日期)	

附图 A-4　工序卡片 3

(厂名)	机械加工工序卡片	产品型号		零件图号		共8页
		产品名称		零件名称	气门摇臂轴支座	第4页

Ra 12.5　20　*Ra* 3.2　10　41

车间	工序号	工序名	材料牌号
金工	7	铣	HT200
毛坯种类	毛坯外形尺寸	每毛坯可制件数	每台件数
铸件	83×37×62	1	1
设备名称	设备型号	设备编号	同时加工件数
卧式铣床	X6025		1

夹具编号	夹具名称	切削液	
工位器编号	工位器名称	工序工时	
		准终	单件

工步号	工步内容	工艺装备	主轴转速	切削速度	进给量	背吃刀量	进给次数	工步工时	
			r/min	m/min	mm/r	mm		机动	辅助
1	粗铣ϕ28mm前端面	专用铣夹具	255	64	2	3	1	0.07	
2	粗铣ϕ26mm前端面	专用铣夹具	255	64	2	4	1	0.07	
3	半精铣ϕ28mm前端面	专用铣夹具	255	64	2	1	1	0.07	

										设计（日期）	审核（日期）	标准化（日期）	会签（日期）	
标记	处数	更改文件号	签字	日期	标记	处数	更改文件号	签字	日期					

附图 A-5　工序卡片 4

(厂名)	机械加工工序卡片	产品型号		零件图号		共8页
		产品名称		零件名称	气门摇臂轴支座	第5页

16 Ra 12.5 Ra 3.2 10 37±0.1	车间	工序号	工序名	材料牌号
	金工	8	铣	HT200
	毛坯种类	毛坯外形尺寸	每毛坯可制件数	每台件数
	铸件	83×37×62	1	1
	设备名称	设备型号	设备编号	同时加工件数
	卧式铣床	X6025		1
	夹具编号		夹具名称	切削液
	工位器编号		工位器名称	工序工时
				准终 / 单件

工步号	工步内容	工艺装备	主轴转速	切削速度	进给量	背吃刀量	进给次数	工步工时	
			r/min	m/min	mm/r	mm		机动	辅助
1	粗铣 ϕ26mm后端面	专用铣夹具	255	64	2	4	1	0.07	
2	粗铣 ϕ28mm后端面	专用铣夹具	255	64	2	3	1	0.07	
3	半精铣 ϕ28mm后端面	专用铣夹具	255	64	2	1	1	0.07	

										设计（日期）	审核（日期）	标准化（日期）	会签（日期）	
标记	处数	更改文件号	签字	日期	标记	处数	更改文件号	签字	日期					

附图 A-6 工序卡片 5

（厂名）	机械加工工序卡片	产品型号		零件图号		共8页
		产品名称		零件名称	气门摇臂轴支座	第6页

车间	工序号	工序名	材料牌号
金工	9	钻	HT200
毛坯种类	毛坯外形尺寸	每毛坯可制件数	每台件数
铸件	83×37×62	1	1
设备名称	设备型号	设备编号	同时加工件数
卧式镗床	TX617		1

夹具编号	夹具名称	切削液	
工位器编号	工位器名称	工序工时	
		准终	单件

工步号	工步内容	工艺装备	主轴转速	切削速度	进给量	背吃刀量	进给次数	工步工时	
			r/min	m/min	mm/r	mm		机动	辅助
1	钻ϕ17mm通孔	专用钻夹具	1000	53	0.1	17	1	0.33	
2	扩ϕ17mm通孔至ϕ17.85mm	专用钻夹具	1000	56	1	0.85	1	0.44	
3	精铰ϕ17.85mm至ϕ17.94mm	专用钻夹具	1000	56	0.2	0.09	1	0.43	
4	精铰ϕ17.94mm至ϕ18mm	专用钻夹具	80	4.5	0.2	0.06	1	5.5	
5	两端倒角C1	专用钻夹具	80	50	0.2	1	1	0.05	

										设计（日期）	审核（日期）	标准化（日期）	会签（日期）	
标记	处数	更改文件号	签字	日期	标记	处数	更改文件号	签字	日期					

附图 A-7　工序卡片6

(厂名)	机械加工工序卡片	产品型号		零件图号		共8页
		产品名称		零件名称	气门摇臂轴支座	第7页

车间	工序号	工序名	材料牌号
金工	10	钻	HT200
毛坯种类	毛坯外形尺寸	每毛坯可制件数	每台件数
铸件	83×37×62	1	1
设备名称	设备型号	设备编号	同时加工件数
卧式镗床	TX617		1

夹具编号	夹具名称	切削液	
工位器编号	工位器名称	工序工时	
		准终	单件

工步号	工步内容	工艺装备	主轴转速 r/min	切削速度 m/min	进给量 mm/r	背吃刀量 mm	进给次数	工步工时 机动	工步工时 辅助
1	钻ϕ15mm通孔	专用钻夹具	1000	47	0.1	15	1	0.17	
2	扩ϕ15mm通孔至ϕ15.85mm	专用钻夹具	1000	49	0.9	0.85	1	0.23	
3	精铰ϕ15.85mm至ϕ15.95mm	专用钻夹具	1000	50	0.1	0.1	1	0.22	
4	精铰ϕ15.95mm至ϕ16mm	专用钻夹具	125	6.28	0.2	0.05	1	1.04	
5	两端倒角$C1$	专用钻夹具	80	50	0.2	1	1	0.03	

										设计（日期）	审核（日期）	标准化（日期）	会签（日期）	
标记	处数	更改文件号	签字	日期	标记	处数	更改文件号	签字	日期					

附图 A-8 工序卡片 7

(厂名)	机械加工工序卡片	产品型号		零件图号		共8页
		产品名称		零件名称	气门摇臂轴支座	第8页

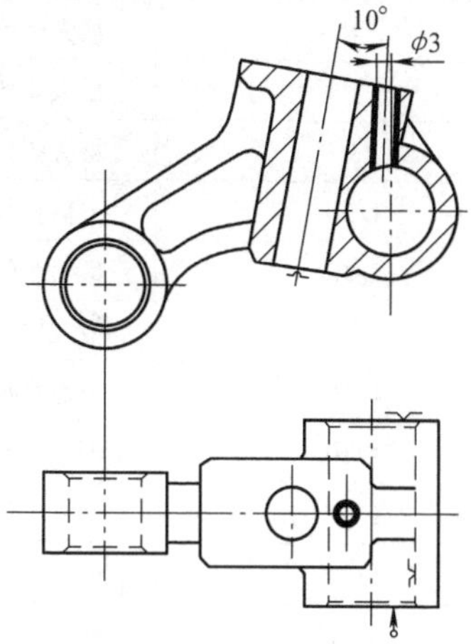

车间	工序号	工序名	材料牌号
金工	11	钻	HT200
毛坯种类	毛坯外形尺寸	每毛坯可制件数	每台件数
铸件	83×37×62	1	1
设备名称	设备型号	设备编号	同时加工件数
立式钻床	Z525		1
夹具编号	夹具名称	切削液	
工位器编号	工位器名称	工序工时	
		准终	单件

工步号	工步内容	工艺装备	主轴转速 r/min	切削速度 m/min	进给量 mm/r	背吃刀量 mm	进给次数	工步工时 机动	工步工时 辅助
1	钻ϕ3mm偏10°的偏孔	专用钻夹具	1360	12.8	0.05	3	1	0.33	

标记	处数	更改文件号	签字	日期	标记	处数	更改文件号	签字	日期	设计(日期)	审核(日期)	标准化(日期)	会签(日期)	

附图 A-9　工序卡片 8

附录 B 常用机床组、系代号及主参数

常用机床组、系代号及主参数见附表 B-1。

附表 B-1 常用机床组、系代号及主参数

类	组	系	机床名称	主参数的折算系数	主 参 数
车床	1	1	单轴纵切自动车床	1	最大棒料直径
	1	2	单轴横切自动车床	1	最大棒料直径
	1	3	单轴转塔自动车床	1	最大棒料直径
	2	1	多轴棒料自动车床	1	最大棒料直径
	2	2	多轴卡盘自动车床	1/10	卡盘直径
	2	6	立式多轴半自动车床	1/10	最大车削直径
	3	0	回轮式车床	1	最大棒料直径
	3	1	滑鞍转塔车床	1/10	卡盘直径
	3	3	滑枕转塔车床	1/10	卡盘直径
	4	1	曲轴车床	1/10	最大工件回转直径
	4	6	凸轮轴车床	1/10	最大工件回转直径
	5	1	单柱立式车床	1/100	最大车削直径
	5	2	双柱立式车床	1/100	最大车削直径
	6	0	落地车床	1/100	最大工件回转直径
	6	1	卧式车床	1/10	床身上最大回转直径
	6	2	马鞍车床	1/10	床身上最大回转直径
	6	4	卡盘车床	1/10	床身上最大回转直径
	6	5	球面车床	1/10	刀架上最大回转直径
	7	1	仿形车床	1/10	刀架上最大回转直径
	7	5	多刀车床	1/10	刀架上最大回转直径
	7	6	卡盘多刀车床	1/10	刀架上最大回转直径
	8	4	轧辊车床	1/10	最大工件直径
	8	9	铲齿车床	1/10	最大工件直径
钻床	1	3	立式坐标镗钻床	1	最大钻孔直径
	2	1	深孔钻床	1	最大钻孔直径
	3	0	摇臂钻床	1	最大钻孔直径
	3	1	万向摇臂钻床	1	最大钻孔直径
	4	0	台式钻床	1	最大钻孔直径
	5	0	圆柱立式钻床	1	最大钻孔直径
	5	1	方柱立式钻床	1	最大钻孔直径
	5	2	可调多轴立式钻床	1	最大钻孔直径
	8	1	中心孔钻床	1/10	最大工件直径
	8	2	平端面中心孔钻床	1/10	最大工件直径

（续）

类	组	系	机床名称	主参数的折算系数	主　参　数
镗床	4	1	立式单柱坐标镗床	1/10	工作台面宽度
	4	2	立式双柱坐标镗床	1/10	工作台面宽度
	4	6	卧式坐标镗床	1/10	工作台面宽度
	6	1	卧式镗床	1/10	镗轴直径
	6	2	落地镗床	1/10	镗轴直径
	6	9	落地铣镗床	1/10	镗轴直径
	7	0	单面卧式精镗床	1/10	工作台面宽度
	7	1	双面卧式精镗床	1/10	工作台面宽度
	7	2	立式精镗床	1/10	最大镗孔直径
磨床	0	4	抛光机		—
	0	6	刀具磨床		—
	1	0	无心外圆磨床	1	最大磨削直径
	1	3	外圆磨床	1/10	最大磨削直径
	1	4	万能外圆磨床	1	最大磨削直径
	1	5	宽砂轮外圆磨床	1/10	最大磨削直径
	1	6	端面外圆磨床	1/10	最大回转直径
	2	1	内圆磨床	1/10	最大磨削孔径
	2	5	立式行星内圆磨床	1/10	最大磨削孔径
	3	0	落地砂轮机	1/10	最大砂轮直径
	5	0	落地导轨磨床	1/100	最大磨削宽度
	5	2	龙门导轨磨床	1/100	最大磨削宽度
	6	0	万能工具磨床	1/10	最大回转直径
	6	3	钻头刃磨床	1	最大刃磨钻头直径
	7	1	卧轴矩台平面磨床	1/10	工作台面宽度
	7	3	卧轴圆台平面磨床	1/10	工作台面直径
	7	4	立轴圆台平面磨床	1/10	工作台面直径
	8	2	曲轴磨床	1/10	最大回转直径
	8	3	凸轮轴磨床	1/10	最大回转直径
	8	6	花键轴磨床	1/10	最大磨削直径
	9	0	曲线磨床	1/10	最大磨削长度
齿轮加工机床	2	0	弧齿锥齿轮磨齿机	1/10	最大工件直径
	2	2	弧齿锥齿轮铣齿机	1/10	最大工件直径
	2	3	直齿锥齿轮刨齿机	1/10	最大工件直径
	3	1	滚齿机	1/10	最大工件直径
	3	6	卧式滚齿机	1/10	最大工件直径
	4	2	剃齿机	1/10	最大工件直径
	4	6	珩齿机	1/10	最大工件直径
	5	1	插齿机	1/10	最大工件直径
	6	0	花键轴铣床	1/10	最大铣削直径
	7	0	碟形砂轮磨齿机	1/10	最大工件直径
	7	1	锥形砂轮磨齿机	1/10	最大工件直径

（续）

类	组	系	机床名称	主参数的折算系数	主　参　数
齿轮加工机床	7	2	蜗杠砂轮磨齿机	1/10	最大工件直径
	8	0	车齿机	1/10	最大工件直径
	9	3	齿轮倒角机	1/10	最大工件直径
	9	9	齿轮噪声检查机	1/10	最大工件直径
铣床	2	0	龙门铣床	1/100	工作台面宽度
	3	0	圆台铣床	1/100	工作台面直径
	4	3	平面仿形铣床	1/10	最大铣削宽度
铣床	4	4	立体仿形铣床	1/10	最大铣削度宽
	5	0	立式升降台铣床	1/10	工作台面宽度
	6	0	卧式升降台铣床	1/10	工作台面宽度
	6	1	万能升降台铣床	1/10	工作台面宽度
	7	1	床身铣床	1/100	工作台面宽度
	8	1	万能工具铣床	1/10	工作台面宽度
	9	2	键槽铣床	1	最大键槽宽度
螺纹加工机床	3	0	套丝机	1	最大套丝直径
	4	8	卧式攻丝机	1/10	最大攻丝直径
	6	0	丝杠铣床	1/10	最大铣削直径
	6	2	短螺纹铣床	1/10	最大铣削直径
	7	4	丝杠磨床	1/10	最大工件直径
	7	5	万能螺纹磨床	1/10	最大工件直径
	8	6	丝杠车床	1/100	最大工件长度
	8	9	多头螺纹车床	1/10	最大车削直径
刨插床	1	0	悬臂刨床	1/100	最大刨削宽度
	2	0	龙门刨床	1/100	最大刨削宽度
	2	2	龙门铣磨刨床	1/100	最大刨削宽度
	5	0	插床	1/10	最大插削长度
	6	0	牛头刨床	1/10	最大刨削长度
	8	8	模具刨床	1/10	最大刨削长度
拉床	3	1	卧式拉床	1/10	额定拉力
	4	3	连续拉床	1/10	额定压力
	5	1	立式内拉床	1/10	额定拉力
	6	1	卧式内拉床	1/10	额定拉力
	7	1	立式外拉床	1/10	额定拉力
	9	1	气缸体平面拉床	1/10	额定拉力
锯床	5	1	立式带锯床	1/10	最大锯削厚度
	6	0	卧式圆锯床	1/100	最大圆锯片直径
	7	1	平板卧式弓锯床	1/10	最大锯削直径
其他机床	1	6	管接头车丝机	1/10	最大加工直径
	2	1	木螺钉螺纹加工机	1	最大工件直径
	4	0	圆刻线机	1/100	最大加工长度
	4	1	长刻线机	1/100	最大加工长度

附录 C　加工余量参数表

各加工方法加工余量见附表 C-1 ~ 附表 C-9。

附表 C-1　粗车、半精车外圆的加工余量　（单位：mm）

零件公称尺寸	经过热处理与未经热处理零件的粗车		半精车			
			未经热处理		经热处理	
	长　度					
	≤200	>200 ~ 400	≤200	>200 ~ 400	≤200	>200 ~ 400
3 ~ 6	—	—	0.5	—	0.8	—
6 ~ 10	1.5	1.7	0.8	1.0	1.0	1.3
10 ~ 18	1.5	1.7	1.0	1.3	1.3	1.5
18 ~ 30	2.0	2.2	1.3	1.3	1.3	1.5
30 ~ 50	2.0	2.5	1.4	1.5	1.5	1.9
50 ~ 80	2.3	2.5	1.5	1.8	1.8	2.0
80 ~ 120	2.5	2.8	1.5	1.8	1.8	2.0
120 ~ 180	2.5	2.8	1.8	2.0	2.0	2.3
180 ~ 250	2.8	3.0	2.0	2.3	2.3	2.5
250 ~ 315	3.0	3.3	2.0	2.3	2.3	2.5

注：加工带凸台的零件时，其加工余量要根据零件的全长和最大直径来确定。

附表 C-2　精车外圆的加工余量　（单位：mm）

轴的直径 d	零件长度 L					
	≤100	>100 ~ 250	>250 ~ 500	>500 ~ 800	>800 ~ 1200	>1200 ~ 2000
	直径余量 a					
≤10	0.8	0.9	1.0	—	—	—
>10 ~ 18	0.9	0.9	1.0	1.1	—	—
>18 ~ 30	0.9	1.0	1.1	1.3	1.4	—
>30 ~ 50	1.0	1.0	1.1	1.3	1.5	1.7
>50 ~ 80	1.1	1.1	1.2	1.4	1.6	1.8
>80 ~ 120	1.1	1.2	1.2	1.4	1.6	1.9
>120 ~ 180	1.2	1.2	1.3	1.5	1.7	2.0
>180 ~ 260	1.3	1.3	1.4	1.6	1.8	2.0
>260 ~ 360	1.3	1.4	1.5	1.7	1.9	2.1
>360 ~ 500	1.4	1.5	1.5	1.7	1.9	2.2

注：1. 在单件或小批生产时，本表数值需乘上系数 1.3，并化成一位小数，如 $1.1 \times 1.3 = 1.43$，采用 1.4（四舍五入）。这时的粗车外圆的公差等级为 IT14 级。

2. 决定加工余量用轴的长度计算与装夹方式有关。

3. 粗车外圆的公差带相当于 h12 ~ h13。

附表 C-3　磨削外圆的加工余量　（单位：mm）

轴的直径 d	磨削性质	轴的性质	轴的长度 L					
			≤100	>100～250	>250～500	>500～800	>800～1200	1200～2000
			直径余量 a					
≤10	中心磨	未淬硬	0.2	0.2	0.3	—	—	—
		淬硬	0.3	0.3	0.4	—	—	—
	无心磨	未淬硬	0.2	0.2	0.2	—	—	—
		淬硬	0.3	0.3	0.4	—	—	—
>10～18	中心磨	未淬硬	0.2	0.3	0.3	0.3	—	—
		淬硬	0.3	0.3	0.4	0.5	—	—
	无心磨	未淬硬	0.2	0.2	0.2	0.3	—	—
		淬硬	0.3	0.3	0.4	0.5	—	—
>18～30	中心磨	未淬硬	0.3	0.3	0.3	0.4	0.4	—
		淬硬	0.3	0.4	0.4	0.5	0.6	—
	无心磨	未淬硬	0.3	0.3	0.3	0.3	—	—
		淬硬	0.3	0.4	0.4	0.5	—	—
>30～50	中心磨	未淬硬	0.3	0.3	0.4	0.5	0.6	0.6
		淬硬	0.4	0.4	0.5	0.6	0.7	0.7
	无心磨	未淬硬	0.3	0.3	0.3	0.4	—	—
		淬硬	0.4	0.4	0.5	0.5	—	—
>50～80	中心磨	未淬硬	0.3	0.4	0.4	0.5	0.6	0.7
		淬硬	0.4	0.5	0.5	0.6	0.8	0.9
	无心磨	未淬硬	0.3	0.3	0.3	0.4	—	—
		淬硬	0.4	0.5	0.5	0.6	—	—
>80～120	中心磨	未淬硬	0.4	0.4	0.5	0.5	0.6	0.7
		淬硬	0.5	0.5	0.6	0.6	0.8	0.9
	无心磨	未淬硬	0.4	0.4	0.4	0.5	—	—
		淬硬	0.5	0.5	0.6	0.7	—	—
>120～180	中心磨	未淬硬	0.5	0.5	0.6	0.6	0.7	0.8
		淬硬	0.5	0.6	0.7	0.8	0.9	1.0
	无心磨	未淬硬	0.5	0.5	0.5	0.5	—	—
		淬硬	0.5	0.6	0.7	0.8	—	—
>180～260	中心磨	未淬硬	0.5	0.6	0.6	0.7	0.8	0.9
		淬硬	0.6	0.7	0.7	0.8	0.9	1.1
>260～360	中心磨	未淬硬	0.6	0.6	0.7	0.7	0.8	0.9
		淬硬	0.7	0.7	0.8	0.9	1.0	1.1
>360～500	中心磨	未淬硬	0.7	0.7	0.8	0.8	0.9	1.0
		淬硬	0.8	0.8	0.9	0.9	1.0	1.2

注：1. 在单件或小批生产时，本表的余量值应乘上系数1.2，并化成一位小数，如0.4×1.2=0.48，采用0.5（四舍五入）。

2. 决定加工余量用轴的长度计算与装夹方式有关。

3. 磨前加工公差相当于h11。

附表 C-4　精车端面的加工余量　（单位：mm）

零件直径 d	零件全长 L					
	≤18	>18~50	>50~120	>120~260	>260~500	>500
	余量 a					
≤30	0.5	0.6	0.7	0.8	1.0	1.2
>30~50	0.5	0.6	0.7	0.8	1.0	1.2
>50~120	0.7	0.7	0.8	1.0	1.2	1.2
>120~260	0.8	0.8	1.0	1.0	1.2	1.4
>260~500	1.0	1.0	1.2	1.2	1.4	1.5
>500	1.2	1.2	1.4	1.4	1.5	1.7
长度公差	-0.2	-0.3	-0.4	-0.5	-0.6	-0.8

注：1. 加工有台阶的轴时，每台阶的加工余量应根据该台阶的 d 及零件的全长分别选用。

2. 表中的公差是指尺寸 L 的公差。

附表 C-5　磨端面的加工余量　（单位：mm）

零件直径 d	零件全长 L					
	≤18	>18~50	>50~120	>120~260	>260~500	>500
	余量 a					
≤30	0.2	0.3	0.3	0.4	0.5	0.6
>30~50	0.3	0.3	0.4	0.4	0.5	0.6
>50~120	0.3	0.3	0.4	0.5	0.6	0.6
>120~260	0.4	0.4	0.5	0.5	0.6	0.7
>260~500	0.5	0.5	0.5	0.6	0.7	0.7
>500	0.6	0.6	0.6	0.7	0.8	0.8
长度公差	-0.12	-0.17	-0.23	-0.3	-0.4	-0.5

注：1. 加工有台阶的轴时，每台阶的加工余量应根据该台阶的 d 及零件的全长分别选用。

2. 表中的公差是指尺寸 L 的公差。

附表 C-6　按照基孔制 7 级公差（H7）加工孔的加工　（单位：mm）

加工孔的直径	直　径					
	钻		用车刀镗以后	扩孔钻	粗铰	精铰
	第一次	第二次				
3	2.9	—	—	—	—	3H7
4	3.9	—	—	—	—	4H7
5	4.8	—	—	—	—	5H7
6	5.8	—	—	—	—	6H7
8	7.8	—	—	—	7.96	8H7
10	9.8	—	—	—	9.96	10H7
12	11.0	—	—	11.85	11.95	12H7
13	12.0	—	—	12.85	12.95	13H7

（续）

加工孔的直径	直径					
	钻		用车刀镗以后	扩孔钻	粗铰	精铰
	第一次	第二次				
14	13.0	—	—	13.85	13.95	14H7
15	14.0	—	—	14.85	14.95	15H7
16	15.0	—	—	15.85	15.95	16H7
18	17.0	—	—	17.85	17.94	18H7
20	18.0	—	19.8	19.8	19.94	20H7
22	20.0	—	21.8	21.8	21.94	22H7
24	22.0	—	23.8	23.8	23.94	24H7
25	23.0	—	24.8	24.8	24.94	25H7
26	24.0	—	25.8	25.8	25.94	26H7
28	26.0	—	27.8	27.8	27.94	28H7
30	15.0	28	29.8	29.8	29.93	30H7
32	15.0	30.0	31.7	31.75	31.93	32H7
35	20.0	33.0	34.7	34.75	34.93	35H7
38	20.0	36.0	37.7	37.75	37.93	38H7
40	25.0	38.0	39.7	39.75	39.93	40H7
42	25.0	40.0	41.7	41.75	41.93	42H7
45	25.0	43.0	44.7	44.75	44.93	45H7
48	25.0	46.0	47.7	47.75	47.93	48H7
50	25.0	48.0	49.7	49.75	49.93	50H7
60	30	55.0	59.5	59.5	59.9	60H7
70	30	65.0	69.5	69.5	69.9	70H7
80	30	75.0	79.5	79.5	79.9	80H7
90	30	80.0	89.3	—	89.9	90H7
100	30	80.0	99.3	—	99.8	100H7
120	30	80.0	119.3	—	119.8	120H7
140	30	80.0	139.3	—	139.8	140H7
160	30	80.0	159.3	—	159.8	160H7
180	30	80.0	179.3	—	179.8	180H7

注：1. 在铸铁上加工直径到15mm的孔时，不用扩孔钻扩孔。

2. 在铸铁上加工直径为30～32mm的孔时，仅用直径为28与30mm的钻头钻一次。

3. 如仅用一次铰孔，则铰孔的加工余量为本表中粗铰与精铰的加工余量总和。

附表 C-7　按照基孔制 8 级公差（H8）加工孔的加工　（单位：mm）

加工孔的直径	直　径				
	钻		用车刀镗以后	扩孔钻	铰
	第一次	第二次			
3	2.9	—	—	—	3H8
4	3.9	—	—	—	4H8
5	4.8	—	—	—	5H8
6	5.8	—	—	—	6H8
8	7.8	—	—	—	8H8
10	9.8	—	—	—	10H8
12	11.8	—	—	—	12H8
13	12.8	—	—	—	13H8
14	13.8	—	—	—	14H8
15	14.8	—	—	—	15H8
16	15.0	—	—	15.85	16H8
18	17.0	—	—	17.85	18H8
20	18.0	—	19.8	19.8	20H8
22	20.0	—	21.8	21.8	22H8
24	22.0	—	23.8	23.8	24H8
25	23.0	—	24.8	24.8	25H8
26	24.0	—	25.8	25.8	26H8
28	26.0	—	27.8	27.8	28H8
30	15.0	28	29.8	29.8	30H8
32	15.0	30.0	31.7	31.75	32H8
35	20.0	33.0	34.7	34.75	35H8
38	20.0	36.0	37.7	37.75	38H8
40	25.0	38.0	39.7	39.75	40H8
42	25.0	40.0	41.7	41.75	42H8
45	25.0	43.0	44.7	44.75	45H8
48	25.0	46.0	47.7	47.75	48H8
50	25.0	48.0	49.7	49.75	50H8
60	30.0	55.0	59.5	—	60H8
70	30.0	65.0	69.5	—	70H8
80	30.0	75.0	79.5	—	80H8
90	30.0	80.0	89.3	—	90H8
100	30.0	80.0	99.3	—	100H8
120	30.0	80.0	119.3	—	120H8
140	30.0	80.0	139.3	—	140H8
160	30.0	80.0	159.3	—	160H8
180	30.0	80.0	179.3	—	180H8

注：1. 在铸铁上加工直径到 15mm 的孔时，不用扩孔钻扩孔。

2. 在铸铁上加工直径为 30mm、32mm 的孔时，仅用直径为 28mm、30mm 的钻头钻一次。

3. 如仅用一次铰孔，则铰孔的加工余量为本表中粗铰与精铰的加工余量总和。

附表 C-8　磨孔的加工余量　（单位：mm）

孔的直径 d	零件性质	磨孔的长度 L					磨前公差 IT11
		≤50	>50～100	>100～200	>200～300	>300～500	
		直径余量 a					
≤10	未淬硬 淬硬	0.2 0.2	— —	— —	— —	— —	0.09
>10～18	未淬硬 淬硬	0.2 0.3	0.3 0.4	— —	— —	— —	0.11
>18～30	未淬硬 淬硬	0.3 0.3	0.3 0.4	0.4 0.4	— —	— —	0.13
>30～50	未淬硬 淬硬	0.3 0.4	0.3 0.4	0.4 0.4	0.4 0.5	— —	0.16
>50～80	未淬硬 淬硬	0.4 0.4	0.4 0.5	0.4 0.5	0.4 0.5	— —	0.19
>80～120	未淬硬 淬硬	0.5 0.5	0.5 0.5	0.5 0.6	0.5 0.6	0.6 0.7	0.22
>120～180	未淬硬 淬硬	0.6 0.6	0.6 0.6	0.6 0.6	0.6 0.6	0.6 0.7	0.25
>180～260	未淬硬 淬硬	0.6 0.7	0.6 0.7	0.7 0.7	0.7 0.7	0.7 0.8	0.29
>260～360	未淬硬 淬硬	0.7 0.7	0.7 0.8	0.7 0.8	0.8 0.8	0.8 0.9	0.32
>360～500	未淬硬 淬硬	0.8 0.8	0.8 0.8	0.8 0.8	0.8 0.9	0.8 0.9	0.36

注：1. 当加工在热处理中极易变形的、薄的轴套及其他零件时，应将表中的加工余量数值乘以1.3。

2. 当被加工孔在以后必须作为基准孔时，其公差应按IT7级公差来制订。

3. 在单件、小批生产时，本表的数值应乘以1.3，并化成一位小数。例如0.3×1.3=0.39，采用0.4（四舍五入）。

附表 C-9　平面加工余量　（单位：mm）

加工性质	加工面长度	加工面宽度					
		≤100		>100～300		>300～1000	
		余量 a	公差（+）	余量 a	公差（+）	余量 a	公差（+）
粗加工后精刨或精铣	≤300 >300～1000 >1000～2000	1.0 1.5 2	0.3 0.5 0.7	0.5 2 2.5	0.5 0.7 1.2	2 2.5 3	0.7 1.0 1.2
精加工后磨削，零件在装置时未经校准	≤300 >300～1000 >1000～2000	0.3 0.4 0.5	0.1 0.12 0.15	0.4 0.5 0.6	0.12 0.15 0.15	— 0.6 0.7	— 0.15 0.15
精加工后磨削，零件装置在夹具中或用百分表校准	≤300 >300～1000 >1000～2000	0.2 0.25 0.3	0.1 0.12 0.15	0.25 0.3 0.4	0.12 0.15 0.15	— 0.4 0.4	— 0.15 0.15
刮	≤300 >300～1000 >1000～2000	0.15 0.2 0.25	0.06 0.1 0.12	0.15 0.2 0.25	0.06 0.1 0.12	0.2 0.25 0.3	0.1 0.12 0.15

注：1. 如几个零件同时加工，则长度及宽度为装置在一起的各零件长度或宽度及各零件间间隙的总和。

2. 当精刨或精铣时，最后一次行程前留的余量应不小于0.5mm。

3. 热处理零件的磨前加工余量为将表中数值乘以1.2。

4. 磨削及刮削的加工余量和公差用于有公差的表面的加工，其他尺寸按照自由尺寸的公差进行加工。

5. 公差根据被测量尺寸制订。

附录 D 切削用量参数表

切削用量参数表见附表 D-1 ~ 附表 D-7。

附表 D-1 粗车外圆及端面的进给量

工件材料	刀杆直径	工件直径	外圆车刀（硬质合金）					外圆车刀（高速钢）		
			背吃刀量 a_p/mm							
			3	5	8	12	>12	3	5	8
			进给量 f/mm·r^{-1}							
结构碳钢、合金钢及耐热钢	16×25	20	0.3~0.4	—	—	—	—	0.3~0.4	—	—
		40	0.4~0.5	0.3~0.4	—	—	—	0.4~0.6	—	—
		60	0.5~0.7	0.4~0.6	0.3~0.5	—	—	0.6~0.8	0.5~0.7	0.4~0.6
		100	0.6~0.9	0.5~0.7	0.5~0.6	0.4~0.5	—	0.7~1.0	0.6~0.9	0.6~0.8
		400	0.9~1.2	0.8~1.0	0.6~0.8	0.5~0.6	—	1.0~1.3	0.9~1.1	0.8~1.0
	20×30 25×25	20	0.3~0.4	—	—	—	—	0.3~0.4	—	—
		40	0.4~0.5	0.3~0.4	—	—	—	0.4~0.5	—	—
		60	0.6~0.7	0.5~0.7	0.4~0.6	—	—	0.7~0.8	0.6~0.8	—
		100	0.8~1.0	0.7~0.9	0.5~0.7	0.4~0.7	—	0.9~1.1	0.8~1.0	0.7~0.9
		600	1.2~1.4	1.0~1.2	0.8~1.0	0.6~0.9	0.4~0.6	1.2~1.4	1.1~1.4	1.0~1.2
	25×40	60	0.6~0.9	0.5~0.8	0.4~0.7	—	—	—	—	—
		100	0.8~1.2	0.7~1.1	0.8~0.9	0.5~0.8	—	—	—	—
		1100	1.2~1.5	1.1~1.5	0.9~1.2	0.8~1.0	0.7~0.8	—	—	—
	30×45	500	1.1~1.4	1.1~1.4	1.0~1.2	0.8~1.2	0.7~1.1	—	—	—
	40×60	2500	1.3~2.0	1.3~1.8	1.2~1.6	1.1~1.5	1.0~1.5	—	—	—
铸铁及铜合金	16×25	40	0.4~0.5	—	—	—	—	0.4~0.5	—	—
		60	0.6~0.8	0.5~0.8	0.4~0.6	—	—	0.6~0.8	0.5~0.8	0.4~0.6
		100	0.8~1.2	0.7~1.0	0.6~0.8	0.5~0.7	—	0.8~1.2	0.7~1.0	0.6~0.8
		400	1.0~1.4	1.0~1.2	0.8~1.0	0.6~0.8	—	1.0~1.4	1.0~1.2	0.8~1.0
	20×30 25×25	40	0.4~0.5	—	—	—	—	0.4~0.5	—	—
		60	0.6~0.9	0.5~0.8	0.4~0.7	—	—	0.6~0.9	0.5~0.8	0.4~0.7
		100	0.9~1.3	0.8~1.2	0.7~1.0	0.5~0.8	—	0.9~1.3	0.8~1.2	0.7~1.0
		600	1.2~1.8	1.2~1.6	1.0~1.3	0.9~1.1	0.7~0.9	1.2~1.3	1.2~1.6	1.1~1.4
	25×40	60	0.6~0.8	0.5~0.8	0.4~0.7	—	—	0.6~0.8	0.5~0.8	0.4~0.7
		100	1.0~1.4	0.9~1.2	0.8~1.0	0.6~0.9	—	1.2~1.4	0.9~1.2	0.8~1.0
		1000	1.5~2.0	1.2~1.8	1.0~1.4	1.0~1.2	0.8~1.0	1.5~2.0	1.2~1.8	1.0~1.4
	30×45	500	1.4×1.8	1.2~1.6	1.0~1.4	1.0~1.3	0.9~1.2	—	—	—
	40×60	2500	1.6×2.4	1.6~2.0	1.4~1.8	1.3~1.7	1.2~1.7	—	—	—

注：1. 加工耐热钢及其合金时，不采用大于 1mm/r 的进给量。

2. 进行有冲击的加工（断续切削和荒车）时，本表的进给量应乘上系数 0.78 ~ 0.85。

3. 加工无外皮工件时，本表的进给量应乘上系数 1.1。

附表 D-2　高速钢车刀纵车外圆的切削速度 v　　（单位 m/min）

材　料	背吃刀量 a_p /mm	进给量 f/mm·r^{-1}											
		0.1	0.15	0.2	0.25	0.3	0.4	0.5	0.6	0.7	1.0	1.5	2
碳钢 σ_b = 0.735GPa 加切削液	1		92	85	79	69	59	50	44	44			
	1.5		85	76	71	62	52	45	40	36			
	2			70	66	59	49	42	37	34			
	3			64	60	53	44	38	34	31	24		
	4				56	49	41	35	31	28	22	17	
	6					45	37	32	28	26	20	15	13
	8						35	30	26	24	19	14	12
	10						32	28	25	22	18	13	11
	15							25	22	20	16	12	10
可锻铸铁 150HBW 加切削液	1	116	104	97	92	84							
	1.5	107	96	90	85	78	67						
	2		91	85	80	73	63	56	52				
	3			79	73	68	58	52	48	44	37		
	4				69	64	55	49	45	42	35	30	
	6					59	51	45	42	38	32	27	23
	8						48	43	39	36	30	26	22
灰铸铁 180～200HBW	1	49	44	40	37	35							
	1.5	47	41	38	36	34	30						
	2		39	36	35	32	29	27	26				
	3			34	33	31	29	26	25	23	20		
	4				33	31	27	25	24	22	19	17	
	6					29	26	24	22	21	18	16	14
	8						25	23	21	20	17	15	13
	12							22	20	19	16	14	12
青铜 QAl9－4 100～140HBW	1	162	151	142	127	116							
	1.5	157	143	134	120	110	95						
	2	151	138	127	115	105	91	82	75				
	3			123	111	100	88	80	71	66	56		
	4				107	98	84	76	69	63	53	45	
	6					93	80	73	66	61	51	43	36
	8						78	71	64	58	50	41	35
	12						74	66	60	55	47	39	33

注：本表所述高速钢车刀材料为 W18Cr4V。

附表 D-3　硬质合金车刀纵车外圆的切削速度 v　　（单位：m/min）

工件材料	刀具材料	背吃刀量 a_p /mm	进给量 f/mm · r^{-1}									
			0.1	0.15	0.2	0.3	0.4	0.5	0.7	1.0	1.5	2
碳钢 R_m = 0.735GPa	YT5	1		177	165	152	138	128	114			
		1.5		165	156	143	130	120	106			
		2			151	138	124	116	103			
		3			141	130	118	109	97	83		
		4				124	111	104	92	80	66	
		6				117	105	97	87	75	62	60
		8					101	94	84	72	59	52
		10					97	90	81	69	57	50
		15						85	76	64	54	48
碳钢 R_m = 0.735GPa	YT15	1		277	258	235	212	198	176			
		1.5		255	241	222	200	186	164			
		2			231	213	191	177	158			
		3			218	200	181	168	149	128		
		4				191	172	159	142	123	102	
		6				180	162	150	134	116	96	91
		8					156	145	129	110	91	81
		10					148	139	124	106	88	78
		15						131	117	99	83	73
耐热钢 1Cr18Ni9Ti 141HBW	YT15	1	318	266	233	194	170	154				
		1.5	298	248	218	181	160	144				
		2		231	202	169	149	134	115			
		3		214	187	156	137	124	107	91		
		4			176	147	129	117	100	86		
		6				136	119	108	93	79		
		8				128	112	102	87	74		
		10				122	107	97	83	71		
灰铸铁 180~200HBW	YG6	1		189	178	164	155	142	124			
		1.5		178	167	154	145	134	116			
		2			162	147	139	127	111			
		3			145	134	126	120	105	91		
		4				132	125	114	101	87	74	
		6				125	118	108	95	82	70	63
		8					113	103	91	79	67	60
		10					109	100	88	76	65	58
		15						94	82	71	61	54
可锻铸铁 150HBW	YG8	1		204	192	177	167					
		1.5		188	177	163	154					
		2					129	117	100			
		3					122	110	94	81		
		4					116	105	90	77	64	
		6					110	99	86	72	61	53
		8					104.5	94	81	69.2	57.6	50.7
		10					101.2	91	78.5	67	55.8	49.1
		15						85.5	74	63	52.3	46.2
青铜 200~240HBW	YG8	1		590	555	513	484	472	412			
		1.5		555	525	483	457	432	377			
		2			507	467	442	408	357			
		3			480	442	418	377	330	286		
		4				427	403	356	311	271	231	
		6				404	381	327	286	248	212	188
		8					369	309	271	235	201	178
		10					359	296	259	224	191	170

附表 D-4 粗铣每齿进给量 f_z 的推荐值 （单位：mm）

刀具		材料	推荐进给量
高速钢	圆柱铣刀	钢	0.1~0.15
		铸铁	0.12~0.20
	面铣刀	钢	0.04~0.06
		铸铁	0.15~0.20
	三面刃铣刀	钢	0.04~0.06
		铸铁	0.15~0.25
硬质合金铣刀		钢	0.1~0.20
		铸铁	0.15~0.30

附表 D-5 铣削速度的推荐值 （单位：m/min）

工件材料	铣削速度		说明
	高速钢铣刀	硬质合金铣刀	
20	20~45	150~190	1）粗铣时取小值，精铣时取大值 2）工件材料强度和硬度高时取小值，反之取大值 3）刀具材料耐热性好取大值，耐热性差取小值
45	20~35	120~150	
40Cr	15~25	60~90	
HT150	14~22	70~100	
黄铜	30~60	120~200	
铝合金	112~300	400~600	
不锈钢	16~25	50~100	

附表 D-6 高速钢钻头钻孔时的进给量 （单位：mm）

钻头直径 d_0	钢 R_m≤784MPa 及铝合金			钢 R_m=784~981MPa			钢 R_m>981MPa			硬度≤200HBW的灰铸铁及铜合金			硬度>200HBW的灰铸铁		
	进给量的组别														
	Ⅰ	Ⅱ	Ⅲ	Ⅰ	Ⅱ	Ⅲ	Ⅰ	Ⅱ	Ⅲ	Ⅰ	Ⅱ	Ⅲ	Ⅰ	Ⅱ	Ⅲ
	进给量 f														
2	0.05~0.06	0.04~0.05	0.03~0.04	0.04~0.05	0.03~0.04	0.02~0.03	0.03~0.04	0.03~0.04	0.02~0.03	0.09~0.11	0.06~0.08	0.05~0.06	0.05~0.07	0.04~0.05	0.03~0.04
4	0.08~0.10	0.05~0.08	0.04~0.05	0.06~0.08	0.04~0.06	0.03~0.04	0.04~0.06	0.04~0.05	0.03~0.04	0.18~0.22	0.13~0.17	0.09~0.11	0.11~0.13	0.08~0.10	0.05~0.07
6	0.14~0.18	0.11~0.13	0.07~0.09	0.10~0.12	0.07~0.09	0.05~0.06	0.08~0.10	0.06~0.08	0.04~0.05	0.27~0.33	0.20~0.24	0.13~0.17	0.18~0.22	0.13~0.17	0.09~0.11
8	0.18~0.22	0.13~0.17	0.09~0.11	0.13~0.15	0.09~0.11	0.06~0.08	0.11~0.13	0.08~0.10	0.05~0.07	0.36~0.44	0.27~0.33	0.18~0.22	0.22~0.26	0.16~0.20	0.11~0.13
10	0.22~0.28	0.16~0.20	0.11~0.13	0.17~0.21	0.13~0.15	0.08~0.11	0.13~0.17	0.10~0.12	0.07~0.09	0.47~0.57	0.35~0.43	0.23~0.29	0.28~0.34	0.21~0.25	0.13~0.17

（续）

钻头直径 d_0	钢 R_m≤784MPa 及铝合金			钢 R_m=784～981MPa			钢 R_m>981MPa			硬度≤200HBW 的灰铸铁及铜合金			硬度>200HBW 的灰铸铁		
	进给量的组别														
	Ⅰ	Ⅱ	Ⅲ	Ⅰ	Ⅱ	Ⅲ	Ⅰ	Ⅱ	Ⅲ	Ⅰ	Ⅱ	Ⅲ	Ⅰ	Ⅱ	Ⅲ
	进给量 f														
12	0.25～0.31	0.19～0.23	0.13～0.15	0.19～0.23	0.14～0.18	0.10～0.12	0.15～0.19	0.12～0.14	0.08～0.10	0.52～0.64	0.39～0.47	0.26～0.32	0.31～0.39	0.23～0.29	0.15～0.19
16	0.31～0.37	0.22～0.27	0.15～0.19	0.22～0.28	0.17～0.21	0.12～0.14	0.18～0.22	0.13～0.17	0.09～0.11	0.61～0.75	0.45～0.56	0.31～0.37	0.37～0.45	0.27～0.33	0.18～0.22
20	0.35～0.43	0.26～0.32	0.18～0.22	0.26～0.32	0.20～0.24	0.13～0.17	0.21～0.25	0.15～0.19	0.11～0.13	0.70～0.86	0.52～0.64	0.35～0.43	0.43～0.53	0.32～0.40	0.22～0.26
25	0.39～0.47	0.29～0.35	0.20～0.24	0.29～0.35	0.22～0.26	0.14～0.18	0.23～0.29	0.17～0.21	0.12～0.14	0.78～0.96	0.58～0.72	0.39～0.47	0.47～0.57	0.35～0.43	0.23～0.29
30	0.45～0.55	0.33～0.41	0.22～0.28	0.32～0.40	0.24～0.30	0.16～0.20	0.27～0.33	0.20～0.24	0.13～0.17	0.9～1.1	0.67～0.83	0.45～0.55	0.54～0.66	0.4～0.5	0.27～0.33
>30～≤60	0.6～0.7	0.45～0.55	0.30～0.35	0.4～0.5	0.30～0.35	0.20～0.25	0.3～0.4	0.22～0.30	0.16～0.23	1.0～1.2	0.8～0.9	0.5～0.6	0.7～0.8	0.5～0.6	0.35～0.4

注：[Ⅰ组] 在刚性工件上钻无公差或 IT12 级以下及钻孔后还需用几个刀具来加工的孔。

[Ⅱ组] 在刚度不足的工件上钻无公差或 IT12 级以下及钻孔后还需用几个刀具加工的孔；丝锥攻螺纹前钻孔。

[Ⅲ组] 钻精密孔；在刚度差和支承面不稳定的工件上钻孔；孔的轴线和平面不垂直的孔。

附表 D-7　常见通用机床的主轴转速和进给量

类别	型号	技术参数			
		主轴转速/r·min^{-1}		进给量/mm·r^{-1}	
车床	CA6140	正转	10、12.5、16、20、25、32、40、50、63、80、100、125、160、200、250、320、400、450、500、560、710、900、1120、1400	纵向（部分）	0.028、0.032、0.036、0.039、0.043、0.046、0.050、0.054、0.08、0.10、0.12、0.14、0.16、0.18、0.20、0.24、0.28、0.30、0.33、0.36、0.41、0.46、0.48、0.51、0.56、0.61、0.66、0.71、0.81、0.91、0.96、1.02、1.09、1.15、1.22、1.29、1.47、1.59、1.71、1.87、2.05、2.28、2.57、2.93、3.16、3.42…
		反转	14、22、36、56、90、141、226、362、565、633、1018、1580	横向（部分）	0.014、0.016、0.018、0.019、0.021、0.023、0.025、0.027、0.04、0.05、0.06、0.08、0.09、0.1、0.12、0.14、0.15、0.17、0.20、0.23、0.25、0.28、0.30、0.33、0.35、0.4、0.43、0.45、0.5、0.56、0.61、0.73、0.86、0.94、1.08、1.28、1.46、1.58…

（续）

类别	型号	技术参数			
		主轴转速/r·min^{-1}		进给量/mm·r^{-1}	
车床	CM6125	正转	25、63、125、160、320、400、500、630、800、1000、1250、2000、2500、3150	纵向	0.02、0.04、0.08、0.1、0.2、0.4
				横向	0.01、0.02、0.04、0.05、0.1、0.2
	C365L	正转	44、58、78、100、136、183、238、322、430、550、745、1000	回转刀架纵向	0.07、0.09、0.13、0.17、0.21、0.28、0.31、0.38、0.41、0.52、0.56、0.76、0.92、1.24、1.68、2.29
		反转	48、64、86、110、149、200、261、352、471、604、816、1094	横刀架纵向	0.07、0.09、0.13、0.17、0.21、0.28、0.31、0.38、0.41、0.52、0.56、0.76、0.92、1.24、1.68、2.29
				横刀架横向	0.03、0.04、0.056、0.076、0.09、0.12、0.13、0.17、0.18、0.23、0.24、0.33、0.41、0.54、0.73、1.00
钻床	Z35（摇臂）		34、42、53、67、85、105、132、170、265、335、420、530、670、850、1051、1320、1700		0.03、0.04、0.05、0.07、0.09、0.12、0.14、0.15、0.19、0.20、0.25、0.26、0.32、0.40、0.56、0.67、0.90、1.2
	Z525（立钻）		97、140、195、272、392、545、680、960、1360		0.10、0.13、0.17、0.22、0.28、0.36、0.48、0.62、0.81
	Z535（立钻）		68、100、140、195、275、400、530、750、1100		0.11、0.15、0.20、0.25、0.32、0.43、0.57、0.72、0.96、1.22、1.6
	Z512（台钻）		460、620、850、1220、1610、2280、3150、4250		手动
镗床	T68（卧式）		20、25、32、40、50、64、80、100、125、160、200、250、315、400、500、630、800、1000	主轴	0.05、0.07、0.1、0.13、0.19、0.27、0.37、0.52、0.74、1.03、1.43、2.05、2.90、4.00、5.70、8.00、11.1、16.0
				主轴箱	0.025、0.035、0.05、0.07、0.09、0.13、0.19、0.26、0.37、0.52、0.72、1.03、1.42、2.00、2.90、4.00、5.60、8.00
	TA4280（坐标）		40、52、65、80、105、130、160、205、250、320、410、500、625、800、1000、1250、1600、2000		0.0426、0.069、0.1、0.153、0.247、0.356
铣床	X51（立式）		65、80、100、125、160、210、255、300、380、490、590、725、945、1225、1500、1800	纵向	35、40、50、65、85、105、125、165、205、250、300、390、510、620、755
				横向	25、30、40、50、65、80、100、130、150、190、230、320、400、480、585、765
				升降	12、15、20、25、33、40、55、65、80、95、115、160、200、290、380
	X63、X62W（卧式）		30、37.5、47.5、60、75、95、118、150、190、235、300、375、475、600、750、950、1180、1500	纵向及横向	23.5、30、37.5、47.5、60、75、95、118、150、190、235、300、375、475、600、750、950、1180

参 考 文 献

[1] 王先逵．机械制造工艺学 [M]．2 版．北京：机械工业出版社，2006.
[2] 金捷．机械制造工艺与装备 [M]．北京：北京师范大学出版社，2011.
[3] 崇凯．机械制造技术基础课程设计指南 [M]．北京：化学工业出版社，2007.
[4] 邹青．机械制造技术基础课程设计指导教程 [M]．北京：机械工业出版社，2004.
[5] 孙丽媛．机械制造工艺及专用夹具设计指导 [M]．2 版．北京：冶金工业出版社，2010.
[6] 李华．机械制造技术 [M]．北京：高等教育出版社，2009.
[7] 徐学林．互换性与测量技术基础 [M]．2 版．长沙：湖南大学出版社，2009.
[8] 吴宗泽，罗圣国．机械设计课程设计手册 [M]．3 版．北京：高等教育出版社，2006.
[9] 陈宏钧等．典型零件机械加工生产实例 [M]．2 版．北京：机械工业出版社，2010.
[10] 黄鹤汀，吴善元．机械制造技术 [M]．北京：机械工业出版社，2004.
[11] 周伟平．机械制造技术 [M]．武汉：华中科技大学出版社，2002.
[12] 张福润．机械制造技术基础 [M]．2 版．武汉：华中科技大学出版社，2005.
[13] 肖继德，陈宁平．机床夹具设计 [M]．2 版．北京：机械工业出版社，2010.
[14] 徐嘉元，曾家驹．机械制造工艺学 [M]．北京：机械工业出版社，2011.
[15] 刘志刚．机械制造基础 [M]．北京：高等教育出版社，2002.
[16] 马敏莉．机械制造工艺编制及实施 [M]．北京：清华大学出版社，2011.
[17] 郑修本．机械制造工艺学 [M]．2 版．北京：机械工业出版社，2009.
[18] 汪恺．机械工业基础标准应用手册 [M]．北京：机械工业出版社，2001.
[19] 武友德，吴伟．机械零件加工工艺编制 [M]．北京：机械工业出版社，2009.
[20] 韩荣第，等．金属切削原理与刀具 [M]．2 版．哈尔滨：哈尔滨工业大学出版社，2007.
[21] 陆剑中，孙家宁．金属切削原理与刀具 [M]．5 版．北京：机械工业出版社，2011.
[22] 袁巨龙，周兆忠．机械制造基础 [M]．浙江：浙江科技出版社，2007.
[23] 华东升．机械制造基础 [M]．北京：中国劳动社会保障出版社，2006.
[24] 魏康民．机械加工工艺方案设计与实施 [M]．北京：机械工业出版社，2010.
[25] 赵家齐．机械制造工艺学课程设计指导书 [M]．2 版．北京：机械工业出版社，2004.
[26] 杨叔子．机械加工工艺师手册 [M]．2 版．北京：机械工业出版社，2011.
[27] 李益民．机械制造工艺设计简明手册 [M]．北京：机械工业出版社，2004.
[28] 吴慧媛．零件制造工艺与装备 [M]．北京：电子工业出版社，2010.
[29] 郭克希．机械制图 [M]．北京：机械工业出版社，2006.
[30] 余光国，等．机床夹具设计 [M]．重庆：重庆大学出版社，1995.
[31] 程绪琦．AutoCAD2008 中文版标准教程 [M]．北京：电子工业出版社，2008.
[32] 邓文英．金属工艺学：上册 [M]．5 版．北京：高等教育出版社，2008.
[33] 邓文英．金属工艺学：下册 [M]．5 版．北京：高等教育出版社，2008.